Franco Furger

Ökologische Krise und Marktmechanismen

Franco Furger

Ökologische Krise und Marktmechanismen

Umweltökonomie in evolutionärer Perspektive

Westdeutscher Verlag

Der Westdeutsche Verlag ist ein Unternehmen der Verlagsgruppe Bertelsmann International.

Umschlaggestaltung: Horst Dieter Bürkle, Darmstadt

ISBN 978-3-531-12582-4 ISBN 978-3-322-94194-7 (eBook)
DOI 10.1007/978-3-322-94194-7

Danksagung

Mein erster Dank gilt Gregor Dürrenberger. Seine Geduld, seine stete Unterstützung und seine unerschütterliche Standfestigkeit sind für mich ständig Hilfe und Vorbild zugleich gewesen. Er hat sich für das Gelingen dieser Arbeit weit über das Ausmass einer fruchtbaren Kooperation hinaus eingesetzt. Es ist nicht einfach, Carlo Jaeger in einer angemessenen Weise zu danken. Ihm verdanke ich unzählige Einsichten, Anregungen und fruchtbare Gespräche. Er ist für mich jedoch mehr als nur ein brillanter Lehrer gewesen. Durch ihn habe ich einen Sinn für wichtige (und schwierige) Fragen gewonnen. Herzlich danken möchte ich auch Prof. Dieter Steiner für die Übernahme des Referates dieser Arbeit. Die von ihm in den 80er Jahren ins Leben gerufene Gruppe Humanökologie hat die Arbeit überhaupt erst möglich gemacht. Ein spezieller Dank gilt auch Lisbeth Bieri. Sie hat mir mit ihrer unauffälligen, aber stets liebevollen Art sehr häufig zur Überwindung schwieriger Situationen geholfen. Zu Dank bin ich auch Jürg Minsch verpflichtet, der mit seiner sorgfältigen Durchlese des Manuskripts einiges zur Erhöhung von dessen Transparenz und Stringenz beigetragen hat. Für etliche Diskussionen möchte ich den Mitgliedern der Gruppe Humanökologie herzlich danken. Zu Dank bin ich auch Markus Nauser, Christoph Bättig und Räto Kindschi verpflichtet, die zur Korrektur und Straffung meines "Tessiner-Deutschs" beigetragen haben.

Inhaltsverzeichnis

Liste der Tabellen

Liste der Abbildungen

Kurzfassung

Diese Dissertation nimmt umweltökonomische Konzeptionen unter die Lupe (Teil I) und streicht deren theoretische Fundamente und moralphilosophische Grundlagen heraus (Teil II). Der für umweltökonomische Konzeptionen zentrale Begriff des Marktmechanismus wird im Rahmen einer evolutionären Betrachtung diskutiert (Teil III). Dies ermöglicht es, die Zweckmässigkeit unterschiedlicher umweltökonomischer Konzeptionen besser zu beurteilen (Teil IV). Hierzu werden entsprechende Kriterien formuliert.

Die Diskussion in Teil I bezieht sich auf zwei in der Literatur häufig nicht klar getrennte umweltökonomische Traditionen. Der erste, ältere Strang geht auf eine klassische Arbeit C.A. Pigou's zurück, die in den 30er Jahren entstand, und bedient sich hauptsächlich des Begriffs der externen Kosten. Die Existenz externer Kosten rechtfertigt die Rede von Marktversagen. Das wichtigste Ergebnis dieser wohlfahrtstheoretischen Analyse liegt in der Forderung nach staatlichen Korrekturen. Steuern und Abgaben sollen so bemessen werden, dass sie eine Effizienzsteigerung in der Nutzung der entsprechenden natürlichen Ressourcen bewirken.

Der zweite, neuere Strang lehnt die These des Marktversagens ab. Er geht hauptsächlich auf R. Coase zurück, der 1960 zeigte, dass die ineffiziente Nutzung natürlicher Ressourcen als Folge einer unklaren oder fehlenden Zuteilung von Eigentumsrechten an natürlichen Ressourcen angesehen werden soll. Die vielleicht wichtigste Aussage der Property-Rights-Schule liegt auf institutioneller Ebene. Viele ökologische Probleme liessen sich durch eine geeignete Reorganisation der Eigentumsrechte ohne direkte staatliche Intervention lösen.

Die vorliegende Arbeit zeigt, dass beide Ansätze eine grundsätzliche Einsicht teilen. Ökologische Probleme werden ausschliesslich als Effizienzprobleme beschrieben. Es gilt ein eindeutiges, optimales Niveau der Umweltqualität zu gewährleisten. Dieses soll – durch Erhebung entsprechender Steuern und Abgaben in der Pigouschen Tradition bzw. durch geeignete Zuteilung von Eigentumsrechten in der Property-Rights-Schule – allein durch Preissignale erreicht werden. Eine derartige Analyse wird als externe Perspektive ökologischer Probleme bezeichnet.

In Teil II beginnt die Diskussion der von mir so bezeichneten internen Perspektive mit der Feststellung, dass externe Effekte kaum quantifizierbar, monetarisierbar und zuteilbar sind. Eine interne Perspektive ökologischer Konflikte verzichtet deshalb auf objektive Effizienz als Kriterium für die Erkennung von Marktversagen. Die Feststellung von Marktversagen ist vielmehr das Ergebnis eines öffentlichen und politischen Prozesses, und das Vorliegen externer Effekte soll als gesellschaftliche Konstruktion von Risiken und Gefahren beschrieben werden.

Die Arbeit diskutiert weiter in Teil III die Relevanz einer internen Perspektive anhand der kulturellen Evolution. Diese wird als Evolution tradierter Regeln und Normen verstanden. Im Mittelpunkt der Diskussion steht der Marktmechanismus und seine Effizienz als Antrieb des evolutionären Prozesses. Anhand eines dreistufigen Modells der kulturellen Evolution wird gezeigt, dass in archaischen und politischen Gesellschaften (den ersten zwei Stufen) der Marktmechanismus keine nennenswerte Rolle als Selektionsmechanismus tradierter Regeln und Normen spielte.

In ökonomischen Gesellschaften (dritte Stufe) haben kulturelle Rahmenbedingungen, z.B. die Einstellungen zur Berufsarbeit, auf die Ausgestaltung von Organisationsformen, Produktionstechniken und Marktstrategien einen entscheidenden Einfluss. Diese werden zusammengefasst als Wirtschaftsstil bezeichnet. Aus ökologischer Sicht von besonderem Interesse ist die Erkenntnis, dass erst die staatliche Gewährleistung tiefer, stabiler Energie- und Ressourcenpreise sowie das faktische Recht auf die Produktion von Emissionen und Abfällen die Etablierung des Wirtschaftsstils der Massenproduktion ermöglicht haben.

Die evolutionäre Betrachtungsweise von Marktmechanismen zeigt neue Möglichkeiten auf, die Zweckmässigkeit umweltökonomischer Instrumente zu beurteilen. Im Vordergrund steht dabei ihre selektive Wirkung auf die Flexibilität und Innovativität ökonomischer Aktivitäten. Diese zwei Faktoren stellen wesentliche Prämissen für die Realisierung einer ökologischen Marktwirtschaft dar. Die industriellen Restrukturierungsprozesse, die im Anschluss an die ökonomischen und sozialen Turbulenzen der 70er Jahre einsetzten, zeigen, dass die Destabilisierung ökonomischer Rahmenbedingungen, z.B. der Energie- und Ressourcenpreise, zur Verbreitung eines auf Flexibilität und Innovativität beruhenden Wirtschaftsstils beiträgt. Die Zertifikatslösung könnte hierzu einen wichtigen Beitrag leisten.

Einleitung

Der Blick in die Zukunft verheisst heutzutage wahrlich keine rosigen Visionen. Neben Krieg, Hunger und Verschuldung nehmen ökologische Probleme, von der globalen bis zur lokalen Ebene, ein alarmierendes Ausmass an. Zum ersten Mal seit Beginn der Hominisation haben Menschen konkrete Chancen, das Bild der Erde auf eine markante und vermutlich auch irreversible Art und Weise zu verändern. Der schicksalsartige Charakter dieser Probleme hat spätestens seit dem Erscheinen von "The Limits to Growth" immer mehr Natur- und Sozialwissenschaftler herausgefordert, einen positiven Beitrag zur Bewältigung der ökologischen Krise zu leisten. Die umfassendste und einflussreichste Analyse heutiger ökologischer Probleme hat wohl die Ökonomie geleistet. Die Umweltökonomie bietet sowohl eine theoretisch fundierte Analyse heutiger ökologischer Probleme als auch praxisrelevante Ansätze zu ihrer Bewältigung an. Die Allgemeingültigkeit dieser Vorschläge wird an ihrer universellen Anwendbarkeit sichtbar. Umweltökonomische Ansätze stellen heute faktisch die einzige konkrete Alternative zu einer Umweltpolitik dar, die im wesentlichen auf staatlicher Kontrolle basiert.

Die Ökonomie betrachtet ökologische Probleme als reine Effizienzprobleme. Ökonomische Effizienz wird somit zur alleinigen Referenzgrösse der Transformation heutiger Marktwirtschaften in sogenannte ökologische Marktwirtschaften. Diese Betrachtungsweise ist freilich nicht unproblematisch. Der oben angesprochene Transformationsprozess soll nicht bloss als ein technisch-wissenschaftliches Problem, sondern als ein Prozess der kulturellen Evolution angesehen werden. Von diesem Erneuerungsprozess sind nicht nur industrielle Produktionsanlagen betroffen, sondern auch Regeln und Normen unserer Kultur. Umweltökonomische Ansätze sollen somit als ein Versuch beschrieben werden, ökonomische Effizienz und Marktmechanismen in den Dienst einer kulturellen Transformation zu stellen.

Aus einer evolutionären Perspektive gesehen stösst freilich die Diskussion von Marktmechanismen auf sehr grosse Schwierigkeiten. Umweltökonomische Instrumente sollen als Selektionsmechanismen der kulturellen Evolution angesehen und beurteilt werden. Das stark formalisierte Verständnis des Marktmechanismus eignet sich jedoch kaum zur Diskussion evolutionärer

Prozesse. Eine differenzierte Abschätzung der Wirksamkeit eines bestimmten umweltökonomischen Instrumentes wird dadurch praktisch verunmöglicht. Die Diskussion dieser Zusammenhänge kann typischerweise nur unter expliziter Berücksichtigung des sozialen und kulturellen Kontextes konkreter Marktwirtschaften durchgeführt werden. Erst der Blick "inside the black box" wird die Schwierigkeiten entlarven, die mit der Einführung eines bestimmten umweltökonomischen Instrumentes verknüpft sind.

Zur Beurteilung der Zweckmässigkeit umweltökonomischer Ansätze als Selektionsmechanismen der kulturellen Evolution liefert diese Arbeit erste konkrete Anhaltspunkte. Sie ist in vier Teile gegliedert. Im *ersten Teil* werden die einschlägigen umweltökonomischen Konzeptionen diskutiert. Es hat sich dabei als sinnvoll erwiesen, zwischen wohlfahrtstheoretischen und eigentumsrechtlichen Konzeptionen zu unterscheiden. Erstere stellen externe Kosten und Marktversagen in den Mittelpunkt ihrer Analyse ökologischer Probleme. Letztere lehnen das Konzept des Marktversagens als letztlich untauglich ab und führen ökologische Probleme auf eine fehlende oder ineffiziente Spezifikation der Eigentumsrechte zurück.

Trotz ihrer deutlichen Unterschiede haben beide theoretischen Konzeptionen einen klaren gemeinsamen Nenner. Beide beschreiben ökologische Probleme als Effizienzprobleme. *Im zweiten Teil* der Arbeit wird diese Analyse ökologischer Probleme als Ausdruck einer externen Perspektive gesellschaftlicher Prozesse gedeutet (Abschnitt 2.2). Der Begriff der externen Perspektive spielt in dieser Arbeit eine zentrale Rolle und ist verwandt mit dem Konzept des mechanistischen Weltbildes. Ich habe es vorgezogen, beim Begriff der externen Perspektive zu bleiben, denn dieses Konzept hat sich als griffiger erwiesen. In Abschnitt 2.3 werden die Schwierigkeiten sichtbar gemacht, welche die externe Perspektive ökologischer Probleme auszeichnen. Es zeigt sich, dass externe Kosten kaum zuverlässig erfasst werden können, dass externe Effekte schwerlich quantifizierbar sind und dass die kausale Beziehung zwischen Verursacher und Opfer auf der physischen Ebene selten eindeutig rekonstruiert werden kann. Angesichts dieser Schwierigkeiten wird die naturwissenschaftliche Auslegung externer Effekte aufgegeben zugunsten einer Beschreibung, welche die gesellschaftliche Konstruktion derselben betont. Externe Effekte werden danach eher als Risiken und Gefahren diskutiert.

Gestützt auf diese Auslegung des Externalitätenbegriffs und auf die Arbeiten der Neuen Politischen Ökonomie wird in Abschnitt 2.4 ein Konzept des Marktversagens diskutiert, das sich nicht mehr an der Diskrepanz in den Eigenschaften formaler und realer Marktmechanismen orientiert. Die Konstatierung von Marktversagen wird nunmehr zu einem öffentlichen und politischen Prozess, in dessen Rahmen die sozialen Akteure einen Konsens über die Notwendigkeit einer politischen Korrektur suchen. Diese drückt sich in der Vereinbarung neuer politischer Spielregen aus. Darin liegt der Übergang von einer externen zu einer internen Perspektive begründet. Die letztere erschöpft sich in einem Gesellschaftsverständnis, das aus eigennützigen Individuen und aus positiven Regeln besteht. Die rein konstruktivistische Auslegung sozialer Regeln erweist sich jedoch als problematisch und führt zu Schwierigkeiten bei der Interpretation von Rationalität und Eigennützigkeit. Dadurch wird leider die praktische Relevanz einer derartigen internen Perspektive beträchtlich beschränkt.

Zur Überwindung dieser Schwierigkeiten bietet der Abschnitt 2.5 einige, wie ich meine, fruchtbare theoretische Konzeptionen. Zunächst wird in Abschnitt 2.5.1 ein differenzierteres Verständnis sozialer Regeln eingeführt. Es kann plausibel gemacht werden, dass viele Probleme einer rein individualistischen Konzeption von Gesellschaft und Marktmechanismen durch die explizite Berücksichtigung sozialer Regeln gelöst werden können. Soziale Regeln müssen in jeder Hinsicht als eigenständige, auf individuelle Absichten nichtreduzierbare Realitäten angesehen werden. In Abschnitt 2.5.2 werden berufliche und persönliche Beziehungen als ein strukturelles Merkmal des sozialen Lebens beschrieben, das die Polarisierung in die Anonymität von Marktmechanismen einerseits und die Intimität des Gemeinschaftslebens andererseits relativiert. In Abschnitt 2.5.3 werden soziale Regeln als emergente Eigenschaften von raum-zeitlich beschränkten beruflichen und persönlichen Beziehungen beschrieben, während kulturelle Regeln die institutionelle Ebene einer Gesellschaft erfassen. In Abschnitt 2.5.4 werden ökologische Probleme als Vertrauensverlust in kulturelle Regeln diskutiert.

Die in Teil zwei entwickelten Konzepte bilden im *dritten Teil* die theoretische Grundlage einer evolutionären Betrachtung von Marktmechanismen und ökonomischer Effizienz. Im Mittelpunkt steht eine dreistufige Konzeption der kulturellen Evolution. Diese wird als Evolution von Normen und Regeln aufgefasst. Ganz im Sinne der Hayekschen Konzeption der kulturellen Evolution werden Marktmechanismen als ein System von tradierten, nichtvereinbarten Regeln angesehen. Zur Diskussion steht die Bedeutung ökonomischer Effizienz als Selektionsmechanismus der kulturellen Evolution.

In Abschnitt 3.2 wird gezeigt, dass in archaischen Gesellschaften der Tausch durch soziale und kulturelle Normen geregelt war, welche i.d.R. nicht Ausdruck ökonomischer Effizienz waren. Austauschbeziehungen beruhten meistens auf Reziprozität. Die Diskussion politischer Gesellschaften (Abschnitt

3.2) legt nahe, dass Marktmechanismen im heutigen Sinne noch weitgehend unbekannt waren. Austauschraten hatten nach den wenigen Schriften, welche sich ökonomischen Fragen widmeten, beispielsweise bei Aristoteles, einen stark traditionellen Charakter. Erst am Übergang von politischen zu ökonomischen Gesellschaften zeigen sich erste Vorformen heutiger Marktmechanismen. Dies wird beispielsweise bei Thomas von Aquin deutlich. Er vertrat ein Konzept des gerechten Preises, das zwar noch einen weitgehend traditionellen Charakter hatte, jedoch nicht mehr im Widerspruch zum Marktpreis stand.

Der Übergang von politischen zu ökonomischen Gesellschaften wird in Abschnitt 3.4 primär in der Herausbildung der beruflichen Arbeitsteilung gesehen (Abschnitt 3.4.1). Der noch weitgehend an Traditionen orientierte Beruf erfuhr eine tiefgreifende und nachhaltige Umwandlung, die sich bis heute bemerkbar macht. Infolgedessen wird die Verfolgung ökonomischer Effizienz zu einem zentralen Aspekt des alltäglichen Lebens (Abschnitt 3.4.2). In den Abschnitten 3.4.3 und 3.4.4 wird schliesslich auf den für diese Arbeit sehr wichtigen Zusammenhang zwischen kulturellen Rahmenbedingungen und Formen des Marktmechanismus' eingegangen. Es wird dabei gezeigt, dass spezifische Organisationsformen, Produktionstechniken und Marktstrategien nicht einfach das Ergebnis von Effizienzbestrebungen sind, sondern wesentlich durch jene kulturellen Orientierungen, die das Berufswesen kennzeichnen, ermöglicht wurden.

Diese Auslegung der Beziehungen zwischen Formen des Marktmechanismus' einerseits und kulturellen Traditionen andererseits ermöglicht im *vierten Teil* eine Diskussion ökologischer Probleme, welche nicht die Institutionen der Marktwirtschaft, das Berufswesen und den Marktmechanismus in Frage stellt, sondern bestimmte Ausprägungen dieser Institutionen. Dies geschieht anhand des Begriffs des Wirtschaftsstils. Danach ist die Dominanz einer bestimmten Organisationsform, einer bestimmten Produktionstechnik bzw. einer gewissen Marktstrategie nicht etwa die Folge ihrer höheren Effizienz, sondern sie ist wesentlich durch kulturelle und politische Rahmenbedingungen ermöglicht. Der Wirtschaftsstil der Massenproduktion ist aus ökologischer Sicht ein in mancher Hinsicht relevantes Beispiel. Die Arbeit zeigt, dass die Diffusion dieses Wirtschaftsstils erst durch die Gewährleistung stabiler ökonomischer und sozialer Rahmenbedingungen, aber auch durch die Gewährleistung billiger natürlicher Ressourcen und billiger Energie, wesentlich erleichtert wurde.

Der Zusammenhang zwischen der Berechenbarkeit sozialer und ökonomischer Rahmenbedingungen einerseits und der Etablierung eines bestimmten Wirtschaftsstils andererseits liefert ein wichtiges Kriterium zur Beurteilung der

Zweckmässigkeit umweltökonomischer Instrumente. Die Diskussion der industriellen Restrukturierungsprozesse, welche in Anschluss an die ökonomischen Turbulenzen der 70er Jahre einsetzten, zeigt, dass in einer instabilen ökonomischen Umwelt jene betrieblichen Strategien und Produktionstechniken, die sich durch Flexibilität und Innovativität auszeichnen, einen selektiven Vorteil geniessen.

Teil I: Die umweltökonomische Debatte

1.1 Einführung

Wer, wie der Schreibende, die umweltpolitischen Debatten in den Medien seit Jahren systematisch verfolgt, wird die regelmässigen Beiträge umweltökonomischer Autoren nicht übersehen können. Der gemeinsame, tragende Gedanke solcher Beiträge, unabhängig davon, ob nun das Problem der Luftverschmutzung, der Beseitigung des Abfalls, der Belastung der Gewässer usw. angesprochen ist, kann auf die folgende Formulierung reduziert werden: Zwischen der ökonomischen Sphäre und der natürlichen Umwelt bestehen grundsätzlich keine Konflikte, solange die externen Kosten privater Aktivitäten voll internalisiert werden. Repräsentativ für eine solche Haltung im Bereich der klimatischen Risiken ist etwa Nordhaus (Nordhaus 1991). Der Konflikt zwischen Natur und Kultur ist aus einer ökonomischen Perspektive keine Notwendigkeit. Er ist kontingent. Die ökonomische Analyse liefert die zu seiner Beseitigung notwendigen Konzepte und Instrumente.

Diese wissenschaftliche Tradition scheint allmählich ins öffentliche Bewusstsein zu treten. Die Medien, v.a. die Zeitungen, widmen dieser spezifischen Sichtweise der ökologischen Krise immer mehr Aufmerksamkeit. Auch in der politischen Sphäre, in neuerer Zeit auch auf höchster Ebene, sind umweltökonomische Vorschläge diskussionswürdig geworden. Wie weit sie in der schweizerischen politischen Landschaft rezipiert und in die *Programme der Bundesratsparteien* integriert worden sind, soll aus der folgenden knappen Zusammenstellung hervorgehen. Ich habe dabei versucht, die für die jeweilige Partei repräsentative Haltung darzulegen, wobei ich mir bewusst bin, dass damit Differenzierungen und abweichende Positionen innerhalb der Parteien vernachlässigt werden. Die grundsätzlichen Haltungen dürften indes trotz der Vernachlässigung intern divergierender Meinungen taugliche Anhaltspunkte liefern.

Die Freisinnig-demokratische Partei (FdP) hat trotz ihrem Etikett als Partei der Wirtschaft eine relativ deutliche Haltung zugunsten marktwirtschaftlicher Instrumente angenommen. Im freisinnigen Manifest zum Umweltschutz aus dem Jahre 1987 ist unter dem Stichwort "Grundsätze" u.a. folgendes zu lesen:

"Soweit es sich als möglich und sinnvoll erweist, ist unser vorläufig auf Gebote und Verbote beschränktes Instrumentarium um *marktwirtschaftliche Lösungen* zu erweitern, mit dem Ziel, Kosten und Nutzen des Umweltschutzes in den Preismechanismus der Wirtschaft zu integrieren. So wie die Voraussetzungen für eine soziale Marktwirtschaft geschaffen wurden, wollen wir uns für eine *ökologische Marktwirtschaft* einsetzen. Dies aus der Überzeugung, dass sich die Marktwirtschaft bei funktionierendem Preismechanismus von selbst umweltverträglich verhält, weil sie mit knappen Gütern haushälterisch umgeht. Umweltbelastungen, die Beanspruchung von 'freien Gütern' wie saubere Luft, sauberes Wasser, sollen einen Preis erhalten, der schonendes Verhalten bewirkt."

Nicht grundsätzlich anders sieht die Haltung der Christlichdemokratischen Volkpartei (CVP) aus. Auch sie strebt eine ökologisch orientierte Marktwirtschaft an, die vermehrt Eigenverantwortung und Mitverantwortung in den Vordergrund stellt. Es ist gar von einer neuen Solidarität mit der Umwelt die Rede (CVP 1987). In der CVP scheint sich die Überzeugung durchgesetzt zu haben, dass marktwirtschaftliche Instrumente ein sicheres Mittel zur Erreichung dieses Ziels sind:

"Die[se] ökologische Marktwirtschaft wird aber erst möglich, wenn erkannt und anerkannt wird, dass *unsere heutige Marktwirtschaft im Hinblick auf das Ziel Umweltschutz Lenkungsdefizite aufweist:* Ökologische Marktwirtschaft kommt nur dann zum Funktionieren, wenn Marktpreise zugleich 'Knappheitspreise' sind. Im Umweltbereich fallen aber heute Marktpreise und 'Knappheitspreise' auseinander. Luft, Wasser, Grünflächen, Wälder usw. werden nach wie vor als freie Güter betrachtet, obwohl wir uns ... bewusst geworden sind, dass auch diese Güter nicht unbegrenzt konsumiert werden können." (AWG 1990, S. 6-7, Hervorhebungen im Original).

Erstaunlicherweise scheint die Sozialdemokratische Partei (SP) das umweltökonomische Gedankengut am meisten rezipiert zu haben. In einem offiziellen Parteidokument, das kürzlich erschienen ist, ist u.a. zu lesen:

"Der haushälterische Umgang mit knappen Gütern – und die intakte Umwelt ist ein knappes Gut! – ist in unserem marktwirtschaftlichen System nur gewährleistet, wenn diese Güter etwas kosten, bzw. wenn sie in die betriebliche oder die individuelle Kostenkalkulation einbezogen werden müssen." Daraus leitet sich eine Reihe von Forderungen ab, die das ganze Spektrum der üblicherweise diskutierten Instrumente der Umweltpolitik abdeckt: Lenkungsabgaben, Energieabgaben, Ressourcensteuer, Emissionsgutschriften, Emissionsverbünde usw." (SPS 1989).

Die Schweizerische Volkspartei (SVP) nimmt unter allen Bundesratsparteien die vorsichtigste Haltung gegenüber marktwirtschaftlichen Instrumenten ein. Im Aktionsprogramm '87 wird u.a. festgehalten:

"Die volkswirtschaftlichen Kosten von Sanierungen bei zu spät erkannten Umweltschädigungen betragen ein Mehrfaches von dem, was bei konsequenter Hinwendung zum Prinzip der Prävention an der Quelle und zum Verursacherprinzip an Kosten aufgebracht werden müsste. Aus diesem Grunde sind die erwähnten Prinzipien konsequent anzuwenden",

und anschliessend wird präzisiert:

"Es ist eingehend zu prüfen, wie weit neben dem System der Grenzwerte (Verbote und Gebote) noch zusätzliche Anreize in Form von Lenkungssteuern oder Emissionsabgaben notwendig sind." (SVP 1987a, S. 39).

Eine ähnlich vorsichtige Haltung wurde von einem führenden Exponenten der Partei in einem öffentlichen Vortrag geäussert:

"Es gibt keine Instrumente, die für sich den Begriff 'marktwirtschaftliche Instrumente' pachten dürfen .... Abgesehen von diesen kritischen und warnenden Bemerkungen bin ich aber sehr wohl der Auffassung, dass eine Ergänzung des Instrumentariums durch Abgaben und Anreizsysteme prüfenswert ist." (Siegrist 1990, S. 12-13).

Probleme entstünden, so führte dieser Exponent weiter aus, nicht durch ein Defizit der Gesetzgebung, sondern im Vollzug, was folgerichtig die Forderung nach "eine[r] Verstärkung beim Vollzug der 'Umweltschutzgesetzgebung' und eine griffige Kontrolle auf betrieblicher, kommunaler, kantonaler und eidgenössischer Ebene" (SVP 1987b, S. 37) mit sich bringe.

In gewissen Wirtschaftskreisen sind die marktwirtschaftlichen Instrumente der Umweltpolitik energisch aufgegriffen und unterstützt worden. Die Gesellschaft zur Förderung der Schweizerischen Wirtschaft hat kürzlich ihre Haltung gegenüber der ökologischen Krise veröffentlicht. Als oberstes Ziel der Umweltpolitik wird die Ausgestaltung einer ökologischen Marktwirtschaft deklariert. Nach der Feststellung, dass der Erlass von Verordnungen und Vorschriften aller Art tendenziell den individuellen Spielraum einenge und sich zu einer "ordnungspolitischen Bedrohung" entwickle, kommt sie zu folgendem Schluss:

"Vor diesem Hintergrund sollten die liberalen Vorschläge zur *Schaffung einer 'ökologischen' Marktwirtschaft*, die seit langer Zeit vor allem im Kreise der Ökonomen diskutiert werden, näher geprüft werden. ... Umweltgüter wie saubere Luft sind heute jedermann frei und gratis zugänglich, sie haben keinen Preis, obwohl sie immer knapper werden. Statt nun die Auswirkungen dieser falschen 'Preissignale' mittels einer Unzahl dirigistischer Vorschriften zu korrigieren, gilt es wo immer möglich, die *Lenkungssignale selbst zu korrigieren:* Die Umweltgüter sind mit einem 'künstlichen' Preis zu versehen!" (Gilgen u.a. 1990, S. 4, Hervorhebungen im Original).

In der Öffentlichkeit kreisen die Diskussionen über Umweltpolitik immer wieder um einige wenige Begriffe. Die konsequente Durchsetzung des sogenannten *Verursacherprinzips*, die schon fast die Allüren einer Strafe gegen unverantwortliche Bürger annimmt, zusammen mit der Feststellung des Niedergangs moralischer Werte dominieren häufig solche Diskussionen. Grüne Fundamentalisten und Vertreter der Autopartei sind sich immerhin in einem Punkt einig: radikale Massnahmen sind je länger je mehr notwendig. Darüber hinaus scheint sich aber eine Spaltung der öffentlichen Meinung abzuzeichnen. Während die einen den Schutz der individuellen Freiheiten vor dem staatlichen

Drang zur Regulierung verlangen, fordern die anderen drakonische Massnahmen zum Schutze der Umwelt. Beispiele sind Autofahrer vs. Nicht-Autofahrer oder Kernenergie-Befürworter vs. Kernenergie-Gegner usw. Die Liste liesse sich fast beliebig fortsetzen.

Umweltökonomische Ansätze werden grob in *Regulierungs-* und *Internalisierungsstrategien* eingeteilt. Diese Kategorien lassen sich nicht eindeutig voneinander abgrenzen. Die erste bezieht sich meistens auf direkte, staatliche Interventionen und umfasst z.B. Verbote und Gebote. Darunter fallen eine Vielzahl von Massnahmen, wie etwa Qualitätsvorschriften für Waren, Ressourcen, Produktionsprozesse, aber auch die Festlegung nicht-überschreitbarer, kurz- und langfristiger Emissions- und Immissionswerte in einer Agglomeration oder einer Stadt, die genaue Festlegung von Wasserqualitätsstandards usw. Auch Sicherheitsnormen im Umgang mit gefährlichen chemischen oder radioaktiven Substanzen sind mittlerweile fester Bestandteil des Umweltrechts.

Die Einstellung zu den Internalisierungsstrategien variiert von Autor zu Autor. Während heute der Begriff der Internalisierung externer Effekte tendenziell sämtliche marktwirtschaftlichen Strategien der Umweltpolitik zu erfassen sucht, hat es sich für diese Arbeit als zweckmässig erwiesen, die zwei deutlich unterscheidbaren wissenschaftlichen Traditionen, die normalerweise zu den Internalisierungsstrategien gezählt werden, getrennt zu diskutieren. Es schien mir aus inhaltlichen Gründen wenig sinnvoll, zwei grundlegend verschiedene Interpretationen ökonomischer und sozialer Interessenskonflikte, die einerseits in die *Theorie der externen Effekte*, andererseits in die *Property-Rights-Diskussion* münden, als lediglich komplementäre Aspekte ein und desselben Problems zu behandeln. So sträubte sich Coase, der eigentliche Auslöser der Property-Rights-Diskussion, nach einer Aussage Buchanans (1986, S.105) vehement gegen das Konzept der externen Effekte. In seinem berühmten Aufsatz, "The Problem of Social Costs", erwähnt Coase das Wort "externality" kein einziges Mal.

Die Unterscheidung der zwei Traditionen hat nicht nur einen pragmatischen oder didaktischen Charakter (siehe Weimann 1991 für eine sich an dieser Unterscheidung orientierende Diskussion umweltökonomischer Ansätze). Wie noch zu zeigen sein wird, beruhen die beiden Konzeptionen auf zwei unterschiedlichen Haltungen in der Beurteilung von Marktmechanismen bzw. von Staatsaufgaben. Während die Theorie der externen Effekte die Aufmerksamkeit immer wieder auf das Versagen von Marktmechanismen lenkt, heben die Property-Rights-Theoretiker die Bedeutung rechtlicher Rahmenbedingungen für das "korrekte" Funktionieren von Marktmechanismen hervor. Dementsprechend anders werden die Aufgaben des Staates definiert: Nicht die Ergebnisse von Marktmechanismen sollen korrigiert, sondern geeignete Rahmenbedingungen geschaffen werden. Man könnte die wohlfahrtstheoretisch orientierten Ansätze als "ergebnisorientiert" bezeichnen, die Property-Rights-Konzeptionen als "prozessorientiert". Die Subsumierung beider Positionen unter das Stichwort "Internalisierungsstrategien" trägt mehr zur Verwirrung als zur Klärung bei.

1.2 Die wohlfahrtstheoretische Diskussion

1.2.1 *Private Kosten, soziale Kosten*

Eine in der Öffentlichkeit beliebte Art und Weise, die ökologische Krise zu diskutieren, sieht in den externen Kosten privater Aktivitäten die entscheidende Ursache des Problems. Dieser Ansicht zufolge verursachen private Aktivitäten Kosten, die in der jeweiligen Buchhaltung keinen Niederschlag finden. Dementsprechend müssen sie von der Öffentlichkeit getragen werden. Der private Verkehr ist in den letzten Jahren immer mehr zum Kristallisationspunkt dieser Argumentationsweise geworden: Die Strassenrechnung zeigt Kosten auf, die durch den privaten motorisierten Verkehr nicht vollständig gedeckt werden. Man spricht in diesem Zusammenhang häufig auch von einer konsequenten Durchsetzung des *Verursacherprinzips*: Private Akteure müssen für die Folgekosten ihrer Aktivitäten in vollem Umfang bezahlen. Das Gegenstück zu den sozialen Kosten sind die sozialen Nutzen. Ein typisches Beispiel sind Wälder, Erholungsgebiete und Ferienorte. Die Wälder haben einen sozialen Nutzen: Sie schützen gegen Lawinen, haben einen Erholungswert für sehr viele Städter, liefern Baumaterial usw. Wanderer, Skifahrer, Einwohner der Berggebiete usw. beanspruchen den sozialen Nutzen des Waldes, ohne dafür finanzielle Gegenleistungen erbringen zu müssen.

Die obige Beschreibung suggeriert unmittelbar die grundsätzliche Strategie: Die ökonomischen Akteure sollen veranlasst werden, ihre Entscheidungen vor dem Hintergrund einer Kostenrechnung zu treffen, welche alle mit ihren Aktivitäten verbundenen Kosten berücksichtigt. Die unbezahlten sozialen Kosten und Nutzen müssen voll in ihre Kostenrechnung einbezogen werden (siehe etwa Rechsteiner 1990 für eine allgemeinverständliche Einführung in diese Thematik). Die Erwartungen, die in diese Strategie gesteckt werden, sind offensichtlich: Sobald die ökonomischen Akteure gezwungen sind, die unbezahlten sozialen Kosten ihrer Aktivitäten zu berappen, werden sie sich veranlasst sehen, mit den neuerdings zu bezahlenden Ressourcen haushälterischer umzugehen. Es könnte sogar soweit kommen, dass eine bestimmte Aktivität angesichts der neuen Kostenstruktur nicht mehr rentabel ist und aufgegeben werden muss.

So naheliegend diese Strategie auch erscheinen mag, so wenig ist sie bisher in der Umweltpolitik umgesetzt worden. Das heutige Umweltschutzgesetz beruht ausschliesslich auf Ge- und Verboten. Erst vor kurzer Zeit hat der Bundesrat die Einführung einer CO_2-Abgabe in Erwägung gezogen. Der Vorschlag, eine Energiesteuer mit Lenkungscharakter einzuführen ist bisher kaum auf Gegenliebe gestossen. Obschon renommierte Ökonomen seit bald 20 Jahren die beschränkte Wirksamkeit einer Umweltpolitik betonen, die allein auf staatlicher Kontrolle beruht, scheint die politische Szene erst in den letzten Jahren die Existenz marktwirtschaftlicher Instrumente zur Kenntnis genommen zu haben, während sich die Privatwirtschaft und die privaten Haushalte zum Teil heftig gegen die Anwendung solcher Instrumente sträuben.

Die Internalisierung externer Kosten ist naturgemäss eine universelle, allgemeine Strategie: Ob es sich nun um den störenden Lärm einer privaten Aktivität wie Rasenmähen oder aber um die Zerstörung der Ozonschicht (das sogenannte Ozonloch) handelt, die Analyse des Problems bleibt grundsätzlich dieselbe: Unbezahlte soziale Kosten und Nutzen sollen systematisch ihren Verursachern bzw. Nutzniessern angelastet werden. Diese schon nahezu trivial wirkende Aussage hat ein unübersehbares wissenschaftliches und kulturelles Gewicht, das auf die Arbeiten Pigous (Pigou 1946) in theoretischer und Kapps (Kapp 1958) in empirischer Hinsicht zurückgeht.

Pigou vermittelte dem Konzept der sozialen[1] bzw. der privaten Kosten zum ersten Mal eine adäquate theoretische Grundlage. Er vertrat die Überzeugung, dass die an sich optimalen Eigenschaften neoklassischer Preismechanismen durch die externen Kosten privater Aktivitäten verzerrt oder zunichte gemacht werden. Dementsprechend sah Pigou in der Existenz externer Kosten eine der wichtigsten Ursachen des Marktversagens. Der Staat ist in diesem Falle berechtigt, auf dem Markt mit den nötigen Korrekturmassnahmen zu intervenieren. Wie dies im Idealfall geschehen soll, wird erst im nächsten Abschnitt diskutiert werden. Hier sollen zunächst noch einige allgemeine Bemerkungen angefügt werden.

---

1 Soziale Kosten dürfen hier nicht mit sozialen Ausgaben gleichgesetzt werden. Der Begriff der "sozialen Kosten" stammt unmittelbar aus dem angelsächsischen Sprachgebrauch (Social Cost), während auf deutsch eher von volkswirtschaftlichen Kosten die Rede sein sollte.

Insofern als sämtliche Kosten, die durch ökonomische Aktivitäten entstehen, von irgendwelchen Mitgliedern der Gesellschaft getragen werden müssen, sind nach Pigou alle Kosten soziale Kosten und jeder Nutzen sozialer Nutzen. Private Kosten und privater Nutzen sind nach dieser Definition einfach eine Untermenge aller sozialen Kosten und jedes sozialen Nutzens (siehe Pearce, Sturmey 1966; Frey 1985, S. 45 für eine präzise Diskussion terminologischer Fragen).

Abb. 1 gibt die relevanten Beziehungen wieder. Die Kurve der *privaten* (oder *internen*) *Grenzkosten* stelle beispielsweise die Förderung von Kohle dar. Bekanntlich erleiden Bergarbeiter häufig gesundheitliche Schäden, die durch ihren Lohn nicht entschädigt werden. Die *gesellschaftlichen* (oder *sozialen*) *Kosten* der Bergarbeit sind demnach höher als der Lohn der Bergarbeiter. Würden sämtliche Kosten der Bergarbeit in den Lohn einbezogen, wäre der Betreiber der Mine mit entsprechend höheren Grenzkosten konfrontiert. Die Kurve seiner Grenzkosten enthielte dann die privaten und die externen Kosten der Bergarbeit (durchgezogene Linie in Abb. 1). Dementsprechend würde die Produktion von m auf m^* sinken und der Kohlepreis von p auf p^* steigen.[2]

Bei der Internalisierung externer Kosten wird nicht nur postuliert, dass diese eine Entlastung der natürlichen Umwelt bewirkt, sondern dass das Ausmass der Entlastung auch effizient ist. Ist eine Reihe ziemlich restriktiver Annahmen erfüllt, so kann i.d.T. gezeigt werden, dass es eine einzige Verwendung ökonomischer Ressourcen gibt, die als effizient bezeichnet werden kann (Endres 1976). Das Ausmass der "Korrektur" ist im Idealfall nicht das Ergebnis eines politischen Entscheidungsprozesses, sondern eines ökonomischen Kalküls. Hierzu drängt sich die *marginalistische Betrachtungsweise* ökonomischer Prozesse auf. Die sozialen Grenzkosten und Grenznutzen einer bestimmten Massnahme müssen gegeneinander abgewogen werden. Gesucht ist mit anderen Worten eine gesellschaftlich optimale Verwendung der ökonomischen Ressourcen (siehe Frey 1987 für eine sich an dieser Betrachtungsweise orientierende Diskussion ökologischer Probleme).

Ohne hier auf das mathematische Instrumentarium zurückzugreifen, lässt sich *ökonomische Effizienz* anhand eines Beispiels leicht illustrieren. Abb. 2 gibt

---

2 Zur Vollständigkeit sei hier ein weiterer Begriff eingeführt, von dem ich jedoch nicht Gebrauch machen werde. Wenn die Fläche unter der Kurve der privaten (internen) Grenzkosten die gesamten privaten Kosten des Minenbetreibers darstellen und die Fläche unter der Kurve der sozialen (gesellschaftlichen) Grenzkosten die gesamten sozialen Kosten umfasst, stellt die Differenz zwischen diesen zwei Flächen die sog. *externen Zusatzkosten* dar.

den qualitativen Zusammenhang zwischen Umweltqualität, ihrem (monetären) Nutzen und den zugehörigen Vermeidungskosten für eine beliebige Volkswirtschaft wieder. Es handelt sich dabei um eine wachsende Volkswirtschaft, die (1) weder technischen Fortschritt noch (2) Kreditwesen kennt. Umweltschutzinvestitionen sind auf Techniken der Reinigung, der Reparatur und der Entsorgung beschränkt. Die Produktionstechniken bleiben jedoch unverändert. Ohne technischen Fortschritt werden in einer wachsenden Volkwirtschaft die Investitionen zur Erreichung einer bestimmten Umweltqualität immer aufwendiger und teurer. Der (monetäre) Nutzen aus zusätzlichen Umweltschutzinvestitionen nimmt hingegen kontinuierlich ab.

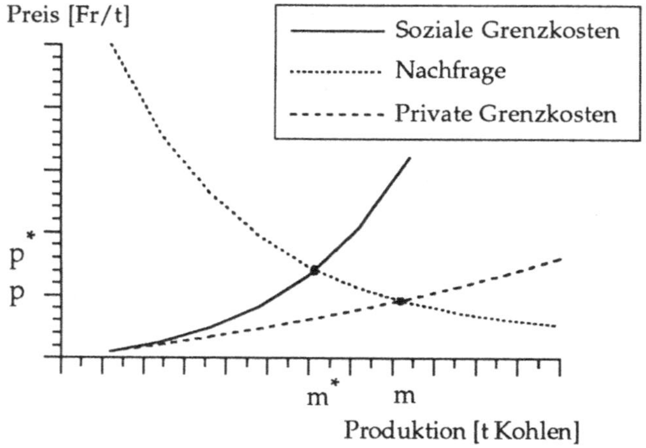

Abb. 1: Beziehungen zwischen privaten und sozialen Kosten.

Unter den getroffenen Annahmen sieht sich eine Gesellschaft mit einem Dilemma konfrontiert. Eine Erhöhung der Investitionen in nachsorgenden Technologien kann nur auf Kosten des Wohlstandes erfolgen. Zwischen Umweltschutz und Wohlstand besteht somit ein Konflikt, denn die finanziellen Ressourcen, die eine Gesellschaft für Investitionszwecke mobilisieren kann, sind gemäss der zweiten Annahme beschränkt. Gesucht ist also das "richtige" Mass an Umweltqualität. Dieses ergibt sich unmittelbar aus einer ökonomischen Betrachtungsweise. Solange der Nutzen aus zusätzlichen Umweltschutzinvestitionen höher ist als die Grenzkosten der Umweltbelastung, sollen die zugehörigen Umweltschutzmassnahmen realisiert werden. Darüber hinaus sind weitere Investitionen im Umweltschutz aus einer ökonomischen Perspektive nicht mehr zu rechtfertigen. Abb. 2 zeigt, dass es so etwas wie ein effizientes Niveau der Umweltqualität gibt.

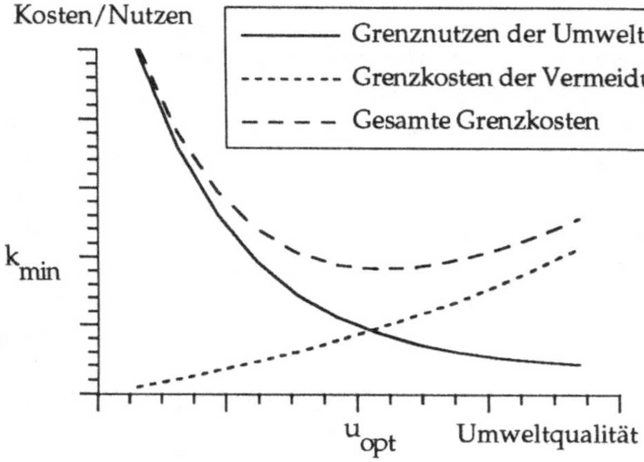

Abb. 2: Der Effizienzgedanke in der Umweltökonomie.

Die "Richtigkeit" und die "Eindeutigkeit" einer ökonomisch effizienten Situation besagt nichts anderes, als dass eine *ökonomisch optimale Umweltbelastung* bzw. eine *ökonomisch optimale Umweltqualität* existiert, und dass diese mit geeigneten Mitteln erreicht werden kann (stellvertretend für diese Haltung ist etwa Wicke 1982, S. 17-19). Sie besagt auch, dass eine weitere Steigerung der Umweltqualität über diesen Punkt hinaus nicht mehr effizient, d.h. ökonomisch nicht mehr zu rechtfertigen wäre. Die ökologische Krise wird in dieser Perspektive zu einem Problem des richtigen Masses (siehe Kneese und Schultze 1975 und Cohen 1986 und für eine Illustration dieser Betrachtungsweise). Ökonomische Effizienz eröffnet den Weg zur Identifizierung eines *objektiven Ausmasses* der Umweltqualität.

Die These der Existenz einer objektiven, optimalen Verwendung (natürlicher) Ressourcen impliziert einige Voraussetzungen. Soll es eine optimale Nutzung geben, muss erst einmal ein Referenzmodell vorliegen. Dies kann leicht an einem Beispiel aus der klassischen Mechanik gezeigt werden. Galileo Galilei hatte den Begriff der Trägheit mit einem Gedankenexperiment wie folgt illustriert: Man stelle sich eine Kugel auf einer schiefen Ebene vor. Die Kugel kommt ins Rollen, nimmt eine bestimmte Geschwindigkeit an, kommt in einen flachen Bereich und rollt dann eine geneigte Fläche empor. Der Experimentator wiederholt den Versuch mit verschiedenen Anstellwinkeln der ansteigenden Fläche und stellt fest, dass die Kugel mit abnehmender Steigung immer weiter rollt. Wie weit rollt die Kugel, wenn die gegenüberliegende Ebene horizontal ist? Die zentrale These Galileis lautet bekanntlich, dass auf einer reibungslosen Ebene ein bewegter Körper, auf welchen keine äusseren Kräfte einwirken, seine Geschwindigkeit (betrags- und richtungsmässig) beibehält.

So wie die Reibung in der klassischen Mechanik eine theoretische Brücke zwischen idealen und realen Situationen schafft, spannen die externen Effekte einen Bogen zwischen den idealen und den realen Preismechanismen. Diese Aussage impliziert die These, dass ökonomische Effizienz ein objektiver, identifizierbarer und zugleich optimaler Zustand ist. So wie im Entwurf beweglicher mechanischer Teile eines der wichtigsten Ziele die Minimierung der Reibungsverluste ist, scheinen die Arbeiten Pigous die Minimierung oder Eliminierung von Ineffizienzen, die durch externe Effekte auftreten, zum Ziel zu haben.

Eine zweite, mit der ersten eng verknüpfte Voraussetzung betrifft die *Verantwortungsverhältnisse*. Die Behauptung eines externen Effekts macht stillschweigend von einem ganz bestimmten Verständnis dieser Verhältnisse Gebrauch. Es wird nicht nur ein Interessenskonflikt zwischen privaten Aktivitäten und der Öffentlichkeit postuliert, sondern es werden mit der Annahme, dass die Öffentlichkeit die externen Kosten der privaten Aktivitäten auf sich nehmen muss, automatisch auch die kausalen Verhältnisse festgelegt: Die privaten Aktivitäten sind für diese Kosten verantwortlich. Die implizite Festlegung der Verantwortungsverhältnisse ist primär eine moralische Frage, welche Pigou und die wohlfahrtstheoretisch orientierten Autoren allzu häufig unterschätzen. In den folgenden Ausführungen wird die Legitimation dieser moralischen Haltung nicht explizit zur Sprache kommen. Sie wird uns im zweiten Teil dieser Arbeit jedoch noch ausführlich beschäftigen. Es ist aber nützlich, schon hier darauf hinzuweisen, dass das Effizienzkriterium und die moralischen Aspekte zwar eng verknüpft, aber dennoch nicht einfach ein und dasselbe Problem sind (klassisch hierzu: Coase 1960).

Die Vorstellung eines eindeutigen Effizienzkriteriums beruht auf einer formalisierten Preistheorie, wie sie in diesem Jahrhundert schrittweise entwickelt wurde. Gegen dieses Verständnis von Preistheorie und Wettbewerb hat sich Friedrich A. von Hayek immer wieder gewendet. Hayek hat eine eher soziologisch und kulturell orientierte Theorie des Wettbewerbs entwickelt, die in letzter Zeit wieder an Aktualität gewonnen hat. Sie ist nicht – zumindest nicht unmittelbar – mit der erwähnten formalisierten Preistheorie kompatibel

(Hayek 1968). So lehnt Hayek die Relevanz eines derart fundamentalen Konzeptes wie des Gleichgewichts grundsätzlich ab. Inwiefern sich der Effizienzgedanke als ein formales Konzept mit einem evolutionären Verständnis von Wettbewerb verträgt, ist unklar. Ich werde im dritten Teil dieser Arbeit auf dieses Thema näher eingehen. In diesem Kapitel werde ich mich darauf beschränken, möglichst getreu die verschiedenen umweltökonomischen Ansätze darzustellen, im Bewusstsein, dass diese meistens auf sehr restriktiven theoretischen (und dadurch oft praxisfernen) Annahmen beruhen.

1.2.2 *Das Konzept der Pigou-Steuer*

Inbegriff der Korrektur von Marktverzerrungen, die durch externe Kosten verursacht werden, ist die sogenannte Pigou-Steuer. Steuern werden zwar durch staatliche Instanzen erhoben. Das Ausmass der staatlichen Intervention hängt jedoch im idealisierten Modell mit dem Ausmass der externen Kosten zusammen. Dieses ist nicht das Ergebnis politischer oder öffentlicher Auseinandersetzung. Wie eine Pigou-Steuer bemessen werden kann und welche Wirkungen sie zeitigt, werde ich in den folgenden Ausführungen anhand eines einfachen numerischen Beispiels diskutieren. Für eine formalere Diskussion dieser Problematik sei etwa auf Meade (1973) und auf Pearce, Turner (1990) verwiesen.

Betrachten wir als hypothetisches Beispiel einen Chemiebetrieb, dessen Aktivitäten die Gewässer eines naheliegenden Flusses beträchtlich belasten. Unterhalb des Betriebs sei ein Fischereibetrieb angesiedelt. Nehmen wir weiter an, dass die anliegenden Gemeinden ihr Trinkwasser aus dem Fluss beziehen und dass der Fluss selbst zum Naturschutzgebiet erklärt worden ist und sich für die in der Region wohnenden Familien zu einem beliebten Ausflugsort entwickelt hat. Die geschilderte Situation ist stellvertretend für viele reale Situationen. Man denke nur an den Po, der Abwasserreservoir und zugleich Trinkwasserreservoir der mailändischen Agglomeration ist (Eine klassische Diskussion der Kosten und Nutzen verschiedener Nutzungen von Fliessgewässern findet sich in Kneese, Bower 1984)

Die *Emissionen* des Chemiebetriebes verursachen eine Reihe von Schäden und Unannehmlichkeiten. Der Fischereibetrieb stellt einen Rückgang des Fischbestandes fest, was sich in einem proportionalen Rückgang der Umsätze ausdrückt. Die Aufwendungen der Gemeinden zur Aufbereitung des Trinkwassers nehmen zu, denn die Einhaltung der Reinheitsstandards wird teurer. Die Diversität des Naturschutzgebietes ist bedroht: Vogelarten werden durch das belastete Wasser vergiftet, Fischarten sterben aus. Offensichtlich muss die Öffentlichkeit durch die Aktivitäten des Chemiebetriebes eine beachtliche Einbusse an Lebensqualität in Kauf nehmen. Man könnte sagen, dass die ansässige Bevölkerung die volkswirtschaftlichen Kosten privater Aktivitäten auf sich nehmen muss.

Ich habe bisher unter Bezugnahme auf die externen Kosten stillschweigend angenommen, dass sich die externen Effekte des Chemiebetriebs monetarisieren lassen. Dies stellt eine sehr wichtige und zugleich sehr restriktive Annahme dar. Die Plausibilität dieser Annahme soll hier jedoch noch nicht näher diskutiert werden. Ich nehme also an, dass es externe Kosten gibt, diese bekannt sind und von allen Beteiligten, insbesondere von den Anwohnern der Region und vom Chemieunternehmer, anerkannt werden. Es besteht mit anderen Worten ein Konsens über Ausmass und Wert der externen Kosten – eine wahrlich nicht sehr plausible Annahme, wenn man an reale Situationen denkt.

Das Konzept der Pigou-Steuer verlangt nicht nur Wissen über Ausmass und den monetären Wert externer Effekte. Auch die quantitative Beziehung zwischen Emissionen und externen Kosten muss zumindest annähernd bekannt sein. Die Literatur nimmt normalerweise zwischen Emissionen und externen Kosten eine überproportionale Beziehung an: Je höher die absolute Belastung ist, desto höher werden die externen Kosten, die bei der Produktion einer zusätzlichen Einheit anfallen. Es werden mit anderen Worten *steigende externe Grenzkosten* postuliert. Diese Annahme wird selten begründet und ist unabhängig von der Diskussion einer konkreten Situation kaum zu rechtfertigen. Sowohl Pigou als auch Coase nehmen in ihren fiktiven Beispielen stets steigende externe Grenzkosten an. Auch moderne Lehrbücher halten es nicht für nötig, diese Annahme näher zu begründen. Ich werde im zweiten Teil, Abschnitt 2.3.1, auf dieses Thema zurückkommen. Ich möchte hier lediglich vermerken, dass die Plausibilität der Annahme bei näherer Betrachtung ins Wanken gerät. Konstante oder gar sinkende Grenzkosten, bzw. ein Abwechseln zwischen steigenden, konstanten und sinkenden Grenzkosten sind durchaus denkbare Situationen, sobald die Komplexität natürlicher Prozesse, wie beispielsweise des Klimawandels, explizit berücksichtigt wird.

Zur Verminderung der umweltbelastenden Emissionen stehe in unserem Beispiel eine *Vermeidungstechnik* zur Verfügung. Typische Beispiele hierfür sind Rauchgasentschwefelungsanlagen, Kläranlagen, Verbrennungsanlagen usw. Die technischen Relationen der Vermeidungstechnik sind durch steigende Grenzkosten gekennzeichnet: Eine weitere Reduktion der Schadstoffkonzentration um beispielsweise ein µg pro Liter wird mit zunehmendem

Reinigungsniveau immer teurer. Mit anderen Worten, die Klärung der Abwässer wird mit der Steigerung der Anforderung an die Wasserqualität überproportional teurer. Diese Annahme ist, im Gegensatz zur Annahme steigender externer Grenzkosten, durch zahlreiche empirische Studien im wesentlichen bestätigt worden (Siebert 1987, S. 69).

Emissionen (µg/l)	Totale externe Kosten (Fr/l)	Externe Grenz - Kosten (Fr/µg)
0	0	
		6
1	6	
		8
2	14	
		10
3	24	
		12
4	***36***	
		14
5	***50***	
		16
6	66	
		18
7	84	
		20
8	104	
		22
9	***126***	
		24
10	***150***	
		26
11	176	
		28
12	204	
		30
13	234	
		32
14	266	

Tab. 1: Emissionen und monetär bewertete externe Effekte (hervorgehobene Zahlen beziehen sich auf die Diskussion im Text).

Steigende Grenzkosten sind für die langfristige Vermeidungskurve leicht nachzuweisen. Die Verschärfung der Umweltstandards verlangt aufwendigere und teurere Technologien, so dass zwischen Umweltstandards und Vermeidungskosten längerfristig eine überproportionale Beziehung besteht. Aus einer kurzfristigen Perspektive gesehen trifft dies jedoch nicht notwendigerweise zu: Eine erhöhte Auslastung einer gegebenen Vermeidungstechnik kann sich u.U. in einem besseren Wirkungsgrad und dementsprechend auch in tieferen

Grenzkosten auswirken. Diese Frage wird in der Literatur kaum diskutiert und soll hier auch nicht weiter verfolgt werden.

Ich habe es aus Gründen der Übersichtlichkeit vorgezogen, eine numerische Illustration der Pigou-Steuer tabellarisch statt algebraisch darzustellen. Grenzkosten werden demnach in den folgenden Tabellen stets als Differenzen zwischen zwei absoluten Kostenniveaus (bei unitärer Zunahme des Outputs) definiert. Tab. 1 gibt die Beziehung zwischen Emissionen – ausgedrückt in µg pro Liter Abwasser – und den zugehörigen totalen externen Kosten sowie den externen Grenzkosten wieder und stellt somit eine *Schadensfunktion* dar.

In Tab. 2 sind die entsprechenden Zahlen für die Vermeidung wiedergegeben. Der Vermeidungsgrad gibt an, um wieviele µg pro Liter die ursprüngliche Schadstoffkonzentration reduziert worden ist. Ein Vermeidungsgrad von 4 µg/l besagt z.B., dass das behandelte Wasser 4 µg/l weniger Schadstoff enthält als die entsprechende nicht gereinigte Menge Wasser. War das Abwasser anfänglich mit 9 µg/l Schadstoff belastet, so enthält das gleiche Volumen Wasser nach der Behandlung nur noch 5 µg/l Schadstoff. Im folgenden Beispiel beträgt die anfängliche Belastung 14 µg Schadstoff pro Liter Abwasser.

Um unnötige Komplikationen zu vermeiden, werde ich die folgenden Ausführungen auf eine Situation *vollkommener Konkurrenz* beschränken. Die Marktteilnehmer der chemischen Industrie sind nicht in der Lage, den Preis von Chemikalien als Folge von verschärften Umweltstandards dauerhaft zu erhöhen, ohne beträchtliche Umsatzeinbussen auf sich nehmen zu müssen. Sie sind mit anderen Worten reine Preisnehmer: Im Modell der vollkommenen Konkurrenz sehen sie sich mit einem vorgegebenen Preis konfrontiert. Unter diesen Umständen wird eine Firma, welche die Maximierung ihrer Profite anstrebt, ihre Produktion solange erhöhen, bis ihre Grenzkosten mit dem Marktpreis übereinstimmen. Das sind im wesentlichen die wichtigsten Aussagen des Modells der vollkommenen Konkurrenz.[3]

Für die vorliegende Diskussion sollen weder *technischer Fortschritt* noch *Kapazitätserweiterungen* berücksichtigt werden. Dies entspricht einer kurzfristigen Betrachtungsweise, bei der keine Investitionen getätigt werden, d.h. Maschinen und Gebäude fix vorgegeben sind. In dieser Situation werden die Marktteilnehmer in einem Bereich ihrer Kostenfunktion operieren, der nach der Theorie durch *steigende Grenzkosten* gekennzeichnet ist. Die Annahme steigen-

---

3 Jedes Lehrbuch setzt sich ausführlich mit dem Modell der vollkommenen Konkurrenz auseinander. Siehe z.B. Hirshleifer (1984) für eine klare, auch für den mathematisch nicht versierten Leser geeignete Darlegung der Fundamente der Mikroökonomie.

der Grenzkosten ist für das Modell der vollkommenen Konkurrenz zentral. Sie ist heute nicht mehr Gegenstand fachlicher Auseinandersetzungen und gilt i.d.R. als selbstverständlich – obschon die empirische Evidenz hierzu nicht gerade überwältigend ist (Walters 1963).

Vermeidungsgrad (µg/l)	Totale Kosten der Vermeidung (Fr/l)	Grenzkosten der Vermeidung (Fr/l/µg)
0	0	
		2
1	2	
		4
2	6	
		6
3	12	
		8
4	***20***	
		10
5	***30***	
		12
6	42	
		14
7	56	
		16
8	72	
		18
9	***90***	
		20
10	***110***	
		22
11	132	
		24
12	156	
		26
13	182	
		28
14	210	

Tab. 2: Die Kostenstruktur der Vermeidungstechnik (hervorgehobene Zahlen beziehen sich auf die Diskussion im Text).

In Abb. 3 sind die Grenzkosten der Vermeidungstechnik gemäss Tab. 2 und die externen Grenzkosten gemäss Tab. 1 aufgetragen. Auf der horizontalen Achse sind sowohl die Emissionen wie auch der Vermeidungsgrad (dessen Skala von rechts nach links läuft) aufgetragen. Werden die Abwässer unbehandelt in den Fluss geleitet, beträgt die Konzentration der Schadstoffe 14 µg pro Liter. Der Belastungsgrad der behandelten Gewässer ergibt sich als Differenz von Emissionen und Vermeidungsgrad.

Betrachten wir einmal den Teil der Graphik rechts vom Schnittpunkt. Liegt der Vermeidungsgrad des Chemie-Betriebs z.B. bei 4 µg Schadstoff pro Liter Abwasser, beträgt also die reale Belastung immer noch 10 µg/l (Abb. 3: punktierte Linie rechts vom Schnittpunkt), verursacht eine weitere Steigerung des Vermeidungsgrads um 1 µg/l zusätzliche Kosten für den Chemie-Unternehmer im Wert von 10 Fr pro Liter gereinigtes Abwasser (Abb. 3: Gestrichelte Linie rechts vom Schnittpunkt. Siehe auch Tab. 2). Die externen Grenzkosten nehmen in diesem Falle um 24 Fr pro Liter Abwasser ab (Abb. 3 sowie Tab. 1). Offensichtlich würde eine weitere Steigerung des Vermeidungsgrads im Interesse einer Mehrheit liegen: Volkswirtschaftlich gesehen ist es für die Öffentlichkeit insgesamt billiger, zusätzliche Anstrengungen im technischen Umweltschutzbereich auf sich zu nehmen, als die Kosten des externen Effektes zu tragen.

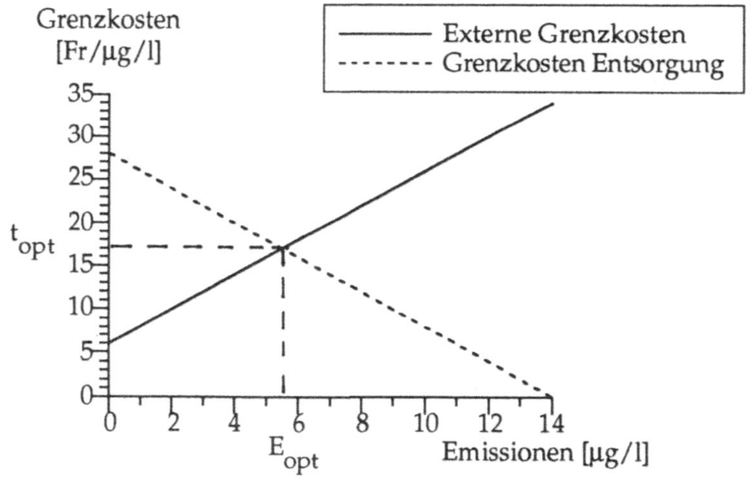

Abb. 3: Externe Grenzkosten und Grenzkosten der Vermeidungstechnik.

Betrachten wir nun die linke Seite der Abb. 3. Beträgt das Reinigungsniveau 11 µg/l, d.h. wurde die Belastung der Abwässer von 14 auf 3 µg/l reduziert (Abb. 3: punktierte Linie links vom Schnittpunkt), würde eine Zunahme der Belastung der Abwässer um 1 µg/l auf 4 µg/l (Abb. 3: gestrichelte Linie rechts vom Schnittpunkt) dem Chemieunternehmer (gemäss Tab. 2) 22 Fr pro Liter Abwasser ersparen, während die externen Kosten, die durch diese Massnahme zusätzlich verursacht werden, sich auf 12 Fr pro Liter Abwasser beschränken (gemäss Tab. 1). Aus einer volkswirtschaftlichen Sicht, die einen möglichst effizienten Einsatz ökonomischer und natürlicher Ressourcen anstrebt, (d.h. ökonomische Effizienz zum obersten gesellschaftlichen Gebot erhebt) ist es sinnvoller, die Anstrengungen zum Schutze der natürlichen Umwelt weiter zu reduzieren: Die Aufwendungen für den technischen Umweltschutz übertreffen bei weitem die volkswirtschaftlichen Einsparungen.

Im Schnittpunkt beider Kurven ergibt sich eine *optimale Situation*: Eine weitere Steigerung der Ausgaben für technische Umweltschutzmassnahmen würde die volkswirtschaftlichen Einsparungen, die durch die Verminderung der Gewässerbelastungen entstehen, übertreffen. Eine weitere Reduktion der externen Kosten wäre aus volkswirtschaftlichen Gründen ineffizient. Eine Senkung des Vermeidungsgrads, d.h. eine höhere Gewässerbelastung, liesse sich auch nicht rechtfertigen, denn der Reduktion der internen Kosten für den technischen Umweltschutz stünden höhere externe Kosten gegenüber. Eine höhere Gewässerbelastung liesse sich somit auch nicht rechtfertigen.

Offensichtlich besteht zwischen den zusätzlichen Aufwendungen in der Vermeidungsaktivität und den damit verknüpften Verbesserungen der Wasserqualität ein Trade-Off, der die Vorstellung eines *optimalen Umweltbelastungsgrades* bzw. einer optimalen Umweltqualität nährt. Die Aufgabe einer *staatlichen Instanz* – es muss nicht notwendigerweise immer die Zentralregierung sein, auch regionale politische Institutionen kämen in Frage – läge nun in der Erhebung einer *Steuer* in der Höhe von 17 Fr pro Liter Abwasser (Schnittpunkt der Kurven der Grenzkosten der Vermeidung und der externen Grenzkosten in Abb. 3). Das ist die Höhe einer Steuer, die den Chemieunternehmer zu einem effizienten Einsatz seiner ökonomischen und natürlichen Ressourcen verleiten müsste. Das saubere Wasser ist zu einem knappen Gut geworden, dessen Nutzung nun Kosten verursacht. Die Erhebung der genannten Pigou-Steuer veranlasst den Unternehmer, die Belastung der Gewässer von 14 auf das optimale Niveau von 5,5 µg/l Abwasser zu reduzieren. Nehmen aus irgendwelchen Gründen die externen Grenzkosten zu, muss die Höhe der Pigou-Steuer an die neue Situation angepasst werden, d.h. sie muss – bei unverändert bleibender Produktions- und Klärtechnik – steigen. Mit anderen Worten, der Wert von sauberem Wasser nimmt zu.

Die bisherige Diskussion hat sich auf die denkbar einfachste Situation beschränkt. Es wurde ein einziger Emittent und eine einzige Emissionsart berücksichtigt. In Wirklichkeit existieren aber zahlreiche Emissionsquellen, was insbesondere bei der Luftverschmutzung (Verkehr, Feuerungen usw.) evident ist. Sobald die einzelnen Beiträge an der gesamten Belastung nicht mehr ermittelt werden können, ist eine individuelle Besteuerung unmöglich.

Die Bemessung der Steuer beruht dann nicht auf den externen Kosten des einzelnen Emittenten, sondern auf den kumulierten externen Kosten. Die Gewässerverschmutzung liefert wiederum ein einleuchtendes Beispiel. Soll etwa der Betrieb einer Kläranlage finanziert werden, liessen sich die gesamten externen Grenzkosten in erster Näherung aus der Kostenfunktion der Kläranlage ableiten. Sie würden die Grundlage für die Berechnung einer einheitlichen Pigou-Steuer liefern. Je nach der verwendeten Technologie, der Organisationsform und der Klärtechnik des jeweiligen Betriebs variiert natürlich das Steueraufkommen erheblich (die Steuer wird ja pro Liter Abwasser erhoben).

Das soeben dargestellte Beispiel illustriert eine typisch ökonomische Analyse eines ökologischen Problems und ist stellvertretend für eine Reihe anderer Situationen, ganz unabhängig davon, ob es sich um Wasser, Boden, Luft, Landschaft usw. handelt. Das Problem lässt sich auf die Frage der Diskrepanz zwischen privaten und sozialen Grenzkosten zurückführen. Die Pigou-Steuer ist zur *Elimination von ökonomischen Ineffizienzen* bzw. zur Herbeiführung eines ökonomisch optimalen Zustands gedacht und nicht einfach zur Elimination der Umweltbelastung. Die optimale Pigou-Steuer garantiert, dass in einer Situation mit gegebenen Vermeidungskosten und bekannten externen Kosten ökonomische Ineffizienzen systematisch eliminiert werden können. Umweltbelastungen sollen solange reduziert werden, bis ein Ausgleich zwischen den (privaten) Vermeidungskosten und den externen Grenzkosten erreicht ist. Angestrebt wird also eine gesellschaftlich optimale Umweltqualität. Diese wird als eine Situation maximaler ökonomischer Effizienz definiert: Jede weitere Verbesserung der Umweltqualität verursacht der Gesellschaft mehr Kosten, als sie Nutzen erbringt. Aus einer ökonomischen Perspektive kann diese nicht mehr gerechtfertigt werden. Inwiefern Effizienzkriterien selbst einer Legitimation auf der gesellschaftlichen und/oder politischen Ebene bedürfen, wird im Rahmen dieser Ansätze kaum diskutiert. Hier zeichnen sich weitreichende theoretische und praktische Schwierigkeiten ab, die erst in den Teilen 2 und 3 zur Sprache kommen werden.

1.2.3 Zur Theorie der externen Effekte

In den vorhergehenden Abschnitten wurde ein intuitives Verständnis von sozialen bzw. externen Kosten vermittelt und anhand eines numerischen Beispiels illustriert. Es darf dabei nicht übersehen werden, dass es sich um eine recht vereinfachte Darstellung handelt: Der Chemiebetrieb ist Stellvertreter für eine ganze Volkswirtschaft, während die Beziehung zwischen Emissionen und externen Grenzkosten eindeutig bekannt und linear ist. Das Beispiel hätte angesichts der doch recht stark vereinfachenden Annahmen weder wissenschaftliches noch öffentliches Interesse, würde es nicht auf einer etablierten, einflussreichen sozialwissenschaftlichen Disziplin beruhen, der Wohlfahrtsökonomie (Boadway, Bruce 1984). Die oben geschilderte Konzeption einer Pigou-Steuer muss als ein typisches Ergebnis des umfassenden Theoriegebäudes der Wohlfahrtsökonomie betrachtet werden. Ein zentrales Element wohlfahrtstheoretischer Ansätze ist der Begriff der *externen Effekte*. Angesichts der Relevanz und Aktualität umweltökonomischer Instrumente ist eine Diskussion dieses Begriffs unumgänglich.

Obwohl die Auseinandersetzungen um den Begriff der Externalitäten seit bald hundert Jahren andauern, scheint sich dieser bis heute nicht wirklich konsolidiert zu haben. So stellte etwa Tibor Scitovski 1954 zu Beginn seines klassischen Beitrags fest:

> "The concept of external economies is one of the most elusive in economic literature.... Definitions of external economies are few and unsatisfactory." (Scitovsky 1954, S. 143).

In ihrem Standardwerk doppelten Baumol und Oates 1975 nach:

> "The externality is in some ways a straightforward concept; yet, in others, it is extraordinary elusive. ... one is left with the feeling that we still have not captured all its ramifications." (Baumol, Oates 1975, S. 14).

Die Auseinandersetzungen um den Externalitätenbegriff sind heute immer noch nicht abgeschlossen, obschon

> "...most of the readers of the *Journal of Environmental Economics and Management* probably feel that the point of diminishing returns [in Zusammenhang mit dem Externalitäten-Begriff] has long been reached..." (Peskin 1988, S. 380, Hervorhebungen im Original).

In den folgenden Ausführungen werde ich mich also auf die wichtigsten Aspekte dieser Diskussion konzentrieren. Für eine vertiefte Lektüre sei auf die Literatur[4] verwiesen.

Das Konzept der Externalitäten geht nach einhelliger Meinung auf *Alfred Marshall* zurück. Er definierte einen externen Effekt wie folgt:

> "We may divide the economies arising from an increase in the scale of production of any kind of goods into two classes – firstly, those dependent on the general development of the industry; and, secondly, those dependent on the resources of the individual houses of business engaged in it,

4 Aus der Fülle des vorliegenden Materials seien hier etwa Meade (1952), Bator (1958), Buchanan und Stubblebine (1962), Davis, Whinston (1962), Turvey (1963), Mishan (1971), Meade (1973), Freeman (1984), Peskin (1988), Bird (1988), Oates (1988) erwähnt.

on their organization, and the efficiency of their management. We may call the former *external economies*, and the latter *internal economies.* " (Marshall 1982, S. 221, Hervorhebungen im Original).

Das Zitat verdeutlicht, dass das Konzept der externen Effekte ursprünglich keine wohlfahrtstheoretische oder gar umweltökonomische Bedeutung hatte. Gegenstand ist das industrielle Ertragsgesetz, das in diesem Jahrhundert Anlass bot für zahllose Interpretationen und Kontroversen. Marshall postuliert, dass die allgemeine Entwicklung ("general development") einer Branche positive externe Effekte auf den einzelnen Betrieb hat: Die Nachbarschaft zahlreicher Betriebe der gleichen Branche kann bewirken, dass sich mit der Zeit ein gemeinsamer Fundus an technischen und organisatorischen Erfahrungen konsolidiert, der für jedes Branchenmitglied von grosser Bedeutung ist und für dessen "Inanspruchnahme" die in der Region ansässigen Betriebe nichts zu bezahlen haben. Für diese spezielle Art positiver externer Effekte ist der Begriff der Agglomerationserträge (engl.: agglomeration economies) geprägt worden.

Die erste wichtige Systematisierung der in mancher Hinsicht verwirrenden Ausführungen Marshalls wird i.a. *Jacob Viner* zugeschrieben (Viner 1931)[5]. In seinem Beitrag unterscheidet er zwischen *pekuniären* und *technologischen* internen bzw. externen *Effekten*. Er definiert die internen Effekte wie folgt:

"Internal economies may be either technological or pecuniary, that is they may consist either in reductions of the technological coefficients of production or in the amounts thereof purchased." (Viner 1931, S. 35).

Sind die technologischen Effekte extern, so heisst das lediglich, dass die Veränderung der technischen Koeffizienten (technologische Externalität) nicht dem zweckmässigen Handeln des Unternehmers zugeschrieben werden kann, sondern auf Drittpersonen zurückzuführen ist. Die Kosten, die beim weiter oben ausgeführten Beispiel mit dem Chemiebetrieb für die kommunale Trinkwasserversorgung wegen stärker belasteter Gewässer zusätzlich anfallen, sind ein Beispiel für einen technologischen negativen externen Effekt zwischen zwei Produktionsfunktionen: Offensichtlich wird hier die Qualität des Inputs einer dieser Aktivitäten, nämlich der Trinkwasserversorgung, durch den Chemiebetrieb verändert.

Die Unterscheidung zwischen pekuniären und technologischen Externalitäten hat einen grundsätzlichen Charakter bekommen (Scitovski 1954). Pekuniäre

---

5 Der Beitrag kann noch heute allen empfohlen werden, die sich für die grundsätzlichen Elemente der neoklassischen Partialanalyse interessieren. Er hat den Vorteil, dass er sich direkt an die Ausführungen Marshalls anlehnt, lediglich 23 Seiten umfasst, sorgfältig illustriert ist und sich mathematischer Instrumente mit angenehmer Zurückhaltung bedient.

externe Effekte sind im vorliegenden Zusammenhang von untergeordnetem Interesse. Wir wollen sie der Vollständigkeit halber trotzdem kurz erläutern. Pekuniäre externe Effekte verändern die *Preise* eines oder mehrerer Inputs einer produktiven Aktivität, während die technologischen Beziehungen, also die Proportionen in welchen die Inputs eingesetzt werden, unverändert bleiben. Diese Konstruktion trägt dem Umstand Rechnung, dass Einsparungen oder Mehrausgaben nicht lediglich als die Folge des technischen Fortschritts anzusehen sind. Die Kosten eines Produktionsfaktors setzen sich aus einer Menge und einem Preis zusammen. Bleiben die technischen Beziehungen unverändert, aber variieren die Faktorpreise, kommt dadurch ein positiver oder ein negativer pekuniärer externer Effekt zustande.

Pekuniäre externe Effekte beeinflussen im Gegensatz zu den technologischen externen Effekten die Form einer Produktions- oder einer Nutzenfunktion nicht. Sie sind nicht für Verzerrungen in der Allokation von Produktionsfaktoren verantwortlich. Insofern lassen sie sich nicht von ganz normalen Markteffekten unterscheiden, die etwa aufgrund einer veränderten Marktlage entstehen. Nimmt etwa die Nachfrage nach Speicher-Chips zu, müssen PC-Hersteller mit zunehmenden Produktionskosten rechnen. Dies trifft auch dann zu, wenn sich die Nachfrage eines einzelnen PC-Herstellers nicht wesentlich verändert hat. Dessen ungeachtet bleiben die technologischen Verhältnisse in der Produktion von PC's zunächst unangetastet. Mit der Zeit können dauerhafte Preiserhöhungen zu Einsparungen und technologischen Verbesserungen führen.

Die Anwendbarkeit des Begriffs des externen pekuniären Effektes ist nicht nur auf das Beispiel eines einzelnen Betriebs beschränkt. Kommt ein bestimmter Input in mehreren Branchen zum Einsatz, hat eine veränderte Nachfrage in der einen Branche Auswirkungen auf die Faktorpreise einer anderen. Ein typisches Beispiel sind die Personalkosten im Gesundheitswesen. In der Stadt Zürich, und in der Schweiz generell, war es z.B. bis vor kurzem äusserst schwierig, Pflegepersonal für Spitäler zu finden. Ein wichtiger Grund dafür lag in der finanziellen Attraktivität von Büroarbeitsplätzen im Finanzdienstleistungssektor. Das Gesundheitswesen ist schon immer eine personalintensive Branche gewesen. Es ist in dieser Branche in Zeiten guter Konjunktur nahezu unmöglich, das fehlende Personal mit Lohnverbesserungen anzulocken – zu sehr klafft das Lohnniveau zwischen den zwei Sektoren auseinander.[6]

---

6 In der letzten Periode der Hochkonjunktur musste aus diesem Grunde in einigen Spitälern die Zahl der Betten manchmal reduziert werden.

Ist nun der Personalmangel im Gesundheitswesen als ein pekuniärer externer Effekt der hohen Nachfrage im Finanzdienstleistungssektor zu betrachten? Nach der Definition eines pekuniären externen Effektes müsste diese Frage bejaht werden: Die Löhne sind im Finanzdienstleistungssektor so hoch geworden, dass sie sich auf die Personalkosten (d.h. den Preis des Produktionsfaktors Arbeit) im Gesundheitswesen negativ auswirken. Andererseits liesse sich auch argumentieren, dass man es hier einfach mit konkurrierenden Verwendungen des Produktionsfaktors Arbeit zu tun hat, und insofern mit einem gewöhnlichen Markteffekt.

Aus der Literatur geht die Bedeutung der pekuniären Externalitäten nicht klar hervor. Die Verwendung dieses Begriffs ist nach Mishan eine "verbal extravagance" (Mishan 1971, S. 6), und er klammert sie explizit aus seinen Ausführungen aus. In ihrer klassischen Abhandlung dagegen heben Baumol und Oates die Relevanz der Unterscheidung zwischen technologischen und pekuniären Externalitäten besonders hervor (Baumol, Oates 1975, S. 28-30). Für die Diskussion ökologischer Probleme scheinen jedoch pekuniäre Externalitäten völlig irrelevant. Für die vorliegende Arbeit haben sie keine Bedeutung und werden daher in den folgenden Ausführungen nicht weiter beachtet.

Die Unterscheidung zwischen technologischen und pekuniären Externalitäten ermöglicht immerhin eine klare Trennung zwischen einem problemlosen und einem problematischen Begriff. Die wichtigste Quelle auf dem Gebiet der Theorie der externen Effekte definiert heute eine *technologische Externalität* wie folgt:

> "An externality is present whenever some individual's (say A's) *utility* or *production* relationship include real (that is, nonmonetary) variables, whose values are chosen by others (persons, corporations, governments) without particular attention to the effects on A's welfare." (Baumol, Oates 1975, S. 17, Hervorhebung im Original).

Diese Definition eliminiert die Zweideutigkeiten, die das Konzept der pekuniären Externalitäten beinhaltet und richtet den Blick auf die unbeabsichtigten ("without particular attention") kausalen Wirkungen technologischer Art zwischen zwei sozialen Akteuren. Damit diese zunächst physische Einwirkung auch als Externalität betrachtet werden kann, muss eine zweite Bedingung erfüllt sein:

> "The decision maker, whose activity affects others' utility levels or enters their production functions, does not receive (pay) in compensation for this activity an amount equal in value to the resulting (marginal) benefits or costs to others" (Baumol, Oates 1975, S. 18).

Die sozialen Akteure werden anhand von *Nutzen- und/oder Produktionsfunktionen* beschrieben. Eine Nutzenfunktion ist eine Abbildung einer Menge von

Gütern auf einen skalaren Wert, einen Nutzen. Eine Produktionsfunktion ist eine Abbildung einer Menge von Inputs auf einen Output, ein Produkt. Formal lässt sich eine technologische Externalität wie folgt beschreiben:

$$u_i = f(x_1, x_2, x_3, \ldots, x_n, y_1)$$

Diese Definition besagt, dass die Nutzenfunktion u_i von den vom Individuum i kontrollierten Inputs $x_1, x_2, x_3, \ldots, x_n$ abhängig ist und zugleich von einem Input y_1, der von i nicht kontrolliert werden kann. Soweit ein Nutzenverlust damit verbunden ist, wird der Person i vom Individuum j ein Input y_1 als negative technologische Externalität aufgezwungen. Nimmt dagegen der Nutzen u_i zu, kommt das Individuum i in den Genuss einer positiven technologischen Externalität, die vom Individuum j unabsichtlich gespendet wird. Genau die gleiche Situation trifft man bei der Produktionsfunktion an.

$$p_i = f(q_1, q_2, q_3, \ldots, q_n, n_1)$$

Der Externalitätenbegriff ist zunächst stark auf eine *Zwei-Parteien-Beziehung* ausgerichtet. Anhand dieser Konzeption lassen sich die folgenden vier Situationen identifizieren.

(1) Positive oder negative externe Effekte zwischen *zwei Nutzenfunktionen* sind aus dem alltäglichen Leben sehr gut bekannt. Die gegenseitigen Unannehmlichkeiten des Wohnens in Mehrfamilienhäusern sind ein manchmal ans Groteske grenzender Inbegriff für technologische Externalitäten zwischen Nutzenfunktionen. Streitereien zwischen Nachbarn sind allerdings nur ein Beispiel unter vielen. Verkehrsstaus, überfüllte Strandbäder im Sommer und unerträgliche Zustände auf den Skipisten im Winter sind weitere aus dem Alltagsleben vertraute Beispiele technologischer Externalitäten zwischen Individuen. Allen diesen Situationen ist gemeinsam, dass jede(r) Fahrer(in), jede(r) Tourist(in), jede(r) Skifahrer(in) durch seine (ihre) blosse Anwesenheit Quelle von Externalitäten für die Nachbarn wird, indem er (sie) den Weg versperrt, Sonnenbaden behindert, andere mit Lärm und Rauch belästigt oder auf die Skis der Nachbarn tritt usw. Neben diesen zwar unangenehmen, aber nicht weiter dramatischen Situationen kann etwa die fortschreitende Erosion und die damit verbundene Wüstenausdehnung in Afrika als ein tragisches Beispiel von systematischen externen Effekten zwischen den Bedürfnissen verschiedener Nutzer erwähnt werden (Clark 1989).

(2) Sodann sind externe Effekte von *Produktions- auf Nutzenfunktionen* sicherlich eine der häufigsten, wenn nicht die häufigste Form. Während im vorhergehenden Fall die Situation als ein n-Parteien-Konflikt charakterisiert werden könnte, muss hier von einem Zwei-Parteien-Konflikt ausgegangen

werden. Dies ist nicht in einem buchstäblichen Sinne zu verstehen. Typischerweise stehen einem Industrieunternehmer, der mit seinen Tätigkeiten Wasser, Boden und Luft belastet, die Anwohner einer Region gegenüber. Aus einer streng individualistischen Perspektive könnte diese Situation natürlich nicht als ein Zwei-Parteien-Konflikt beschrieben werden. Es ist dennoch aufgrund der Interessenlage sinnvoll, von einem solchen zu reden. Im Gegensatz zum Crowding-Problem sind die Beteiligten (Industrieunternehmer und Anwohner) nicht gleichzeitig Opfer und Verursacher des externen Effektes. Auf der physisch-technischen Ebene stehen Verursacher und Opfer unzweideutig fest.

(3) Als dritte Form erscheinen Externalitäten von *Nutzen- auf Produktionsfunktionen* auf den ersten Blick bloss als eine akademische Konstruktion ohne praktische Relevanz. So beschränken sich die Beispiele in der Literatur etwa auf Filmkritiker, die als professionelle Kinobesucher an der Ausübung ihrer Arbeit durch einen sehr grossen Publikumsandrang gehindert werden. Die Diskussion des Coase-Theorems wird zeigen, dass diese Situationen genauso relevant wie die vorhergehenden sind, sobald die moralische Voreingenommenheit fallengelassen wird, die in der Interpretation externer Effekte bzw. im Konzept des Verursacherprinzips steckt. Die Verabschiedung eines neuen Gesetzes zur Regulierung einer bestimmten Emissionsart ist gleichbedeutend mit der Schaffung einer neuen Externalität, wenn die Durchsetzung des Gesetzes nicht auf Einstimmigkeit beruht. Verbote, Normen, Gesetze usw., denen ein Unternehmer ausgesetzt ist, müssen aus der Sicht der Theorie als externe Effekte betrachtet werden.

(4) Historisch gesehen hat die vierte Form, die Diskussion über *Externalitäten zwischen Produktionsfunktionen*, eine vorrangige Rolle gespielt. Dies ist vermutlich kein Zufall: Externe Effekte zwischen privaten Unternehmen lassen sich auf eine besonders einleuchtende Weise diskutieren. Dies betrifft v.a. die Beziehung zwischen Effekten und Kosten, die für private Unternehmen viel leichter zu eruieren ist als für private Haushalte.[7] In einer mittlerweile klassischen Abhandlung diskutierte Meade das Verhältnis zwischen einem Bienenzüchter und einem Obstbauer (Meade 1952). Befinden sich Obstgärten in der Nähe einer Bienenzucht, wird die Produktion von Honig durch die Exi-

---

7 Wir werden später sehen, dass auch Coase sein Theorem anhand eines Interessenkonflikt zwischen einem Viehzücher und einem Bauern diskutierte. Im Mittelpunkt seiner Ausführungen standen die Ernteverluste, die durch das Vieh des Züchters auf dem Boden des Bauern verursacht werden. Das Beispiel wurde von Coase bewusst so gewählt, dass die Verluste des Opfers (des Bauern) ohnen Schwierigkeiten ermittelt werden können - eine leider selten vorkommende Situation.

stenz der Obstbäume merklich gesteigert. Offensichtlich schaffen die Bienen eine "technische", nichtmonetäre Beziehung zwischen der Produktionsfunktion des Obstbauern und derjenigen des Bienenzüchters. Beide haben durch die "technologische" Externalität einen finanziellen Vorteil: Dieser durch eine gesteigerte Honigproduktion, jener durch eine wirksamere Bestäubung. Die nicht-abgegoltene Dienstleistung des Obstbauern bzw. des Bienenzüchters würde nun in dieser Konzeption eine staatliche Intervention, etwa durch die Erhebung einer Steuer zu Kompensationszwecken, rechtfertigen.[8]

In allen vier geschilderten Situationen deuten technologische externe Effekte auf die Existenz eines öffentlichen Gutes hin. Strassen, Skipisten, Strände usw. müssen im ersten Falle ebenso wie Wasser, Boden und Luft im zweiten, das Kino im dritten und die Dienstleistung der Bienen im vierten Fall als *öffentliche Güter*[9] (Samuelson 1954; Samuelson 1955; Head 1962) bezeichnet werden. Die Nutzung öffentlicher Güter zeichnet sich erstens durch Nicht-Rivalität aus: Die Nutzung eines öffentlichen Gutes durch Individuum A beschränkt oder verunmöglicht nicht weitere Nutzungen durch Individuum B. Es bestehen also zunächst keine Nutzungskonflikte. Zweitens liegt bei öffentlichen Gütern Nicht-Exklusivität vor: Individuum A ist bei der Nutzung eines öffentlichen Gutes nicht in der Lage, die gleichzeitige Nutzung durch Individuum B zu verhindern. Aus diesen beiden Eigenschaften folgt unmittelbar eine dritte: Öffentliche Güter sind nicht teilbar.

Öffentliche Güter neigen aufgrund der Nicht-Exklusivität unter Bedingungen von Wachstum dazu, Nutzungskonflikte zu produzieren. Sie verlieren relativ rasch die erste Eigenschaft, die Nicht-Rivalität. Die Luft ist hierzu ein typisches Beispiel. Sobald sie durch ökonomische Aktivitäten zu stark belastet wird, entsteht offensichtlich ein Konflikt zwischen ökonomischen Zielsetzungen und den Anliegen der öffentlichen Gesundheit. In diesem Fall bedeutet eine erhöhte ökonomische Nutzung der Luft automatisch eine Beeinträchti-

---

8 Eine empirische Untersuchung der Bienenzucht in den USA ergab diesbezüglich verblüffende Ergebnisse. Bienenzüchter und Obstbauern pflegen ihre Aktivitäten in benachbarten Gebieten auszuzüben. Die Vorteile, die sie aus der physischen Nachbarschaft von Obstbauern bzw. Bienenzüchtern erzielen, werden im Rahmen freiwilliger, informeller Vereinbarungen routinemässig abgegolten (Cheung 1973).

9 Öffentliche Güter müssen von freien Gütern unterschieden werden. Im Gegensatz zu wirtschaftlichen Gütern sind freie Güter in Überfluss vorhanden. Wirtschaftliche Güter sind definitionsgemäss knapp. Sie sind also keine Quelle von Nutzungskonflikten. Die konfliktfreie Nutzung ist eine Eigenschaft, die freie Güter mit reinen öffentlichen Gütern teilen.

gung der Luftqualität und der Gesundheit. Sobald die Folgen der Luftverschmutzung auf die Gesundheit in der Öffentlichkeit Besorgnis auslösen, liegt eine relevante technologische Externalität vor. Das öffentliche Gut wird in *Gemeineigentum* (common property) umgewandelt. Natürliche Ressourcen gehören häufig in die Kategorie des Gemeineigentums.

In der dritten Welt hat die Übernutzung landwirtschaftlicher Böden, die gemeinschaftlich genutzt werden, zur Charakterisierung der Situation als einer "Tragedy of the Commons" geführt (Hardin 1968; Feeny, Berkes, McCay 1990). Das Fehlen exklusiver Eigentumsrechte an den Weiden, so die Analyse, macht eine übermässige Nutzung "ökonomisch rational". Jeder Landwirt hat handfeste ökonomische Anreize, seine Herde zu vergrössern. Dies beschert ihm kurzfristig höhere Profite, während die Kosten, die aufgrund der Übernutzung des Bodens entstehen, nicht von ihm allein getragen, sondern auf alle Landwirte übergewälzt werden. Unter dieser Zuteilung der Eigentumsrechte ist eine Selbstbeschränkung zwar denkbar, aber höchst unwahrscheinlich. Diese wäre zwar für jeden einzelnen Landwirt im Endeffekt vorteilhafter. Jeder Landwirt hat jedoch starke Anreize, die Selbstlimitierung zu brechen und sich damit höhere Profite zu verschaffen. Unter diesen Umständen wären jene Landwirte, die sich freiwillig eine Selbstbeschränkung auferlegt haben, noch schlechter dran. Man spricht in diesem Falle von *sozialen Dilemmas* (Cross, Guyer 1980).

Diese Situation stellt an sich nichts Neues dar. Sie ist jedem Massentourist, der an einem Skilift Schlange steht, an einem Strand ein Plätzchen sucht oder in einem Stau vor dem Gotthard-Tunnel steht, sehr wohl bekannt. Die Lösung dieses Problems geht unmittelbar aus der Analyse hervor: Natürliche Güter in Gemeineigentum sollen privatisiert werden. In unserem Beispiel bedeutet dies, dass die Weide unter den Landwirten aufgeteilt werden soll. Jeder Landwirt hat dann auf seiner Parzelle exklusive Eigentumsrechte. So einleuchtend diese Massnahme auch erscheinen mag – sie ist nicht unproblematisch. Die Umweltprobleme des afrikanischen Kontinents bieten hierzu Anschauungsmaterial. Böden werden in Afrika zunehmend übernutzt. Die Folgen davon sind bekannt: Massive Schrumpfung der Waldflächen, Einsetzen von Erosion, Ausdehnung der Wüsten usw. Private Eigentumsrechte existieren für diese natürlichen Güter nicht, landwirtschaftliche Böden und Wälder befinden sich häufig in Gemeineigentum.

Nach den Ausführungen dieses Abschnittes würde diese Analyse die Ursache der afrikanischen Umweltmisère in fehlenden exklusiven Eigentumsrechten identifizieren. Es ist jedoch bemerkt worden, dass das Gemeineigentum in Afrika wesentlich älter ist als die genannten Umweltprobleme. Die

Verarmung zahlreicher Bevölkerungsgruppen südlich der Sahara hat wesentlich stärker zur Veränderung der Zeitpräferenzen bzw. zur Erhöhung individueller *Diskontierungsraten*[10] beigetragen als das Gemeineigentum (Perrings 1988; Costanza, Perrings 1990). Offensichtlich kann die Durchsetzung des Privateigentums den Eigentümer nicht daran hindern, die natürlichen Ressourcen in seinem Besitz zu zerstören.

In den industrialisierten Ländern dürfte die Armut kaum ein ausschlaggebender Grund für zu hohe Diskontierungsraten sein. Ein naheliegenderer Grund ist der allgemeine Zinssatz. Ein führender Klimatologe hat gezeigt, dass eine durch klimatische Veränderungen bedingte hypothetische Erhöhung des Meeresspiegels um acht Meter in 150 Jahren weltweit Kosten im Wert von einer Billion Dollar (1'000 Mia US $, Basis 1980) verursachen wird. Bei einer Diskontierungsrate von 7 % reduziert sich diese phantastische Zahl auf ein gegenwärtiges Kapital von 33 Mio Dollar (Schneider 1989b, S. 780). Diese Schätzungen sind naturgemäss mit hohen Unsicherheitsmargen behaftet. Es ist dennoch leicht einzusehen, dass auch Schäden in schwindelerregender Höhe, wenn sie zu laufenden Zinssätzen auf die Gegenwart diskontiert werden, wesentlich weniger stark ins Gewicht fallen. Sie zu vernachlässigen ist folglich für die Entscheidungsträger ökonomisch "rational". Inwiefern zwischen dem allgemeinen Zinssatz und der Intensität der Nutzung natürlicher Ressourcen ein direkter Zusammenhang besteht, sei hier offen gelassen. Es lassen sich Argumente sowohl für einen positiven als auch für einen negativen Zusammenhang anführen (Solow 1974).

Die Gefahr, dass die Nutzung natürlicher Ressourcen zu einer Zerstörung der Lebensgrundlagen einer Gemeinschaft oder zumindest zu krassen Ungerechtigkeiten führen kann, wenn exklusive Eigentumsrechte zugeteilt werden, wurde schon sehr früh erkannt. Interessante Beispiele für eine effiziente, d.h.

---

10 Die Diskontierungsrate ist ein Mass für individuelle Zeitpräferenzen. Sie drückt die Bereitschaft ökonomischer Akteure aus, auf einem sofortigen Konsum zu verzichten zugunsten eines späteren, höheren Einkommens. Formell wird ein diskontiertes Einkommen wie folgt bestimmt:

$$E_{\text{Diskont}} = \sum_{i=1}^{n} \frac{E}{(1+\lambda)^i}$$

Eine sehr kleine Diskontierungsrate ($\lambda \to 0$) deutet darauf hin, dass heutiger Konsum kaum zukünftigen, höheren Einkommen vorgezogen wird. Eine sehr hohe ($\lambda \to \infty$) Diskontierungsrate drückt eine starke Präferenz für aktuellen Konsum zu Lasten von höheren, aber in die Zukunft verschobenen Einkommen aus.

schonende Nutzung des Bodens liefern etwa verschiedene Regelungen zur Nutzung des Holzes in alpinen Gemeinschaften. Die Mitglieder der sogenannten "Patriziati" hatten das Recht, jährlich ein bestimmtes Volumen Brennholz aus den sich im Gemeineigentum befindenden alpinen Wäldern zu beziehen. Die Versammlung der "Patrizi" beschloss regelmässig über das maximale Volumen an Holz, das jährlich geschlagen werden durfte. Diese traditionelle Regelung ist heute in vielen alpinen Dörfern noch immer in Kraft (Bätzing 1991). Sie zeigt, dass Gemeineigentum nicht an sich Synonym für eine ineffiziente Nutzung ist – im Gegenteil. Die Festlegung des gesamten Nutzungsvolumens ermöglicht eine Nutzung des Waldes, die seine langfristige Erneuerungsfähigkeit nicht überschreitet (heute würde man von "sustainable economy" sprechen). Diese Art der Nutzung natürlicher Ressourcen im alpinen Gebiet ist in keiner Weise eine Ausnahme. Berkes u.a. (1989) haben ähnliche Nutzungsregelungen bei den kanadischen Indianern dokumentiert. Die Wirksamkeit der sozialen Mechanismen zur Nutzung natürlicher Ressourcen haben sie veranlasst, gar von den "Benefits of the Commons" zu sprechen (Berkes 1989).

Die hier präsentierte empirische Evidenz bereitet manchen der diskutierten theoretischen Konzeptionen ernsthafte Schwierigkeiten. Damit soll nicht gesagt werden, dass sie falsch oder unbrauchbar wären. Im zweiten Teil dieser Arbeit werde ich versuchen zu zeigen, dass eine fruchtbare Diskussion dieser Fragen auf axiomatisierte Kurzformeln verzichten soll zugunsten einer differenzierteren Betrachtungsweise. Hierzu sind einige wenige zusätzliche theoretische Konzeptionen notwendig. Sie werden ebenfalls im zweiten Teil zur Diskussion kommen. Damit möchte ich diese theoretischen Ausführungen abschliessen. Im nächsten Abschnitt sollen einige Erfahrungen und praktische Instrumente der Umweltpolitik diskutiert werden, die sich explizit auf die wohlfahrtstheoretische Analyse ökologischer Probleme stützen.

1.2.4 Zur Umsetzung von Internalisierungsstrategien

Die Eleganz und Effizienz der Pigou-Steuer (vgl. Abschnitt 1.2.2) darf nicht darüber hinweg täuschen, dass die Ermittlung ihrer Höhe in der Praxis auf erhebliche empirische Probleme stösst. Ich will diese im folgenden kurz antippen. Baumol und Oates stellten schon 1971 fest, dass

> "the basic trouble with the Pigouvian cure for the externalities problem does not lie primarily in the technicalities that have been raised against it in the theoretical literature but in the fact that we do not know how to determine the dosages that it calls for." (Baumol, Oates 1971, S. 44).

Mit anderen Worten, es ist vielfach real unmöglich, die optimale Pigou-Steuer an den externen Kosten bzw. an den Kosten der Vermeidungstechnik zu bemessen.

Die Bemessung einer (optimalen) Pigou-Steuer verlangt die Quantifizierung sämtlicher externer Kosten, die in einer bestimmten ökonomischen Aktivität entstehen. Dies beinhaltet i.a. eine Reihe externer Effekte, von den Emissionen in Luft und Wasser bis zur Belastung der Böden, der Erzeugung von Lärm und Gestank, der Entschädigung gesundheitlicher Schäden usw. Die Erfassung sämtlicher externer Kosten erweist sich in der Praxis schon nach einer flüchtigen Betrachtung als sehr problematisch. Identifikation, Messung und Zurechnung von Emissionen sind meistens komplexe Probleme, die mit sehr grossem administrativem Aufwand verbunden sind. Die Herstellung eines Zusammenhangs zwischen Emissionen, physischen und monetären Schäden ist i.a. kaum möglich. Schliesslich sind die Kosten der Vermeidungstechnik i.d.R. auch nicht sonderlich gut bekannt.

In den letzten Jahren wurde eine Reihe umweltpolitischer Vorschläge entwickelt, die unter Berücksichtigung der obigen Probleme, oder zumindest eines Teils davon, eine möglichst effiziente Annäherung an eine optimale Pigou-Steuer anstreben. Ein erster Vorschlag in dieser Richtung war der sog. "Environmental Pricing and Standards Approach" (deutsch: *Standard-Preis-Ansatz*) (Baumol, Oates 1971; Baumol 1972). Angesichts der erwähnten praktischen Schwierigkeiten schlagen die Autoren vor, auf die Erfassung der externen Kosten zugunsten gesellschaftlich akzeptabler, naturwissenschaftlich begründeter *Umweltstandards* ganz zu verzichten. Die für den Bereich "Umweltschutz" verantwortliche zentrale Behörde soll die maximalen Emissionswerte für einen bestimmten Schadstoff festlegen. Wie wir wissen, sind inzwischen solche Grenzwerte in das Umweltrecht der meisten Industrienationen integriert worden. Die Festlegung der Umweltstandards in Bezug auf eine bestimmte Emission soll die Dimensionierung einer uniformen, d.h. für alle Emittenten identischen *Emissionssteuer* ermöglichen, die zur Einhaltung der festgeschriebenen Standards führen sollte.

Die konzeptionellen Unterschiede zwischen einer lehrbuchmässigen Pigou-Steuer und den konkreten Vorschlägen zur Einführung von Emissionssteuern[11]

---

11 In den umweltökonomischen Diskussionen wird i.a. kaum zwischen Abgaben, Steuern, Gebühren usw. unterschieden. Der Begriff der Abgabe gilt i.a. als Sammelbegriff für alle öffentlichen Pflichtzahlungen. Mit Gebühren verknüpfen sich bestimmte unmittelbare Gegenleistungen, während dies bei Steuern nicht der Fall ist

sind beträchtlich. Bei der Pigou-Steuer stehen keine naturwissenschaftlichen Ziele im Vordergrund, sondern einzig und allein die Gewährleistung ökonomischer Effizienz. Angesichts der Verwirrung, die in der öffentlichen Diskussion manchmal darüber herrscht, muss dies hier nochmals explizit betont werden. Während das Ziel einer Pigou-Steuer in der Internalisierung externer Kosten liegt, ist dies beim Standard-Preis-Ansatz nicht mehr der Fall. Letzterer setzt sich die Einhaltung globaler Umweltstandards zum Ziel, und erst dann stellt sich die Frage nach der effizientesten, d.h. kostengünstigsten Methode zur Gewährleistung dieser politisch vereinbarten, wissenschaftlich fundierten Ziele. Die zwei Steuern unterscheiden sich demnach in ihrem Lenkungscharakter grundsätzlich: Beim Standard-Preis-Ansatz stehen naturwissenschaftliche Variablen im Vordergrund, bei der Pigou-Steuer hingegen wird ein (gesellschaftlich) ökonomisch effizienter Zustand ins Auge gefasst. Während die Pigou-Steuer auf eine genaue, unbestrittene Erfassung externer Kosten angewiesen ist, ist dies beim Standard-Preis-Ansatz nicht nötig. Eine periodische Revision kann die Wirksamkeit der fraglichen Emissionssteuer gewährleisten. Voraussetzung dazu ist allerdings ein flexibles politisches System – eine gerade für die Schweiz nicht leicht zu erfüllende Bedingung.

Obschon die Orientierung der Umweltpolitik an naturwissenschaftlichen Zielen einen ersten Schritt in eine politisch mögliche und bürokratisch vertretbare Richtung darstellt, kann die systematische Erfassung eines breiten Spektrums von Emissionen und Immissionen immer noch einen beträchtlichen administrativen und finanziellen Aufwand mit sich bringen. Soll ein Lenkungseffekt erreicht werden, ist es naheliegend, anstatt die Emissionen einzeln zu belasten, die Nutzung strategisch wichtiger Inputs, wie etwa der elektrischen Energie oder des Erdöls, zu besteuern (Holtermann 1976; Stevens 1988). Der Vorteil dieser Lösung liegt v.a. darin, dass die notwendige technische und bürokratische Infrastruktur bereits vorhanden ist. U.a. liegen Informationen über den Energieverbrauch jedes einzelnen Konsumenten vor. Die Bemessung einer Energiesteuer, die auf einer zuverlässigen Erfassung der externen Kosten der Energienutzung beruht, stösst jedoch auf sehr grosse Schwierigkeiten. So schliessen etwa Frey u.a. ihre Arbeit mit der folgenden Feststellung ab:

> "Die Internalisierung externer Effekte stellt von wenigen Ausnahmen abgesehen keine praktikable Lösung des Umweltproblems dar. Dies gilt nicht nur für die externen Kosten des Ener-

---

(siehe Ewringmann, Schafhausen 1985, S. 9ff, für eine Diskussion aus finanztheoretischer Sicht).

giebereichs, sondern unabhängig von der Ursache für alle immissionsbedingten Umweltschäden und -kosten." (Frey u.a. 1985, S. 97).

Konkrete Erfahrungen mit Lenkungs- und Emissionssteuern sind immer noch recht spärlich. Zu erwähnen ist hier eine Studie der OECD, die die Verwendung ökonomischer Instrumente der Umweltpolitik dokumentiert (OECD 1989). Erfasst werden insgesamt 150 Beispiele in 14 OECD-Ländern, wovon 80 Emissions- bzw. Lenkungssteuern betreffen. Eine Katalogisierung des Umweltministeriums der Bundesrepublik Deutschland kommt weltweit auf eine ähnliche Zahl eingeführter Umweltabgaben (Ewringmann, Schafhausen 1985). Neben der detaillierten Beschreibung des jeweiligen Instruments finden sich jedoch nur selten konkrete Informationen über die Wirksamkeit dieser Instrumente. Bekannt sind in Europa die Erfahrungen der Bundesrepublik mit einer Wasserabgabe auf Gemeindeebene (Wicke 1982, S. 222-230). Die Betreiber von kommunalen Kläranlagen sollten dabei durch die Erhebung einer Abgabe pro emittierter Schadeneinheit zur Erhöhung des Vermeidungsgrads veranlasst werden. Die Abwasserabgabe wurde nicht etwa aufgrund ermittelter externer Kosten, sondern in Bezug auf die anvisierte Wasserqualität festgelegt. Jene orientiert sich nämlich an den finanziellen Aufwendungen, die die Erzielung eines bestimmten Vermeidungsgrads verursachen. Wicke fasst diese Erfahrungen wie folgt zusammen:

"Die Ergebnisse einer erstmaligen praktischen Anwendung einer solchen Abgabenlösung sind zwar keineswegs ideal, aber durchaus hinreichend zufriedenstellend, um über weitere Abgaben als Instrumente zur Lösung weiterer Umweltprobleme ernsthaft nachzudenken" (Wicke 1982, S. 229-230).

Die Wirksamkeit und die Bemessung einer Lenkungsabgabe hängt letztlich von der Elastizität der involvierten Variablen ab. Leider ist die Abschätzung der fraglichen Elastizitäten meistens mit recht grossen Unsicherheitsmargen behaftet (Meier, Walter 1991, S. 94-102; siehe auch S. A10). Die Schwierigkeiten in der Abschätzung der Sparwirkungen einer Lenkungsabgabe liegen nicht nur in der Suche nach zuverlässigen statistischen Daten. Leider hängen Elastizitäten stark von der Höhe der zugehörigen Steuer ab. Es gibt gute Gründe anzunehmen, dass die Beziehung zwischen der Höhe einer Lenkungssteuer und der zugehörigen Elastizität nichtlinear ist. In einem breiten Besteuerungsbereich kommen u.U. keine signifikanten Einsparungen zustande (geringe Elastizitäten). Benzin- und Elektrizitätsverbrauch bleiben im wesentlichen konstant, unabhängig von der Höhe der zugehörigen Lenkungssteuer. Wird aber die "Reizschwelle" überschritten, kann dies u.U. heftige Reaktionen der Öffentlichkeit auslösen. Die Durchsetzung der jeweiligen Steuererhöhung wird damit de facto verhindert.

Die Existenz einer Reizschwelle kann damit begründet werden, dass durch die entsprechenden Steuererhöhungen dominante Legitimitätsvorstellungen in Frage gestellt werden. Was schmerzlich berührt wird, ist letztlich ein ganz bestimmter Lebensstil und die zugehörige Art und Weise, mit natürlichen Ressourcen umzugehen. Erschwerend tritt die Tatsache hinzu, dass die Wirkungen einer Lenkungssteuer kaum glaubwürdig abgeschätzt werden können. Obschon das Ziel von Lenkungssteuern auf einer allgemeinen Ebene klar beschrieben werden kann, bleibt letztlich ihre Bemessung mit einer guten Dosis Willkür behaftet. Ihre Akzeptanz in der Öffentlichkeit dürfte also gering bleiben, solange die exakten Wirkungen für die Umwelt nicht im voraus quantifiziert werden können. Benzinpreiserhöhungen und Tempolimits sind hierzu lehrreiche Beispiele. Wie erfolgreiche politische Bewegungen wie die Autopartei eindrücklich illustriert haben, reagiert manchmal die Öffentlichkeit auf politische Massnahmen, die als unfair empfunden werden, nicht etwa mit stiller Anpassung, sondern mit politischer Rebellion. Die Lenkungsabgaben haben leider jene Eigenschaften, die sie als willkürlich und unfair erscheinen lassen könnten.

1.3 Die Property-Rights Diskussion

1.3.1 Von Externalitäten zu Handlungsrechten

Die bisherige Analyse beschrieb die ökologische Krise als ein Problem von externen Effekten bzw. als eine nicht-effiziente Verwendung der (natürlichen) Ressourcen. Eine zentrale, wenn auch selten als solche deklarierte Annahme, die in den Externalitätenbegriff einfliesst, betrifft die Verantwortungsverhältnisse. Sobald "Verursacher" bzw. "Opfer" identifiziert worden sind, zeigt die Analyse, wie und in welchem Ausmass externe Effekte internalisiert werden können. Die Verantwortungsverhältnisse sind somit nicht Gegenstand der Analyse. Sie gehören zunächst zu den Rahmenbedingungen des Problems. Gerade der Ausschluss der Verantwortungsverhältnisse aus der ökonomischen Analyse kann aber zu Schwierigkeiten führen, wie Coase als erster zeigte (Coase 1960). Im folgenden möchte ich kurz auf diese Schwierigkeiten eingehen, ehe ich das Coase-Theorem anhand einer einfachen numerischen Illustration diskutiere.

Ich habe in den vorangehenden Ausführungen gezeigt, dass die Theorie der externen Effekte die Problematik der ökonomischen Effizienz in den Mittelpunkt der Betrachtungen stellt: Ökologische Probleme sind hauptsächlich eine

Frage mangelnder Effizienz in der Allokation (d.h. in der Verwendung) ökonomischer und natürlicher Ressourcen. Soll jedoch die Analyse ökologischer Probleme tatsächlich als eine Frage ökonomischer Effizienz beschrieben werden, dürfen die Verantwortungsverhältnisse, so die These, nicht mehr länger vorweggenommen werden. Anders ausgedrückt: Die Festlegung der Verantwortungsverhältnisse hat Auswirkungen auf die Effizienz einer bestimmten Allokation natürlicher Ressourcen. Wenn ökonomische Effizienz sozusagen einen "ethischen Vorrang" vor den moralischen Urteilen haben soll, dürfen Verantwortungsverhältnisse nicht mehr länger als gegeben und fix angesehen werden. Diese zunächst etwas seltsam anmutende Analyse ökologischer Probleme sollte nicht unterschätzt werden. Mit seinem Theorem stellt Coase moralische Fragen explizit in den Mittelpunkt des Interesses. Die Festlegung von Verantwortungsverhältnissen wird selbst einer ökonomischen Analyse zugänglich gemacht. Mit diesem Schritt wird zugleich ökonomische Effizienz zum einzigen relevanten politischen Entscheidungskriterium erhoben. Darin unterscheidet sich Coase von der wohlfahrtstheoretischen Tradition kaum: Er führt lediglich einen unterbrochenen Gedanken konsequent weiter.

Die wichtigste Folge der oben genannten These betrifft die öffentliche Sphäre: Wenn es eine einzige Art der effizienten Verwendung ökonomischer und natürlicher Ressourcen gibt und die gesellschaftliche Priorität der ökonomischen Effizienz anerkannt wird, d.h. moralischen Fragen mit objektiven Effizienzkriterien begegnet wird, dann müsste sich daraus unmittelbar und unbestreitbar die Möglichkeit politischer Reformen ergeben, die letztlich konsensfähig wären.

Verantwortungsverhältnisse werden in ökonomischen Gesellschaften[12] ein Stück weit durch das Rechtssystem strukturiert. In die Analyse ökologischer Probleme fliesst somit eine neue Variable ein, die je nach Situation Eigentumsrecht, Verfügungsrecht, Handlungsrecht, Haftungs- und Klagerecht usw. genannt werden kann. Auf die verschiedenen Auffassungen des Eigentumsrechts werde ich in Abschnitt 1.3.3 näher eingehen. Hier möchte ich unter Eigentumsrecht einfach ein exklusives, von der Rechtsgebung sanktioniertes Handlungsrecht verstehen (Hutter 1979; Schüller 1983; Schmidtchen 1983).

Die wohlfahrtstheoretische Analyse eines ökologischen Problems wird üblicherweise wie folgt skizziert: Die ökonomischen Aktivitäten eines Individuums A haben für ein Individuum B Folgen, die für B nicht akzeptabel oder uner-

12 Auf den Begriff "ökonomische Gesellschaft" werde ich im dritten Teil dieser Arbeit ausführlich eingehen. In diesem Zusammenhang kann er dem Begriff "moderne Gesellschaft" gleichgesetzt werden.

träglich sind. Sind die Aktivitäten von A für B schädlich, besteht die Lösung des Problems in der Begrenzung der Aktivitäten von A auf ein für B erträgliches Mass. A ist in der üblichen Terminologie der "Verursacher", B der "Geschädigte". Es liegt offenbar eine (technologische) Externalität vor. Durch Erhebung einer Steuer, im Idealfall einer Pigou-Steuer, kann diese neutralisiert werden. Es gibt dabei keinerlei grundsätzliche Einschränkungen in der Anwendung dieser Konzeption auf reale Situationen: Vom Rauchen in einem Wartesaal bis zum sogenannten Ozonloch – überall lassen sich Verursacher und Opfer identifizieren.[13]

Der grundlegende Einwand von Coase gegen diese Art der Analyse betrifft die Legitimität dieser Zuweisung von Verantwortungen bzw. im moralischen Urteil, das in diesen Zuweisungen steckt. Sobald eine technologische Externalität vorliegt, trifft es zwar zu, dass A Kosten oder Unannehmlichkeiten bei B verursacht, es ist aber umgekehrt ebenso unbestreitbar, dass ihre Internalisierung Kosten, Opfer oder eine Beschränkung der individuellen Handlungsfreiheit bei A zur Folge hat (Coase 1960, S. 2). Nach Coase müssen technologische externe Effekte als intrinsisch *reziprok* angesehen werden. Der Begriff der Reziprozität hat sich in der Literatur eingebürgert. Er ist insofern etwas irreführend, als mit dieser Ausdrucksweise die wichtigste Eigenschaft reziproker externer Effekte verschwiegen wird: ihre Konfliktträchtigkeit. In den folgenden Ausführungen werde ich daher nicht von Reziprozität, sondern von sozialen Konflikten sprechen. Zwischen A und B besteht ein Konflikt, der nicht ohne weiteres auf eindeutige, konsensfähige Verantwortungsbeziehungen reduziert werden kann. Wer legitimerweise als *Verursacher* und wer als *Geschädigter* gilt, ist ein Ergebnis der *Konfliktaustragung* und muss zunächst offen gelassen werden.

Tradierten Moralvorstellungen stösst diese Argumentationsweise besonders auf. In der Tat mag es als abwegig oder gar unzumutbar, jedenfalls als politisch unhaltbar erscheinen, wenn die Verantwortungsverhältnisse gängiger ökologischer Probleme umgekehrt werden. Wie soll gerechtfertigt werden, dass ein Betrieb, der mit seinen Emissionen einen Fluss belastet, Schadenersatz bei der Bevölkerung für die Verluste fordert, die durch eine Reduktion oder Elimination der Belastungen entstehen? Wird *Effizienz als höchstes* gesellschaftli-

13 Ein Hinweis auf die Schwierigkeiten dieser Konzeption liefert die Tatsache, dass häufig Verursacher und Geschädigte in der gleichen Person koexistieren. Die Gruppe der Schädiger lässt sich oft nicht vollständig von der Gruppe der Geschädigten trennen.

ches und zugleich *moralisches Prinzip* anerkannt, lassen sich jedoch derartige Situationen nicht grundsätzlich ausschliessen.

Es dürfte sich als nützlich erweisen, die Diskussion auch in diesem Fall anhand eines einfachen numerischen Beispiels zu führen. Nehmen wir wiederum einen Chemiebetrieb an, der im Zusammenhang mit seinen Aktivitäten mit Chemikalien belastete Abwässer in einen nahegelegenen Fluss einleitet. Am gleichen Fluss ist ein Fischereibetrieb angesiedelt, der durch die Abwässer der chemischen Aktivität markante Verluste erleidet: Die Emissionen des Chemiebetriebs wirken sich auf den Fischertrag negativ aus. Für die weitere Diskussion sollen dieselben Annahmen gelten wie bei der Diskussion der Pigou-Steuer (Absch. 1.2.2), d.h. beide Betriebe operieren in einer Situation vollkommener Konkurrenz und ihre Grenzkosten sind im relevanten Abschnitt der Kostenkurve steigend. Chemiebetrieb und Fischerei sind also reine Preisnehmer.

Die Beschreibung der Schadenzusammenhänge beruht auf absoluten Emissionsvolumen. Die Umweltbelastungen, in diesem Falle der Rückgang des Fischfangs, sind eine steigende Funktion des jährlichen Abwasservolumens, das in den Fluss eingeleitet wird. Um die Diskussion nicht unnötigerweise zu erschweren, soll dabei angenommen werden, dass die technischen Verhältnisse in der chemischen Produktion konstant bleiben. Dies bedeutet insbesondere, dass die Emissionen, d.h. die Konzentration der Schadstoffe pro Liter Abwasser, über das ganze Jahr hinweg unverändert bleiben. Die Reduktion der Umweltbelastungen kommt nicht mehr durch eine Erhöhung des Vermeidungsgrads zustande, sondern durch eine Einschränkung der Produktion.

Ich habe bisher stets vorausgesetzt, dass zwischen Emissionen und Schäden letztlich eine eindeutige, monetäre Beziehung hergestellt werden kann. Dies soll bei der Diskussion des Coase-Theorems nicht anders sein. Die Durchführung von Verhandlungen zwischen Fischer und Chemieunternehmer ist mit keinerlei Kosten verknüpft. In der Terminologie von Coase bedeutet dies, dass die *Transaktionskosten*[14] vernachlässigt werden können. Als Transaktions-

14 Der Begriff wurde zum ersten Mal von Coase eingeführt (Coase 1937). Transaktionskosten begründen nach Coase die Existenz von Firmen. Fasst man einen Markt als eine Reihe von (formalen) Vertragsabschlüssen zwischen autonomem Partnern auf, so ist unbestritten, dass vielen Vertragsabschlüssen zahlreiche bürokratische Anstrengungen vorausgegangen sind. Die Suche nach dem richtigen Partner am richtigen Ort zum richtigen Zeitpunkt unter den richtigen Bedingungen kann sich als sehr aufwendig herausstellen, v.a. für eine einmalige, neue, unbekannte Aufgabe. Mit den Worten von Coase: "The main reason why it is profitable to establish a

kosten gelten alle Kosten, die in Zusammenhang mit der Abwicklung einer Transaktion stehen (Informationskosten, Verhandlungskosten, Kontrollkosten usw.). Das Vorliegen von Transaktionskosten kann u.U. dazu führen, dass eine Transaktion erst gar nicht zustande kommt.

Chemische Produktion (kg)	Gesamtkosten (Fr)	Grenzkosten (Fr/kg)	Totale Emissionen (l)	Totale Fischverluste (kg)	Externe Grenzkosten (Fr/kg)
3	34		3	-	
		21			-
4	55		4	-	
		27			-
5	***82***		***5***	-	
		33			***11***
6	***115***		***6***	***1***	
		39			22
7	154		7	2	
		45			33
8	199		8	3	
		51			44
9	250		9	4	

Tab. 3: Die Kostenstruktur des Chemiebetriebs (hervorgehobene Zahlen beziehen sich auf die Diskussion im Text).

Erweisen sich z.B. die Kosten für die Quantifizierung und Monetarisierung des externen Effektes als sehr hoch, so kann dies dazu führen, dass eine (oder beide) der Parteien auf die Verhandlung verzichtet. Für die folgenden Ausführungen möchte ich annehmen, dass die Messung der externen Kosten, in diesem Falle die Ertragsverluste der Fischerei und ihre Monetarisierung, keinerlei Probleme bieten. Diese zunächst harmlos wirkende Annahme hat weitreichende Folgen. In erster Instanz bedeutet sie, dass es möglich sein muss, von Schäden und gar Kosten auf eine objektivierbare, von den Beteiligten unabhängige Art und Weise zu reden. Über das Ausmass externer Kosten besteht unter den beteiligten Parteien sowohl in qualitativer als auch in quantitativer Hinsicht ein Konsens.

---

firm would seem to be that there is a cost of using the price mechanism. The most obvious cost of 'organising' production through the price mechanism is that of discovering what the relevant prices are" (Coase 1937, S. 390).

In Tab. 3 ist die Kostenstruktur des Chemiebetriebs ersichtlich. Tab. 4 gibt diejenige des Fischereibetriebs wieder. Um unnötige Komplikationen zu vermeiden, nehme ich für die folgenden Ausführungen an, dass Produktionserhöhungen und -senkungen stets in Schritten von einem Kilo erfolgen. Somit entspricht die Differenz zwischen aufeinanderfolgenden totalen Kosten gerade den Grenzkosten. Dies entbehrt nicht einer gewissen Realitätsnähe: Es wäre z.B. wenig sinnvoll anzunehmen, dass ein Chemiebetrieb die Kostenunterschiede erfassen kann, die durch die Produktion eines zusätzlichen Kilos Chemikalien verursacht werden.

Fischerei (kg)	Gesamtkosten (Fr)	Grenzkosten (Fr/kg)
3	36	
		6
4	42	
		8
5	50	
		10
6	60	
		12
7	72	
		14
8	86	
		16
9	102	

Tab. 4: Die Kostenstruktur des Fischereibetriebs.

Der Zusammenhang zwischen der chemischen Produktion und den dazugehörigen Verlusten ist aus der vierten und fünften Spalte von Tab. 3 ersichtlich. Danach bewirkt eine Zunahme der Emissionen um einen Liter zunehmende Fischverluste. Es werden also steigende externe Grenzkosten angenommen, so auch von Coase. Für die folgenden Diskussion werde ich mich an diese Annahme halten. Sie wird routinemässig getroffen, aber selten begründet. Konstante Grenzkosten wären m.E. genauso plausibel. Im zweiten Teil, Abschnitt 2.3.1, werde ich zeigen, dass die Annahme steigender externer Grenzkosten in mancher Hinsicht nicht haltbar ist.

1.3.2 *Das Coase-Theorem*

Klagerechte

In einem ersten Schritt werden nun die rechtlichen Rahmenbedingungen so definiert, dass der Fischer für seine Verluste Schadenersatz verlangen kann. Er bekommt also ein Klagerecht. Das Verursacherprinzip wird mit anderen Worten im Sinne des Polluter Pays Principle[15] rechtlich sanktioniert: der Chemiebetrieb hat kein Recht auf Umweltverschmutzung. Der Preis für Chemikalien beträgt 30 Fr/kg. Für diesen Marktpreis wird der Chemiebetrieb zunächst auf einem für die Fischerei harmlosen Niveau von 5 kg Chemikalien produzieren (Selbstverständlich leitet der Chemiebetrieb auch unterhalb dieses Emissionsniveaus Abwässer in den Fluss: Ich nehme jedoch an, dass das Ökosystem unterhalb der kritischen Grenze von 6 l Emissionen pro Jahr die wasserbelastenden Einleitungen ohne Schäden verkraften kann).

Eine Steigerung der Preise von Chemikalien von 30 auf 36 Fr veranlasst nun den Chemiebetrieb, seine Produktion von 5 auf 6 kg Chemikalien zu erhöhen (Tab. 3). Bei einem Output von 6 kg Chemikalien pro Jahr stellt der Fischer jedoch Verluste von 1 kg Fisch fest. Bei einem Preis für Fischprodukte im Wert von 11 Fr/kg Fisch weist der Fischer einen Verlust von 11 Fr auf. Er klagt den Chemieunternehmer ein und fordert einen Schadenersatz im Wert von 11 Fr. Angenommen, die Durchführung der richterlichen Verhandlungen sei mit keinen nennenswerten Umtrieben verknüpft und die Rechtslage lasse keinen Spielraum für divergierende juristische Interpretationen offen (beides nicht sehr realistische Annahmen), so wird der Chemieunternehmer – wenn er seine Produktion nicht reduziert – einen Schadenersatz im Wert von 11 Fr bezahlen müssen.

---

15 Die Interpretation des Verursacherprinzips kann zu Missverständnissen führen. So definiert Wicke das *Verursacherprinzip* wie folgt: "Mit der Durchsetzung des Verursacherprinzips in der Umweltpolitik strebt die Bundesregierung an, 'die Kosten zur Vermeidung, zur Beseitigung oder zum Ausgleich von Umweltbelastungen dem Verursacher' zuzurechnen" (Wicke 1982, S. 75). Offensichtlich hängt die Identifikation des Verursachers nicht von den rechtlichen Rahmenbedingungen ab. Auch den öffentlichen Auseinandersetzungen liegt damit ein Verständnis des Verursacherprinzips zugrunde, das sich am *Polluter Pays Principle* orientiert. Demgegenüber kann nach Coase der Verursacher nur im Rahmen der bestehenden Rechtsordnung identifiziert werden. Um Verwirrungen zu vermeiden werde ich mich durchwegs an die intuitive Definition im Sinne von Wicke halten.

Ändert sich die konjunkturelle Lage auf den Märkten für Chemikalien und Fischprodukte nicht, wird der Schadenersatz, der an den Fischer bezahlt werden muss, ein neues Element der Kostenkalkulation des Chemie-Unternehmers. Da er aufgrund der getroffenen Annahmen (vollkommene Konkurrenz) die zusätzlichen Kosten nicht auf den Preis für seine Produkte abwälzen kann, ist er gezwungen, seine Produktionsplanung an die neue Situation anzupassen. Würde er den Output um ein Kilo reduzieren, müsste er keinen Schadenersatz bezahlen. Die Erhöhung der Produktion von 5 auf 6 kg Chemikalien verursacht interne Grenzkosten im Wert von 33 Fr und externe Grenzkosten im Wert von 11 Fr. Die Produktionserhöhung verursacht damit 44 Fr zusätzliche Kosten. Die zusätzlichen Erträge belaufen sich auf 36 Fr. Nach der Internalisierung der externen Kosten ist für den Chemieunternehmer eine Erweiterung der Produktion nicht mehr länger rentabel: Er wird den Ausgangszustand (5 kg Chemikalien) vorziehen.

Der Mechanismus, der eine Reduktion des Produktionsvolumens bewirkt, geht unmittelbar aus den Regeln hervor, die in einer Situation vollkommener Konkurrenz zur Bestimmung des optimalen Produktionsplans benutzt werden. Der Unternehmer wird die Produktion – und damit auch den Profit – nur so lange erhöhen, wie die Kosten einer zusätzlichen Erhöhung (die Grenzkosten) kleiner sind als die Grenzerträge, die ja konstant sind und dem Preis entsprechen. Werden aber die Grenzkosten eines bestimmten Produktionsvolumens erhöht, wie es hier nach der Berücksichtigung der externen Kosten der Fall ist, werden sie sich früher als bisher mit den Grenzerträgen decken. Somit liegt das optimale Produktionsniveau tiefer als in einer Situation, die die externen Grenzkosten vernachlässigt.

Mit dieser Zuteilung der Klagerechte ist die erwünschte Wirkung eingetreten: Die für die externen Effekte Verantwortlichen – in diesem Fall der Chemieunternehmer – sind im Sinne des Verursacherprinzips zur Rechenschaft gezogen worden. Nach der Internalisierung der externen Kosten musste dementsprechend die Produktion von Chemikalien zwar nicht gestoppt, aber dennoch gesenkt werden. Die Entschädigungen zugunsten des Fischers haben zu einer Senkung der Gewässerbelastung geführt. Das diskutierte Beispiel wurde so konstruiert, dass nach der Reduktion der chemischen Produktion für die Fischerei keine Verluste mehr auftreten. Dies bedeutet allerdings nicht, dass damit auch alle Belastungen der Umwelt automatisch verschwunden sind. Wie aus Tab. 3 hervorgeht, bleiben die Emissionsbelastungen weiterhin bestehen, auch wenn der Fischer keine Auswirkungen auf den Fischfang mehr feststellt.

Verhandlungslösung

Im Gegensatz zur vorherigen Situation wollen wir nun annehmen, dass dem Fischer *keine Klagerechte* zugestanden werden, bzw. dass der Chemieunternehmer gegenüber dem Fischer nicht haftbar gemacht werden kann. Mit anderen Worten werden dem Chemiebetrieb ausgedehnte Rechte auf Emissionen eingeräumt. Er geniesst eine umfassende, rechtlich sanktionierte Handels- und Gewerbefreiheit. Bezieht der Fischer keine Subventionen, besteht nun seine einzige Möglichkeit, die Belastung der Gewässer zu reduzieren, darin, den Chemiebetrieb für eine Senkung der Produktion zu kompensieren.

Wurde bei der Sanktionierung des Verursacherprinzips die ökonomische Effizienz noch einem moralischen Urteil unterstellt, wird mit der Durchsetzung einer weitgehenden Handels- und Gewerbefreiheit die hierarchische Beziehung zwischen ökonomischer Effizienz und Moral geradezu umgekehrt. Die effiziente Verwendung ökonomischer (und natürlicher) Ressourcen ist nun das einzige moralisch vertretbare Kriterium zur Lösung gesellschaftlicher *Konfliktsituationen* – mindestens solange ökonomische Effizienz eine real existierende und eindeutige Variable ist. Es ist kein Zufall, dass die von Coase zitierten gerichtlichen Verhandlungen genau diese Einsicht bieten:

> "... the courts, in cases relating to nuisance, are, in effect, making decisions on the economic problem and determining how resources are to be employed. It was argued that the courts are conscious of this and that they often make, although not always in a very explicit fashion, a comparison between what would be gained and what lost by preventing actions which have harmful effects" (Coase 1960, S. 27-28).

Die Diskussion der reziproken Situation streicht die Beziehung zwischen Mitteln und Zwecken auf eine besonders deutliche Weise heraus. Sowohl Pigou als auch Coase sind sich über die gesellschaftlichen Ziele einig: Die Wohlfahrt soll maximiert werden. Wenn die externen Effekte monetarisiert werden können, wie dies in den bisherigen Ausführungen der Fall war, dann lassen sich die Auswirkungen einer bestimmten Zuteilung von Handlungsrechten auf die Wohlfahrt ermitteln. Dieser Möglichkeit bedient sich Coase, wenn er eine Situation, in welcher ein Emittent für die Folgen seiner Aktivitäten haftbar gemacht werden kann, mit einer Situation vergleicht, in welcher ein Recht auf Emissionen besteht. Das Ergebnis von Coase, das als *Invarianzthese* bezeichnet wird (Regan 1972), lautet: Unter den getroffenen Annahmen (keine Transaktionskosten, vollkommene Konkurrenz) ist die Allokation (die Verwendung) der ökonomischen und natürlichen Ressourcen unabhängig von der spezifischen Zuteilung der Handlungsrechte. Dieses Ergebnis darf freilich nicht überschätzt werden. Es hängt von den genannten Annahmen ab und ist daher an sich nicht von praktischer Bedeutung. Gerade weil die Invarianzthese nur bei vernachlässigbaren Transaktionskosten Gültigkeit hat, ist sie beim Vergleich alternativer Zuteilungen von Eigentumsrechten mit unterschiedlichen Transaktionskosten nützlich (Calabresi 1968). Sie soll im folgenden kurz diskutiert werden.

Der Fischer sieht sich gezwungen, direkte *Verhandlungen* mit dem Chemieunternehmer aufzunehmen, um die genaue Höhe der Entschädigungssumme zu bestimmen. Die Ausgangssituation sieht folgendermassen aus: Der Chemieunternehmer operiert zum Zeitpunkt der Verhandlungen mit Marktpreisen für Chemikalien von 36 Fr/kg. Gemäss Tab. 3 beträgt bei diesem Preis seine optimale Produktion 6 kg Chemikalien. Der Marktpreis für Fischprodukte beträgt 11 Fr/kg. Bei der gegebenen Kostenstruktur des Fischereibetriebs entspricht dem ein Fang von 6 kg Fisch pro Jahr. Muss der Fischer Verluste von einem kg Fisch auf sich nehmen, betragen seine Ertragseinbussen 11 Fr. Ist er entschlossen, die Verluste, die durch die chemische Produktion verursacht sind, zu reduzieren, bleibt ihm nichts anderes übrig, als den Chemieunternehmer für eine Beschränkung seiner Produktion zu kompensieren. Dabei wird er höchstens 11 Fr als Entschädigung anbieten. Der Chemieunternehmer steht vor folgender Alternative: Haftet er für die Folgeschäden seiner Aktivität nicht und beharrt auf seinen Absichten, bedeutet eine Produktionserhöhung von 5 kg auf 6 kg, dass er auf die vom Fischer angebotenen Kompensationszahlungen verzichten muss, im schlimmsten Fall auf eine Entschädigung von 11 Fr. Dies wird zu einem wichtigen Faktor in seinen Kalkulationen. Die Produktionserhöhung bringt 36 Fr zusätzliche Brutto-Einnahmen. Soll er stattdessen bei einer Produktion von 5 kg bleiben und auf ein Kompensationsangebot des Fischers eingehen? Offensichtlich ja: Die Netto-Einnahmen aus einer Produktionserhöhung von 5 kg auf 6 kg würden nur 3 Fr betragen, nämlich die Differenz zwischen dem Preis von 36 Fr und den zusätzlichen Kosten von 33 Fr. In Verhandlungen mit dem Fischer kann er demgegenüber bis zu 11 Fr aushandeln.

Offensichtlich besteht ein *Spielraum* für direkte *Verhandlungen*. Mit grosser Wahrscheinlichkeit wird der Chemieunternehmer in diesem Falle auf die Produktionsausweitung verzichten und die Entschädigung des Fischers akzeptieren. Für alle möglichen Entschädigungen zwischen 3 Fr und 11 Fr werden die ökonomischen (und natürlichen) Ressourcen genau gleich eingesetzt, d.h. die Produktion von Chemikalien wird nicht erhöht werden. Unabhängig davon, ob eine umfassende Sanktionierung der Handels- und Gewerbefreiheit besteht oder aber das Verursacherprinzip systematisch verankert wird, die ökonomischen Entscheidungen der Kontrahenten ändern sich unter den getroffenen Annahmen nicht. In beiden Fällen wird die chemische Produktion bei 5 kg Chemikalien verharren. Damit ist die Invarianzthese in Rahmen der getroffenen Annahmen bestätigt worden.

Die bisherigen Ausführungen legen den Schluss nahe, dass die Wirkungen einer Pigou-Steuer auch ohne eine explizite und direkte staatliche Intervention, wie sie eine Steuer nun einmal darstellt, erzielt werden können. Das Coase-Theorem geht allerdings über diese Feststellung hinaus. Der Rückgriff auf die Marktmechanismen zur Austragung von Interessenkonflikten, bei Coase durch die Aufnahme direkter Verhandlungen zwischen Chemieunternehmer und Fischer symbolisiert, ist nicht nur eine alternative Methode, um die Wirkungen eines staatlichen Eingriffs mit weniger bürokratischem Aufwand herbeizuführen. Das Ergebnis der Verhandlungen ist nicht einfach eine bestimmte Allokation der Ressourcen, in meinem Beispiel ein Entscheid über die Höhe der chemischen Produktion. Die beteiligten Akteure handeln im Grunde genommen ihre gegenseitigen Handlungsrechte mit Hilfe einer einfachen, universellen Regel neu aus. Diese Regel ist erwartungsgemäss die Maximierung des Profits bzw. des Eigeninteresses. Das ist natürlich nichts anderes als die Forderung nach der Suche der effizientesten Verwendung ökonomischer und natürlicher Ressourcen. Ich möchte dies anhand des numerischen Beispiels kurz illustrieren.

Der vermutlich wichtigste Einwand von Coase gegen die Analyse externer Effekte, wie sie von Pigou vorgelegt wurde, bezieht sich auf die Vernachlässigung der Reziprozität externer Effekte. Die Schädlichkeit oder Unzumutbarkeit eines externen Effektes kann aus gesellschaftlicher Sicht erst mit einer Kosten-Nutzen-Analyse endgültig festgestellt werden. Berücksichtigt werden sollen nicht nur die externen Kosten, die beim "Opfer" entstehen, sondern auch die Verluste, die eine Reduktion oder Elimination der belastenden Aktivität der Gesellschaft als Ganzer aufbürdet. Diese Argumentation mag zwar bei der Analyse ökologischer Probleme zynisch erscheinen. Sie ist dennoch eine unübersehbare Realität. Angenommen, durch die Einschränkung der chemischen Produktion werden Rationalisierungsmassnahmen getroffen, in deren Gefolgschaft einem Teil der Belegschaft, typischerweise unqualifizierten und niedrigqualifizierten Arbeitern, gekündigt wird. Deren sozialstaatliche Unterstützung ist für die Gemeinschaft mit Kosten verbunden, die die Verluste des Fischers u.U. weit übertreffen. Soll eine bestimmte "schädliche" Aktivität mit dem Argument eingeschränkt werden, sie verursache der Allgemeinheit Kosten, die sie nicht voll trage, müssten sinnvollerweise alle Kosten, die sich aus einer bestimmten Intervention ergeben, berücksichtigt werden. Es ist dabei nicht von

Belang, ob nun die Schlussfolgerungen von Pigou falsch, wie von Coase behauptet, oder völlig richtig, wie von Baumol (1972) gezeigt, sind. Die Arbeit von Pigou ist so umfangreich, dass es durchaus möglich ist, Stellen für und gegen eine "korrekte" Analyse des Problems zu finden. Coase bestreitet nicht, dass so etwas wie "uncharged disservices" (S. 35) entstehen können. Er lehnt die – naheliegende – Schlussfolgerung ab, dass sie "anti-social" seien:

> "*In devising and choosing between social arrangements we should have regard for the total effect.* This, above all, is the change in approach which I am advocating." (Coase 1960, S. 44, Hervorhebung F.F.).

Die systematische Erhebung einer Pigou-Steuer gegen alle "Verursacher" im Sinne des Polluter Pays Principle scheint vor dem Hintergrund dieser Ausführungen sehr problematisch – mindestens solange die Maximierung ökonomischer Effizienz, ganz im Sinne der wohlfahrtstheoretisch orientierten Autoren, das einzige und wichtigste gesellschaftliche Ziel ist.

So unangenehm diese Schlussfolgerung auch erscheinen mag, sie ist lehrreich und zeigt die möglichen Folgen, die sich aus der konsequenten Durchsetzung von Effizienzkriterien als Wegweiser zur Lösung ökologischer Probleme ergeben können. So kann es sich durchaus als effizient erweisen, d.h. für alle Beteiligten vorteilhaft sein, beträchtliche Umweltbelastungen in Kauf zu nehmen. Soll tatsächlich eine gesamtwirtschaftlich effiziente Lösung angestrebt werden, kann eine a-priori-Sanktionierung der Verantwortungsverhältnisse im Sinne des Polluter Pays Principle nicht mehr ohne weiteres in Kauf genommen werden. Die Zuteilung der Eigentumsrechte wird selber Gegenstand von Effizienzkriterien. Wer als Geschädigter und wer als Verantwortlicher gilt, kann u.U. ein Ergebnis des Marktmechanismus werden. Die Betonung ökonomischer Effizienz verändert somit den Spielraum für moralische Urteile tiefgreifend.

Die Bedeutung des Coase-Theorems liegt m.E. nicht so sehr in der Invarianz-These, sondern in der Einsicht, dass eine unmissverständliche Spezifikation der Handlungsrechte die Internalisierung externer Effekte wesentlich erleichtert. Die Aufnahme direkter Verhandlungen deutet darauf hin, dass eine effiziente Allokation ökonomischer Ressourcen auch ohne staatliche Intervention gewährleistet werden könnte. Diesbezüglich liegen widersprüchliche empirische Resultate vor. Ob soziale Akteure in direkten Verhandlungen sich so verhalten, wie von der ökonomischen Theorie erwartet wird, ist fraglich (Prudencio 1982; Hoffman, Spitzer 1982; Harrison, McKee 1985). Wir müssen somit zum Schluss kommen, dass selbst bei eindeutiger Festlegung rechtlicher

Rahmenbedingungen[16] das Ergebnis von Verhandlungen nicht genau vorauszusehen ist. Mit den üblichen, modellhaften Annahmen über das individuelle Verhalten (Profit- bzw. Nutzenmaximierung) kann zwar erwartet werden, dass die beteiligten Parteien ihre gegenseitigen Rechte ein Stück weit reorganisieren. Hierzu sind die verschiedensten Szenarien denkbar, von der gnadenlosen Ausnutzung der eigenen Verhandlungsmacht bis zur friedlichen Kooperation und Beseitigung der entsprechenden Umweltbelastungen. Diese Annahmen reichen jedoch nicht aus, um eindeutige Aussagen über den Ausgang von Verhandlungen zu formulieren.

Wenn Coase von der "Reorganisation von Eigentumsrechten" spricht, sind offensichtlich nicht nur die rechtlich sanktionierten Handlungsrechte gemeint, sondern auch halb formelle Abmachungen, Regeln, mündliche Versprechungen oder Verträge. Coase ist hierzu explizit:

> "[the concept of factor of production] is usually thought of as a physical entity which the business-man acquires and uses (an acre of land, a ton of fertiliser) instead of as a right to perform certain (physical) actions. We may speak of a person owning land and using it as a factor of production but *what the land-owner in fact possesses is the rights to carry out a circumscribed list of actions*. The rights of the land-owner are not unlimited" (Coase 1960, S. 44, Hervorhebung F.F.).

Diese Betrachtungsweise ökonomischer Transaktionen wirft zahlreiche Fragen auf, die mit einer rein individualistischen, ökonomistischen Betrachtungsweise nicht befriedigend diskutiert werden können. Denn die Regeln und Normen, die in einer Verhandlungssituation vereinbart werden, sind nicht einfach rechtlicher, sondern sozialer Natur. Dementsprechend werden bilaterale Verhandlungen nicht nur durch die Regeln der Nutzen- und Profitmaximierung, sondern auch durch gewohnheitsmässig erworbene Rechte oder moralische Normen gesteuert. Solche Aspekte können jedoch im Rahmen einer rein ökonomischen Betrachtungsweise kaum berücksichtigt werden. Welche theoretischen Konzepte für eine solche Aufgabe geeignet sind, soll im zweiten Teil dieser Arbeit diskutiert werden.

---

16 Das Coase-Theorem kann diesbezüglich Verwirrung stiften. Verglichen werden nicht etwa zwei Konstellationen von wohl definierten Handlungsrechten, sondern eine rechtlich eindeutige Lage (Sanktionierung des Verursacherprinzips im Sinne des Polluter Pays Principle) mit einer rechtslosen Lage. Vgl. dazu Mumey (1971).

1.3.3 Nutzungskonflikte und Eigentumsrechte

Die bisherigen Ausführungen haben gezeigt, dass die Austragung bilateraler Konflikte, die im Kern der Ausführungen von Coase stehen, als eine Frage der gegenseitigen Reorganisation, Zuteilung und/oder Aushandlung von Eigentumsrechten angesehen werden sollen. Das Coase-Theorem hat insbesondere die Wichtigkeit einer klaren, unmissverständlichen Zuteilung von Eigentumsrechten für die Internalisierung externer Effekte illustriert. In allen Epochen gehörten Eigentumsrechte zu den unerlässlichen Prämissen für ein geordnetes soziales Leben, unabhängig davon, ob sie informell und implizit, z.B. als moralische Regeln der engeren Verwandtschaft in archaischen Gesellschaften, zur Geltung kommen oder aber sich als tradierte Rechte in politischen Gesellschaften konkretisieren oder als positive Normen in ökonomischen Gesellschaften[17] sanktioniert werden. Eigentumsrechte sollen dementsprechend als jene Normen und Regeln aufgefasst werden, die das soziale Leben überhaupt möglich machen. Eigentumsrechte tragen insofern zur Vermeidung willkürlicher Akte im Umgang mit Menschen, Dingen und Natur bei (siehe dazu z.B. Hayek 1988, S. 29ff.).[18]

Vor dem Hintergrund dieser Interpretation von Eigentumsrechten lassen sich ökologische Probleme als Situationen der Normlosigkeit beschreiben bzw. als Nutzungskonflikte, für welche weder soziale noch tradierte oder positive Normen zu ihrer Austragung existieren. Stand bei der wohlfahrtstheoretischen Analyse ökologischer Probleme noch ein Verursacher, d.h. ein Täter und eine Tat, im Mittelpunkt der Betrachtungen, wird mit der expliziten Berücksichtigung von Regeln und Normen der Blickwinkel auf die kulturellen, institutionellen und sozialen Rahmenbedingungen des Handelns gelenkt. Weder das individuelle Handeln noch die Folgen davon stehen unmittelbar zur Diskussion. Der explizite Rückgriff auf Regeln und Normen hat in der ökonomischen Analyse ökologischer Probleme einen tiefgreifenden Perspektivenwechsel ausgelöst. Der Beitrag von Coase begründete eine wissenschaftliche

17 Die Gliederung in archaische, politische und ökonomische Gesellschaften dient als Grundlage für die Diskussion von Prozessen der kulturellen Evolution im dritten Teil dieser Arbeit.

18 Eigentumsrechte kanalisieren nicht nur konkurrierende Ansprüche (d.h. potentielle Konflikte). Mit ihnen verknüpfen sich vielfach auch Pflichten bzw. Verantwortungen. Rücksichtslosigkeit und Sorglosigkeit im Umgang mit Menschen und Dingen deutet i.d.R. auf das Fehlen wirksamer Verantwortungsverhältnisse hin.

Diskussion, die heute als *Property-Rights-Schule* bezeichnet wird (Alchian 1965a, 1965b; Demsetz 1967; Alchian, Demsetz 1973; Furubotn, Pejovich 1972).

Wie die Ausführungen von Coase gezeigt haben, ermöglicht dieser Perspektivenwechsel nicht nur den Einbezug ordnungspolitischer Aspekte. Der Rückgriff auf Regeln und Normen, die nicht einfach von rechtlicher Natur sind, erlaubt es auch, Transaktionen und Marktmechanismen auf eine neue, vielversprechende Weise zu beschreiben. In den folgenden Ausführungen möchte ich nun das Verständnis von Eigentumsrechten diskutieren, welches sich aus der Literatur zu diesem Thema ergibt. Dabei lassen sich im wesentlichen zwei weitgehend unabhängige Dimensionen dieses Begriffs identifizieren. Es soll einerseits nach Arten von Eigentumsrechten (etwa Privateigentum vs. Nutzungsrecht), andererseits nach ihrem Geltungsbereich (juristischem, privatem, gesellschaftlichem usw.) unterschieden werden. Furubotn und Pejovich definieren Eigentumsrechte wie folgt:

> "... property rights do not refer to relationships between men and things but, rather, to the *sanctioned behavioral relations among men that arise from the existence of things and pertain to their use.*" (Furubotn, Pejovich 1972, S. 1139, Hervorhebung im Original).

Diese Definition ist leider nicht unproblematisch. Es wird zwar explizit betont, dass Eigentumsrechte als sanktionierte Verhaltensregeln zu betrachten sind, die die Nutzung von Dingen strukturieren sollen. Offen bleibt allerdings die Frage nach der Sanktionierungsinstanz und dementsprechend des Geltungsbereichs. Wird darunter lediglich der Staat verstanden, müssen diese Verhaltensregeln dem Rechtssystem gleichgesetzt werden. Doch damit ist das Spektrum an denkbaren Sanktionierungsinstanzen keineswegs erschöpft. Für ein Kleinkind dürfte die Mutter in mancher Hinsicht eine viel wichtigere "Sanktionierungsinstanz" sein. Auch tradierte Moralvorstellungen können im täglichen Leben einen sehr starken Sanktionscharakter haben. Die Familie, die Schule, das Berufsleben sind alles Beispiele für Institutionen, die einen eigenen "Sanktionscharakter" haben (oder haben können).

Eine Definition, die von Anfang an dem Begriff der Eigentumsrechte den grösstmöglichen Geltungsbereich zuspricht, stammt von Demsetz:

> "Property rights are an instrument of society and derive their significance from the fact that they help a man form those expectations which he can reasonably hold in his dealings with others. These expectations find expression in the law, customs, and mores of a society" (Demsetz 1967, S. 347).

Eigentumsrechte werden hier explizit als Ausdruck sowohl des Gesetzes, als auch tradierter Moralvorstellungen beschrieben. Soziale Regeln mischen sich mit den rechtlich sanktionierten Normen in einer häufig untrennbaren Art und

Weise. Es ist deshalb auch von *Bündeln von Handlungsrechten* die Rede (Schmidtchen 1983, S. 10). Während bei Furubotn und Pejovich die Strukturierung (Ausschliessung oder Bevorzugung) konkurrierender Nutzungen noch im Mittelpunkt stand, betont Demsetz den konstitutiven Charakter, der Eigentumsrechten in der Strukturierung des Alltags zukommt. Eigentumsrechte werden hier als soziale Regeln und Normen beschrieben, deren Ursprung zunächst nicht feststeht, wobei ihre Existenz jedoch nicht nur das Ergebnis gezielter Vereinbarungen ist.

In der obigen Definition kommt eine wichtige Einsicht ans Licht: Eigentumsrechte tragen zur Bildung und zur routinemässigen Erfüllung von Erwartungen bei; sie sind mit anderen Worten ein wichtiger Mechanismus der Vertrauensbildung. Diese Auffassung von Eigentumsrechten scheint auch Schmidtchen implizit zu teilen, wenn er nüchtern feststellt: "Handlungsrechte sind *sozial akzeptierte* Handlungsmöglichkeiten" (Schmidtchen 1983, S. 9, Hervorhebung im Original). Die Relevanz der Vertrauensbildung bzw. der routinemässigen Bestätigung individueller Erwartungen kann nicht genügend unterstrichen werden. Der systematische Mangel an Vertrauen in Situationen von sozialer Interaktion kann u.U. zu Orientierungs- und Normlosigkeit führen, die im schlimmsten Falle die Zerstörung der individuellen Identität bewirken kann (zu diesem Thema siehe die inzwischen klassische Arbeit von Durkheim 1983; einsichtsreich ist auch Dahrendorf 1985). Die Betonung der vertrauensstiftenden Wirkung, die mit der Konsolidierung von Eigentumsrechten einhergeht, verschafft der obigen Definition eine Bedeutung, die weit über die blosse ökonomische und rechtliche Ebene hinausgeht. Ich werde auf die Bedeutung gegenseitigen Vertrauens in zwischenmenschlichen Interaktionen im zweiten Teil dieser Arbeit zurückkommen.

In der Definition von Demsetz kommt allerdings ein wesentlicher Aspekt von Eigentumsrechten nicht explizit zur Sprache: ihr potentieller Exklusivitätscharakter. Der Besitzer kann Dritte aus bestimmten Nutzungen seines Eigentums ausschliessen. Dabei lassen sich Mechanismen der Exklusion sowohl in Bezug auf bestimmte soziale Akteure als auch hinsichtlich Nutzungsart, Nutzungsdauer, Nutzungsausmass usw. identifizieren. Mit einem Eigentumsrecht[19] verbindet sich somit eine Reihe von *Nutzungsrechten*. Die rechtliche

---

19 Während sich im englischsprachigen Raum der Terminus "property rights" etabliert hat, wird dieser Begriff in der deutschsprachigen Literatur uneinheitlicher verwendet. Schmidtchen (1983) betrachtet Eigentums- und Handlungsrechte als Synonyme. Andere Autoren unterscheiden zwischen Eigentums- und Nutzungsrechten. Eigentums- und Verfügungsrechte werden meist synonym behandelt.

Beziehung zwischen Mieter und Vermieter ist hierzu ein ausgezeichnetes Beispiel: Der Eigentümer behält sich das exklusive Recht vor, das Mietobjekt zu verkaufen, während er die Nutzungsrechte dem Vermieter verkauft. Alchian und Demsetz illustrieren dies folgendermassen:

"To 'own land' usually means to have the rights to till (or not to till) the soil, to mine the soil, to *offer* those rights for sale etc., but not to have the right to throw soil at a passerby, to use it to change the course of a stream, or to force someone to buy it" (Alchian, Demsetz 1973, S. 17).

Dieser differenzierteren Auffassung von Eigentumsrechten stehen weitere Definitionen gegenüber, die bloss den Exklusivitätscharaker betonen. Das Eigentumsrecht legt das Spektrum der möglichen Handlungsrechte nur in einem negativen Sinne fest, indem bloss sanktioniert wird, welche Handlungs- bzw. Nutzungsrechte ausgeschlossen sind:

"The right of ownership is an exclusive right in the sense that it is limited *only* by those restrictions that are explicitly stated in the law." (Furubotn, Pejovich 1972, S. 1140, Hervorhebung im Original).

Hier liegt eine Definition vor, die sich sehr stark am Konzept des Privateigentums anlehnt.

Mit dem Einbezug kultureller, rechtlicher und sozialer Normen in der Austragung von Nutzungskonflikten stellt sich implizit auch die Frage nach den Mechanismen, welche Veränderungen in den rechtlichen und kulturellen Rahmenbedingungen bewirken sowie nach der Richtung dieser Veränderungen. Gesellschaftliche Regeln und Normen werden mit anderen Worten zum Gegenstand der kulturellen Evolution erklärt. Eine Theorie der kulturellen Evolution, die explizit kulturelle Regeln und Normen in den Mittelpunkt des evolutionären Prozesses stellt, wäre aus ökologischer Sicht von erstrangiger Bedeutung (ein Beispiel: Jaeger 1991). Die Property-Rights-Schule hat dazu einige klare Thesen aufgestellt, die ich im folgenden anhand eines Beispiels diskutieren möchte.

Im Mittelpunkt unserer Diskussion des Coase-Theorems standen sich folgende Akteure gegenüber: ein Chemie- und ein Fischereibetrieb, die kommunale Trinkwasserversorgung und der Freizeitverein. Die Ausgangssituation kann wie folgt beschrieben werden. Zu Beginn belastet der Chemieunternehmer die Gewässer nicht allzu stark. Die Regenerierungsfähigkeit des Flusses sorgt für eine konfliktfreie, gleichzeitige Nutzung der Gewässer durch den Chemiebetrieb, den Fischereibetrieb, die Trinkwasserversorgung und den Freizeitverein. Die Konstellation der Eigentumsrechte kann dadurch charakterisiert werden, dass alle Benützer de facto uneingeschränkte Handlungs- und Nutzungsrechte haben, die sich jedoch rechtlich nicht durchsetzen lassen.

Steigt die Belastung der Gewässer (verursacht z.B. durch eine Erhöhung der chemischen Produktion), machen sich zahlreiche technologische Externalitäten bemerkbar: Die Fänge in der Fischerei gehen zurück, die Kosten für die Aufbereitung des Trinkwassers nehmen zu und die Gewässer verlieren ihre Attraktivität für die Freizeit. Die Gewässer können mittlerweile nicht mehr als ein öffentliches Gut bezeichnet werden: es besteht nun Rivalität. Sie sind indes auch kein privates, denn ihre Nutzung ist nicht exklusiv. Es liegt also ein Nutzungskonflikt vor. Wie die Betroffenen in dieser Situation reagieren, ist zunächt offen. Fest steht nur, dass angesichts der zahlreichen technologischen externen Effekte die aktuelle Zuteilung von Eigentumsrechten nicht effizient ist. Diese muss nicht notwendigerweise rechtlicher Natur sein. Dem rechtlichen Status der Gewässer als Gemeineigentum könnten durchaus soziale Vereinbarungen gegenüberstehen, die eine konfliktfreie Nutzung des Gemeineigentums ermöglichen würden. Dies trifft immer dann zu, wenn die Aktivitäten des Chemiebetriebs die Gewässer nicht allzu stark belasten.

Mit dem Auftreten zahlreicher technologischer Externalitäten werden voraussichtlich die durch die Belastung am meisten Betroffenen versuchen, Verhandlungen zur Reorganisation der Nutzungsrechte mit den Verursachern aufzunehmen. In unserem Beispiel könnte dies etwa bedeuten, dass ein Freizeitverein oder das Amt für Trinkwasserversorgung versuchen, mit dem Chemiebetrieb Verhandlungen aufzunehmen. Erklärt sich der Chemiebetrieb grundsätzlich dazu bereit, besteht ein gemeinsames Interesse an der Reorganisation der bestehenden Konstellation von Eigentumsrechten. Führen die Verhandlungen zur Etablierung neuer Eigentumsregeln, sind diese definitionsgemäss effizienter als die frühere Regelung. Sämtliche externen Effekte sind dabei internalisiert worden. Dies bedeutet indes nicht, dass die Gewässerbelastung vollständig eliminiert worden wäre. Die neue Belastungssituation ist jedoch nicht mehr Gegenstand eines Nutzungskonfliktes.

Eine wichtige These der Property-Rights-Schule besagt nun, dass das wahrscheinlichste Ergebnis einer Reorganisation von Eigentumsrechten das Privateigentum ist. Mit der Durchsetzung von Privateigentum an natürlichen Ressourcen, so die These, wird die Austragung von Nutzungskonflikten erleichtert. Die *Transaktionskosten* potentieller Verhandlungen sind bei Privateigentum wesentlich geringer als bei Gemeineigentum. (Demsetz 1967). Demsetz geht sogar soweit zu behaupten, dass die Evolution von Eigentumsrechten generell durch die Bestrebung geleitet wird, die jeweiligen Transaktionskosten bei Nutzungskonflikten zu reduzieren. Inwiefern diese Bestrebung, abgesehen von durchaus bemerkenswerten Einzelfällen, tatsächlich als der wichtigste Antrieb der Evolution von Eigentumsformen betrachtet werden kann, soll im dritten Teil dieser Arbeit näher untersucht werden. In den folgenden Ausführungen möchte ich zunächst die möglichen Folgen der Durchsetzung des Privateigentums anhand unseres Beispiels näher erläutern.

Betrachten wir einmal mehr unser Beispiel. Wenn dem Chemie-Betrieb das Recht auf Umweltverschmutzung eingeräumt wird und handelt dieser "rational", d.h. rein eigennützig, dann bleibt den betroffenen sozialen Akteuren nichts anderes übrig, als Kompensationszahlungen zur Senkung der Emissionen ins Auge zu fassen. Nun ist es durchaus plausibel, dass die finanzielle Leistungsfähigkeit der Fischerei bzw. des Freizeitvereins oder der kommunalen Wasserversorgung nicht ausreicht, um den Chemiebetrieb zu einer Reduktion der Gewässerbelastung zu bewegen. Unter dieser Konstellation von Eigentumsrechten ist der Status Quo bereits effizient. Verhandlungen führen dann dazu, dass die Betroffenen die Gewässerbelastungen nicht mehr länger als relevante Externalitäten betrachten. Die Gewässerbelastung bleibt weiterhin bestehen, eine Reorganisation der Handlungsrechte findet nicht statt.

Es soll nun angenommen werden, dass das Eigentum an den Gewässern dem Freizeitverein zugeteilt wird. Der Chemiebetrieb sieht sich gezwungen, Nutzungsrechte beim Freizeitverein zu kaufen. Es ist dabei anzunehmen, dass der Freizeitverein sich hartnäckig weigern wird, jegliche Nutzung wirtschaftlicher Art zuzulassen, selbst wenn der Chemiebetrieb ein sehr attraktives finanzielles Angebot unterbreitet. Unter diesen Umständen bleibt dem Chemiebetrieb je nach Marktlage keine andere Wahl, als massive Investitionen im Umweltschutzbereich zu tätigen oder auf die geplante Erhöhung der Produktion zu verzichten. Diese Variante ist aus ökologischer Sicht sicherlich interessant. Sie beruht jedoch auf problematischen Annahmen. So wird etwa dem Freizeitverein ein Verantwortungsbewusstsein unterstellt, das sich u.U. nicht rechtfertigen lässt. Käme der Freizeitverein in eine schwierige finanzielle Lage wäre es praktisch unmöglich, ihn daran zu hindern, die Gewässer etwa für den Kiesabbau gegen adäquate Bezahlung freizugeben.

Die bisherige Diskussion zeigt, dass exklusive Eigentumsrechte eine Reorganisation von Handlungsrechten stark erschweren. Aus ökologischer Sicht kann die Durchsetzung des Privateigentums weder als besonders wirksam noch als indifferent in Bezug auf die spezifische Zuteilung der Handlungsrechte angesehen werden. Im nächsten Abschnitt sollen weitere Eigentumsformen für die Nutzung natürlicher Ressourcen diskutiert werden, die in bezug auf die Erreichung und Gewährleistung einer bestimmten Umweltqualität erheblich flexibler und effizienter sind.

1.3.4 *Zur Umsetzung eigentumsrechtlicher Konzeptionen*

In den folgenden Ausführungen möchte ich nun die Vor- und Nachteile, die sich aus der Durchsetzung von Eigentums- bzw. Nutzungsrechten ergeben, diskutieren. Ich möchte zunächst von der Durchsetzung des Verursacherprinzips im Sinne des Polluter Pays Principle ausgehen. Betrachten wir nochmals unser Beispiel. Dem Fischereibetrieb wird das Recht auf Schadenersatz eingeräumt. Die Beweislast einer Verletzung dieser rechtlichen Norm liegt jedoch beim Fischer. Der Chemiebetrieb weiss, dass seine Verantwortung für die Belastung der Gewässer auf dem rechtlichen Wege bewiesen werden muss. Macht der Fischer von seinen Klagerechten Gebrauch, so wird er im Rahmen der gerichtlichen Verhandlungen nachweisen müssen, dass er erstens einen Verlust erlitten hat, und dass zweitens dieser Verlust einzig und allein eine Folge der chemischen Aktivität ist. Wie im zweiten Teil noch zu zeigen sein wird, lässt sich ein kausaler Zusammenhang zwischen Fischfängen und Belastung der Gewässer kaum zweifelsfrei herstellen. Zwar kann der Fischer versuchen, glaubhaft zu machen, dass angesichts seiner langjährigen Erfahrung der Fischfang um so und so viele Kilos höher ausfallen sollte. Allerdings ist sein Ertrag auch von zahlreichen weiteren Faktoren abhängig, deren Wirkungen kaum voneinander isoliert werden können. Auch wenn eine kausale Beziehung zwischen Gewässerbelastung und Fischfang hergestellt werden kann (eine sicherlich kostspielige Angelegenheit), lässt sich die Verantwortung des Chemieunternehmers damit noch nicht sanktionieren. Sind am gleichen Fluss weitere industrielle Betriebe ansässig, wird der Unternehmer seine Verantwortung vermutlich bestreiten und versuchen, sie auf die anderen industriellen Aktivitäten abzuwälzen.[20]

Eine Umkehr der Beweislast würde die Transaktionskosten, die mit der Durchführung rechtlicher Verhandlungen verbunden sind, drastisch reduzieren. Dem Chemie-Unternehmer fällt es unvergleichlich leichter, seine Unschuld nachzuweisen, indem er etwa Einsicht in seine Produktionsanlagen gewährt und das Ausmass seines Beitrags an der Belastung der Gewässer belegen kann. Dennoch können mit der Umkehr der Beweislast nicht alle

---

20 Mit genau dieser Art von Problemen haben die holländischen Behörden zu kämpfen, die Schadenersatz von den unzähligen industriellen Betrieben verlangen, die in der BRD, Frankreich und in der Schweiz ihre stark belasteten Abwässer in den Rhein einleiten. Die Schadstoffe kumulieren sich in einem so hohen Mass, dass die Reinigung des Rotterdamer Hafens für die Hafenbehörden zu einer der wichtigsten und teuersten Aufgaben geworden ist.

Schwierigkeiten vollumfänglich gelöst werden. Zwar kann der Emissionsbeitrag des Chemieunternehmers mit vertretbarem Aufwand festgestellt werden. Die kausalen, naturwissenschaftlichen Zusammenhänge zwischen diesen Emissionen und den Fischverlusten können angesichts der Komplexität der involvierten natürlichen Prozesse oft weder nachgewiesen noch grundsätzlich abgelehnt werden. Sie sind letztlich unbekannt. Unter diesen Umständen hat der Chemieunternehmer gar keine Möglichkeit, seine Unschuld glaubhaft zu machen. Die Durchsetzung des Verursacherprinzips im Sinne des Polluter Pays Principle, unabhängig davon, bei wem die Beweislast liegt, scheint das Rechtssystem in unzulässiger Weise zu überfordern.

Betrachten wir nun die umgekehrte Situation. Es wird eine sehr weitgehende Handels- und Gewerbefreiheit sanktioniert, was faktisch auf der Gewährung eines Rechts auf Umweltverschmutzung gleichkommt. Der Chemieunternehmer kann für die Folgen seiner Aktivitäten auf rechtlichem Weg nicht haftbar gemacht werden. Unter diesen Umständen fallen die Transaktionskosten für die Inanspruchnahme des Rechtssystems weitgehend weg, denn gerichtliche Verhandlungen sind nicht möglich. Dem Fischer bleibt einzig der Weg der direkten *Verhandlungen* offen. Es ist immer wieder bemerkt worden, das die Führung bilateraler Verhandlungen ausserhalb des Rechtssytems eine Situation darstellt, die kaum von praktischer Relevanz ist. Im Normalfall werden solche Verhandlungen durch die sehr grosse Zahl von Betroffenen praktisch verhindert (zu hohe Transaktionskosten). Hierzu muss bemerkt werden, dass die Betroffenen häufig in Interessenvertretungen gut organisiert sind. Wie die spärlichen Erfahrungen hierzu zeigen (Porter 1988), ist eine sehr grosse Zahl direkt Betroffener kaum als grundsätzliches Hindernis anzusehen.

Im Gegensatz zu den rechtlichen Verhandlungen hängt die Durchführung bilateraler Verhandlungen kaum von der Erstellung teurer naturwissenschaftlicher Gutachten ab. Nicht das Ausmass der externen Kosten steht hier zur Diskussion, sondern die Tätigung von präventiven Massnahmen wie Investitionen in Umweltschutztechnologien, das zugehörige Finanzierungsschema und die Verteilung der Lasten usw. Der Schwerpunkt der Verhandlungen verschiebt sich somit von einfachen, einmaligen Entschädigungen zur Definition und Konkretisierung von mittel- bis langfristigen Investitionsstrategien, welche Fragen des Umweltschutzes explizit berücksichtigen. Dabei stellt sich etwa die Frage, ob lediglich in nachsorgende Techniken investiert werden muss oder nicht gleich in umweltschonendere Produktionstechnologien.

Typischerweise gehören solche Entscheide zu den wichtigsten Aufgaben der Unternehmensleitung. Es kann deshalb angezweifelt werden, ob sie überhaupt im Rahmen bilateraler oder multilateraler Verhandlungen mit Interessenvertretungen geführt werden können. Eine solche Möglichkeit wird zusätzlich dadurch erschwert, dass im Gegensatz etwa zu den Gewerkschaften Umweltschützer über keine reale Verhandlungsmacht verfügen. Nicht Interessenvertretungen sind in solchen Restrukturierungsversuchen die typischen Verhandlungspartner, sondern Kreditinstitute und technisch-wissenschaftliche Institutionen. Doch damit verschiebt sich die Aufmerksamkeit von einfachen Verhandlungslösungen zu Fragen der Innovativität und der ökonomischen, sozialen und kulturellen Mechanismen, welche sie positiv beeinflussen können. Diese Fragen sollen jedoch erst im vierten Teil zur Diskussion kommen.

Verhandlungslösungen werden durch eine weitere Schwierigkeit erschwert. Auch wenn der Fischer die finanziellen Mittel zur Finanzierung der Umweltschutzinvestitionen des Chemieunternehmers aufbringen könnte, ist es weiterhin offen, ob der letzte sich auf Verhandlungen einlassen würde. Denn schliesslich besteht für den Chemieunternehmer zunächst kein Grund, solche Investitionen zu tätigen. Es darf angenommen werden, dass unter dieser Zuteilung der Eigentumsrechte der Chemieunternehmer sich erst dann für Umweltschutzinvestitionen entscheidet, wenn er sich davon auch reale Marktvorteile verspricht. Diese sind jedoch a priori mit einer sehr grossen Unsicherheit behaftet. Der Status quo dagegen lässt zwar tiefere, aber sichere Profite erwarten. Empirische Untersuchungen haben ergeben, dass sich Individuen in einer solchen Situation systematisch risikoavers verhalten. Bei einem identischen erwarteten, positiven Nutzen ziehen sie die risikolose Entscheidungsalternative vor (Kahneman, Slovic, Tverski 1982). Dieser systematische psychologische Bias zugunsten der Risikoaversion in Situationen positivn erwarteten Nutzens trägt zusätzlich dazu bei, die Aufnahme bilateraler Verhandlungen zu erschweren.

Die Property-Rights-Diskussion hat zur Genüge zeigen sollen, dass eine wichtige Ursache ökologischer Probleme in einer unkontrollierten, willkürlichen Nutzung natürlicher Ressourcen anzusiedeln ist. Die Durchsetzung exklusiver Eigentumsrechte, wie dies letztlich vom Coase-Theorem verlangt wird, ist jedoch nicht die einzige Antwort auf dieses Problem. Wenn es um eine geordnete Nutzung natürlicher Ressourcen geht, ist die Einführung von *Nutzungsrechten* eine wirksame und in absehbarer Zeit auch praktikable Alternative. Natürliche Ressourcen dürfen zwar weiterhin genutzt werden. Im Gegensatz zu einer monetären oder physischen Anlage dürfen sie jedoch nicht mehr verkauft werden. Sie verlieren damit den Charakter einer Investition auf Zeit. Sie sind, mit anderen Worten, kein "Kapital" mehr.

Die umweltökonomische Literatur hat dieses Konzept schon sehr früh aufgegriffen und erweitert. Heute ist es als *Zertifikatslösung* bekannt. Umweltzertifikate (auch Umweltlizenzen genannt) gehen auf einen Vorschlag von Dales zurück (Dales 1968). Im Gegensatz zu den Steuer- und Abgabenlösungen stellt die Zertifikatslösung ein bestimmtes Umweltziel unmittelbar in den Vordergrund. In einer bestimmten Region oder Agglomeration wird zunächst das gesamte Volumen an erlaubten Emissionen festgelegt. Jedes Zertifikat verbrieft das Recht auf eine bestimmte maximale Nutzung der Umwelt und ist handelbar. Das gesamte Volumen der in Umlauf gesetzten Zertifikate entspricht dem maximal zulässigen Emissionsvolumen. In unserem Beispiel wird das jährlich maximal nutzbare Wasservolumen etwa so festgelegt, dass keine nennenswerten Belastungen des Ökosystems entstehen. Erweisen sich die Kalkulationen des Chemieunternehmers bezüglich Bedarf an Nutzungsrechten als zu optimistisch, d.h. systematisch zu tief, eröffnen sich ihm grundsätzlich zwei Alternativen. Er kann sich kurzfristig auf dem Zertifikatenmarkt mit den nötigen Nutzungsrechten eindecken, oder aber er versucht, mittel- bis langfristig umweltfreundlichere Technologien anzuwenden. Umgekehrt kann er seine Zertifikate verkaufen, wenn er feststellt, dass er auf einen Teil seiner Nutzungsrechte nicht mehr angewiesen ist.

In der Literatur ist im Rahmen des Modells der vollkommenen Konkurrenz eine Reihe von Eigenschaften eines Marktes für Umweltzertifikate beschrieben. Ich möchte in diesem Zusammenhang nicht auf technische Details eingehen. Über solche geben etwa Tietenberg und Wegehenkel Auskunft (Wegehenkel 1983; Tietenberg 1985). Obschon die Zertifikatslösung, wie der Standard-Preis-Ansatz, nicht unbedingt eine effiziente Allokation der Ressourcen gewährleistet – hierzu wäre ja die Ermittlung der gesamten externen Kosten notwendig – stellt sie eine sehr kostengünstige Lösung zur Erreichung eines bestimmten ökologischen Ziels dar. Die Umweltbehörden sind z.B. nicht darauf angewiesen, die technischen Möglichkeiten jedes einzelnen Emittenten zu kennen. Besteht ein transparenter Markt für Umweltzertifikate, sind also die Transaktionskosten für den Handel mit Zertifikaten auf diesem Markt vernachlässigbar, wird im Endeffekt jeder Marktteilnehmer die für ihn kostengünstigste Lösung finden.

Mit der Zertifikatslösung wird der technische Umweltschutz honoriert: Der betreffende Unternehmer kann nach getätigten Investitionen seine Zertifikate verkaufen. Ob sich die Investition lohnt, hängt natürlich vom erwarteten Preis der Zertifikate ab. Je höher der Preis, desto interessanter wird eine Investition in eine Vermeidungstechnologie oder in die Erneuerung der Produktionsanlagen. Die Zertifikatslösung scheint die Adoption technischer Umweltschutzmassnahmen wirksamer zu fördern als die traditionellen, auf Ge- und Verboten beruhenden Strategien (Milliman, Price 1989). In einer Periode starker Konjunktur würde natürlich die Nachfrage nach Zertifikaten steigen. Die unmittelbare Folge davon wäre eine kräftige Preiserhöhung. Dies würde wiederum Investitionen in Umweltschutztechnologien, Forschung und Entwicklung usw. attraktiv machen. Zwischen Wachstum und Innovativität würde eine systematische Beziehung hergestellt – eine wichtige, aber wenig beachtete Wirkung der Zertifikatslösung.

Etabliert sich in einer Branche und Region ein bestimmtes technisches Verfahren zur Reduktion der Emissionen, werden weniger Zertifikate nachgefragt, und ihr Preis wird tendenziell sinken. Zertifikate könnten also gehortet werden. Das Volumen aller Emissionen würde in diesem Falle den gesetzlich vorgeschriebenen Wert unterschreiten. Dies würde den Zuzug neuer Firmen in die Region ermöglichen. Wäre das Kontingent an Zertifikaten erschöpft, könnte sich ein Zuzüger aber nicht mit den notwendigen Zertifikaten eindecken. Eine Umweltbehörde könnte in diesem Prozess eine gewisse Lenkungsfunktion übernehmen und z.B. beschliessen, die Adoption der Vermeidungstechnologie zu fördern, indem sie das gesamte erlaubte Emissionsvolumen durch den Kauf oder die Entwertung von Zertifikaten zusätzlich reduziert. Dies hätte gleichzeitig eine bremsende Wirkung auf das Horten von Zertifikaten. Die anfängliche Zuteilung dürfte keine allzu grosse Schwierigkeiten bereiten. Unter der Annahme, dass die Marktteilnehmer Preisnehmer (vollkommene Konkurrenz), die Transaktionskosten gering und die Nutzungsrechte handelbar sind, kann gezeigt werden, dass die Kosteneffektivität unabhängig von der anfänglichen Zuteilung der Umweltzertifikate gewährleistet ist (Hahn 1984).

Konkrete Erfahrungen mit Umweltzertifikaten sind sehr dünn gesät. In den USA wurden erste, vorsichtige Versuche gestartet. Obschon sie nicht genau einer Zertifikatslösung entsprechen, müssen die gesammelten Erfahrungen i.a. als ermunternd bezeichnet werden (Bonus 1984). Das wohl wichtigste Problem dieses Instruments liegt nach einhelliger Meinung in seiner sehr beschränkten praktischen Anwendbarkeit. Diese Kritik dürfte jedoch in Zukunft kaum noch zutreffen. Die breite Diffusion der Zertifikatslösung hängt in der Tat von einem billigen, effizienten und nicht-manipulierbaren Zahlungssystem für Umweltlizenzen ab. Ein solches System existiert zwar heute nicht, seine Realisierung liegt jedoch durchaus im Rahmen des Machbaren. Die sogenannten Chip-Karten eröffnen hierzu ungeahnte Möglichkeiten. Eine Chipkarte ist im wesentlichen eine Weiterentwicklung der heute gebräulichen Kreditkarten. Die interessantesten Versionen solcher Karten verfügen über einen Mikroprozessor und einen Speicher. Diese erweitern die Einsatzmöglichkeiten einer klassischen Kreditkarte enorm. Die Chipkarte kann insbesondere ein "elektronisches Portemonnaie" anbieten. Danach kann jeder Benützer einer solchen Karte Bargeld auf seine Karte laden und als solches verwenden. Die Schweizer PTT erproben seit Oktober 1991 in Biel eine solche Karte. Es handelt sich dabei um eine multifunktionelle Karte, die neben dem eigentlichen elektronischen Portemonnaie weitere Funktionen anbietet.

Eine Chipkarte bietet eine ernstzunehmende Möglichkeit an, ein Zahlungssystem für Umweltzertifikate auf breiter Basis und mit vertretbarem Aufwand zu realisieren. Statt Bargeld müssten dann Nutzungseinheiten gutgeschrieben werden, wie Liter Benzin, Kilowattstunden, SO_2-Emissionen und vieles anderes mehr. Die Flexibilität dieser Technologie setzt praktisch keine Schranken an die Anforderungen eines solchen Systems. Das Pilotprojekt in Biel zeigt, dass sich ein solches System bereits in einem fortgeschrittenen Entwicklungsstadium befindet. Über seine Brauchbarkeit kann bis heute nichts Endgültiges gesagt werden. Es kann jedoch nicht übersehen werden, dass die Schweizer PTT im Bereich der elektronischen Zahlungssysteme eine gewisse Pionierrolle eingenommen haben. Es kann nur gehofft werden, dass die Innovativität dieses Staatsbetriebs von Öffentlichkeit, Wirtschaft und Politik zur Kenntnis genommen wird. Soll die Realisierung einer ökologischen Marktwirtschaft ernsthaft erwogen werden, dürfen die Möglichkeiten, die von dieser technischen Innovation angeboten werden, nicht mehr länger vernachlässigt werden.

Teil II: Von der externen zur internen Perspektive

2.1 Einführung

In den vorangehenden Ausführungen habe ich an verschiedenen Stellen auf Schwierigkeiten aufmerksam gemacht, die bei der praktischen Umsetzung des Externalitätenkonzepts anfallen. Im folgenden möchte ich diese Schwierigkeiten, in die sich die traditionellen umweltökonomischen Konzeptionen verstricken, auf die Existenz einer *externen Perspektive* zurückführen, welche diese Ansätze auszeichnet. Die Einnahme einer externen Perspektive zeigt sich in der häufig stillschweigenden Überzeugung, dass gesellschaftliche Prozesse ganz im Sinne der technischen Wissenschaften aus einer gegenüber dem Gegenstand der Untersuchung externen Optik untersucht und beschrieben werden können. Eine solche Haltung kommt in der technischen Systemtheorie besonders deutlich zum Vorschein. Technische Systeme werden vom Ingenieur so entworfen, dass sie ein ganz bestimmtes, vom ihm definiertes Ziel erfüllen. Die Funktionsweise der technischen Apparatur erfüllt damit extern festgelegte Ziele.

Betrachtet man die Umweltökonomie als die Wissenschaft der effizienten Nutzung natürlicher Ressourcen[1] (wobei als natürliche Ressourcen sämtliche Naturgüter vom Erdöl über die Gewässer bis zur unberührten Landschaft zu verstehen sind), so nimmt das Konzept der ökonomischen Effizienz die Rolle einer Zielvariable im systemtheoretischen Sinne an: Die Gesellschaft wird als ein System betrachtet, dessen Effizienz es zu maximieren gilt. Die Wahl der Zielvariable ist selbst nicht das Ergebnis eines gesellschaftlichen Konsenses. *Ökonomische Effizienz* wird von der Umweltökonomie einfach als prioritäre gesellschaftliche Zielvariable deklariert. Sowohl die wohlfahrtstheoretische als auch die eigentumsrechtliche Perspektive sind auf die Maximierung ökonomischer Effizienz ausgerichtet. Effizienz ist in beiden Perspektiven die Zielvariable ökonomischer Prozesse schlechthin. Wo immer ökonomische Überlegungen ins Spiel kommen, ist die Frage nach der Effizienz ein entscheidender – oft *der* entschei-

1 Nicht alle Umweltökonomen werden sich mit diesem Verständnis der Umweltökonomie identifizieren. Ich halte eine Differenzierung nicht für nötig, denn unabhängig von den jeweils vertretenen Positionen legen sie ein sehr ähnliches Verständnis von Preismechanismen an den Tag.

dende – Teilaspekt des betreffenden Lebenszusammenhangs. Man könnte von der ökonomischen Effizienz behaupten, dass sie nicht nur zu einem leitenden Prinzip, sondern schon fast zum obersten Gebot sozialer Akteure erhoben wird.

Ein wichtiger Aspekt einer externen Perspektive zeigt sich in der Überzeugung, dass ökologische Probleme systematisch auf die Quantifizierung externer Kosten reduziert werden können. Dies trifft auf der theoretischen Ebene sowohl für die wohlfahrtstheoretischen Konzeptionen als auch für die Property-Rights-Schule zu. Das Coase-Theorem relativiert zwar das Externalitätenkonzept, indem die Reziprozität einer Externalität unterstrichen wird. Unklar bleibt aber auch bei Coase und seinen Nachfolgern die Erfassbarkeit externer Kosten. Sind diese einmal erfasst, würde eine Reihe praxisnaher Ansätze ihre "Internalisierung" ermöglichen. Damit rückt die Messbarkeit externer Kosten unmittelbar in den Mittelpunkt des Interesses.

Die Ausführungen des Abschnitts 2.3 werden zeigen, dass die konkrete Erfassung externer Kosten mit grossen theoretischen und empirischen Schwierigkeiten verknüpft ist. Das Ergebnis jener kritischen Ausführungen sei hier einleitend vorweggenommen. Zunächst: Der Begriff der externen Effekte beruht auf einem naturwissenschaftlichen Kausalitätsverständnis, das kaum von praktischer Bedeutung ist. Naturwissenschaftlich begründete Opfer-Verursacher-Beziehungen lassen sich auf der physischen Ebene äusserst selten einwandfrei ermitteln. Auf diesem Kausalitätsverständnis beruht jedoch in rechtlichen Streitfällen der Nachweis von Verantwortungsverhältnissen. Sodann: Die Monetarisierung externer Effekte basiert häufig auf fragwürdigen Methoden. Die Glaubwürdigkeit solcher Versuche kann dementsprechend leicht angezweifelt werden. Und weiter: Externe Effekte haben häufig Folgewirkungen, die heute kaum absehbare Risiken und Gefahren darstellen. Im Hinblick auf die soziale Wahrnehmung solcher Folgewirkungen heisst das etwa: Was wird noch als "normale" Folgewirkung einer Aktivität akzeptiert bzw. toleriert, was wird als Externalität definiert? Was sind die relevanten räumlichen und zeitlichen Wirkungen einer Externalität? Wie sollen nicht-prognostizierbare Risiken behandelt werden? Bis wie weit in die Zukunft hinein sollen externe Effekte berücksichtigt werden?

Eine externe Perspektive ökologischer Probleme betrachtet all diese Fragen als gelöst oder zumindest als grundsätzlich lösbar. Danach stehen heute die theoretischen Konzeptionen zur Lösung ökologischer Probleme zur Verfügung. Ihre Umsetzung wird lediglich durch ein Forschungsdefizit auf der empirischen Ebene verhindert. In dieser Arbeit soll hingegen plausibel gemacht werden, dass diese Schwierigkeiten letztlich zur Aufgabe des Konzeptes der externen Kosten als Leitprinzip einer marktwirtschaftlich orientierten Umweltpolitik zwingen: Externe Kosten sind letztlich keine objektiv messbare, unbestrittene Variable. Damit geht auch eine deutliche Relativierung des Stellenwertes ökonomischer Effizienz als gesellschaftliche Zielvariable einher. Das Vorliegen von Externalitäten und Marktversagen kann nicht mehr länger unabhängig von den betroffenen sozialen Akteuren festgestellt werden. Die Existenz eines externen Effektes oder externer Kosten muss als das Ergebnis öffentlicher und politischer Auseinandersetzungen betrachtet werden, denn es gibt keinen archimedischen Punkt zur objektiven Erfassung eines externen Effekts und der zugehörigen externen Kosten. In dieser Feststellung ist die Annahme einer *internen Perspektive* begründet (Abschnitt 2.5).

Ein erster Schritt zur Einnahme einer internen Perspektive ist von der Neuen Politischen Ökonomie getan worden (Brennan, Buchanan 1985). Danach müssen Externalitäten grundsätzlich als soziale Konflikte interpretiert werden. Dies bedeutet aber, dass es von den beteiligten Akteuren aus gesehen keine externen Möglichkeiten gibt, externe Kosten zu objektivieren und folglich zu "internalisieren". Die sozialen Akteure haben über Ausmass und Kosten eines bestimmten externen Effektes unterschiedliche Meinungen. Es wird lediglich postuliert, dass soziale Akteure ihre eigenen Interessen verfolgen und diese in politischen Auseinandersetzungen durchzusetzen versuchen. Individuelle Ziele und Interessen gehören jedoch nicht zum Gegenstand der Analyse. Sie sind einfach ein exogen vorgegebener Parameter. Es ist in diesem theoretischen Kontext nicht möglich, von individuellen Irrtümern in einem moralischen Sinne zu sprechen. Hier kann erst dann von Marktversagen gesprochen werden, wenn unter den betroffenen sozialen Akteuren ein Konsens darüber besteht. Unter diesen Umständen kann es sich für alle als vorteilhaft erweisen, neue *Spielregeln* des sozialen Lebens auszuhandeln und damit die fraglichen externen Effekte zu internalisieren.

Der Übergang zu einer internen Perspektive, wie sie von der Neuen Politischen Ökonomie vertreten wird, erschöpft sich in der Postulierung nutzenmaximierender Individuen und rechtlicher Regeln. Individuen und Regeln bilden die ontologischen Bausteine dieser Gesellschaftstheorie. Diese beiden Bausteine sollen bereits ausreichen, um Fragen der Ordnungs-, Wirtschafts-, Sozial-, Umweltpolitik usw. adäquat zu diskutieren. Bei der Diskussion ökologischer Probleme erweist sich die Neue Politische Ökonomie leider als ungenügend. Denn damit wird im Grunde genommen eine kulturelle Betrachtungsweise ökologischer Probleme eröffnet, die allein mit den zwei oben genannten theoretischen Kategorien (nutzenmaximierende Individuen und rechtliche Regeln) nicht adäquat diskutiert werden kann. Die Feststellung relevanter externer Effekte wird richtigerweise als Ergebnis einer politischen Auseinandersetzung angesehen und nicht als Divergenz zwischen den Merkmalen eines formellen Modells und realer Marktmechanismen. Diese Betrachtungsweise kann grundsätzlich begrüsst werden. Sie übersieht jedoch, dass die Feststellung von Marktversagen letztlich durch Vorstellungen von der Legitimität und Fairness bestimmter Handlungen und ihrer Folgen bestimmt wird. Damit ist die Konstatierung externer Effekte nicht lediglich das Ergebnis einer politischen Auseinandersetzung zwischen nutzenmaximierenden Akteuren, sondern sie ist Ausdruck kultureller Orientierungen.

Die explizite Berücksichtigung sozialer und kultureller Aspekte ökonomischer Prozesse steht vor theoretischen Fragen, die im Rahmen dieser Arbeit kaum abschliessend diskutiert werden können. Bevor ich kurz auf die Umrisse und Bedeutung einiger Konzeptionen eingehe, möchte ich die wichtigsten Schwierigkeiten, welche die Neue Politische Ökonomie auszeichnen, diskutieren. Das Gesellschaftsverständnis der Neuen Politischen Ökonomie basiert auf dem *methodologischen Individualismus*. Dieser postuliert bekanntlich die Reduktion jeder sozialen Realität auf rationale, individuelle Entscheidungen. Vereine, Organisationen, Staaten usw. werden idealtypisch als *Gruppen* von *Individuen* begriffen. Die Eigenschaften dieser Gebilde müssen nun durch Reduktion auf das rationale Handeln ihrer Mitglieder "erklärt" werden. Darin liegt nach Auffassung ihrer Vertreter das Ziel einer individualistischen Soziologie (Vanberg 1982; Coleman 1990). Es ist eine wichtige These dieser Arbeit, dass ein derartiges Verständnis "kollektiver Einheiten" für eine Diskussion der sozialen und kulturellen Einbettung von Marktversagen ungeeignet ist. Es wird sich insbesondere zeigen, dass soziale und kulturelle Regeln, welche vielfach Ausdruck von Legitimität und Fairness sind, nicht einfach auf vereinbarte Regeln und Konventionen reduziert werden können. Sie müssen als eine eigenständige Realität angesehen werden, die nicht auf die Absichten rational handelnder Akteure reduziert werden kann.

Der Verzicht auf den methodologischen Individualismus soll indes nicht als eine Absage an die rationalen Fähigkeiten der Individuen verstanden werden. Es wird lediglich postuliert, dass neben den Individuen andere Realitäten in die gesellschaftliche Analyse einbezogen werden müssen. In Abschnitt 2.5.1 werde ich soziale Realitäten im Sinne eines neuen philosophischen Ansatzes, des *transzendentalen Realismus*, als emergente Kausalitäten von interagierenden Individuen diskutieren. Eine wesentliche Einsicht dieser Diskussion liegt in einem erweiterten Verständnis des Regelbegriffs. *Regeln* und *Normen* sollen nicht lediglich als konstruierte bzw. vereinbarte rechtliche Regeln im Sinne der Neuen Politischen Ökonomie verstanden werden. Mit anderen Worten, sie können selten auf rationale, individuelle Vereinbarungen reduziert werden. Mit der Postulierung sozialer Realitäten, die sich nicht auf individuelle, rationale Entscheidungen reduzieren lassen, wird in keiner Weise die Handlungs- und Entscheidungsfreiheit individueller Akteure eliminiert. Sie wird lediglich relativiert. Soziale Strukturen lassen sich als Realitäten beschreiben, deren Wirkungen irgendwo "entre le cristal et la fumée" (Atlan 1979) situiert sind.

Es geht also nicht darum, zwischen einer rein voluntaristischen Position, die den Individuen schon fast unbegrenzte Möglichkeiten zuschreibt, und kollektivistischen Haltungen, welche keinen individuellen Handlungsspielraum zulassen, wählen zu müssen. Die Vernachlässigung sozialer Strukturen scheint in der Tat ein wichtiger Grund für die Einnahme einer rein individualistischen Perspektive zu sein (Frey 1990, S. 8-9). Das Konzept der sozialen Regeln trägt wesentlich zur Überwindung dieses traditionsreichen Gegensatzes bei.

Soziale Regeln manifestieren sich u.a. in Routinen und Gewohnheiten, welche aus *Tradition* übernommen werden. Der Begriff der Tradition wird in dieser Arbeit in einer spezifischen Weise verwendet. Nicht jede Gewohnheit soll als Tradition interpretiert werden. Erst jene Praktiken, die sich durch eine hohe Stabilität in Raum und Zeit auszeichnen und die für eine bestimmte Gesellschaft konstitutiv sind, sollen als Traditionen bezeichnet werden. Man kann in diesem Zusammenhang auch von *Institutionen* reden. Aus ökologischer Sicht von erstrangiger Bedeutung ist beispielsweise die unter Ökonomen herrschende Überzeugung, dass die Funktionsweise von Marktmechanismen in einer ganz bestimmten tradierten Norm begründet ist, nämlich in der Maximierung des Profits. Profitmaximierung ist – so die These – als eine Institution ökonomischer Gesellschaften zu betrachten.

Eine wichtige Eigenschaft tradierter Praktiken ist, dass sie *Vertrauen* schaffen. Durch Routinen wird die Zukunft vorstrukturiert und in einen Bereich des Vertrauten transformiert. Das gilt sowohl für den Einzelnen wie auch für Institutionen. Externalitäten sind nun, als Konflikte verstanden, zeitlich wie räumlich jenseits des Vertrauten (Abschnitt 2.5.3). Externe Effekte und ihre Folgewirkungen (Risiken und Gefahren) erschüttern auf Dauer das Vertrauen der Öffentlichkeit in tradierte, bis dahin stillschweigend akzeptierte ökonomische Praktiken. Es ist kein Zufall, dass die häufig sehr heftigen Reaktionen der Öffentlichkeit auf technologische Externalitäten als Ausdruck einer umfassenden Machtlosigkeit der Öffentlichkeit gegenüber der ökonomischen Sphäre interpretiert werden (Douglas 1985, S. 19ff.). Solche Situationen werden dann in der Tat häufig als das wahrgenommen, was Beck "organisierte Unverantwortlichkeit" (Beck 1988) genannt hat: Externe Effekte und ihre Folgewirkungen überfordern heute die traditionellen Mechanismen der Wahrnehmung, Zuteilung und Übernahme von Verantwortung.

Der Vertrauensschwund in überlieferte ökonomische Praktiken wird durch ein Verständnis von Marktmechanismen bekräftigt, das mittlerweile schon zum Axiom erhoben worden ist. Danach bestehen Marktmechanismen aus zahllosen, anonymen Interaktionen zwischen eigennützig handelnden Akteuren. Die Anonymität der Interaktion wird dabei als konstitutives Merkmal von Marktmechanismen angesehen. Die Existenz stabiler Geschäftsbeziehungen wird mittlerweile anerkannt, aber meistens als Reibungsverlust, als Nichtidealität interpretiert. Wie in Abschnitt 2.5.2 gezeigt werden soll, sind stabile geschäftliche Beziehungen keineswegs ein Hindernis für gut funktionierende Marktmechanismen. Ich werde in diesem Zusammenhang von *Kontaktstrukturen* sprechen. Kontaktstrukturen legen die Vermutung nahe, dass die postulierte Anonymität ökonomischer Beziehungen in keiner Weise eine Prämisse für die effiziente Funktionsweise von Marktmechanismen ist. Ausserhalb von anonymen Massenmärkten kann häufig erst von einem funktionierenden Marktmechanismus gesprochen werden, wenn stabile Kontaktstrukturen bestehen.

Das Vertrauen der Öffentlichkeit kann erst durch tiefgreifende Veränderungen der institutionalisierten Praktiken ökonomischer Gesellschaften zurückgewonnen werden. Wie die ökonomischen Institutionen einer ökologischen Marktwirtschaft aussehen werden, lässt sich heute kaum exakt voraussehen. Die Transformation der heutigen Marktwirtschaften zu Formen der Marktwirtschaft, die das Attribut "ökologisch" verdienen, hängt in nicht geringem Ausmass von der Rolle ab, die heutigen Marktmechanismen in diesem Prozess zugewiesen wird. Die Diskussion umweltökonomischer Konzeptionen hat gezeigt, dass die Erwartungen diesbezüglich hoch gesteckt sind. Sie sind hauptsächlich in der postulierten Fähigkeit ökonomischer Akteure begründet, sich an ökologische Rahmenbedingungen anzupassen. Es ist den Ökonomen beizupflichten, wenn sie in fehlenden und unzureichend spezifizierten Rahmenbedingungen eine wichtige Quelle der ökologischen Probleme erblicken. Und sie müssen m.E. unterstützt werden, wenn sie Marktmechanismen in den Dienst der Realisierung einer ökologischen Marktwirtschaft stellen. Es wird sich jedoch zeigen, dass die darin involvierten Anpassungsprozesse weit weniger linear und selbstverständlich sind, als dies gemeinhin angenommen wird.

Welche Rolle den Marktmechanismen zukommen soll, hängt wesentlich vom theoretischen Instrumentarium ab, das zu ihrer Beschreibung herangezogen werden kann. Es ist eine zentrale These dieser Arbeit, dass der methodologische Individualismus, der an den Wurzeln des modernen Verständnisses von Wettbewerb und Marktmechanismen liegt, ein wichtiges Hindernis für eine fruchtbare Auseinandersetzung mit den Möglichkeiten, Grenzen und Folgen von Marktmechanismen ist. Das Erkennen und Beschreiben des Möglichen und des Machbaren wird wesentlich durch die verwendete theoretische Brille bestimmt. Welche Schwierigkeiten sich eine externe Perspektive ökologischer Probleme einhandelt, möchte ich im folgenden näher erläutern.

2.2 Die externe Perspektive der Umweltökonomie

2.2.1 *Die externe Perspektive ökologischer Probleme*

Umweltökonomische Konzeptionen beschreiben ökologische Probleme grundsätzlich als eine Frage der ungenügenden Effizienz. Danach würde sich eine Lösung ökologischer Probleme von selbst einstellen, wenn der Preis natürlicher Ressourcen in die Effizienzbestrebungen ökonomischer Akteure einbezogen wird. Ökonomische Effizienz wird damit zur wichtigsten gesellschaftlichen Zielvariable erhoben. Die Quellen von Ineffizienzen werden bekanntlich mit der Existenz technologischer externer Effekte identifiziert. Diese sind für die Entstehung externer Kosten verantwortlich und begründen die Rede von Marktversagen. Sind einmal die externen Kosten erfasst, soll ihre Internalisierung eine schonendere Nutzung natürlicher Ressourcen bewirken. Diese Betrachtungsweise ist natürlich nicht neu. Sie ist uns aus dem ersten Teil dieser Arbeit hinlänglich bekannt. Sie könnte als Versuch beschrieben werden, ein gesellschaftliches Problem in den Kategorien der mathematischen Systemtheorie zu formulieren. Die Gesellschaft wird danach als technisches Gebilde beschrieben. Ihre Funktionsweise soll so reguliert werden, dass eine bestimmte, exogen vorgegebene Zielvariable, in diesem Falle ökonomische Effizienz, maximiert wird. Das technische Vokabular mag befremdend wirken. Es wird sich zeigen, dass es durchaus für eine sehr diffuse Haltung gegenüber den ökologischen Problemen repräsentativ ist. Ich bezeichne eine solche Haltung als eine *externe Perspektive* ökologischer Probleme.

Die mathematische Systemtheorie hat im Laufe der letzten 50 Jahre eine sehr grosse Entwicklung durchgemacht und dabei auch die Sozialwissenschaften, insbesondere die Ökonomie, stark geprägt (für eine Einführung in die Regelungstechnik siehe etwa Kwakernaak und Sivan 1972; der an der Geschichte der Systemtheorie interessierte Leser sei auf Heims 1984 verwiesen). Im folgenden werde ich nicht auf mathematisch-technische Einzelheiten, welche für das Verständnis der modernen Systemtheorie erforderlich wären, eingehen. Es geht mir vielmehr darum, ein grundsätzliches Verständnis davon zu vermitteln, wie ein regelungstechnisches Problem systemtheoretisch betrachtet und beschrieben wird.

Für den Ingenieur stellt sich das Problem so dar: Es soll ein technisches System so entworfen werden, dass es *bestimmte vorgegebene Ziele* möglichst genau erreicht. Dazu müssen Zielabweichungen laufend, entweder durch den Eingriff eines menschlichen Operateurs oder aber automatisch durch das technische System selbst, korrigiert (in systemtheoretischer Terminologie: geregelt) werden. Im Falle des Fliegens beispielsweise kann die Regelung mittels manueller Bedienung oder aber durch den Autopiloten erfolgen. Um die Abweichung des aktuellen Zustands vom Zielzustand zu eruieren, wird der Zustand des fraglichen Systems periodisch gemessen. Je nach Problemlage kann es sich um ganz unterschiedliche Systemeigenschaften handeln, welche gemessen und reguliert werden: Geschwindigkeit, Richtung, Drehzahl, Temperatur, Konzentration, Emission, Immission, etc. Die Zustandsmessung liefert die Grundlagen zur Planung und Durchführung der nötigen Korrekturen. Häufig tritt zur reinen Regelung ein zusätzlicher Aspekt hinzu: Der Aufwand zur Regelung soll, aufgrund bestimmter Kriterien, optimiert werden. Im Prinzip heisst das, dass Zeit- und/oder Energieaufwand, die zur Korrektur einer beliebigen Abweichung nötig sind, zu minimieren sind.

Das bisher Gesagte ist so allgemein, dass es fast in jeder akademischen Disziplin und darüber hinaus auch in vielen anderen Lebensbereichen Anwendung finden könnte. Den Durchbruch verdankt das systemtheoretische Denken allerdings nicht seiner Plausibilität und Verallgemeinerbarkeit, sondern der Technik, insbesondere der Entwicklung von Elektrotechnik und Elektronik. Das vielleicht eindrücklichste Beispiel dazu hat 1969 die erste Mondlandung geliefert. Eine Reise von der Erde zum Mond wäre ohne Rückgriff auf systemtheoretische Konzepte nicht denkbar gewesen. Auch das alltägliche Leben ist mit regelungstechnischen Konzepten durchsetzt. Ein klassisches Beispiel ist die Regulierung der Raumtemperatur mit Hilfe von Thermostaten. Temperaturregulierungen finden sich aber auch in jedem Kühlschrank und in jedem Backofen. Die Liste der Beispiele könnte fast beliebig fortgesetzt werden – von so harmlosen Gegenständen wie Haushaltsgeräten bis zu tödlichen Bomben, welche automatisch ins Ziel gesteuert werden können.

Die grosse Resonanz systemtheoretischer Konzepte liegt aber sicher auch in der Möglichkeit, nicht nur komplexe technische Systeme, sondern auch einzelne Aspekte von biologischen und sozialen Systemen mit allgemeinen mathematischen Mitteln beschreiben zu können (Currie 1985). Was nach der Modellierung vorliegt, ist ein mathematisches Objekt, das einer Analyse mit den Mitteln der Systemtheorie zugänglich ist. Aus einer systemtheoretischen Perspektive ist es nicht mehr von Belang, ob es sich im einzelnen um ein Raumschiff, einen Motor oder ein Bakterium handelt. Das eigentliche Phänomen, um das es geht, ist nach seiner Modellierung irrelevant. Sobald eine standardisierte mathematische Beschreibung vorliegt, kann das Problem der Regelung allein mit mathematischen Mitteln angegangen werden.

Es ist ein offenes Geheimnis, dass Klarheit und Zuverlässigkeit von Aussagen, die im technischen und naturwissenschaftlichen Bereich mit Hilfe des Instrumentariums der mathematischen Systemtheorie erzielt werden können, auf viele Sozialwissenschaftler eine grosse Anziehungskraft ausüben. Auch Umweltökonomen machen hier keine Ausnahme. In den folgenden Ausführungen werde ich nun ein Schema vorstellen, das die Diskussion der ökologischen Krise als ein regelungstechnisches Problem ermöglicht. Anhand dieses Schemas werden sich die Unzulänglichkeiten einer externen Perspektive ökologischer Probleme zeigen lassen. Um diese Interpretation ökologischer Probleme zu illustrieren, betrachten wir alle transformativen Aktivitäten in einer ökonomischen Gesellschaft. Darunter fallen ökonomische Aktivitäten wie Untemehmungen, die privaten und die öffentlichen Haushalte. Unabhängig davon, welche Art Aktivitäten man gerade betrachtet, lassen sich auf der physischen Ebene eine Input- und eine Output-Seite identifizieren. Typischerweise würde eine materielle Bilanz etwa eines Herstellers von Automobilen wie folgt aussehen:

Stahl + Kautschuk + ... + Fliessband → Autos + Fliessband + Abfälle

Ein privater Haushalt liesse sich etwa wie folgt beschreiben:

Lebensmittel + Heizöl + ... + Mobiliar → Mobiliar + Abfälle + Emissionen

Diese stark vereinfachte Notation zeigt, dass Materie nicht vernichtet, sondern lediglich transformiert werden kann (Erster Satz der Thermodynamik). In der Autoproduktion etwa finden sich Stahl und Kautschuk in den fertigen Autos wieder vor. Lebensmittel und Heizöl auf der Input-Seite werden in den privaten Haushalten zu Emissionen und allerlei Abfällen auf der Output-Seite transformiert. Die Liste der jeweiligen Inputs und Outputs ist bei weitem nicht vollständig. Sie wurde hier aus Gründen der Übersichtlichkeit kurz gehalten. Die Infrastruktur (Fliessband, Mobiliar) tritt sowohl auf der Input- als auch auf der Output-Seite auf. Auf der Output-Seite ist sie jeweils um eine bestimmte Zeitperiode, z.B. um ein Jahr, älter.

Das Gesetz der Erhaltung der Masse zwingt, den Ursprung von Stahl, Kautschuk, Benzin und Lebensmitteln zu spezifizieren. Zu diesem Zweck unterscheide ich zwischen Aktivitäten, die bei der Transformation von Waren beteiligt sind, und solchen, die direkt mit der Förderung natürlicher Ressourcen verbunden sind:

Erdölvorräte + ... + Pumpen → Pumpen + ... + Benzin + Heizöl

Die Entstehung der Erdölvorräte ist, wie alle anderen natürlichen Ressourcen, die ökonomisch genutzt werden, ein natürlicher Prozess:

Organische Sedimente + ... + Zeit → Erdölvorräte

Aktivitäten und Materialflüsse zwischen den verschiedenen Aktivitäten lassen sich anhand von Matrizen elegant beschreiben. Jedes der obigen Beispiele ist stellvertretend für einen bestimmten Typ von Aktivitäten. Die Aktivitäten eines bestimmten Typs fasse ich jeweils in einer Matrix zusammen. Jede Spalte einer solchen Matrix identifiziert eine Aktivität. Aus den obigen Beispielen ergeben sich acht Matrizen. Die Förderung natürlicher Ressourcen wird von den primären Aktivitäten gewährleistet. Sie werden in der Matrix A_1 angeordnet. Alle anderen ökonomischen Aktivitäten, die nicht an der Förderung natürlicher Ressourcen beteiligt sind, sollen als sekundäre Aktivitäten bezeichnet werden und in der Matrix A_2 angeordnet werden. Darunter fallen die privaten Haushalte und sämtliche ökonomischen Aktivitäten, die mit der Verarbeitung von Rohstoffen und Zwischenprodukten beschäftigt sind. Die Lieferungen von natürlichen Ressourcen von den primären zu den sekundären Aktivitäten werden in der Matrix R zusammengefasst, während die Matrix M alle Lieferungen an Materialien, Bauteilen, Komponenten und Maschinen umfasst, die bei der Förderung natürlicher Ressourcen von den primären Aktivitäten benötigt werden. Die natürlichen Kreisläufe werden durch eine Matrix N der natürlichen "Prozesse" sowie durch eine Matrix V der "Lieferungen" natürlicher Ressourcen an die primären Aktivitäten der Matrix A_1 beschrieben. Es handelt sich typischerweise um Vorkommen an natürlichen Ressourcen, wie Erdöllager, Kupferminen usw. Die Lieferbeziehungen zwischen den einzelnen Subsystemen des ökonomisch-ökologischen Systems lassen sich in einer Tabelle anordnen (vgl. Abb. 4).

Die Materialflüsse in Abb. 4 verletzen das Gesetz der Erhaltung der Masse nicht: Was vom ökonomischen System erzeugt wird, Produkte, aber auch Emissionen, Abfälle und verschiedene Umweltbelastungen, finden sich als Inputs von anderen ökonomischen Aktivitäten oder von natürlichen Prozessen wieder vor. Die Matrizen E_1 und E_2 tragen der Funktion der natürlichen Umwelt als Sammelbecken für Reststoffe Rechnung.[2] Es muss an dieser Stelle betont werden, dass die materiellen Flüsse in Abb. 4 über die funktionalen Beziehungen zwischen Inputs und Outputs nichts aussagen. Sie stellen lediglich eine Bestandsaufnahme dar. Das Schema darf insbesondere nicht einem Input-Output-Modell gleichgesetzt werden, denn es enthält keinerlei Annahmen über die Beziehungen zwischen Inputs und Outputs. Ausgehend von diesem Schema wäre es nun durchaus möglich, ökologische Probleme als ein regelungstechnisches Problem zu beschreiben. Wie dies geschehen könnte möchte ich im folgenden kurz diskutieren.

Die Matrix in Abb. 4 umfasst alle bewerteten und nichtbewerteten materiellen Flüsse im ökonomisch-ökologischen Kreislauf. Externe Effekte sind

2 Aus Gründen der Übersichtlichkeit wurde bei dieser Anordnung die übliche Konvention der Input-Output-Analyse nicht eingehalten, wonach die Elemente der Zeilen alle die gleiche Einheit und Dimension haben. Während etwa die Zeilen der Matrizen A_2 und M diese Konvention einhalten, trifft dies für die Zeilen der Matrix E_2 nicht mehr zu. Dasselbe gilt für die Einheiten und Dimension der Matrizen A_1, R und E_1.

in dieser Matrix durch die Elemente der Matrizen E_1 und E_2 dargestellt. Sie müssen als nichtbewertete Flüsse vom ökonomischen ins ökologische System betrachtet werden. Soll ökonomische Effizienz zur gesellschaftlichen Zielvariable erhoben werden, müssen sämtliche nichtbewerteten Flüsse beobachtbar sein, d.h. sie müssen in einem streng naturwissenschaftlichen Sinne gemessen werden können. Darüber hinaus müssen die Kausalitätsverhältnisse auf der physischen Ebene geklärt werden, d.h. jeder externe Effekt muss in der Matrix in Abb. 4 mit entsprechenden Indizes versehen werden können. Damit ökonomische Effizienz maximiert werden kann, müssen schliesslich alle externen Effekte einen Preis bekommen. Es gehört zum Wesen einer externen Perspektive, dass die Quantifizierungs-, Zuteilungs- und Bewertungsprobleme für gelöst oder zumindest für grundsätzlich lösbar gehalten werden. Sie gehören sozusagen zu den empirischen, uninteressanten Details des Problems. Ebenso gehört es zum Wesen einer externen Perspektive, dass das Spektrum der relevanten Externalitäten einfach vorliegt und eine Diskussion ihrer potentiellen Folgewirkungen ausser Acht gelassen wird. Die Realisierung des Modells wird mit anderen Worten für grundsätzlich möglich gehalten.

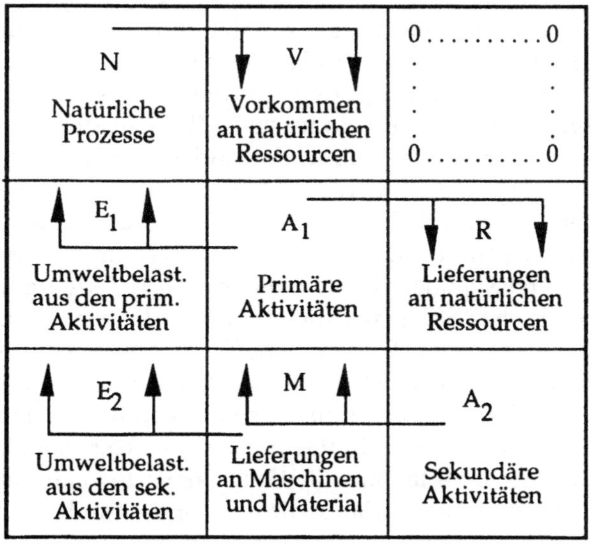

Abb. 4: Die gegenseitigen Beziehungen zwischen der natürlichen Umwelt und dem ökonomischen System.

Sind sämtliche externen Effekte quantifiziert, die zugehörigen externen Kosten erfasst und die Kausalitätsbeziehungen geklärt worden, kann das regelungstechnische Problem als eine Frage der Maximierung ökonomischer Effizienz diskutiert werden. Zu diesem Zweck werde ich mich auf die üblichen neoklassischen Annahmen, insbesondere auf die Annahmen des Modells der vollkommenen Konkurrenz stützen. In diesem Modell maximieren die ökonomischen Akteure, die sich mit einem gegebenen Vektor von relativen Preisen für die Inputs und den Output konfrontiert sehen, die Effizienz ihrer produktiven Aktivitäten, indem sie den Wert ihrer gesamten Produktion maximieren. Dieses Maximum kommt dadurch zustande, dass sowohl optimale Proportionen zwischen den Inputs als auch die absolute Menge jedes einzelnen Inputs ermittelt werden. Die technischen Beziehungen, d.h. die Proportionen zwischen den Produktionsfaktoren und dem Einsatz jedes einzelnen Produktionsfaktors, sind eine Reaktion auf die relativen Preise: Steigt etwa der Preis für Arbeit, wird eben Arbeit durch Kapital substituiert.

Nach der Berücksichtigung sämtlicher externer Kosten verändern die ökonomischen Akteure den Einsatz der Produktionsfaktoren sowie ihrer Proportionen gemäss den neuen relativen Preisen. Auf unser Schema übertragen führt dieser Maximierungsprozess zu zwei neuen Matrizen A_1' und A_2'. Diese Matrizen stellen nun eine effiziente Verwendung ökonomischer und natürlicher Ressourcen dar. Effizient ist eine Verwendung der natürlichen Ressourcen deshalb, weil es keine andere Kombination der Produktionsfaktoren gibt, die ein noch grösseres Produkt hervorbringen würde. Unter sehr restriktiven Annahmen kann gezeigt werden, dass eine optimale Lösung dieses Problems existiert und eindeutig ist (Débreu 1966).

Aus systemtheoretischer Sicht stellt sich nun folgendes Problem. Können einige externe Effekte, in unserem Schema als Materialflüsse zwischen ökonomischen Aktivitäten und natürlicher Umwelt beschrieben, nicht gemessen werden, führt der Optimierungsprozess zu Verzerrungen und falschen Ergebnissen. Die Preissignale, die die ökonomischen Akteure zu einer Maximierung ökonomischer Effizienz verleiten sollten, liefern falsche Entscheidungsgrundlagen und verursachen eine ineffiziente Verwendung der Produktionsfaktoren und der natürlichen Ressourcen (für eine konsequente Diskussion ökologischer Probleme aus systemtheoretischer Perspektive siehe Perrings 1987). Wie in Abschnitt 2.3 gezeigt werden soll, ist leider die Messbarkeit externer Effekte bzw. die Quantifizierung externer Kosten selten möglich und noch seltener glaubwürdig. Vor diesem Hintergrund erscheint der Versuch, ökologische Probleme auf eine regelungstechnische Frage zu reduzieren, problematisch.

2.2.2 *Ökonomische Effizienz vs. ökologische Ziele*

Die Erhebung ökonomischer Effizienz zum höchsten gesellschaftlichen Ziel läuft Gefahr, Selbstzweck zu werden. Aus der Sicht eines einzelnen wirtschaftlichen Akteurs trifft dies i.a. nicht zu. Für ihn setzen sich Effizienzverbesserungen unmittelbar in Einsparungen, höhere Profite, höhere Löhne oder zusätzliche Investitionsmöglichkeiten um. Effizienzsteigerungen haben für ihn deutlich abschätzbare ökonomische Folgen. Anders verhält es sich auf der gesellschaftlichen Ebene. Der Zusammenhang zwischen Maximierung der ökonomischen Effizienz und den daraus zu erwartenden Folgen für die natürliche Umwelt ist auf der gesellschaftlichen Ebene kaum prognostizierbar. Zwar wird i.a. eine positive Wirkung zwischen Effizienzsteigerung und Nutzung natürlicher Ressourcen erwartet. Wie im letzten Abschnitt gezeigt wurde, kann jedoch der Preismechanismus zu falschen Entscheidungen verleiten. Aber auch dann, wenn dies nicht vorkommen sollte, wird eine Umweltpolitik ausschliesslich im Dienste ökonomischer Effizienz vor weitere, ernsthafte Schwierigkeiten gestellt. Dem ökonomisch optimalen Zustand entspricht auf der physischen Ebene ein Vektor aus physischen Grössen, die über die zugehörige Umweltbelastung Auskunft geben. Der Höhe der jeweiligen Umweltbelastung ist dabei keine Schranke gesetzt. Die Maximierung ökonomischer Effizienz kann durchaus dazu führen, dass manche Belastungen deutlich unter das erwartete Niveau fallen, während andere die Belastbarkeitsgrenze klar überschreiten. Indem ökonomische Effizienz als eine gesellschaftlich prioritäre Variable deklariert wird, verliert sich jegliche Möglichkeit, auf einzelne Umweltbelastungen selektiv zu intervenieren. In diesem Sinne muss die Forderung nach Maximierung ökonomischer Effizienz als ein Selbstzweck erklärt werden, denn sie steht nicht im Dienste eines höheren Ziels.[3]

Ein naheliegendes, höheres Ziel wäre die Gewährleistung einer besseren Umweltqualität. Was dies genau zu bedeuten hat, ist jedoch auf der gesellschaftlichen oder globalen Ebene keineswegs klar. Die generelle Reduktion des Konsums an Primärenergie ist u.U. mit sehr hohen sektoriellen Umweltbelastungen durchaus kompatibel. Die Reduktion der CO_2-Emissionen schliesst einen zunehmenden Verbrauch an natürlichen Ressourcen

3 Dieses Urteil bezieht sich hauptsächlich auf die theoretischen Konzeptionen, wie ich sie in den vorangehenden Ausführungen beschrieben habe. Damit soll keineswegs impliziert werden, dass in der Praxis die Forderung nach einem effizienteren, d.h. nach einem sparsameren Umgang mit natürlichen Ressourcen nicht an konkrete Zielvorgaben geknüpft wird.

nicht aus. Die Privilegierung ökonomischer Effizienz als gesellschaftliche Variable schliesst jedoch die Festlegung sektoraler Umweltziele aus. Über das Ausmass der anzustrebenden Reduktion in der Nutzung natürlicher Ressourcen kann und soll nichts gesagt werden. Das Ausmass der Umweltentlastung ist damit die (ungewisse) Folge von Effizienzanstrengungen. Umweltqualität wird zur abhängigen und nicht steuerbaren, Effizienz zur unabhängigen Variable.

Angesichts der Schwierigkeiten, gesellschaftliche Effizienzbestrebungen und Umweltqualität, aufgefasst als Vektor sektorieller physischer Variablen, in Beziehung zu setzen, neigt die pauschale Forderung nach Maximierung ökonomischer Effizienz dazu, technokratische oder gar autoritäre Allüren anzunehmen. Das Effizienz-Kriterium erscheint letztlich als ein nicht näher begründetes, von einer übergeordneten Autorität diktiertes gesellschaftliches Ziel, das die öffentliche Zustimmung nicht benötigt. Wird ökonomische Effizienz zum ausschlaggebenden gesellschaftlichen Ziel erhoben, so geben sich die Vertreter einer solchen Betrachtungsweise ein Stück weit als gesellschaftliche Ingenieure oder Sozialtechniker zu erkennen. Diese Formulierung mag zwar zunächst unpassend erscheinen. Sie droht indes Realität zu werden. Die Gefahr, dass staatliche Bürokratien allmählich in diese Rolle gleiten, darf nicht unterschätzt werden. Politische Entscheide ebenso wie wirtschaftspolitische werden immer häufiger durch zentrale Verwaltungen und Ämter geregelt. Staatlichen Institutionen kommt vielfach die Aufgabe zu, über die Relevanz potentieller Externalitäten zu urteilen und je nach Resultat Betriebsbewilligungen zu verweigern, Kontrollen durchzuführen, Bussen auszusprechen usw. Staatsbürokratien beanspruchen mit anderen Worten eine politische Zuständigkeit, die ihnen eigentlich gar nicht zusteht. Das dagegen gerichtete politische Credo, das die Neokonservativen in den 80er Jahren an die Macht brachte, nährte sich in nicht geringem Ausmass vom Gefühl der Ohnmacht und Empörung, welches Bürgerinnen und Bürger gegenüber den zentralen Verwaltungen immer stärker erfasste. Eine Umweltpolitik, die ökonomische Effizienz zu ihrem Leitprinzip erhebt, läuft Gefahr, die öffentliche Unterstützung rasch zu verlieren und am Widerstand der Bevölkerung zu scheitern. Diese Tendenz könnte dadurch verstärkt werden, dass Umweltbelastungen i.a. kaum homogen über die Nationalstaaten verteilt sind. Zahlreiche ökologische Probleme liessen sich auf lokaler oder regionaler Ebene wirksamer und kostengünstiger lösen. Vor diesem Hintergrund würden zentralistische, bürokratische Entscheide im Bereich der Umweltpolitik unter zusätzlichen Legitimationsdruck geraten.

Für Emissions- und Nutzungsrechte einerseits und den Standard-Preis-Ansatz andererseits trifft die bisherige Kritik nicht zu. Bekanntlich gehen beide Ansätze von einer politischen Festlegung ökologischer Ziele aus. In ihrem Falle ist ökonomische Effizienz nicht Selbstzweck, sondern sie wird explizit in den Dienst dieser Ziele gestellt. Die Durchsetzung dieser Instrumente präsentiert sich dennoch nicht als einfacher. Auf der politischen Ebene ist ein sehr wirksames Argument zur Durchsetzung schärferer Emissionsgrenzwerte eine zweifelsfreie Erfassung der externen Kosten. Eine glaubwürdige Ermittlung externer Kosten wirkt konsensfördernd: Der Evidenz der Buchhaltung kann sich kaum jemand entziehen. Wie in Abschnitt 2.3.1 gezeigt werden soll, muss die Erfassung externer Kosten mit derart schwierigen Problemen kämpfen, dass sie letztlich als undurchführbar bezeichnet werden muss. Partielle Abhilfe bieten hier die Naturwissenschaften. Zur Festlegung von Emissionsstandards und ökologischen Zielen könnte sich der Rückgriff auf glaubwürdige, naturwissenschaftlich fundierte Arbeiten als nützlich erweisen, wenn sie in der Lage wären, chemische, biologische oder physiologische Grenzen überzeugend aufzuzeigen. Wir werden im nächsten Abschnitt sehen, dass die naturwissenschaftliche Quantifizierung externer Effekte zwar um einiges einfacher als eine glaubwürdige Monetarisierung externer Kosten zu bewerkstelligen wäre, damit aber längst noch nicht im Bereich des unmittelbar Machbaren liegt.

Die Unzulänglichkeiten einer Umweltpolitik, die sich primär an Effizienzkriterien orientiert und die regionale Dimension vernachlässigt, lassen sich am Beispiel der Region Krakau in Polen illustrieren.[4] Die dort angesiedelte Stahlindustrie ist hauptsächlich für die enorme Luftverschmutzung der Region verantwortlich. Die negativen Auswirkungen auf die Gesundheit der Einwohner wie auch auf die historischen Bauten der Stadt sind für die Einwohner dieser Region eine alltägliche, bittere Realität. Um die katastrophale ökologische Situation zu verbessern, müssten sämtliche Produktionsanlagen modernisiert werden. Es ist anzunehmen, dass das Ausmass der externen Effekte, würden sie als Kosten der Stahlindustrie in Rechnung gestellt, eine solche Sanierung durchaus rechtfertigen würden. Die zuständigen Zentralbehörden könnten beispielsweise eine Emissionssteuer so hoch ansetzen, dass eine Sanierung der Produktionsanlagen unvermeidlich erscheinen würde. Angesichts der prekären finanziellen Lage der Stahlindustrie käme eine solche Internalisierung der externen Kosten der unmittelbaren Stillegung der ganzen Branche gleich. Aus

---

4 Die Wahl des Beispiels Krakau ist nicht zwingend. Ich habe diese Stadt gewählt, weil ich sie und ihre Probleme aus eigener Anschauung kenne. Ihre Geschichte ist jedoch für zahlreiche andere Industrieregionen repräsentativ, die unter strukurellen und ökologischen Problemen leiden. Die Stadt Flint im Nordosten der USA beispielsweise bietet hierzu eine lehrreiche Illustration. Diese Provinzstadt kam in der Nachkriegszeit dank der Ansiedlung zahlreicher Produktionsbetriebe der Firma General Motors zu besonderem Glanz, musste aber in den 80er Jahren die Folgen der globalen Restrukturierungspläne dieser Firma schmerzhaft erfahren.

ökologischen Gründen wäre ein solcher Schritt zwar zu begrüssen. Was aber wären die wirtschaftlichen und gesellschaftlichen Folgen? Das Verschwinden der polnischen Stahlindustrie würde die ökonomischen Lebensgrundlagen der ganzen Region ruinieren. Massenarbeitslosigkeit, soziale Instabilität, Desorientierung, Kriminalität, Emigration, etc., um nur einige zu nennen, wären die leicht absehbaren Konsequenzen eines solch radikalen Vorgehens. Offensichtlich lässt sich eine derartige Massnahme kaum ernsthaft in Erwägung ziehen. Benötigt werden in diesem Fall offensichtlich nicht Lenkungssteuern oder Emissionszertifikate, sondern langfristige Investitionen in die Modernisierung und Diversifikation der Produktion und in die berufliche Ausbildung. Die Perspektiven der Stahlindustrie auf den Weltmärkten sind bekanntlich nicht gerade rosig, die Nachfrage nach Stahl sinkt seit etlichen Jahren ununterbrochen. Eine Diversifikation der industriellen Basis wäre an sich willkommen. Die Erfahrungen mit strukturell schwachen Industrieregionen zeigen indes, dass Restrukturierungsbemühungen eine höchst aufwendige, schwierige und riskante Angelegenheit sind.

2.3 Probleme der externen Perspektive

2.3.1 Zur Quantifizierung und Monetarisierung externer Effekte

Die konsensfähige Festlegung von Emissions- oder Lenkungssteuern ist wesentlich auf eine möglichst genaue Erfassung externer Kosten angewiesen. Liegen solche Befunde vor, wird die Einführung und Festlegung der richtigen Steuer wesentlich erleichtert. Dies trifft für Zertifikate nur teilweise zu. Auch ihre Einführung wird durch eine zuverlässige Erfassung externer Kosten erleichtert. Die Festlegung des Gesamtvolumens an Zertifikaten bedarf hingegen lediglich der naturwissenschaftlichen Evidenz. Eine genaue Monetarisierung der externen Effekte könnte zwar auch für Zertifikate konsensfördernd wirken, ist jedoch nicht unbedingt notwendig. Liegen zuverlässige, glaubwürdige Schätzungen von externen Kosten vor, lassen sich Kosten und Nutzen des Umweltschutzes gegeneinander abwägen und das "richtige" Mass an Umweltqualität bestimmen. Die "Richtigkeit" dieses Masses hängt im Sinne der externen Perspektive ausschliesslich von objektiven, exakt erfassten externen Kosten ab. Und weil deren Festsetzung im Idealfall objektiv ist, d.h. nicht ernsthaft angezweifelt werden kann, sollte sie auch konsensfähig sein. Es ist also von einiger Relevanz, die Brauchbarkeit der Konzepte zur Erfassung externer Kosten zu untersuchen. Eine detaillierte Diskussion aller in den letzten Jahren vorgeschlagenen Methoden dürfte allerdings weder zweckmässig noch notwendig sein.[5] Für die vorliegenden Zwecke ist es ausreichend, zwischen *objektiven* und *subjektiven Erfassungsmethoden* zu unterscheiden.

Die objektiven Methoden stützen sich bei der Monetarisierung externer Kosten auf die Aufwendungen, die die öffentliche Hand zur Bewältigung von erfolgten oder drohenden Schäden (Reparatur- oder Vermeidungskosten) investieren muss. Beispiele dafür sind etwa der Bau kommunaler Kläranlagen, eine Aufgabe, die bereits in den 60er Jahren in Angriff genommen worden ist und heute in der Schweiz als weitgehend abgeschlossen gilt. In neuerer Zeit liefert die Einführung von Sackgebühren auf kommunaler Ebene zur Finanzierung von Entsorgungsanlagen interessantes Anschauungsmaterial. Auch die Kosten für die Instandstellung von Schäden an Gebäuden, historischen Bauten und Kunstdenkmälern treten vermehrt ins Bewusstsein der Öffentlichkeit (Fitz u.a. 1984). Diese (objektive) Art der Erfassung externer Kosten beruht auf zuverlässigen Kostenrechnungen und stösst in der Öffentlichkeit kaum auf Widerstand. Sie liefert realistische Aussagen über relevante Folgekosten von Umweltbelastungen.

Voraussetzung für eine erfolgreiche Anwendung dieser Erfassungsmethode ist entweder die *Reversibilität* der konstatierten Schäden oder die Existenz einer Reparatur-, Entsorgungs- oder Vermeidungstechnik. Die Nützlichkeit von Kosten-Nutzen-Analysen ist für die öffentliche Hand und für das betroffene Publikum unbestritten: sie ermöglichen die genaue Abschätzung und v.a. die gegenseitige Abwägung der Kosten und Nutzen einer bestimmten Umweltschutzinvestition. Denn trotz manchen moralischen und ethischen Bedenken gilt es hier zu beachten, dass der Umweltschutz von Investitionen lebt, welche letztlich der Bürger entweder als Steuerzahler oder als Konsument berappt. In solchen Situationen haben es die Gegner von Umweltschutzauflagen leicht, Kosten und Folgekosten von neu zu tätigenden Umweltschutzinvestitionen in ihrem Sinn in die öffentliche Debatte zu werfen. So wird denn auch häufig mit den sozialen Kosten, etwa Arbeitsplatzverlusten (ein Argument, das in der Schweiz trotz sehr hohem Beschäftigungsgrad sofort auf Resonanz stösst), oder der Beeinträchtigung der internationalen Wettbewerbsfähigkeit (ein für die Schweiz sicherlich ernstzunehmendes Argument) argumentiert.

---

5 In den letzten Jahren sind neue Methoden zur Bewertung von Umweltgütern vorgeschlagen worden. Eine allgemeinverständliche Einführung in die Problematik und einen praxisbezogenen Überblick haben Leipert (1989) und Wicke (1986) geliefert; methodische Probleme der Monetarisierung der Luftqualität hat z.B. Freeman (1979) diskutiert. Mit der Messung der Wasserqualität haben sich Smith und Desvourages (1986) auseinandergesetzt. Halvorsen und Ruby (1981) haben den Zusammenhang zwischen Luftverschmutzung und Gesundheit untersucht.

Die Reversibilität ökologischer Schäden ist seltener gegeben als gemeinhin angenommen. Die Zerstörung der Ozonschicht in der südlichen Hemisphäre, das sogenannte Ozonloch, bietet hierzu eine naheliegende Illustration. Eine der wichtigsten ökologischen Bedrohungen der nächsten Jahre, die Veränderung des Klimas auf globaler Ebene, lässt sich naturgemäss kaum gezielt beeinflussen oder gar rückgängig machen. Die Vernichtung zahlreicher Tierarten macht den Gebrauch des Kostenbegriffs grotesk. In all diesen Fällen kann von Reversibilität kaum gesprochen werden. Unter diesen Voraussetzungen kann der Entscheid für oder gegen Umweltschutzinvestitionen nicht mehr so ohne weiteres vor dem Hintergrund objektiver, externer Kosten getroffen werden. Eine glaubwürdige und zuverlässige buchhalterische Berechnungsgrundlage fehlt. Diese Schwierigkeit kann allgemein als das Problem der monetären Bewertung natürlicher Ressourcen beschrieben werden. Auf diese Schwierigkeit hat die Umweltökonomie mit *subjektiven Erfassungsmethoden* reagiert, etwa indem man nach den je individuellen Nutzen fragt. Bäume und Wälder haben für die Menschen einen Nutzen, den es für umweltökonomische Belange zu monetarisieren gilt. Im Idealfall müsste die folgende Frage beantwortet werden können: Wie gross ist der monetäre Nutzen eines Baumes? oder anders gewendet: Wie gross ist der Verlust für eine Befragungsperson, der sich aus dem Tod eines Baumes ergibt? Analog kann man natürlich auch fragen: Wieviel ist ein Kubikmeter saubere Luft oder ein Liter sauberes Wasser wert? Wie gross ist der Wert eines Quadratmeters unberührten Bodens? usw. Die zuverlässige Beantwortung solcher Fragen bildet dann ein Gegengewicht zum reinen Kostenargument des Umweltschutzes.

Die Umweltökonomie redet in diesem Zusammenhang von der Erfassung *individueller Zahlungsbereitschaften* (Mitchell, Carson 1989). Es wird dabei davon ausgegangen, dass Privatpersonen bestimmte Güter konsumieren, für deren Inanspruchnahme sie keine monetäre Gegenleistung zu erbringen haben. Ein bekanntes Beispiel hierzu ist der Wald. Dieser hat für die Besucher einen offensichtlichen Wert oder Nutzen, den beispielsweise das Waldsterben reduziert. Der geschädigte Wald kann als negativer externer Effekt der Luftverschmutzung verstanden werden, während der Erholungswert als positiver externer Effekt des intakten Waldes gelten kann. Die Schwierigkeiten einer systematischen Bewertung von Umweltgütern werden erst dann sichtbar, wenn empirische Studien zur Erfassung der individuellen Präferenzen durchgeführt werden. Man stellt etwa direkt Betroffenen die Frage, was sie für die Benutzung einer noch intakten Ressource zu zahlen bereit wären.[6] Natürlich ergeben sich hier verschiedene me-

6 Bahnbrechend hierzu waren in der ehemaligen BRD Ewers und Schulz (1982) für den Bereich Wasser und Schulz (1985) in Bezug auf die Luft. Schelbert und

thodische Fragen. Neben den vordergründigen Schwierigkeiten, die sich aus der Konfrontation mit entsprechenden Frage ergeben – die häufigste Antwort darauf ist meistens "weiss ich nicht" – besteht ein grundsätzliches methodologisches Problem darin, dass solche Fragen einen rein hypothetischen Charakter haben. Zwischen der Unverbindlichkeit der Interviewsituation und einer allfälligen politischen Entscheidungslage besteht eine ganz beträchtliche Kluft. Ökonomen haben zu Recht darauf aufmerksam gemacht, dass ein rational handelndes Individuum ein Interesse daran hat, in einem Interview seine "wahren" Präferenzen zu verbergen. Seine Nutzeneinschätzung wäre demnach systematisch zu tief. Man spricht in diesem Zusammenhang auch von *strategischem Verhalten* (Green, Laffont 1979). Indes kann ebensosehr vermutet werden, dass die geäusserten Präferenzen zu hoch ausfallen. Der Grund dafür liegt in der Unverbindlichkeit der gemachten Aussagen. Solange niemand wirklich zur Kasse gebeten wird, kann ein Individuum ein Interesse daran haben, ein besonders hohes "Umweltbewusstsein" zu zeigen. Die Diskrepanz zwischen Einstellungen und wirklichem Verhalten zeigt sich spätestens in Abstimmungen. Soll z.B. die Erhaltung des Waldes durch massive öffentliche Investitionen gewährleistet werden und wurde die Höhe der Investition mit einer Erhebung individueller Zahlungsbereitschaften begründet, müsste die Vorlage – ceteris paribus – die Hürde einer Volksabstimmung problemlos nehmen können. Es ist jedoch durchaus vorstellbar, dass das Volk in einer Abstimmung den benötigten Kredit ablehnen würde – selbst wenn die Aufwendungen, die in der Vorlage zur Abstimmung kämen, deutlich tiefer lägen als die hochgerechneten Zahlungsbereitschaften.

Die angesprochenen Schwierigkeiten stellen die Rationalität der beteiligten Akteure keineswegs in Frage. Handeln Individuen ökonomisch "rational", dann sind die Unterschiede zwischen den geäusserten Präferenzen in einem Interview und in einer Abstimmung durchaus nachvollziehbar. Sie müssen in erster Instanz nicht auf Irrationalität, sondern auf veränderte Rahmenbedingungen zurückgeführt werden. Eine geäusserte Zahlungsbereitschaft ist eine stark kontextabhängige Angelegenheit und als solche kaum auf andere Situationen übertragbar. Das individuelle Urteil kann je nach Kontext unterschiedlich ausfallen. Es ist gerade die Berücksichtigung des fraglichen Kontextes, welche das unterschiedliche, zunächst widersprüchlich erscheinende Handeln rational erklären kann (Frey 1990, S. 20ff.). Die Subjektivität geäusserter Zahlungsbereitschaften erklärt zwar das unterschiedliche Verhalten in den genannten Situationen, hat aber zur Folge, dass der damit erfasste monetäre Wert natürlicher Ressourcen in

---

Maggi (1988) haben erste Erfahrungen mit der Schätzung des monetären Wertes von Wäldern in einem städtischen Naherholungsgebiet vorgelegt.

den Augen der Öffentlichkeit viel von seiner Glaubwürdigkeit verliert. Die Erfassung individueller Zahlungsbereitschaften in politischen Entscheidungsprozessen läuft Gefahr, irreführende monetäre Bewertungen natürlicher Ressourcen zu liefern. Letztlich sind die einzigen "wahren" und glaubwürdigen Präferenzen jene, die im Abstimmungsverhalten zum Ausdruck kommen.

Empirische Arbeiten zur Schätzung externer Kosten kommen zu recht spektakulären Zahlen. Die gesellschaftlichen Kosten der Wasserverschmutzung beispielsweise werden 1989 in den USA auf 50 Mrd Dollar geschätzt. Wicke hat alle externen Kosten der Umweltverschmutzung in der ehemaligen Bundesrepublik für den Zeitraum zwischen 1984 und 2060 auf 211 Mrd Mark hochgerechnet (Wicke 1986). Die Folgekosten des Waldsterbens in der Schweiz werden sehr grob auf 50 Mrd Fr in den nächsten 15 Jahren geschätzt (SGU 1986, S. 48). Freeman schätzte für das Jahr 1970 in den USA externe Kosten der Luftverschmutzung im Wert von 5 Milliarden Dollar (Freeman 1979). Diese Zahlen sind zweifellos eindrücklich. Sie sind für die Entscheidungsträger leider kaum relevant. Denn das Ziel einer der ökonomischen Effizienz verpflichteten Umweltpolitik wird mit der Erfassung externer Kosten noch nicht erreicht. Wie im ersten Teil dieser Arbeit gezeigt wurde, darf eine effiziente Umweltpolitik eben gerade nicht mit der Eliminierung sämtlicher externer Kosten gleichgesetzt werden. Benötigt werden nicht einfach punktuelle externe Kosten, sondern eine *Kurve der externen Grenzkosten*. Die Suche nach der "optimalen" Umweltqualität hängt damit wesentlich von der Erfassung der sogenannten *Schadensfunktion* ab. Erst wenn eine derartige Kurve vorliegt, lassen sich Kosten und Nutzen von Massnahmen zur Verbesserung der Umweltqualität systematisch abschätzen.

Empirisch gemessene oder zuverlässig geschätzte Schadensfunktionen sind eine Seltenheit. Der zur Erfassung der Beziehung von Schadensausmass und Emissionsniveau notwendige Aufwand ist enorm. Eine der wichtigsten frühen Arbeiten dazu stammt von Kneese und Bower aus den 60er Jahren (Kneese, Bower 1984). Sie versuchten, Nutzen und Kosten eines Flussgebietes in Abhängigkeit vom Grad der Wasserqualität monetär zu erfassen. Es ist auffallend, dass die Zuverlässigkeit der Angaben von den Autoren selbst immer wieder relativiert wird. Dies zeigt sich darin, dass sie für die geschätzten Veränderungen von Nutzen und Kosten mögliche Minima und Maxima angeben, die sich um bis zu 300 % unterscheiden. In den folgenden Ausführungen werde ich zu zeigen versuchen, dass diese Schwierigkeiten nicht nur auf mangelndes naturwissenschaftliches Detailwissen reduziert werden können. Kneese und Bower führten ihre Arbeit in den 60er Jahren durch. 30 Jahre später präsentiert sich die Situation nicht wesentlich anders: Obschon viele Anstrengungen zur quantitativen Erfassung externer Kosten unternommen worden sind, berufen sich Umweltökonomen heute immer noch auf mangelhaftes Wissen über das präzise Ausmass externer Kosten bzw. über die Zusammenhänge zwischen Umweltbelastungen und externen Kosten:

> "Die Internalisierung der externen Effekte ist ... die notwendige Voraussetzung, damit der Preismechanismus seine Steuerungsfunktion erfüllen kann. Doch der Teufel liegt wie immer im Detail. Für die korrekte Dosierung sind quantitative Informationen notwendig, die Höhe der Lenkungsabgaben ist so anzusetzen, dass das gewünschte Umweltziel erreicht wird..." (Schelbert, Maggi 1988, S. 20).

Eine Schadensfunktion setzt sich in der Regel aus verschiedenen Einzelbeziehungen zusammen, die konzeptionell getrennt werden müssen. Verfolgt man den Weg einer Emission bis zu den von ihr verursachten externen Kosten, müssen als separate Komponenten eine *Diffusionsfunktion* (Transformation von Emissionen zu Immissionen), eine *Schadensfunktion im engeren Sinne* (die Beziehung zwischen den Immissionen und den daraus entstandenen Schäden an Natur und Menschen in physischen Grössen) und schliesslich eine *Bewertungsfunktion* (monetäre Bewertung des Schadens) unterschieden werden. Einen Versuch, aufgrund einer solchen Gliederung die Folgekosten der Energienutzung für die Schweiz zu bestimmen, haben Frey (Frey u.a. 1985) sowie Gysin (Gysin 1985) unternommen. Im Interesse der Übersichtlichkeit soll für die anschliessende Darstellung die Schadensfunktion lediglich in zwei Einzelbeziehungen gegliedert werden: die physisch-naturwissenschaftlichen Zusammenhänge zwischen Verursachern und Opfern (die Diffusions- und Schadensfunktion i.e.S.) und den Zusammenhang zwischen Schäden und ihrem monetären Wert (die Bewertungsfunktion).

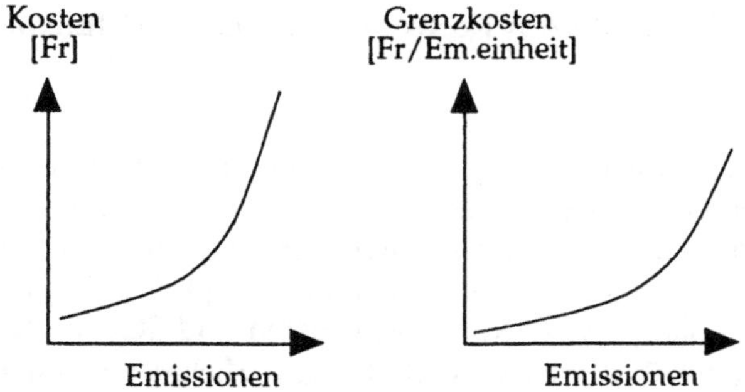

Abb. 5: Lehrbuchmässiger Verlauf von externen Kosten- und Grenzkostenfunktionen.

In Abb. 5 sind die lehrbuchmässigen Kurven der externen Kosten und der externen Grenzkosten wiedergegeben. Der qualitative Verlauf der Beziehung zwischen Umweltbelastungen und externen Grenzkosten wird in der umweltökonomischen Literatur mit wenigen Ausnahmen als steigend angenommen: Eine Erhöhung des Schadstoffausstosses um 1 t Schadstoff bei schon hoher absoluter Umweltbelastung verursacht also viel grössere monetäre Schäden als eine identische Erhöhung, wenn die absolute Belastung niedriger ist. Obschon der qualitative Verlauf der Grenzkostenkurve von niemandem ernsthaft in Frage gestellt wird, zeigt eine Plausibilitätsbetrachtung, dass steigende externe Grenzkosten mit theoretischen Argumenten allein nicht gerechtfertigt werden können. Betrachten wir zu diesem Zweck die physischen Schadenszusammenhänge. Bei niedrigen Emissionsniveaus ist es plausibel anzunehmen, dass die zugehörigen Schäden überproportional zunehmen. Ab einem gewissen Belastungsniveau ist es aber durchaus vorstellbar, dass eine nochmalige Zunahme der Emissionen geringere zusätzliche Schäden verursacht. Es treten mit anderen Worten *Sättigungseffekte* ein. Dies bedeutet, dass die Kurve der externen Grenzkosten ab einem gewissen Emissionsniveau abnimmt.

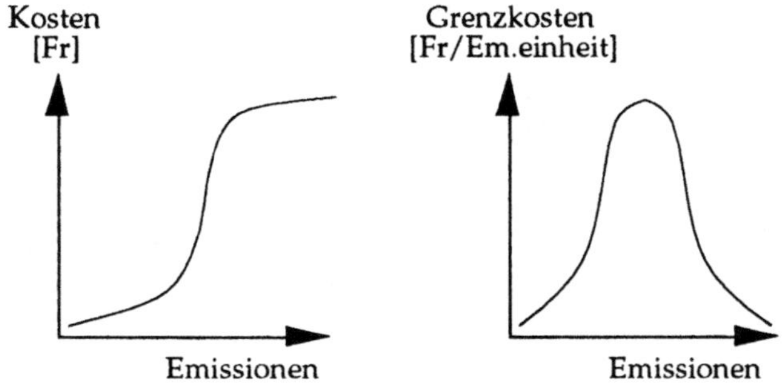

Abb. 6: Plausibler Verlauf von externen Kosten- und Grenzkostenfunktionen.

Sättigungserscheinungen sind in der Natur keine Seltenheit. Auch Umweltökonomen haben vereinzelt diese Tatsache zur Kenntnis genommen. Burrows erwähnt beispielsweise die Beeinträchtigung von Seen durch Chemikalien: sie nimmt ab einer gewissen Konzentration praktisch nicht mehr zu. Der Zusammenhang zwischen Ernteverlusten und SO_2-Immissionen zeigt einen qualitativ ähnlichen Verlauf: die zusätzlichen (marginalen) Verluste nehmen immer langsamer zu. Ab einer bestimmten Konzentration von SO_2 in der Luft nehmen die zusätzlichen Ernteverluste ab und verschwinden schliesslich (Burrows 1980, S. 35ff.). Diese Situation ist in Abb. 6 wiedergegeben. Wir haben es hier folglich mit einer Situation zu tun, die die Festlegung eines effizienten Niveaus der Umweltqualität nicht mehr zulässt: Die Grenzkostenkurve ist nicht monoton. Liegt das Niveau der Umweltbelastungen auf dem sinkenden Ast der Grenzkostenkurve, könnten zusätzliche Umweltbelastungen "ökonomisch rational" sein. Inwiefern diese Situation in der Praxis relevant ist, lässt sich mit theoretischen Argumenten allein nicht entscheiden.

Die empirische Erfassung einer Schadensfunktion ist mit erheblichen quantitativen und qualitativen *Unsicherheiten* verbunden. In Abb. 7 sind zwei grundsätzliche Arten von Unsicherheiten dargestellt, die einer Schadensfunktion anhaften können. Die linke Grafik zeigt einen Fall, in dem über die Form der Beziehung Einigkeit besteht: sie ist monoton wachsend. Dagegen bestehen erhebliche Unsicherheiten über den realen Verlauf der Kurve. Mit der Zunahme der Emissionen steigt auch die Unsicherheit über deren Auswirkungen. Diese ist v.a. Ausdruck erheblicher Schwierigkeiten in der quantitativen Erfassung der relevanten naturwissenschaftlichen Zusammenhänge, wie das Beispiel der Luftverschmutzung immer wieder anschaulich zeigt. Der Rückgriff auf Schätzungen erweist sich häufig als unumgänglich (Maloney, Yandle 1984).

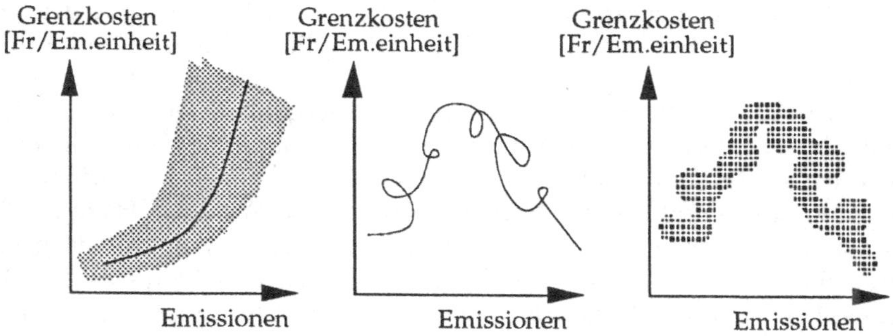

Abb. 7: Drei mögliche Schadensfunktionen.

Unsicherheit besteht nicht nur im quantitativen Ausmass der Schadensbeziehung, sondern auch im qualitativen Verlauf. Die mittlere Grafik in Abb. 7 zeigt eine Situation, die man beim ersten Anblick als exotisch und irrelevant zu bezeichnen geneigt wäre. Dieser Verlauf entspricht einer Situation, die Sättigungserscheinungen aufweist. Die Komplexität und Nicht-Linearität der involvierten naturwissenschaftlichen Zusammenhänge hat aber zur Folge, dass von einem funktionalen Zusammenhang zwischen externen Kosten und Emissionen kaum noch gesprochen werden kann.

Die jüngere naturwissenschaftliche Forschung hat gezeigt, dass ein einfaches Verständnis von *Kausalität* – und damit von *Prognostizierbarkeit* und *Berechenbarkeit* – im Falle von natürlichen (und auch manchen technischen) Systemen zunehmend in Frage gestellt werden muss. Das Naturbild, das die Naturwissenschaften in den letzten 100 Jahren prägte, hat sich zunehmend als fragwürdig erwiesen. Wurde in der Vergangenheit immer wieder stillschweigend angenommen, naturwissenschaftliche Zusammenhänge seien im wesentlichen durch lineare Beziehungen repräsentierbar, hat sich in den letzten 10 bis 20 Jahren die Einsicht allmählich durchgesetzt, dass nicht-lineare Phänomene in der Natur keineswegs seltene Erscheinungen sind. Ihr Studium hat bekannte Autoren dazu veranlasst, von einem Paradigmawechsel in einem zweifachen Sinne zu sprechen: Nicht nur haben sich die wissenschaftliche Systemtheorie und damit einzelne akademische Disziplinen grundlegend gewandelt, sondern es bahnt sich zugleich eine viel umfassendere Veränderung des wissenschaftlichen Weltbildes, mit dem der Mensch die Natur zu betrachten und zu verstehen versucht, an (Nicolis, Prigogine 1987; Jantsch 1982).

Zur Auslösung dieses Lernprozesses haben Arbeiten auf dem Gebiet der Thermodynamik wesentlich beigetragen. Berühmt sind die sogenannten chemischen Uhren geworden, die von Prigogine postuliert und empirisch untersucht worden sind (Nicolis, Prigogine 1977; Prigogine, Nicolis 1983). Inzwischen gehört die sog. Selbstorganisationsforschung zu den Interessen zahlreicher wissenschaftlicher Disziplinen. Schieve und Allen bieten ausgewählte Beispiele aus Chemie, Physik, Biologie und Ökonomie (Schieve, Allen 1982). Haken hat zwar die Synergetik ausgehend von der Laserphysik entwickelt, ihre Anwendbarkeit aber auf Biologie und Soziologie erweitert (Haken 1982). Auf den Konzepten der Synergetik aufbauend haben Weidlich und Haag Migrationen untersucht (Weidlich, Haag 1988); Ulrich und Probst haben die Möglichkeiten und Grenzen des Selbstorganisationskonzeptes im Bereich der Betriebswissenschaften überprüft (Ulrich, Probst 1984). Altner schliesslich stellt eine kritische Würdigung des Werkes von Ilya Prigogine dar (Altner 1986).

Mittels mathematischer Modellierungen lässt sich zeigen, dass deterministische nicht-lineare Systeme i.d.R. ein empirisch nicht prognostizierbares Verhalten aufweisen. Schon die kleinste Änderung im Anfangszustand eines Systems kann zu einer sehr grossen Abweichung im Endzustand führen. Sobald also ein Anfangszustand mit Unsicherheitsmargen behaftet ist, und dies trifft in Wirklichkeit fast immer zu, lässt sich eine sichere Voraussage des Endzustandes nicht mehr gewährleisten. Aus dem Wissen um kausale Wirkungsketten kann somit nicht schon deren Prognostizierbarkeit abgeleitet werden. *Kausalität* und *Prognostizierbarkeit* müssen separat diskutiert werden. Ein interessantes Beispiel hierzu sind die Wetterprognosen. Manche Autoren haben darauf aufmerksam gemacht, dass die Schwierigkeit, zuverlässige Wetterprognosen zu formulieren, nicht einfach in der begrenzten Kapazität von Rechenmaschinen oder im Mangel an notwendigem Datenmaterial liegt. Zwar tragen beide Aspekte zur Relativierung einer Prognose bei. Weitaus wichtiger aber ist, dass die atmosphärische Zirkulation ein nicht-lineares System mit stochastischen Eigenschaften darstellt, die Lorenz, ein Pionier auf diesem Gebiet, mit folgendem Beispiel eindrücklich illustriert hat: Das Flattern eines Schmetterlings in China kann einen Monat später einen Tornado in Florida auslösen (Lorenz 1963).

Nichtlineare Systeme stellen die Vorstellung einer hinreichenden Prognostizierung und Quantifizierung von Externalitäten auf eine radikale Art und Weise in Frage. Man kann nicht mehr in jedem Falle von externen Effekten (im Sinne der Umweltökonomie) sprechen, sondern man muss mit grundsätzlichen *Unsicherheiten* rechnen. Alles in allem erweist sich der Versuch, eine funktionale Beziehung zwischen Emissionsquellen und zugehörigen Kosten herzustellen, in mancher Hinsicht als recht problematisch. Soll eine einigermassen realistische Schadensfunktion skizziert werden, könnte sie wie die Grafik rechts in Abb. 7 aussehen: eine nicht-monotone, chaotisch anmutende Beziehung. Angesichts der mannigfaltigen Schwierigkeiten, glaubwürdige Kostenbeziehungen auch nur approximativ zu schätzen, drängt sich die Frage nach der Brauchbarkeit des Begriffs der externen Kosten auf. Selbstverständlich soll hier die Tatsache nicht geleugnet werden, dass private Aktivitäten Folgen für die ganze Gesellschaft haben. Fraglich ist vielmehr der Versuch, diese Folgen ausschliesslich auf monetäre Kosten reduzieren zu wollen. Die bisherigen Ausführungen haben diesbezüglich gezeigt, dass dieser Versuch vielfach unzumutbare Verzerrungen der Kostenidee zur Folge hat.

Die bisherigen Betrachtungen stützen den schon früher geäusserten Verdacht, dass das Konzept der externen Kosten zwar eine willkommene Heuristik darstellt, aber für viele Entscheidungsprozesse im Grunde keine grosse Hilfe leisten kann. Griffig ist das Konzept eigentlich nur, wenn externe Kosten aufgrund bestehender Vermeidungs- und Reparaturtechnologien bekannt sind. Sobald aber die Internalisierung der anfallenden Kosten ins Auge gefasst wird, muss neben dem eigentlichen Kostenpunkt noch ein zusätzlicher Aspekt berücksichtigt werden: Die Verantwortungsbeziehung zwischen "Verursachern" und "Opfern" einer bestimmten Umweltbelastung. Eine Internalisierung externer Kosten setzt bekanntlich voraus, dass diese Kosten nicht nur bezifferbar sind, sondern dass sie auch einem "Schuldigen" angelastet werden können. Wer als Verantwortlicher bzw. als Verursacher anzusehen ist, ist eine Frage, die häufig schwerlich beantwortet werden kann.

2.3.2 *Verantwortliche oder Verursacher ?*

Neben kausalen Zusammenhängen zwischen Emissionen, Immissionen, physischen und monetären Schäden benötigt das Konzept der externen Effekte im Idealfall auch eine eindeutige Zuweisung von Verantwortungen. Es muss mit anderen Worten eine nicht-monetäre, kausale Beziehung zwischen einem Individuum A und einem Individuum B hergestellt werden. Eigentlich wäre die Rede von Verantwortung in diesem Zusammenhang nicht angebracht: Der soziale Gehalt des Begriffes "Verantwortung" entspricht ja nicht einfach einem physikalischen Ursache-Wirkungs-Verhältnis. Trotzdem beruht die Zuweisung von Verantwortung in der Praxis fast ausschliesslich auf dem Nachweis kausaler, naturwissenschaftlicher Mechanismen. Etwas überspitzt könnte man sogar sagen, dass die Zuweisung individueller Verantwortung lediglich ein Ergebnis wissenschaftlicher Gutachten sei. Die Rede vom "Verursacherprinzip" trägt das ihre dazu bei, dieses Verständnis von Verantwortung, das soziale Beziehungen auf naturwissenschaftliche Kausalnachweise reduziert, in der Öffentlichkeit zu verbreiten. Aus diesem Grunde werde ich in diesem Abschnitt zwischen Verursachern und Verantwortlichen unterscheiden. Der Verursacher wird mit naturwissenschaftlichen Methoden ermittelt, während die Zuweisung von Verantwortung das Ergebnis komplexer sozialer Interaktionen ist.

Wie der Begriff externer Effekte wird auch das Verursacherprinzip an sehr einfachen, häufig auch irreführenden Beispielen demonstriert; etwa demjenigen des Kindes, das die Zuckerdose auf den Boden fallen lässt. In dieser Situation ist nicht nur ein Verursacher fraglos feststellbar, sondern auch die Wirkung des externen Effektes (die kaputte Zuckerdose), welche nahezu augenblicklich eintritt und räumlich sehr eng begrenzt ist. Obschon das gewählte Beispiel ein Inbegriff an Klarheit ist, lässt sich leicht zeigen, dass schon geringfügige Änderungen der Ausgangssituation eine eindeutige Rekonstruktion der kausalen Beziehungen verunmöglichen. Man stelle sich z.B. vor, dass die Mutter nicht anwesend war, als die Zuckerdose auf den Boden fiel. Das Kind behauptet im nachhinein, nicht es habe die Zuckerdose zerbrochen, sondern die Katze bei einem ungeschickten Sprung. Soll nun die Mutter ihrem Kind glauben? Eine andere Variante ergibt sich, wenn z.B. zwei Geschwister beim Spielen die Zuckerdose umkippen. Selbst wenn die Mutter den Zwischenfall beobachtet hätte, könnte sie vermutlich kaum eines der beiden Kinder als eindeutigen Verursacher betrachten. Das Beispiel zeigt, dass auch in verhältnismässig einfachen Situationen, in welchen das Ausmass der externen Kosten abschätzbar und die zugehörigen externen Effekte sowohl zeitlich als auch räumlich beschränkt sind, ihre Internalisierung durch unklare Verursacherverhältnisse schnell einmal unmöglich werden kann (für eine ausführliche Diskussion dieser Problematik siehe z.B. Minsch 1988).

Die herkömmliche Konzeption eines externen Effekts legt also ein Verständnis individueller Verantwortung nahe, das Verantwortliche und Verursacher gleichsetzt: Verantwortlich ist jemand nur dann, wenn Ursache-Wirkungsmechanismen eindeutig nachgewiesen worden sind. Ein derartiges Verständnis von Verantwortung erweist sich in der Praxis selten als anwendbar. Naturwissenschaftliche, toxikologische, biologische und ärztliche Untersuchungen können meist nur statistische, nicht aber eindeutige kausale Zusammenhänge zwischen einer bestimmten Emission und den zugehörigen physischen Schäden rekonstruieren. Nehmen wir den Fall der Gewässerverschmutzung. Hier ist es oft so, dass eine klare Beziehung zwischen Umweltbelastungen und Verursacher festgestellt werden kann. Wie das Beispiel des verschmutzten Unterrheins zeigt, kann aber der Nachweis der verantwortlichen Verursacher einen sehr grossen Aufwand nach sich ziehen. Die Rotterdamer Hafenbehörden sind mit der Tatsache konfrontiert, dass die Kosten zur Wiederherstellung einer akzeptablen Wasserqualität mit der Belastung der Gewässer überproportional steigen. Gemäss einem Bericht der Zeitung "Weltwoche" vom 27.8.87 haben die holländischen Behörden daher beschlossen, die Verursacher der Rheinverschmutzung, d.h. die industriellen Betriebe, die mit ihren Abwässern den Rhein belasten, gerichtlich zur Mitfinanzierung der Sanierungskosten zu verpflichten. Voraussetzung dafür ist der Nachweis, dass diese Betriebe den Rhein tatsächlich belasten sowie die Bestimmung ihres relativen Anteils an der Gesamtverschmutzung. Dies hat die holländischen Behörden gezwungen, ein Messschiff für diesen speziellen Zweck auszurüsten. Mit Hilfe von Unterwassersonden werden systematisch sämtliche grösseren Einleitungen in den Rhein quellenspezifisch identifiziert, analysiert und protokolliert. Das Projekt erstreckt sich über mehrere Jahre und soll die empirischen Grundlagen für die Führung der Prozessverhandlungen liefern.

Die soeben diskutierte Situation stellt eigentlich die Regel dar. Von regionalen Umweltproblemen bis zu den globalen Sorgen um das Klima und die Ozonschicht: Verursacher lassen sich zwar identifizieren, aber – wenn überhaupt – nur mit grossem Aufwand zur Verantwortung ziehen. Man kann durchaus sagen, dass das Rechtssystem durch das Konzept der externen Effekte überfordert wird. Eine weitergehende Möglichkeit bestünde noch darin, die Beweislast generell umzukehren. Dann müsste ein verdächtigter Industriebetrieb seine "ökologische Unschuld" belegen. Die Gerichtsverfahren wären dadurch mit sehr viel geringerem Aufwand verbunden und könnten mit Sicherheit wirksamer gegen Umweltsünder vorgehen. Die Durchsetzung dieser Massnahme ist jedoch nur sinnvoll, wenn der Beweis der eigenen Unschuld auch wirklich erbracht werden kann. Dies mag im Falle der Rheinverschmutzung verhältnismässig einfach erscheinen. In anderen Situationen, etwa im Falle der Luftverschmutzung, wäre es für den Verursacher faktisch unmöglich, seine Unschuld nachzuweisen. Dies käme einer systematischen Verurteilung der betreffenden Angeklagten gleich, ein offensichtlich unzumutbares Vorgehen.

2.3.3 *Die gesellschaftliche Konstruktion externer Effekte*

Die übliche Definition einer Externalität umfasst zwei Komponenten. Zwischen zwei sozialen Akteuren (die normalerweise durch eine Nutzen- oder eine Produktionsfunktion beschrieben werden) besteht erstens eine "Schädiger-Geschädigten-Beziehung". Diese Beziehung kann zweitens erst dann Externalität genannt werden, wenn der Geschädigte sich als Opfer betrachtet und nicht entschädigt worden ist. Solange keine Entschädigung gefordert wird, kann nicht von einer Externalität gesprochen werden. In der Literatur über externe Effekte wird dieser Tatsache Rechnung getragen, indem zwischen relevanten und nicht-relevanten Externalitäten unterschieden wird (Buchanan, Stubblebine 1962). Eine nicht-relevante Externalität liegt immer dann vor, wenn das Handeln eines sozialen Akteurs unbeabsichtigte Auswirkungen auf einen anderen Akteur hat, diese Auswirkung jedoch keinen Anlass für eine offene Konfliktsituation bietet.[7]

Mit dieser Definition vor Augen fällt auf, dass die Zahl konfliktträchtiger Situationen, d.h. solcher Situationen, die potentiell internalisiert werden könnten, im alltäglichen Leben sehr gross ist. Unabhängig davon, ob ich auf der Strasse von einem Auto erfasst werde, beim Rauchen die Gesundheit meines Nachbars gefährde, beim Geschirrspülen die Gewässer belaste, mich ungesund ernähre und infolgedessen hospitalisiert werden muss, mit allerlei Spraydosen die Ozonschicht zerstören helfe oder mich mit dem Nachbarn über den Lärmpegel seiner Kinder streite, ständig bin ich Opfer und/oder Verursacher potentieller Externalitäten, die sich irgendwo, irgendwann, auf irgendjemanden mehr oder weniger stark auswirken. Im Extremfall wird eine Externalität – ungeachtet ihrer Folgen – überhaupt nicht zur Kenntnis genommen.

Die Unterscheidung zwischen relevanten und nicht-relevanten Externalitäten wirft wichtige Fragen auf: Wie wird die Grenze zwischen relevanten und nicht-relevanten Externalitäten gezogen? Sollen nicht-relevante Externalitäten als Externalitäten verstanden werden, die z.B. durch Kompensation bereits internalisiert worden sind? Und weiter: Müssen relevante Externalitäten als nicht-relevant deklariert werden, weil sie de facto nicht internalisiert werden? Und schliesslich: Ist die Grenze zwischen relevanten und nicht-relevanten Externalitäten kontextunabhängig oder verschiebt sie sich in Funktion der momentanen Situation und der betroffenen sozialen

---

7 Buchanan und Stubblebine unterscheiden ferner zwischen marginalen und infra-marginalen, sowie zwischen Pareto-relevanten und nicht Pareto-relevanten Externalitäten. Ein exaktes Verständnis dieser beiden Kategorien ist jedoch für diese Arbeit nicht nötig.

Akteure? Es kann an dieser Stelle nicht darum gehen, allgemeingültige Antworten auf diese Fragen zu geben. Hier möchte ich vielmehr auf die gesellschaftlichen Aspekte des Externalitätenbegriffs aufmerksam machen. Dies soll anhand der Entdeckung und Selektion relevanter Externalitäten diskutiert werden. Das Ergebnis beider Prozesse, die in Wirklichkeit selten voneinander zu trennen sind, nenne ich die *gesellschaftliche Konstruktion externer Effekte*. Gesellschaftliche Konstruktion deshalb, weil relevante externe Effekte sehr häufig das Ergebnis öffentlicher und politischer Auseinandersetzungen sind (Douglas, Wildavsky 1982; Johnson, Covello 1987; Ewers, Nowotny 1987; Sjöberg 1987).

Die Property-Rights-Schule beschreibt soziale Konflikte als einen Prozess des Austauschs und/oder der Reorganisation von Eigentums- und Handlungsrechten. Dann zeigt sich nämlich, dass Akteure über gut entwickelte praktische Fähigkeiten und Kompetenzen verfügen, um im alltäglichen Leben mit relevanten Externalitäten umzugehen. Statt Kompensation zu verlangen, ziehen Akteure es häufig vor, offene Konfliktsituationen soweit wie möglich zu vermeiden. Dazu gehört, dass soziale Akteure bewusst lernen, Kompromisse zu akzeptieren. Zur sozialen Kompetenz von Individuen gehört auch die Fähigkeit, "Spielregeln" des Zusammenlebens zu vereinbaren, die die Entstehung konfliktträchtiger Situationen vermeiden. Angesprochen ist damit keineswegs nur das Gesetz. Das alltägliche Leben ist durchdrungen von routinemässig eingehaltenen Regeln und Normen, die in keiner Weise auf geschriebenem Recht beruhen. Wir sehen: der grösste Teil der relevanten Externalitäten wird routinemässig in nicht-relevante Externalitäten umgewandelt. Die sozialen Mechanismen der Internalisierung gehen dabei weit über die blosse Möglichkeit der Kompensation hinaus.

In den Mittelpunkt der Betrachtung gerät damit die Frage nach den Prozessen und Institutionen, die zur gesellschaftlichen Konstruktion relevanter Externalitäten führen. Die Erfahrungen mit dem Waldsterben haben gezeigt, dass neben der unbestrittenen Bedeutung der Umweltbehörden auch die Medien eine sehr wichtige Rolle in der Entdeckung und Selektion relevanter externer Effekte übernehmen. Engagierte soziale Bewegungen können ihrerseits einiges dazu beitragen, die Öffentlichkeit auf ein neues Umweltthema aufmerksam zu machen. Wissenschaftliche Gutachten und Gegengutachten verwirren die Öffentlichkeit beträchtlich, während die engere soziale Umwelt eine meistens unerkannte, aber nachhaltige Wirkung auf die individuelle Meinungsbildung hat. Entdeckung und Selektion von externen Effekten erweist sich letztlich als ein sehr komplexes Problem, das vermehrte Aufmerksamkeit verdient (Heimer 1988; Brown 1989).

Entdeckung und Selektion relevanter Externalitäten sind zwar eng verknüpft, aber nicht identisch. Es macht einen Unterschied, ob eine bestimmte Umweltbelastung eine wenn auch untergeordnete Rolle in der Öffentlichkeit spielt oder aber völlig unbekannt ist. Die neuere Geschichte hat häufig gezeigt, dass latent vorhandene Thematiken plötzlich in den Mittelpunkt des öffentlichen Interesses rücken – wenn auch manchmal nur für kurze Zeit. Der soziale Selektionsprozess findet natürlich nicht nur unter den Umweltthemen statt. Noch vor wenigen Jahren stand die Nord-Süd-Thematik viel stärker als heute im Mittelpunkt des öffentlichen Interesses. Unser Wohlstand wurde explizit für die unwürdige Situation von Millionen von Menschen verantwortlich gemacht (die finanzielle Hilfe, die von den westlichen Industrieländern geleistet wird, lässt sich so gesehen als eine Art Kompensationszahlung interpretieren). Heute scheint sich die Öffentlichkeit rascher und wirksamer für sterbende Robben als für hungernde äthiopische Kinder mobilisieren zu lassen. Schuld- und Verantwortungsgefühle, die sozialen Mechanismen, die de facto die Relevanz einer (globalen) Externalität bestimmen, scheinen sich heute viel stärker bei Umweltthemen als bei der Nord-Süd-Thematik bemerkbar zu machen.

Die formale Definition einer Externalität (vgl. Abschnitt 1.2.3) legt den Eindruck nahe, dass sich Externalitäten nur auf Situationen direkter zwischenmenschlicher Interaktion beziehen. Das ist aber nur sehr bedingt der Fall, denn die Definition umfasst keinerlei räumliche oder zeitliche Beschränkungen. Sowohl das Rauchen des Nachbarn als auch der Fall-Out von Tschernobyl gelten definitionsgemäss als Externalitäten. Das CO_2-Problem ist ein Beispiel einer Externalität, die noch lange in die Zukunft wirksam sein und globale Auswirkungen haben wird. Freilich werden nicht alle im gleichen Ausmass davon betroffen. Wer als "Gewinner" und wer als "Verlierer" dastehen wird, bleibt trotz modernster Simulationstechnik eine weitgehend spekulative Frage (Schneider 1989a). Mit der zeitlichen und räumlichen Ausdehnung eines externen Effektes nimmt auch die Zahl der Betroffenen drastisch zu. Im Extremfall, z.B. bei der Luftverschmutzung oder bei der Ernährung, können wir alle als Verursacher und Opfer davon betroffen sein.

Unabhängig davon, welche Institutionen was zur gesellschaftlichen Konstruktion relevanter Externalitäten beitragen, im Endergebnis ist ein sozialer Konflikt zu bewältigen, in den politische ebenso wie wirtschaftliche und private Interessen eingeflossen sind. Erst nachdem Öffentlichkeit, Medien, Politik, Wissenschaft, Familie, Interessengruppen usw. relevante Externalitäten entdeckt und selektioniert haben, ein Prozess, den man sich mit Vorteil nicht allzu technokratisch vorstellen soll, scheint es möglich zu sein, die Frage der Internalisierung mit Aussicht auf Erfolg angehen zu können. Relevante externe Effekte sind meist solche, welche sozialen Zündstoff enthalten bzw. enthalten haben. Die Relevanz einer Externalität kann, etwas überspitzt formuliert, nachgerade mit ihrer Konfliktträchtigkeit gleichgesetzt werden. Eigentlich erst an dieser Stelle kann sinnvollerweise von der Internalisierung externer Effekte und Kosten gesprochen werden. Wir haben gesehen, dass externe Effekte zwar ein Stück weit real sind, denn irgendwo und irgendwann treten sie auf, und von irgendwem müssen sie schliesslich auch getragen werden. Aber aus der Existenz externer Effekte kann nicht ohne weiteres auf die Möglichkeit einer präzisen Quantifizierung und Verantwortungszuweisung geschlossen werden. Von einer derartigen Quantifizierung und Monetarisierung ist jedoch die potentielle Wirksamkeit und Glaubwürdigkeit, letzten Endes also die Durchsetzbarkeit dieser Instrumente abhängig.

2.3.4 *Von Externalitäten zu Risiken und Gefahren*

Die Unsicherheiten bei der quantitativen Erfassung kausaler Ursache-Wirkungsbeziehungen, die Schwierigkeiten der Identifikation von materiellen Verursacher-Opfer-Relationen, die Subjektivität der Monetarisierung externer Effekte, der gesellschaftliche Prozess der Entdeckung und Selektion relevanter Externalitäten scheinen die Aufgabe des Externalitäten-Begriffs zugunsten von *Risiken* und *Gefahren* zu rechtfertigen. Hier stellen sich einige terminologische Probleme, ist doch das Verständnis von Unsicherheit, Risiko und Gefahr bei verschiedenen Autoren und akademischen in verschiedenen Disziplinen recht unterschiedlich. Was in dieser Arbeit unter Unsicherheit verstanden wird, ist in Abschnitt 2.3.1 diskutiert worden. Hier möchte ich auf Risiken und Gefahren näher eingehen. Das Konzept des Risikos orientiert sich im wesentlichen am Glücksspiel, in dem das Spektrum der möglichen Ereignisse im voraus bekannt und bestimmt ist. Jedem dieser Ereignisse kann eine Eintretenswahrscheinlichkeit zugewiesen werden. Dies ist im Spiel zuverlässig möglich, indem man die fraglichen Wahrscheinlichkeiten empirisch bestimmt (man spricht in diesem Fall von objektiven Wahrscheinlichkeiten). Ein Risiko ist also in diesem Sinne kalkulierbar. Genau ist es definiert als Produkt von $s \cdot p$, wobei s dem Ausmass des Schadens, der mit einem unerwünschten Ereignis verknüpft ist, und p der Wahrscheinlichkeit des Eintretens dieses Ereignisses entspricht. Neben der Kalkulierbarkeit beinhaltet der sich am Spiel orientierende Risikobegriff eine aktive Suche nach riskanten Situationen oder zumindest keine grundsätzlich risikoablehnende Haltung gegenüber potentiell riskanten Unternehmungen. Akteure können mit anderen Worten Risiken zumindest teilweise kontrollieren.

Es ist nun wichtig festzuhalten, dass viele relevante Externalitäten bestenfalls als Risiken dokumentiert und quantifiziert werden können. Der Zusammenhang zwischen Gesundheit und Luftbelastung in einem Industriegebiet ist ein typisches Beispiel dafür. Erste Versuche, diesem Umstand Rechnung zu tragen, liegen vor. In Japan verlangt beispielsweise die gerichtliche Beweisführung lediglich den Nachweis eines statistischen Zusammenhangs zwischen Verursachern und Geschädigten. Der Verantwortungsnachweis soll demnach nicht mehr anhand von strikten Ursache-Wirkungs-Beziehungen erbracht werden, sondern auf der Basis von signifikanten medizinisch-epidemiologischen Tests. Erste Erfahrungen liegen bereits vor (Tsuru, Weidner 1985). Nach den zitierten Autoren hat die Verankerung dieses Kausalitätsverständnisses im japanischen Umweltrecht die Unternehmer zur systematischen Einführung von Rauchgasentschwefelungsanlagen bewogen (S. 125ff.). In der Schweiz hat Minsch für die Überwindung eines eng definierten Kausalitätsideals plädiert (Minsch 1988).

Obschon sich der Rückgriff auf den Risikobegriff als nützlich erwiesen hat, vermag er kaum der Komplexität relevanter externer Effekte gerecht zu werden. Die Casino-Metapher erweist sich insofern als unzureichend, als das Spektrum der möglichen Ereignisse nicht unbedingt als gegeben und fix vorausgesetzt werden kann. Dementsprechend kann auch nicht mehr ohne weiteres von (objektiven) Eintretenswahrscheinlichkeiten gesprochen werden. Jede industrielle Aktivität, jede Emission, jede neue Substanz und jedes neue Produkt birgt eine Reihe von neuen Risiken in sich, die i.d.R. unbekannt sind. Ein tragisches Beispiel hat in den 50er und 60er Jahre die Anwendung des DDT geboten. Seine Einführung weckte v.a. in den Entwicklungsländern sehr grosse Erwartungen. Erst seine Anwendung auf breiter Basis brachte die mittlerweile bekannten Konsequenzen ans Licht. Ein neues dramatisches Beispiel bietet die Diskussion um die Risiken der Benutzung von FCKWs in Kühlschränken. Niemand hätte bei der Entwicklung moderner Kühlschränke erwartet, dass ihr Kühlmittel eines Tages die Ozonschicht gefährden würde. Heute wird ernsthaft über ein weltweites Verbot von FCKWs diskutiert.

Der Nicht-Kalkulierbarkeit und Nicht-Kontrollierbarkeit mancher Risiken soll mit dem Begriff der *Gefahr* Rechnung getragen werden. Eine Gefahr stellt ein potentielles Risiko dar. Sie ist als mögliches Ereignis zwar in ihren groben Zügen bekannt, aber sie wurde bisher nie oder selten Realität (Evers, Nowotny 1987, S. 32-40). Während die Bedeutung und die Folgewirkungen eines Risikos gut bekannt und den sozialen Akteuren auch vertraut sind, kann dies von einer Gefahr nicht behauptet werden. Autofahren, Rauchen und Alkoholkonsum stellen für die meisten Erwachsenen ein Risiko dar. Eine Strasse zu überqueren ist für ein Kleinkind hingegen eine Gefahr. Erwachsene sind über die potentiellen Folgen des Verkehrs, des Rauchens und des Alkoholkonsums gut informiert. Sie gehen diese Risiken bewusst ein und haben auch eine gewisse Kontrolle, indem sie auf risikoträchtige Handlungen verzichten können. Bei Gefahren ist dies viel weniger der Fall. Gefahren wird man unwillentlich, unbewusst ausgesetzt. Gefahren können von den betroffenen Individuen schlecht kontrolliert werden. Kernkraftwerke werden meistens als Gefahren empfunden. Zwar kann nach Tschernobyl nicht mehr länger von Gefahren im engeren Sinne gesprochen werden. Dennoch stellen Kernkraftwerke weiterhin eine Bedrohung dar, die von betroffenen Individuen kaum beeinflusst werden kann und Gefühle der Angst und Ohnmacht auslöst. Ein wichtiger Aspekt der ökologischen Krise liegt gerade im sich allmählich konsolidierenden Verdacht, dass die Industriegesellschaften auf Institutionen beruhen, die neben dem materiellen Wohlstand systematisch auch immer neue Risiken und Gefahren produzieren. Die Diskussion des Begriffs der relevanten externen Effekte gibt diesem Verdacht zusätzlichen Rückhalt.

Die Berücksichtigung von Gefahren macht die Rede von Eintretenswahrscheinlichkeiten ein Stück weit obsolet. Diese Feststellung ist besonders in modernen Gesellschaften von Bedeutung, denn die relevanten Gefahren eines neuen Produktionsverfahrens, eines neuen Produkts, einer neuen Substanz lassen sich vielfach erst nach ihrer Einführung ermitteln, sozusagen "im Experimentierfeld" Gesellschaft. Es kommt also nicht primär auf die Abschätzung der Wahrscheinlichkeit eines bekannten Ereignisses an, sondern auf die Entdeckung der relevanten Ereignisse überhaupt. Und weil es sich um Experimente im Feld handelt, sind Experimentatoren und potentielle Opfer häufig untrennbar verwischt: Die Experimentatoren von heute sind zugleich die Opfer von morgen (über diesen Punkt siehe insbesondere die Diskussion bei Beck 1986).

Der Entdeckungsprozess gestaltet sich recht komplex und wird durch Medien, Experten, den Bekannten-, Freundes- und Familienkreis gestaltet. Dementsprechend werden Risiken und Gefahren i.a. unterschiedlich wahrgenommen, beschrieben und benannt. Die Diskussion um die (echten oder vermeintlichen) klimatischen Veränderungen liefert hierzu ein aktuelles Beispiel. Verschiedene Bevölkerungsgruppen, Experten, Politiker und Medien nehmen diese Debatte auf sehr unterschiedliche Weise wahr. So zeigt sich beispielsweise, dass Laien ein relativ unscharfes Bild der Ursachen klimatischer Veränderungen haben, dieses Problem dennoch zum Teil sehr ernst nehmen. Aber auch unter Experten gibt es recht grosse Unterschiede in der Beurteilung von klimatischen Risiken und Gefahren. Während führende Klimatologen für eine risikoaverse Strategie eintreten und die Notwendigkeit betonen, nicht eine endgültige Abklärung aller relevanten naturwissenschaftlichen Zusammenhänge zu erhoffen, um entsprechende vorbeugende Massnahmen zu treffen (Schneider 1989b), vertreten einflussreiche Ökonomen und Politiker die entgegengesetzte Meinung (Nordhaus 1991). Vertrautheit scheint häufig zu einer Unterschätzung der Risiken einer bestimmten Aktivität zu führen. Dies trifft sowohl für Raucher und Fussgänger als auch für Menschen, welche in der unmittelbaren Umgebung eines Kernkraftwerkers wohnens, zu (Douglas 1985, S. 29ff.).

Die Beschäftigung mit Risiken und Gefahren hat uns gezeigt, dass ökologische Probleme sich häufig als soziale Konflikte manifestieren. Dies stand zwar nach der Diskussion des Coase-Theorems schon fest. Sowohl die wohlfahrtstheoretischen als auch die eigentumsrechtlichen Konzeptionen sind jedoch einem Verständnis externer Kosten verpflichtet, das sich bei näherem Hinsehen als unhaltbar und auch irreführend erweist. Externe Kosten sind in diesen Konzeptionen als grundsätzlich objektivierbare Variablen zu betrachten, die mit wissenschaftlichen Methoden zuverlässig gemessen werden können. Die Berücksichtigung von Unsicherheiten, Risiken und Gefahren in der Quantifizierung externer Effekte s wie die recht beschränkten Möglichkeiten, externe Kosten glaubwürdig zu erfassen, entziehen der zugrundeliegenden externen Perspektive ihre Legitimation. Soziale Akteure haben, wenn überhaupt, eine divergierende Auffassung von Aspekten wie Relevanz, Ausmass, Kosten und Verantwortungsverhältnissen eines bestimmten ökologischen Problems. Die anlaufende Diskussion über die klimatischen Risiken bzw. die sich allmählich bildenden Fronten in Politik, Wissenschaft und Öffentlichkeit bilden hierzu zwar das neueste und in mancher Hinsicht wichtigste, aber sicher nicht das letzte Beispiel.

Die Beschreibung ökologischer Probleme als einer Frage der Maximierung ökonomischer Effizienz erweist sich nach den bisherigen Ausführungen von beschränkter praktischer Relevanz. Selbstverständlich ist eine effizientere Nutzung natürlicher Ressourcen immer wünschenswert. Sie kann jedoch erst in Angriff genommen werden, wenn die zugehörigen gesellschaftlichen Auseinandersetzungen einen öffentlichen und politischen Konsens über die Relevanz bestimmter externer Effekte produziert haben. Dem Einbezug ökonomischer Effizienz als anerkanntes gesellschaftliches Ziel gehen ausführliche öffentliche und politische Auseinandersetzungen über die Legitimität und Verantwortbarkeit eines bestimmten Lebensstils und seiner kulturellen Normen voraus. Ökonomische Effizienz ist mit anderen Worten in kulturelle und soziale Normen eingebettet, die Ausdruck eines öffentlichen Konsenses bzw. Manifestation von Legitimität sind.

2.3.5 *Die zeitliche Dimension externer Effekte*

Gefahren unterscheiden sich von Risiken u.a. dadurch, dass deren Folgewirkungen häufig schwer oder gar nicht abschätzbar sind. Es ist häufig auch nicht klar, wie weit in die Zukunft hinein sich solche Folgewirkungen erstrecken werden. Die Risiken des motorisierten Verkehrs und dessen Folgewirkungen sind heute praktisch jedem Laien sehr wohl bekannt. Anders sieht die Situation etwa bei gefährlichen industriellen Produktionsverfahren aus, die nicht auf langjährige Erfahrung zurückblicken können.

Von diesen Problemen werden Versicherungsgesellschaften besonders deutlich berührt, wenn sie Prämien für Haftpflichtversicherungen in der Industrie berechnen müssen. Mit der schleichenden Umwandlung der Sachschäden- in Umwelthaftpflichtversicherungen rückt plötzlich die Frage nach dem für einen Haftpflichtvertrag gültigen Zeithorizont in den Mittelpunkt des Interesses. Bereits heute bekunden Versicherungsgesellschaften Mühe, die Risiken von Umwelthaftpflichtverträgen zuverlässig abzuschätzen, denn diese werden sich aller Voraussicht nach erst in etwa dreissig Jahren manifestieren. Von einem finanziellen Gesichtspunkt aus gesehen weniger dramatisch, aber aus ökologischer Perspektive mindestens so relevant sind die Gefahren und Folgewirkungen, die in neuen Materialien und Chemikalien stecken. Besonders sensibilisiert sind in diesem Bereich toxikologische Institute, die mit der Untersuchung der Gefahren neuer Substanzen und Produkte beauftragt werden. Angesichts der Anzahl neuer Stoffe und Materialien, die jährlich produziert werden, sehen sich diese Institute praktisch ausser Lage, die Langzeitwirkungen solcher Stoffe zu untersuchen. Sie werden zwar auf den Markt gebracht, ihre toxikologischen Eigenschaften sind jedoch so gut wie unbekannt.

An der Tiefe des einbezogenen Zeithorizontes lässt sich grob das Risikoverhalten individueller Entscheidungsträger charakterisieren. Die Begrenzung des Zeithorizontes muss eigentlich als eine erste, drastische Form des Umgangs mit Risiken angesehen werden: Alle Gefahren und Folgewirkungen, die jenseits eines bestimmten Zeitpunktes lokalisiert sind, werden aus den gegenwärtigen Überlegungen ausgeklammert, vernachlässigt und müssen dementsprechend als irrelevant bezeichnet werden. Mit der allmählichen Begrenzung des Zeithorizontes wird das Spektrum der Gefahren und Folgen einer bestimmten Entscheidung laufend reduziert (Perrings 1987, S. 111ff.). Wie auch immer der Zeithorizont definiert wird: Die Relevanz der Gefahren und ihrer Folgen nimmt mit der Verkürzung des Zeithorizontes kontinuierlich ab. Bei einem verschwindend kurz angenommenen Zeithorizont erübrigt sich die Rede von Gefahren und Folgewirkungen vollständig. Der Entscheidungsträger handelt nur noch aus der Perspektive der Gegenwart. Eine solche Verhaltensweise kann als extrem risikovernachlässigend bezeichnet werden.

Das Risikoverhalten von Entscheidungsträgern bzw. ihr Zeithorizont steht in enger Beziehung zu ihren Investitionsentscheidungen. Die ökonomische Berechtigung von Investitionen in Umweltschutztechnologien kann sich schlagartig verändern, wenn sich der Zeithorizont verändert. Eine Investition, die normalerweise als nicht rentabel gilt, könnte sich plötzlich aufdrängen, wenn die potentiellen Kosten von Gefahren, die jenseits des Zeithorizontes anfallen, in die Kalkulationen einbezogen werden. Eine Massnahme zur Ausdehnung üblicher Planungshorizonte ist von Perrings und Costanza formuliert worden (Perrings, 1989; Costanza, Perrings 1990).

Sie schlagen vor, dem unvorhersehbaren und nicht-quantifizierbaren Charakter relevanter externer Effekte mit der Einführung eines Pfandsystems Rechnung zu tragen. Nach diesem Schema müssen ökonomische Akteure periodisch finanzielle Beiträge zur Deckung potentieller ökologischer Schäden leisten. Werden längerfristig keine nennenswerten Schäden festgestellt, hat der Unternehmer Anrecht auf die Rückzahlung der einbezahlten Beiträge einschliesslich der Zinsen. Dieses Verfahren ist aus den Erfahrungen mit dem Retourglas bereits sehr gut bekannt. Interessant an diesem Vorschlag ist erstens die Tatsache, dass die genaue Quantifizierung externer Kosten wegfällt. Zweitens wird damit ein wirksamer Anreiz geschaffen, Risiken systematisch zu entdecken und abzubauen. Damit unmittelbar verknüpft ist eine Ausdehnung des relevanten Handlungshorizontes. Auf diese Weise wird auch der technische Fortschritt gezielt und wirksam gefördert.

Die Ausführungen in Abschnitt 2.3 haben bei der Erfassung externer Kosten und der Quantifizierung externer Effekte eine Reihe ernsthafter Schwierigkeiten aufgezeigt. Nicht nur scheint eine glaubwürdige Quantifizierung externer Kosten in den meisten Fällen ein Ding der Unmöglichkeit zu sein. Die Quantifizierung externer Effekte auf der Grundlage naturwissenschaftlich fundierter Ursache-Wirkungs-Beziehungen erweist sich als fast ebenso schwierig. Die Schwierigkeiten, welche beiden Begriffen anhaften, erschöpfen sich nicht in technischen Mess- und Erfassungsproblemen. Wie in Abschnitt 2.3.3 und 2.3.4 gezeigt wurde, ist die Definition eines externen Effektes sehr häufig das Ergebnis eines gesellschaftlichen Aushandlungsprozesses.[8] Die Identifikation und Selektion eines bestimmten externen Effektes ist damit ein Prozess, der wesentlich als gesellschaftliche und politische Konstruktion angesehen werden muss. Im nächsten Abschnitt möchte ich nun zeigen, dass eine derartige Auslegung des Externalitätenbegriffs zur Aufgabe der externen Perspektive ökologischer Probleme zwingt.

2.4 Die Rückführung ökologischer Probleme in die Gesellschaft

2.4.1 *Marktversagen als öffentlicher Konsens*

Wenn die korrekte Wirkungsweise idealer Marktmechanismen wesentlich davon abhängt, dass auf dem betreffenden Markt keine Externalitäten festgestellt werden können, ist jede relevante Externalität ein Indiz für Markt-

8 Weder externe Effekte noch ihre Relevanz sind immer soziale Konstruktionen. Dem weltweiten Energiekonsum sind beispielsweise Grenzen gesetzt, die wesentlich durch die Thermodynamik gegeben sind.

versagen. Die vorangehende Diskussion des Externalitätenbegriffs hat gezeigt, dass relevante externe Effekte eine normale, alltägliche Dimension von Marktmechanismen sind. Wenn man nun in einem Gedankenexperiment reale mit idealen Marktmechanismen systematisch vergleicht, so kommt man sehr rasch zum Schluss, dass in Wirklichkeit kaum Märkte existieren, auf welchen keine relevanten Externalitäten festgestellt werden können. Wettbewerb und relevante Externalitäten sind zwei untrennbare Aspekte der Realität. Daraus muss notgedrungen der Schluss gezogen werden, dass – verglichen mit der idealen Situation – reale Preismechanismen systematisch versagen. Doch damit nicht genug: Über das Ausmass des Versagens würde in quantitativer und qualitativer Hinsicht aufgrund der diskutierten Schwierigkeiten bei der Identifikation, Quantifizierung, Monetarisierung externer Kosten kaum Einigkeit bestehen.

Dieser Befund stellt für ökonomische Konzeptionen des Marktversagens, die auf einer externen Perspektive beruhen, eine ernsthafte Schwierigkeit dar. Von Marktversagen kann vernünftigerweise erst dann gesprochen werden, wenn Externalitäten die Ausnahme und nicht die Regel sind, ansonsten müsste man zum Schluss kommen, dass der Marktmechanismus doch nicht eine derart effiziente Institution zur sozialen Koordination ist. Zudem müssten Externalitäten im Sinne der externen Perspektive "objektiv" erfassbar sein. Externalitäten würden dann die Abweichungen zwischen den idealen und den realen Marktmechanismen darstellen und Marktversagen wäre dann über Internalisierungsstrategien korrigierbar. Sind Externalitäten aber nicht objektiv erfassbar, sind sie mit anderen Worten gesellschaftliche Konstruktionen und gehören sie zudem zur Normalsituation realer Marktmechanismen, so verliert das Modell vom idealen Markt seine Erklärungskraft. Das *Modell der vollkommenen Konkurrenz* wird in die unbequeme Rolle des *Perpetuum Mobile der Sozialwissenschaften* gedrängt, und als solches hätte es kaum mehr praktische Relevanz.[9]

Ich will diesen Sachverhalt mit einem Beispiel aus der Technik kurz erläutern. Würden wir in einer Welt leben, in der der zweite Satz der Thermodynamik[10] nicht gälte, so würden in einer solchen Welt keine Energieprobleme existieren. Energie wäre für alle im Überfluss und auf alle Ewig-

---

9 In dieser Einschätzung bin ich keineswegs allein. So stellte Friedrich August von Hayek vor mehr als 20 Jahren zu Beginn eines mittlerweile klassischen Aufsatzes über die Bedeutung des Wettbewerbs lapidar fest: "Es wäre nicht leicht, die Nationalökonomen gegen den Vorwurf zu verteidigen, dass sie seit vierzig Jahre den Wettbewerb meist unter Voraussetzungen untersucht haben die, wenn sie in der Wirklichkeit zuträfen, diesen Wettbewerb völlig uninteressant und nutzlos machen würden" (Hayek 1968, S. 3).

10 Eine berühmte Formulierung dieses Satzes besagt eben, dass es ein Perpetuum Mobile nicht geben kann.

keit vorhanden. Ihre Nutzung wäre auch mit keinerlei Umweltproblemen verbunden. Verglichen mit den Energieversorgungssystemen jener hypothetischen Welt erscheinen die realen, heute gebräuchlichen Systeme als sehr ineffizient: Sie belasten die Umwelt und plündern die Reserven an nicht-erneuerbaren Ressourcen. Kein Ingenieur oder Physiker würde aber behaupten, dass herkömmliche Energiesysteme versagen, weil sie im Vergleich mit dem idealen Energiesystem jämmerlich abschneiden. Ein solcher Vergleich ist ja im Grunde irrelevant, denn ideale Energieversorgungssysteme lassen sich bekanntlich nicht realisieren. Effizienzvergleiche im Bereich der Energieversorgung haben nur für real existierende Systeme einen Sinn.

Auf die Sozialwissenschaften übertragen zeigt dieses Beispiel, dass von Marktversagen erst gesprochen werden kann, wenn konkrete Handlungsspielräume zur Korrektur der festgestellten Abweichungen bestehen. In einer parlamentarischen Demokratie ist es erst dann sinnvoll, von Marktversagen zu sprechen, wenn die zugehörige Diagnose auf einem öffentlichen Konsens oder zumindest auf einer politischen Mehrheit beruht, denn die praktische Umsetzung von entsprechenden politischen Massnahmen ist wesentlich von einem Mehrheitsverhältnis abhängig. Keine Internalisierungsstrategie, mag sie noch so raffiniert und effizient sein, stellt eine ernstzunehmende Alternative zur bestehenden Situation dar, solange sie sich in öffentlichen und politischen Debatten nicht durchsetzen kann. Dementsprechend verliert das Konzept des Marktversagens, aufgefasst als Diskrepanz zwischen den Eigenschaften von realen und idealen Marktmechanismen, jede Legitimität. Der Perspektivenwechsel von einer strukturellen zu einer prozessualen Konzeption des Marktversagens muss m.E. begrüsst werden. Er beinhaltet die Abschiednahme von einem Konzept des Marktversagens, das auf einer externen, technokratischen Perspektive gesellschaftlicher und ökonomischer Prozesse basiert. Danach kann Marktversagen nicht mehr von einer zur Gesellschaft "externen" Optik festgestellt werden, sondern ist das Ergebnis einer öffentlichen oder politischen Auseinandersetzung.

Ausgehend von den geschilderten Schwierigkeiten der externen Perspektive haben die Vertreter der Neuen Politischen Ökonomie (Brennan, Buchanan 1985) ein positives Kriterium zur Feststellung von Marktversagen aufgestellt (Buchanan 1959; Buchanan 1986, S. 92-107). Dieses Kriterium kann als Schritt zur Übernahme einer *internen Perspektive* aufgefasst werden und beruht auf dem Einbezug von politischen Überlegungen in die ökonomischen Zusammenhänge. Die Notwendigkeit zur Korrektur von Marktergebnissen ergibt sich folglich dann, wenn ein politischer Konsens über relevante Externalitäten hergestellt werden kann. Mit anderen Worten: Alle Beteiligten, die "Verursacher" ebenso wie die "Opfer", müssen sich über das Vorliegen und das Ausmass einer Externalität einig werden.

Marktversagen wird damit als Ergebnis einer öffentlichen oder politischen Auseinandersetzung deklariert. Auf diese simple Tatsache kann der Übergang von einer externen zu einer internen Perspektive zunächst reduziert werden.

In der Sicht der Neuen Politischen Ökonomie wird das Zustandekommen eines Konsenses dadurch erklärt, dass die Anerkennung eines externen Effektes für alle im politischen Prozess involvierten sozialen Akteure einen (Netto-)Nutzen erbringt. Das dieser Erklärung zugrundeliegende Handlungsmodell ist ein rein individualistisches und entspricht demjenigen des homo oeconomicus: Alle sozialen Akteure bewerten systematisch Vor- und Nachteile einer Anerkennung von externen Effekten nach ihren je individuellen Präferenzen. Die Ergebnisse ihrer Abwägungen sind subjektive Bewertungen externer Effekte. Kommt nun zwischen den Akteuren ein Konsens zustande, so heisst das, dass die Anerkennung der Externalitäten für alle im Endeffekt vorteilhaft ist. Es hat mit anderen Worten eine Effizienzerhöhung nach dem Pareto-Kriterium stattgefunden. Lässt sich umgekehrt kein Konsens herbeiführen bzw. beruht ein politischer Entscheid nicht auf Einstimmigkeit sondern lediglich auf einer Mehrheit, wird die Internalisierung eines externen Effektes gegen die Entstehung neuer externer Effekte eingetauscht. Die Durchsetzung einer politischen Massnahme gegen den Willen einiger Beteiligter bedeutet nach den bisherigen Ausführungen dann nichts anders, als dass neue Externalitäten entstehen, deren Verursacher die Mehrheit und deren Opfer die Mitglieder der Minderheit sind (Buchanan 1962; ausführlich hierzu auch Buchanan, Tullock 1962).

Die *Einstimmigkeitsregel* zeigt eine rein theoretische Möglichkeit auf, (unerwünschte) Marktergebnisse doch noch als solche identifizieren zu können. In den industrialisierten Ländern wären Abstimmungen über das Vorliegen relevanter Externalitäten wie Luftverschmutzung, CO_2-Emissionen, etc. sicherlich mehrheitsfähig. Es wäre aber ebenso klar, dass an der Urne kaum Einstimmigkeit erwartet werden könnte. Marktversagen liesse sich mit diesem Kriterium in Wirklichkeit nie feststellen, sobald der Souverän die Dimension einer überschaubaren Gruppe, bestehend aus rund einem Dutzend Individuen, übersteigt. Diese Einsicht verschiebt allmählich den Schwerpunkt der Betrachtungen von den Ergebnissen von Marktmechanismen zu ihren *Rahmenbedingungen*. Wenn sich schon kein Konsens über das genaue Ausmass von unerwünschten Marktergebnissen herbeiführen lässt, so kann vielleicht ein Konsens über die Notwendigkeit, die Rahmenbedingungen zu ändern, hergestellt werden. Trifft dies zu, müssen die bestehenden rechtlichen Rahmenbedingungen selbst als ineffizient bezeichnet werden. Damit verschiebt sich die Aufmerksamkeit öffentlicher Auseinandersetzungen von den strukturellen Merkmalen von Marktmechanismen zu ihren Rahmenbedingungen.

Dieser Perspektivenwechsel muss hier besonders hervorgehoben werden. Die interne Perspektive wird damit um eine wesentliche Dimension angereichert, nämlich um positive (rechtliche) Regeln. Neben eigennützig handelnden Individuen werden positive Regeln nun explizit in den Mittelpunkt der Analyse gestellt. Nicht die Effizienz von Marktmechanismen steht nun zur Debatte, sondern die Effizienz der ökonomischen und politischen Rahmenbedingungen. Gesellschaft wird nun nicht mehr einfach als eine Menge von Individuen aufgefasst. Hinzu tritt nun die Dimension der Regeln. Der zentrale Begriff der Regel wird in der Neuen Politischen Ökonomie präzis gehandhabt. Als Regeln gelten ausschliesslich eigennützige, gegenseitige Vereinbarungen (Brennan, Buchanan 1985, S. 1-18). Die Neue Politische Ökonomie zeigt also ein strikt konstruktivistisches Verständnis von Regeln.

Dieses Regelverständnis möchte ich nun anhand eines einfachen Beispiels kurz erläutern. Betrachten wir die durch den Privatverkehr verursachten externen Kosten. Über das Ausmass dieser Kosten bestehen sehr grosse Unsicherheiten. Sowohl Behörden als auch Umweltschützer und Autolobby sind durchaus in der Lage "wissenschaftliche" Gutachten zu veranlassen, die ihre (divergierenden) Meinungen stützen. Während die Interessenvertreter des Privatverkehrs die Benzinpreise als kostendeckend betrachten, wollen Behörden und Umweltschützer glaubhaft machen, dass die Strassenrechnung ein Defizit aufweist. Ein Konsens über die Frage der externen Kosten des Privatverkehrs wird in absehbarer Zeit kaum zustande kommen. Dies würde jedoch bedeuten, dass eine Veränderung der bestehenden Rechtsordnung, beispielsweise durch die Einführung einer CO_2-Abgabe, nicht legitim wäre, denn sie ist sicherlich nicht konsensfähig. Unter diesen Umständen muss aus der Sicht der Neuen Politischen Ökonomie die bestehende Regelung bereits als effizient angesehen werden, denn die Einführung einer CO_2-Abgabe ist nicht konsensfähig.

Anders präsentiert sich die Situation im Falle von energiebedingten externen Effekten. Obschon auch in diesem Falle über Ausmass und Kosten dieser externen Effekte kaum Einigkeit besteht, sind die Chancen viel grösser, dass sich ein Konsens über die Notwendigkeit einer neuen Regelung bilden könnte. Es ist mit anderen Worten denkbar, dass die externen Effekte der Energienutzung einen politischen Konsens auf sich konzentrieren könnten. Dementsprechend wäre man hier legitimiert, von Marktversagen zu sprechen. Auf diesem Konsens beruht dann die Legitimität einer Veränderung der Rahmenbedingungen der Energienutzung. Diese Situation unterscheidet sich grundsätzlich nicht von der in Abschnitt 1.2.3 diskutierten "Tragedy of the Commons". Dort schafft die Übernutzung der Weiden, welche ein Risiko für alle Landwirte gleichermassen darstellt, die entscheidenden Anreize, um die Rahmenbedingungen der Bodennutzung auf dem politischen Weg zu verändern.

2.4.2 *Von positiven zu sozialen Regeln*

Die interne Perspektive der Neuen Politischen Ökonomie hat manche Schwierigkeiten einer externen Perspektive überwunden. Insbesondere ist die Überwindung eines technokratischen Verständnisses von wirtschaftlichen Prozessen, entsprechend der expliziten Berücksichtigung der politischen und öffentlichen Dimension ökologischer Probleme, zu begrüssen. Dieser Schritt ist wesentlich an die Einführung des Regelbegriffs als Hauptaspekt der sozialen Koordination gebunden. Das in der Neuen Politischen Ökonomie vertretene Verständnis von Regel möchte ich nun näher betrachten.

Wie im vorangehenden Abschnitt bereits bemerkt wurde, hat dieses Regelverständnis einen stark konstruktivistischen Charakter. Regeln werden stets als eigennützige Vereinbarungen zwischen den Mitgliedern einer Gesellschaft beschrieben. Die spontane Vereinbarung von rechtlich verbindlichen Regeln wird häufig mit den unhaltbaren Zuständen begründet, die in einem rechtlosen Naturzustand herrschen. Ganz im Sinne einer internen Perspektive kommen die Mitglieder einer Gesellschaft zum Schluss, dass die Behebung von Brutalität und Chaos, welche den Naturzustand auszeichnen, die Vereinbarung rechtlich verbindlicher Normen rechtfertigt und im Interesse aller ist. Eines der wichtigsten theoretischen Anliegen der Neuen Politischen Ökonomie liegt gerade im Versuch, eine positive, individualistische Gesellschaftstheorie zu entwickeln, die ausdrücklich auf a priori gegebene moralische Prinzipien verzichtet (Buchanan 1984). Regeln der sozialen Kooperation werden explizit als Ergebnisse von Prozessen der Konsensfindung zwischen eigennützig handelnden Subjekten betrachtet. Moral wird nicht als Voraussetzung, als eine a priori Realität des sozialen Lebens, sondern eben als Ergebnis der Interaktion zwischen je eigennützig handelnden Individuen angesehen. Aus dieser Sicht machen individuelle Präferenzen die Rede von Moral überhaupt erst möglich. Moral wird als Epiphänomen, als Randerscheinung individueller Werteinschätzungen beschrieben. Auf die Festlegung gesellschaftlicher Ziele im Sinne einer externen Perspektive, wie etwa die "Maximierung des Gesamtnutzens", wie dies noch bei utilitaristischen Gesellschaftstheorien der Fall war (Höffe 1979, S. 120-159), wird ausdrücklich verzichtet.

Bei näherer Betrachtung erweist sich der Versuch, eine rein positive Gesellschaftstheorie zu entwickeln, als illusorisch. Denn auch dieser individualistische Ansatz setzt mindestens eine soziale, d.h. gemeinsam geteilte Norm voraus: Die *Bereitschaft zum Konsens*. Dies trifft auch bei ökologischen Fragen zu. Die Neue Politische Ökonomie betrachtet Umweltprobleme als soziale Konflikte und ihre Lösung als Ergebnis politischer Auseinandersetzungen. Wird ein externer Effekt internalisiert, so heisst dies, dass ein politischer Konsens über das Vorliegen einer relevanten Externalität erreicht worden ist. Die Austragung des Konfliktes setzt also die Akzeptanz der Einstimmigkeitsregel voraus. Die Rede von Konflikt und Konsens muss hier in einem ganz speziellen Sinne verstanden werden: In einem sozialen Konflikt steckt häufig auch der Ansatz zu Gewaltanwendung. Geht man von der Bereitschaft zum Konsens aus, so werden damit gewalttätige Auseinandersetzungen als Mittel der Konfliktaustragung ausgeschlossen. Das heisst aber auch, dass Verursacher-Opfer- bzw. Verantwortungsbeziehungen gemeinsam definiert und nicht einseitig festgelegt werden. Der *Konsens* ist mit anderen Worten eine *moralische Norm* sozialer Kooperation.

Soll nutzenmaximierendes Verhalten zur Vereinbarung sozialer Normen führen, so muss wie gesagt (mindestens) Konsens als gemeinsam geteilte Orientierung vorausgesetzt werden. Ausgehend von dieser Voraussetzung mag es dann möglich sein, einzelne Regeln im Sinne der Neuen Politischen Ökonomie zu deuten. Das heisst dann aber: jede Regel setzt (mindestens) eine andere Regel voraus. Die erste, ältere Regel strukturiert die Durchsetzung der zweiten, neueren. Die Bereitschaft zu Konsens ist in diesem Sinne eine Norm, die für jeden Diskurs, soll er mehr sein als blosse Streiterei, vorauszusetzen ist. Diese (vertragsorientierte) Auffassung von sozialer Koordination setzt also Einstimmigkeit hermeneutisch voraus. Kulturhistorisch finden sich hierzu sehr schöne Bestätigungen. Bereits in archaischen Gesellschaften, auf welche in Teil 3 dieser Arbeit noch näher eingegangen wird, wurden häufig soziale Konflikte durch Palaver gelöst: Die Mitglieder der Gruppe sitzen zusammen und diskutieren solange, bis eine einvernehmliche Beilegung des Konfliktes zustande kommt.

Der verfassungsmässige Charakter vereinbarter Regeln wird v.a. in Gesellschaften sichtbar, die auf direkter Demokratie beruhen. Sobald repräsentative Demokratien betrachtet werden, drängt sich die Unterscheidung zwischen einer enger gefassten parlamentarischen und einer breiter gefassten *öffentlichen Sphäre* auf. Ich habe bereits darauf hingewiesen, dass eine Möglichkeit, Marktversagen festzustellen, in der Erreichung des politischen Konsenses besteht. Das Kriterium der Einstimmigkeit bzw. die Erreichung eines Konsenses lässt sich nun konzeptionell auf beide politischen Bereiche anwenden: auf die parlamentarische und auf die öffentliche Sphäre. Diesem Aspekt der Konsensbildung wird in der Neuen Politischen Ökonomie kaum Rechnung getragen. Der Grund dafür liegt m.E. in der Verwischung von Diagnose und Therapie. Die öffentliche Anerkennung von Marktversagen, die Diagnose, soll von den möglichen Internalisierungsmassnahmen, der Therapie, sorgfältig unterschieden werden. Seit den 30er Jahren zählt beispielsweise die Arbeitslosigkeit zu den unerwünschten Folgen von Marktmechanismen, seit den 60er Jahren die Armut in den nicht-industrialisierten Ländern, seit den 70er Jahren die Umweltproblematik. Es besteht mit anderen Worten ein öffentlicher Konsens über das Vorliegen relevanter externer Effekte. Dabei handelt es sich nicht einfach um einen politischen Konsens im Sinne der Neuen Politischen Ökonomie. Er ist eher Ausdruck kultureller Orientierungen bzw. Vorstellungen über die Legitimität bestimmter Handlungsweisen.

Ein konkretes Beispiel einer solchen gemeinsam geteilten moralischen Norm habe ich bereits diskutiert: die Bereitschaft zum Konsens. Die bisherigen Ausführungen deuten darauf hin, dass diese Norm keineswegs alleine dasteht. Obschon beispielsweise die Verurteilung der Gewalt gegenüber Kindern (noch) nicht das Ergebnis einer formal-rechtlichen Vereinbarung ist, hat sie doch eine starke regulative Wirkung. In einem ähnlichen Sinne scheint sich heute je länger je mehr die Überzeugung zu verbreiten, dass die Abholzung der tropischen Regenwälder oder andere "Umweltsünden" nicht länger zu verantworten sind. Formal vereinbarte Regeln sind damit keineswegs – wie das die Vertragstheoretiker bzw. die Neuen Politischen Ökonomen nahelegen – die einzig wirksamen Regeln. Wir haben es im Gegenteil mit *zwei relevanten Konzeptionen von Regeln* zu tun: A priori, d.h. nicht-vereinbarte und a posteriori, d.h. auf Vereinbarung beruhende Regeln. Während die ersten eine Prämisse für rationales (zuweilen auch nutzenmaximierendes) Handeln bilden, sind die zweiten dessen Ergebnis.

Wenn ich die ersten als Regeln der Moral und die zweiten als Regeln des Rechts bezeichne, liegt mit der vertragstheoretischen Position ein Versuch vor, Moral als ein Ergebnis des positiven Rechts zu beschreiben. So stellen Brennan und Buchanan fest:

> "The individual is the unique unit of consciousness from which all evaluation begins. Note that this conception does not in any way reject the influence of community or society on the individual. ... The presupposition requires only that societal or communitarian influences enter through modifications in the values that are potentially expressed by the individual and not externally. From these presuppositions, and these alone, it becomes possible to derive a contractarian 'explanation' of collective order." (Brennan, Buchanan 1985, S. 21-22).

Die vertragstheoretische Konzeption ist keineswegs unmoralisch. Wie die bisherigen Ausführungen gezeigt haben, wird jedoch Moral auf ein Problem von Abmachungen reduziert. Das Verbot zu töten, lässt sich dementsprechend aus vertragstheoretischer Perspektive von der Vereinbarung, im Strassenverkehr rechts zu fahren, nicht grundsätzlich unterscheiden. Tötungsverbot und Verkehrsregeln sind beide lediglich Ausdruck einer gesellschaftlichen, nutzenmaximierenden Vereinbarung. Diese grundsätzliche Schwierigkeit muss m.E. auf ein zu eng gefasstes Verständnis von Regeln zurückgeführt werden. Regeln sind nach den bisherigen Ausführungen keineswegs immer auf Abmachungen, auf blosse Konvention reduzierbar. Sie sind häufig Ausdruck kultureller Orientierungen und in ihrer Wirkung mindestens so nachhaltig wie positive Regeln. Die Vernachlässigung von a priori Regeln führt zu erheblichen Schwierigkeiten in der Deutung ökonomischer Rationalität.

2.4.3 *Die Zweifel am homo oeconomicus*

Manche Ökonomen sind in den letzten Jahren zum Schluss gekommen, dass die Anwendbarkeit des Modells des homo oeconomicus nicht auf die enge ökonomische Sphäre beschränkt ist. Nach diesen Autoren stellt der homo oeconomicus ein hinreichend spezifiziertes, allgemeingültiges Handlungsmodell dar, das in jeder sozialen Sphäre Anwendung finden kann. Der homo oeconomicus wird damit zu einem zentralen Element einer rein individualistischen Sozialwissenschaft. Wenn erst einmal die Allgemeingültigkeit des Handlungsmodells des rationalen Handelns akzeptiert ist, fällt es nicht schwer, beispielsweise eine ökonomische Theorie der Familie, des Verbrechens (Becker 1976), der Ehe, der Kunst (Frey 1990) usw. zu formulieren (weitere Beispiele sind in MacKenzie 1984 zu finden). Nicht zufällig heisst der Titel einer neuen Publikation in diesem Feld "Ökonomie ist Sozialwissenschaft" (Frey 1990).

Es muss zwar den Ökonomen zugestimmt werden, wenn sie die Relevanz ökonomischer Rationalität nicht nur in den Industriegesellschaften und häufig auch nicht nur in der ökonomischen Sphäre, sondern auch in der privaten und öffentlichen Sphäre betonen. Wie in den folgenden Ausführungen gezeigt werden soll, wird jedoch der Versuch, sämtliche gesellschaftlichen Realitäten auf individuelles, rationales Handeln zu reduzieren mit schwerwiegenden Problemen konfrontiert. Es wird sich insbesondere zeigen, dass der Begriff der ökonomischen Rationalität erst dann Sinn und Bedeutung bekommt, wenn der soziale und kulturelle Kontext des Handelns explizit mitberücksichtigt wird. Nach den Ausführungen des vorangehenden Abschnittes stellt diese These keine grundsätzlich neue Einsicht dar: Die interne Perspektive der Neuen Politischen Ökonomie setzt mindestens eine solche kulturelle Realität, die Einstimmigkeitsregel, voraus. Im folgenden soll nun gezeigt werden, dass eine solche kulturelle und soziale Realität keineswegs eine Ausnahme darstellt. A priori Regeln müssen häufig als eine wesentliche Voraussetzung für ökonomisch rationales Handeln angesehen werden.

In Anlehnung an Sen lassen sich in der ökonomischen Theorie zwei Definitionen des rationalen Handelns identifizieren (Sen 1987, S. 12ff.). Die erste fasst Rationalität als Kohärenz auf. Der Entscheidungsprozess wird nicht durch persönliche Motive diktiert. Im Vordergrund stehen nicht persönliche Ziele oder Absichten. Das Resultat ist lediglich Ausdruck der Kohärenz in der Anwendung bestimmter normativ definierter und von den Ökonomen auch axiomatisierter Regeln.[11] Der soziale Akteur hat ein bestimmtes Budget zum Kauf von Gütern zur Verfügung. Typischerweise reichen die Geldressourcen nicht aus, um alle seine Präferenzen zu sättigen (das ist eine modellimmanente Bedingung – ansonsten müsste der soziale Akteur erst gar nicht zwischen sich gegenseitig ausschliessenden Alternativen wählen). Man spricht nun genau dann von rationalem Handeln im ökonomischen Sinne, wenn die Akteure die in Fussnote 11 genannten Axiome blind befolgen. Es lässt sich dann auch zeigen, dass in jeder Situation der angegebenen Art ein Akteur zu einem eindeutigen, optimalen Entscheid gelangt.

Eine Schwierigkeit dieser Betrachtungsweise liegt nun darin, dass es nicht ohne weiteres klar ist, was eigentlich der Nutzen ist, den ein sozialer Akteur maximiert. Was ein konkreter "Nutzen" zu bedeuten hat, geht aus dem axiomatisierten Konsumverhalten nicht hervor. In dieser Version des rationalen Handelns ist "Nutzen" keine theoretische Kategorie, er ist im Grunde genommen nicht diskutabel. Er manifestiert sich auf der empirischen, unmittelbar wahrnehmbaren Ebene im geäusserten Verhalten. Der Nutzen ist in dieser Perspektive eine schon fast transzendentale Grösse. Die fehlende theoretische Untermauerung des Nutzenbegriffs führt dazu, dass individuelles Handeln, unabhängig vom jeweiligen empirisch beobachteten Handlungsmuster, stets als rational bezeichnet werden muss. Wie auch immer das Individuum handelt, es wird stets seinen Nutzen maximieren. Rationales Handeln wird auf die blinde Befolgung axiomatisierter Regeln und damit auf kohärentes Handeln reduziert.

Rationalität beruht zweifellos auch auf Kohärenz. Dennoch kann diese schwerlich als hinreichende Voraussetzung rationalen Handelns betrachtet werden. So kann beispielsweise ein Individuum, das konsequent versucht, genau das Umgekehrte dessen zu tun, was ihm einen (objektiven) Nutzen

---

11 Axiomatisch ausgedrückt (Schumann 1987, S. 51ff): x sei eine beliebige Mengenkombination von zwei Gütern x_1 und x_2.

1. Ordinale Vergleichbarkeit: $x_1 > x_2$ oder $x_2 > x_1$ oder $x_1 \equiv x_2$

2. Vollständige Ordnung: Ordinale Vergleichbarkeit gilt für zwei beliebige Mengenkombinationen x_n und x_m.

3. Transitivität: $x_1 > x_2$ und $x_2 > x_3 \Rightarrow x_1 > x_3$

4. Nichtsättigung: Unterscheidet sich eine beliebige Kombination x_1 von x_2 dadurch, dass sie vom ersten Gut mehr und vom zweiten gleich viel enthält, dann gilt $x_1 > x_2$

5. Abnehmende Grenzrate der Substitution: Ausgehend von jeder Mengenkombination gilt, dass jede Zunahme (Abnahme) der Menge des ersten Gutes durch eine Abnahme (Zunahme) der Menge des zweiten Gutes so ausgeglichen werden kann, dass der Haushalt die alte und die neue Kombination gleich schätzt.

verschafft, kaum als rational bezeichnet werden. Nach der obigen Definition ökonomischer Rationalität müsste aber auch diese Verhaltensweise als rational bezeichnet werden. Soll der Begriff der ökonomischen Rationalität nicht allzu stark strapaziert werden, können beide Verhaltensweisen kaum als ökonomisch rational bezeichnet werden. Der Rückgriff auf konkrete Handlungsmotive zur Beurteilung individueller Rationalität scheint damit unumgänglich.

Während im vorhergehenden Ansatz die Nutzenmaximierung eine Folge des am Markt empirisch beobachteten Verhaltens ist, letzten Endes also eine abhängige Grösse, bildet im zweiten von Sen diskutierten Handlungsverständnis das subjektiv definierte Eigeninteresse den Ausgangspunkt des Erklärungsansatzes: Der soziale Akteur versucht, seine individuellen Zwecke mit den ihm zur Verfügung stehenden Mitteln unter vorgegebenen Rahmenbedingungen optimal zu erreichen. Ausschlaggebend für eine rationale Entscheidung zugunsten einer bestimmten Alternative ist dann das Überwiegen der Vorteile (wie sie vom sozialen Akteur persönlich wahrgenommen und eingeschätzt werden) gegenüber den (ebenfalls subjektiv eingeschätzen) Aufwendungen. Weder Vorteile noch Aufwendungen dürfen als rein monetäre Variablen angesehen werden. Was als Vorteil und als Nachteil gilt, ist von exklusiver Kompetenz des ökonomischen Akteurs und kann so verschiedene Dinge umfassen wie Geld, Macht, Prestige, Freundschaft usw.

Diese Auffassung ökonomischer Rationalität betont zunächst einmal die rein individuelle Orientierung eines Entscheids. Insofern als individuelle Motive explizit einbezogen werden, muss der Rückgriff auf das Modell des homo oeconomicus begrüsst werden. Im Gegensatz zur axiomatischen Konzeption werden in dieser Auffassung keine Bedingungen an Kohärenz, Vollkommenheit oder Transitivität des Handelns gestellt. Das Ergebnis eines Entscheids lässt sich aus den (vorgegebenen) Rahmenbedingungen und einem pragmatischen Verständnis von Rationalität ableiten. Wenn jemand beispielsweise einen Flug-Ticket im Raum Zürich sucht, wird er kaum alle Reisebüros absuchen, um das absolut billigste Angebot zu entdecken. Er wird vielmehr zwischen dem zeitlichen Aufwand, den er in Kauf nehmen müsste um das absolute Optimum zu erreichen, und dem daraus resultierenden zusätzlichen Nutzen abwägen und sich letztlich für ein "vernünftiges" Angebot entscheiden. Wenn die Preise sich wenig voneinander unterscheiden, reicht der Besuch von 2-3 Büros, um einen befriedigenden Entscheid zu treffen. Bei diesem Prozess steht nicht mehr die Suche nach der optimalen Lösung im Vordergrund, d.h. die Suche des billigsten Angebots, sondern vielmehr abwägendes, suboptimales Verhalten im Mittelpunkt (Frey 1990, S. 11-12).

Dennoch ist auch diese Version des homo oeconomicus nicht unproblematisch. Es ist beispielsweise unklar, inwiefern menschliches Handeln sich ausschliesslich durch abwägendes Verhalten erfassen lässt. Menschliches Handeln bzw. das alltägliche Leben ist häufig routinisiert und lässt sich dementsprechend kaum als abwägendes Verhalten beschreiben. Rationales und routinisiertes Handeln sind zwei Arten des Handelns, die sich deutlich unterscheiden lassen. Ökonomische Rationalität vermag also kaum das ganze menschliche Handeln zu erklären. Ich werde in Abschnitt 2.5.3 darauf zurückkommen. Hier möchte ich auf ein zweites Problem bei der Interpretation des homo oeconomicus eingehen, nämlich auf die Schwierigkeiten, die sich bei der Deutung von Eigeninteresse ergeben.

Rationales Handeln setzt bekanntlich voraus, dass eigennützige, egoistische Motive stets verfolgt werden. Diese These sieht sich im alltäglichen Leben mit ernsthaften Schwierigkeiten konfrontiert. Es ist häufig nicht a priori klar, was ein Individuum als sein eigenes Interesse betrachten soll. Das Individuum hat häufig einen Handlungsspielraum, der durch Kosten-Nutzen-Kalküle nicht erschöpft werden kann. Diese Situation wird besonders klar bei der Diskussion eines altruistischen Verhaltens. Die Vertreter eines rein eigennützigen Handlungsmodells haben immer wieder versucht, altruistisches Handeln als zurückhaltenden Opportunismus auszulegen. Opportunismus kann durchaus einen Entscheid begründen, dessen (unmittelbare) Vorteile geringer sind als die Kosten. Langfristig verspricht sich jedoch der Opportunist aus seiner Verhaltensweise grössere Vorteile. Altruistisches Verhalten ist damit wieder auf egoistische Motive reduziert worden.

Gegen diese Auslegung eines scheinbar altruistischen Verhaltens ist insofern nichts einzuwenden, als Opportunismus sicherlich eine alltägliche Realität ist. Der Rückgriff auf Opportunismus schafft jedoch neue Schwierigkeiten. Ökonomische Akteure mögen zwar die Vorteile eines opportunistischen Verhaltens erkennen, dies muss indes nicht systematisch der Fall sein. Ob sie opportunistisch handeln oder nicht, lässt sich mit dem Modell des homo oeconomicus i.a. nicht entscheiden. Opportunismus kann beispielsweise an der Basis des Versuchs liegen, eine Vertrauensbeziehung aufzubauen. Vertrauen wäre demnach generell als Ergebnis eines zurückhaltenden Opportunismus anzusehen und könnte mit einem vorsichtigen, aber weiterhin eigennützigen Verhalten "produziert" werden. Der Versuch, Vertrauen systematisch auf individuelles Eigeninteresse zu reduzieren, hat Tradition. So hatte bereits Thomas Hobbes die Notwendigkeit einer autoritären Regierung, des Leviathans, damit begründet, dass der Mensch ein rücksichtsloses und selbstsüchtiges Wesen sei, dessen Tugenden das Ergebnis kluger Berechnungen sind. Demnach ist die Disziplinierung des Eigeninteresses zugunsten eines (opportunistischen) Altruismus eben im Interesse jedes sozialen Akteurs.

Eine Vertrauensbeziehung, die auf Opportunismus beruht, ist jedoch sehr labil. Die gleichen eigennützigen Gründe, die eine Vertrauensbeziehung motivieren, können zu ihrer Auflösung führen. Wir haben es hier mit der klassischen Situation des Gefangenen-Dilemmas zu tun. Das Dilemma bleibt ein solches, solange Vertrauen als Produkt ökonomischer Rationalität angesehen wird. Wird Vertrauen als Manifestation von a priori Regeln aufgefasst, d.h. als eine Voraussetzung persönlicher Beziehungen, löst sich das Dilemma rasch auf. Die explizite Berücksichtigung des sozialen Kontextes, in welchem das Gefangenen-Dilemma eingebettet ist, trägt damit wesentlich zur Klärung der Situation bei. Das Gefangenen-Dilemma legt die Vermutung nahe, dass rationales Handeln als theoretische Kategorie seinen universellen Erklärungsanspruch aufgeben muss. Die Beziehung zwischen Vertrauen und Rationalität muss umgedreht werden: Vertrauen ist eine Voraussetzung, nicht eine Folge von rationalem Handeln.

Mit einem sehr ähnlichen Dilemma werden rational handelnde Akteure konfrontiert, die eine natürliche Ressource in einer Situation von Gemeineigentum nutzen. Diese Situation ist aus dem ersten Teil dieser Arbeit als "Tragedy of the Commons" bekannt. Jeder Landwirt steht vor der folgenden Alternative. Mit Blick auf die langfristige Erhaltung des Bodens könnte er versuchen, die Dimension seiner Herde auf ein vernünftiges Mass zu beschränken. Ist für ihn die Schonung des Bodens von untergeordneter Bedeutung, wird er die landwirtschaftlichen Aktivitäten stärker an ökonomischen Kriterien ausrichten und die Dimension der Herde deutlich vergrössern. Bei diesen Überlegungen wird er vermutlich in Betracht ziehen, dass seine Zurückhaltung u.U. dem Opportunismus anderer Landwirte zum Opfer fallen könnte. Wird diese Überlegung von allen betroffenen Landwirten angestellt, besteht natürlich die ernstzunehmende Gefahr, dass der landwirtschaftliche Boden systematisch übernutzt wird. Darin liegt der Grund dafür, dass üblicherweise von einer "Tragedy" gesprochen wird.

Die vorangehenden Ausführungen rechtfertigen jedoch eher die Rede von einem "Dilemma of the Commons", denn die Struktur des Problems unterscheidet sich in nichts vom klassischen Gefangenen-Dilemma. Auch in diesem Falle ist es mit rein theoretischen Argumenten nahezu unmöglich, eine bestimmte Handlungsweise zu privilegieren. Inwiefern sich die Landwirte strikt rational verhalten oder den Boden umsichtig nutzen, lässt sich nach der Diskussion des Gefangenen-Dilemmas nicht ohne weiteres entscheiden. Wie eine natürliche Ressource in Gemeineigentum genutzt wird, ist eine Frage, die mit dem Modell des homo oeconomicus kaum adäquat diskutiert werden kann. Es ist insbesondere nicht mehr klar, welcher Zusammenhang zwischen der Nutzung einer natürlichen Ressource und der zugehörigen Eigentumsordnung besteht.

Betrachten wir nochmals das Beispiel der "Tragedy of the Commons". Ganz im Sinne einer gesunden Skepsis gegenüber den vermeintlich ethischen Motiven der beteiligten Akteure wird normalerweise eine Reorganisation der Eigentumsordnung in Form einer Privatisierung der Allmend erwogen. Die übliche Betrachtungsweise postuliert nun, dass sich die Durchsetzung des Privateigentums positiv auf die Nutzung des Bodens auswirkt. Dies kann jedoch nur unter ziemlich restriktiven Bedingungen erwartet werden. Es muss insbesondere postuliert werden, dass die Landwirte den privatisierten Boden nicht für andere, lukrativere Zwecke nutzen dürfen. Sollen die positiven Wirkungen einer Privatisierung des Bodens eintreten, muss beispielsweise die Aufgabe landwirtschaftlicher Aktivitäten zugunsten einer touristischen, ökonomisch rentableren Nutzung ausgeschlossen werden. Erst wenn die Nutzungsart des Bodens nicht geändert werden darf, hat eine Privatisierung auch reale Chancen, positive Wirkungen zu zeitigen. Eine solche Regelung entspricht jedoch kaum dem üblichen Verständnis von Privateigentum, denn sie würde bedeuten, dass der Boden zwar gekauft und verkauft, aber seine Nutzung nicht verändert werden dürfte. Nur unter diesen Umständen hätte der Bodenbesitzer starke Anreize, sein Einkommen zu verdienen, ohne den Boden zu zerstören. Es muss schliesslich erwähnt werden, dass eine derart restriktive Handhabung der Bodennutzung nur dann politisch konsensfähig wäre, wenn die Bodenbesitzer von der jeweiligen Nutzungsart auch tatsächlich leben könnten. Wie die Diskussion der Bodenerosion in Afrika im ersten Teil dieser Arbeit (Abschnitt 1.2.3) gezeigt hat, trifft dies vielfach nicht zu.

Was dies nun praktisch zu bedeuten hat, zeigt beispielsweise der Ausverkauf in Bergregionen. Die wirtschaftliche Lage der Bergregionen zusammen betrachtet mit den sehr hohen Erträgen, die aus dem Verkauf des Bodens erzielt werden können, führen dazu, dass Bodenbesitz als längerfristige Vermögensanlage unattraktiv erscheint. Offensichtlich liegt das Problem hier nicht in der Ineffizienz der jeweiligen Eigentumsform, denn das Privateigentum an Boden ist bereits Realität. Der Grund für die prekäre Lage in den Bergregionen muss vielmehr auf die wirtschaftliche Situation ihrer Bewohner zurückgeführt werden. Kann den Einwohnern armer Bergtäler vorgeworfen werden, dass sie ihre Existenz durch den Verkauf von Boden an Unternehmen der touristischen Branche sichern? Wohl kaum, denn nicht so sehr die Form des jeweiligen Eigentums ist in diesen Fällen entscheidend, sondern die Art der erlaubten Nutzung.

Mit dem Privateigentum an Boden verknüpft sich nicht nur das Recht auf eine Nutzung, sondern häufig auch das Recht auf seine Zerstörung. Diese Auffassung des Privateigentums geht auf den Begriffs des "Dominium" im römischen Recht zurück. Historisch gesehen stellt jedoch das Dominium nicht die einzige Form von Bodeneigentum dar. Der mittelalterliche Mensch und seine Sippe waren auf eine häufig untrennbare Weise mit dem Boden verknüpft. Aus den engen Beziehungen zwischen Menschen und Boden ergaben sich alle Rechte und Pflichten der Bodennutzung. Die Naturverbundenheit der Menschen mit ihren Böden ist dafür verantwortlich, dass im Mittelalter nicht von Privateigentum im modernen Sinne gesprochen werden kann. Boden ist kein Objekt, über welches beliebig verfügt oder mit welchem spekuliert werden kann (Gurjewitsch 1989, S. 43-48). Das germanische Recht sprach im Mittelalter von "Patrimonium" als einer Form des Bodeneigentums, die sich lediglich auf die Nutzung stützte und die Zerstörung des Bodens ausschloss (Binswanger 1978, S. 96ff.).

Wie diese knappen Ausführungen gezeigt haben, ist die Wirksamkeit der Durchsetzung des Privateigentums an natürlichen Ressourcen von beschränkter Reichweite. Ethnologische Arbeiten haben in letzter Zeit die Bedeutung des Gemeineigentums als einer ökologisch verantwortbaren Form der Nutzung natürlicher Ressourcen aufgewertet und sprechen mittlerweile von den "benefits of the commons" (Berkes u.a. 1989). Eine wichtige Einsicht dieser Arbeiten liegt gerade darin, dass die Normen und Regeln, die in diesen Gemeinschaften die Nutzung natürlicher Ressourcen kanalisieren, nicht einfach als Ergebnis nutzenmaximierender Vereinbarungen zwischen rationalen Akteuren beschrieben werden können. Solche Regeln müssen vielmehr als a-priori Regeln interpretiert werden. Einmal mehr zeigt sich, dass der Versuch, sämtliche soziale Realitäten auf individuelle rationale Entscheide zu reduzieren, auf unüberwindbare Schwierigkeiten stösst.

Mit der Neuen Politischen Ökonomie wird von einer externen, technokratischen Vision gesellschaftlicher Prozesse endgültig Abschied genommen. Der Rückgriff auf das Konzept der positiven Regeln hat sich als fruchtbar und enttäuschend zugleich erwiesen. Das Konzept muss sicherlich als fruchtbar bezeichnet werden, denn damit wird ein axiomatisches, an formale Kriterien gebundenes Verständnis von externen Effekten und Marktversagen zugunsten einer öffentlichen und politischen Auslegung dieser Begriffe aufgegeben. Die rein konstruktivistische Auffassung des Regelbegriffs, welche durch die Neue Politische Ökonomie vertreten wird, führt leider zu Schwierigkeiten, die im Rahmen dieses Ansatzes nicht gelöst werden können. Insbesondere erweist sich der Versuch, soziale Regeln systematisch auf Vereinbarungen, d.h. auf positive Regeln, zu reduzieren, letztlich als erfolglos. In Abschnitt 2.5 sollen nun erste Konzeptionen dargelegt werden, welche die Überwindung dieser Schwierigkeiten ermöglichen. Der dritte und vierte Teil wird die Fruchtbarkeit dieser in diesem Zusammenhang bisher wenig diskutierten theoretischen Ansätze ausführlich zeigen.

2.5 Umrisse einer internen Perspektive

2.5.1 *Soziale Regeln als eigenständige Realität*

Die externe Perspektive ökologischer Probleme betrachtet die Gesellschaft im wesentlichen als einen technischen Apparat, dessen Funktionsweise durch einen externen Akteur optimiert werden soll. Sie vernachlässigt dabei, dass der Apparat sich nicht ohne weiteres in einem technischen Sinne kontrollieren und steuern lässt. Die Folge davon ist eine Überbewertung der Wirksamkeit und Durchsetzbarkeit umweltökonomischer Instrumente: Autofahrer reagieren auf die Erhöhung des Benzinpreises nicht einfach mit einer Reduktion der gefahrenen Kilometer gemäss der geschätzten Elastizität, sondern mit Protesten, mit der Mobilisierung ihrer Interessenvertreter oder – wie in der Schweiz geschehen – mit der Gründung einer neuen Partei. Ökonomische Entscheidungsträger, Bürgerinnen und Bürger lassen sich i.a. nicht als einfache Reiz-Reaktions-Systeme behandeln. Umweltökonomische Instrumente, insbesondere jene, die sich einer Steuer bedienen, stellen die Legitimität stark verwurzelter sozialer Regeln des modernen Lebensstils in Frage. So kommt die drastische Verteuerung des Benzinpreises und die Einbezahlung der Steuererträge in die allgemeine Staatskasse einer willkürlich anmutenden Einschränkung der individuellen Freiheit oder gar einer Strafe gleich. Ähnliches gilt für die Emissionssteuer auf ökonomische Aktivitäten. Gerade die Tatsache, dass derartige staatliche Eingriffe als nicht legitim empfunden werden, illustriert die Relevanz historischer und kultureller Gegebenheiten. Die kulturelle Dimension ökologischer Probleme wird von der externen Perspektive vollkommen übersehen.

Diesen Schwierigkeiten wird durch die Neue Politische Ökonomie z.T. begegnet, indem die politische Sphäre Gegenstand der ökonomischen Analyse wird. Die zentrale These der wohlfahrtstheoretisch orientierten Autoren, die Deutung ökologischer Probleme als Versagen von Marktmechanismen, wird nicht mehr als eine Diskrepanz zwischen den Eigenschaften idealer und realer Marktmechanismen beschrieben. Diese strukturelle Analyse wird zugunsten einer prozessualen Betrachtung aufgegeben, die die Feststellung von Marktversagen explizit als Ergebnis von politischen und öffentlichen Auseinandersetzungen deklariert. Dieser Perspektivenwechsel rechtfertigt die Rede von einer internen Perspektive, wird doch eine technokratische Vision der Gesellschaft, die ökologische Probleme lediglich als Optimierungsprobleme betrachtet, aufgegeben. Entscheidend für diese Betrachtungsweise ist das zugrunde liegende individuelle Handlungsmodell. "Gesellschaft" ist dann nicht mehr länger nur eine nützliche

Metapher, sondern wird explizit als eine (möglicherweise sehr grosse) Menge von Individuen mit eigenen Wünschen und Zielen beschrieben. Selbstverständlich haben häufig Individuen sich gegenseitig ausschliessende Ziele. Die Lösung sozialer Konflikte, um welche es sich auch bei den ökologischen Problemen handelt, gerät in dieser Betrachtungsweise in den Mittelpunkt des Interesses. Neben dem zugrundeliegenden Handlungsmodell wird damit auch die Vereinbarung von Regeln zum Gegenstand der Analyse.

Die Diskussion der ökonomischen Rationalität hat gezeigt, dass sowohl das Handlungsmodell des homo oeconomicus als auch vereinbarte Regeln nicht ausreichen, um der Komplexität moderner ökologischer Probleme gerecht zu werden. Die interne Perspektive, welche von der Neuen Politischen Ökonomie angeboten wird, riskiert sehr rasch, eine Legitimation des Status Quo zu werden, denn mit der Erhebung der Einstimmigkeitsregel als dem einzigen Indikator eines politischen Handlungsbedarfs erklärt sie de facto jeden sozialen Konflikt, für welchen keine konsensfähige Lösung gefunden werden kann, als letztlich irrelevant. Heutige ökologische Probleme bzw. alle praktikablen Ansätze zu ihrer Bewältigung sind jedoch heiss umstritten und können sicherlich nicht als konsensfähig bezeichnet werden. Aus der Sicht der Neuen Politischen Ökonomie lassen sich Fehlentwicklungen nur a posteriori mit Sicherheit diagnostizieren. Von durch externe Effekte verursachtem Marktversagen kann heute im Sinne der Neuen Politischen Ökonomie nicht gesprochen werden.

Die Anerkennung der Konfliktträchtigkeit externer Effekte muss nicht notwendigerweise auf divergierende, egoistische Motive zurückgeführt werden. Wie die Reaktionen der Öffentlichkeit auf umweltpolitische Massnahmen, z.B. auf die Erhöhung des Benzinpreises, gezeigt haben, lassen sich divergierende Meinungen ebensogut als eine Frage unterschiedlicher Legitimitätsvorstellungen interpretieren. Die Diskussion solcher Fragen wirft jedoch weitere Fragen auf, die im Rahmen der von der Neuen Politischen Ökonomie vorgestellten internen Perspektive kaum diskutiert werden können. Legitimitätsvorstellungen können nicht einfach als mehr oder weniger willkürliche Konventionen interpretiert werden. Sie lassen sich – im Gegensatz etwa zu Verkehrsregeln – kaum verändern. Allein schon der Versuch, sie in Frage zu stellen, löst vielfach Wellen der Empörung aus. Die Regeln, die sich in einem bestimmten Lebensstil manifestieren, lassen sich mit anderen Worten nicht einfach auf rationale, nutzenmaximierende Vereinbarungen reduzieren. In den folgenden Ausführungen werde ich sie je nach Kontext als soziale Regeln, als tradierte Regeln oder als a priori Regeln bezeichnen. Bevor ich darauf näher eingehe, soll die Relevanz solcher Regeln anhand eines Beispiels erläutert werden.

Bevor ich die Konturen einer alternativen Position skizziere, möchte ich mit einem Beispiel aus der Innovationsforschung kurz illustrieren, welche

Schwierigkeiten sich aus einer rein individualistischen und konstruktivistischen Vision der Gesellschaft ergeben. Beim "elektronischen Geld" handelt es sich um eine technische Innovation, die noch weitgehend in den Kinderschuhen steckt. Dabei geht es nicht allein um Kreditkarten, sondern um sog. multifunktionelle Chip- oder Wertkarten. Diese Karten kommen einem elektronischen Portemonnaie sehr nahe, bieten aber ein breites Spektrum an interessanten Anwendungsmöglichkeiten.[12] An der Entwicklung derartiger Zahlungssysteme für die Konsumenten sollten Banken und grosse Warenhäuser ein vordringliches Interesse haben. Es hat sich nämlich gezeigt, dass der traditionelle, auf Bargeld beruhende Zahlungsverkehr eine sehr kostspielige Angelegenheit ist (Elektrowatt 84).

Empirische Arbeiten über die Determinanten der Einführung und Diffusion dieser Innovation haben ein recht widersprüchliches Bild ergeben. So hat z.B. die wichtigste deutsche Bank als Grund für ihre Zurückhaltung in diesem Bereich angegeben, eine AAA-Bonität[13] verpflichte zu höchster Zurückhaltung gegenüber riskanten Entwicklungen. Die grösste Schweizer Bank, die zu jenen vier Banken gehört, die eine AAA-Bonität vorweisen können, benutzt dasselbe Argument als Begründung für die gegenteilige, innovative Haltung: AAA-Bonität verpflichte zu Innovativität und zu einer Vorreiter-Rolle.[14] Wie auch immer diese Aussagen interpretiert werden, sie lassen sich nicht durch ökonomische Rationalität vollständig erklären. Die Rationalität dieser Haltungen kann aber auch nicht angezweifelt werden. Beide Finanzinstitutionen sind sich sehr wohl darüber im klaren, dass diese Entwicklung kurzfristig, wahrscheinlich auch mittelfristig, nicht rentabel sein wird. Ein Rückgriff auf die "Rahmenbedingungen" ist in diesem Falle auch nicht hilfreich, denn beide Banken sind sich sehr ähnlich. Beide florieren, haben einen ausgezeichneten Ruf, und externe Restriktionen sind nicht festzustellen. Dennoch gelangen die Spitzen dieser Finanzinstitutionen zu recht unterschiedlichen Einschätzungen über die Entwicklung und Diffusion dieser Innovation.

Das Interessante dieses Beispiels liegt u.a. darin, dass identische ökonomische Anreize i.a. nicht ausreichen, um den Innovationsprozess auf

---

12 Ich möchte in diesem Zusammenhang nur auf eine Anwendungsmöglichkeit hinweisen: Die zuverlässige, nicht-manipulierbare, effiziente, kostengünstige und flexible Realisierung der Zertifikatlösung, auch für eine sehr grosse Benützerzahl.

13 Die Bonität eines Bankinstituts ist ein Massstab seiner Vertrauenswürdigkeit. A stellt die höchste Note dar. Dieses Bankinstitut hat von den drei weltweit wichtigsten Rating-Firmen die höchste Bewertung bekommen.

14 Vorläufige Ergebnisse einer noch nicht abgeschlossenen Studie über die Determinanten des sozio-technischen Wandels am Beispiel des elektronischen Zahlungsverkehrs.

breiter Ebene auszulösen. Der Rückgriff auf ökonomische Faktoren allein liefert in diesem Falle keine befriedigende Erklärung für die beobachteten Unterschiede. Ein Grund für diese Situation liegt m.E. in einem unzeitgemässen *methodologischen Individualismus*.[15] Einer der wichtigsten Vertreter dieser Haltung charakterisiert diesen wie folgt:

> "Die meisten wissenschaftlichen Disziplinen haben mit dem Problem des Wechsels zwischen Organisationsebenen zu tun. In der Soziologie zeigt sich dieser Wechsel, wenn man von Personen als Untersuchungseinheiten zu Gruppen oder Organisationen übergeht, die Personen als Mitglieder haben ... Diesen Wechsel zwischen Ebenen muss eine Handlungstheorie einbeziehen, denn die Theorie kann sich nicht den Luxus erlauben, bereits bestehende Einheiten sozialer Organisation zum Ausgangspunkt zu nehmen. Sie muss vielmehr mit Personen beginnen und von dort aus aufsteigen, oder, wenn sie – in einem Anwendungsfall – von einer Ebene oberhalb der Personen ausgehen sollte, muss sie diese letztlich in Beziehungen zwischen Personen zergliedern können" (Coleman 1975, S. 85ff., zitiert aus Vanberg 1982, S. v).

Die Aufgabe des methodologischen Individualismus bedeutet – das sei hier unterstrichen – keineswegs die Einführung von handlungsfähigen "Kollektiven". Der Gegensatz zwischen Individuum und Kollektiv ist ein vermeintlicher und auch ein irreführender. Wenn soziale Realitäten nicht auf individuelle Absichten reduziert werden können, so ist damit nicht automatisch die Postulierung eines handelnden Kollektivs notwendig. Das oben diskutierte Beispiel ist diesbezüglich lehrreich. Die Diskrepanz in den Haltungen gegenüber der Einführung bargeldloser Zahlungssysteme lässt sich durch den Rückgriff auf kulturelle Orientierungen, tradierte und soziale Normen überzeugend erklären. Diese sind *nicht* das Ergebnis kollektiver, gezielter Vereinbarungen. Sie sind mit anderen Worten keine vereinbarten Regeln im Sinne der Neuen Politischen Ökonomie. Ihre Entstehung bzw. ihre Existenz setzt auch keine handelnden Kollektive voraus. Sie sind eine eigenständige soziale Realität, die nicht auf individuelle Absichten reduziert werden kann.

Dass der methodologische Individualismus so attraktiv auf die Sozialwissenschaftler wirkt, hat verschiedene Gründe. Im Zuge der Aufklärung wurde das Individuum in den Mittelpunkt gestellt, aus seiner selbstverschuldeten Unmündigkeit – so Kant – befreit. In der Antike wie im Mittelalter stand die Gemeinschaft im Vordergrund, der sich der Einzelne (aus heutiger Perspektive gesprochen) unterordnete. In diesem Zeitraum war die individuelle Biographie durch den öffentlichen Status geprägt. Mit dem Status verbanden sich alle wesentlichen Rechte und Pflichten gegenüber Staat und Familie. Rechte und Pflichten hatten also einen tradierten, normativen Charakter. Normen konnten selten von einzelnen Menschen modi-

15 Siehe Werlen (Werlen 1988) für eine knappe aber einsichtsreiche Diskussion verschiedener Aspekte und Interpretationen des methodologischen Individualismus.

fiziert werden. Die Aufklärung sprengte diese Vision des gesellschaftlichen Zusammenlebens, indem sie die Gültigkeit von Normen und Regeln nicht durch Tradition geheiligt, sondern durch gesellschaftlichen Konsens legitimiert sehen wollte. Doch dies verlangte eine umfassende, kollektive Emanzipation. Die Existenz und Legitimität gesellschaftlicher Institutionen muss durch gemeinsamen Willen begründet werden. Dies setzt die prinzipielle Gleichheit der Menschen voraus. Die ersten umfassenden Abhandlungen über den Gesellschaftsvertrag stammen denn auch genau aus dieser Zeit: Hobbes, Locke, später auch Rousseau gründeten eine philosophische und wissenschaftliche Tradition, die in neuerer Zeit in verschiedener Form von Buchanan, Rawls und Nozick (Buchanan 1984; Rawls 1979; Nozick 1974), um nur drei bekannte Namen zu nennen, aufgegriffen und weiterentwickelt wurde (siehe Kern und Müller 1986 für einen Überblick).

Aus dieser historischen Perspektive mag die Skepsis gegenüber sozialen Realitäten, die nicht durch individuelle Absichten begründet werden können, ein Stück weit verständlich sein. Dazu kommt, dass die Fortschritte in den Naturwissenschaften auch in den Sozialwissenschaften reduktionistischen Bestrebungen Aufwind verliehen haben. Es sollte aber nicht vergessen werden, dass gerade in der Physik wichtige theoretische Leistungen keineswegs reduktionistischer Natur waren. Die Entdeckung des Photons, die auf A. Einstein zurückgeht, liefert hierzu ein Beispiel. Im Mittelpunkt der Einsteinschen Interessen stand der sogenannte photoelektrische Effekt (auf welchem die Funktionsweise heutiger Solarzellen zur Gewinnung elektrischer Energie aus natürlichem Licht beruht). Das damals vorherrschende wellentheoretische Modell der Lichtausbreitung versagte im Falle des photoelektrischen Effektes: Die für die Befreiung von Elektronen notwendige Energie kann in diesem Modell des Lichts niemals aufgebracht werden. Die innovative Leistung Einsteins bestand in der Postulierung eines "Korpuskels", des Photons eben, als eigentlichem Träger der Energie des Lichts. Der Erklärungsgehalt dieser Theorie liegt somit nicht in der Reduktion des beobachteten Phänomens auf einen tiefer liegenden Mechanismus, sondern in der erfolgreichen Postulierung eines neuen kausalen Mechanismus. Der Übergang von der klassischen Mechanik zur Quantenmechanik zeichnet sich durch einen analogen qualitativen Sprung aus, der sicherlich die Bezeichnung "wissenschaftliche Revolution" verdient (siehe Jauch 1989 für eine allgemeinverständliche Darlegung der Gegensätze zwischen klassischer Mechanik und Quantenmechanik).

Nachdem schon in den Naturwissenschaften der Reduktionismus in verschiedenen Bereichen unhaltbar geworden ist, so muss das erst recht bei den Sozialwissenschaften der Fall sein. Dass der methodologische Individualismus in Wirklichkeit mit erheblichen Schwierigkeiten zu kämpfen hat, zeigt die folgende Stelle aus Dürrenmatts Buch "Justiz". Ausgehend von einem offensichtlichen und absichtlichen Tötungsdelikt beauftragt der Täter, Kantonsrat Dr. Kohler, einen jungen und brillanten Anwalt, Herrn Späti, Informationen und Daten über das Delikt zu sammeln. Ausgangspunkt ist die rein hypothetische Annahme, dass nicht er der Täter sei. Dem jungen Anwalt gelingt diese Aufgabe so gut, dass der verurteilte Kantonsrat aus dem Gefängnis entlassen wird. Nach der Lektüre des neuen Untersuchungsberichts konstatiert Späti:

"Hatte ich eine hypothetische Abhandlung erwartet, vage Kombinationen, stand ich Tatsachen gegenüber. Anstelle eines Unbekannten wurde ein Name genannt. ... Die Befragung der Zeugen durch Schönbächler [ein Polizist]: Zeugen widersprechen sich, aber das Ausmass dieser Widersprüche war erstaunlich. Beispiel: Eine Serviertochter behauptete, Kohler [der Täter] habe ausgerufen 'Sauchaib', während der Prokurist eines Damenwäschegeschäfts, der damals am Nebentisch sass ('noch einen Saucespritzer habe ich abgekriegt'), aussagte, die Worte Kohlers hätten 'Guten Tag, alter Freund' gelautet. Ein dritter Zeuge wollte gesehen haben, wie der Kantonsrat [der Täter] dem Professor [dem Opfer] noch die Hand schüttelte. Einer sagte aus, Kohler sei, nachdem er Winter [das Opfer] niedergeschossen habe, mit Lienhard [dem Detektiv] zusammengestossen. Dazu ein Fragezeichen und eine Anmerkung Lienhards: 'War nicht dort'. Weitere gegensätzliche Aussagen über fünfzig Seiten. ... " (Dürrenmatt 1985, S. 225-227).

Der Versuch, soziale Realitäten systematisch auf individuelle Absichten zurückzuführen, ist an Grenzen gestossen, die erst durch die Einführung neuer Konzeptionen überwunden werden können. Dazu gehört, dass der alte Gegensatz zwischen einer individualistischen und einer "kollektivistischen" Sozialwissenschaft endgültig überwunden werden muss. Dazu gehört ebenfalls, dass soziale Realitäten nicht mehr systematisch auf individuelle Rationalität reduziert werden können. Innovationsprozesse sind ein aus ökologischer Sicht wichtiges Beispiel. Die Vermutung liegt nahe, dass neben der individuellen, der einzigen, die in der ökonomischen Theorie Eingang gefunden hat, auch andere Realitätsebenen explizit berücksichtigt werden müssen.

Das in den folgenden Ausführungen vertretene Verständnis von Realität geht von einer revidierten Auffassung von Gesetzmässigkeit und Kausalität aus. Zu diesem Zweck werde ich mich auf Beiträge einer Variante der realistischen Philosophie stützen, die sich "transzendentaler Realismus" nennt. Das Attribut "transzendental" soll dabei die Abgrenzung vom naiven Realismus älterer Prägung signalisieren. In den folgenden Ausführungen werde ich einfachheitshalber von *Realismus* sprechen. Bhaskar (Bhaskar 1978) bietet eine knappe und klare Darstellung dieser philosophischen Richtung. Eine ausführliche Diskussion ontologischer, erkenntnistheoretischer und methodologischer Fragen präsentieren Bhaskar (Bhaskar 1975) und Harré (Harré 1986). Sozialwissenschaftliche Fragen sind beispielsweise in Harré, Clarke und De Carlo enthalten (Harré, Clarke, De Carlo 1985). Bhaskar (Bhaskar 1979) diskutiert das Verhältnis zwischen Sozial- und Naturwissenschaften. Auch an der Geographie gingen die Auseinandersetzungen um den Realismus nicht spurlos vorbei. In Johnston (Johnston 1986, S. 111-116) findet sich eine knappe Darstellung realistischer Konzeptionen aus geographischer Sicht. Unter jenen, die sich am meisten mit der realistischen Position befasst haben, befindet sich Sayer (Sayer 1984; Sayer 1985). In Outhwaite (Outhwaite 1987) schliesslich findet sich eine Übersicht realistischer Positionen.

Der erste Schritt zur Klärung des ontologischen Status von Regeln und Normen besteht in der Ablehnung eines empiristischen Verständnisses von Gesetzmässigkeiten. Die empiristische Betrachtungsweise setzt *Gesetzmässigkeit* mit *empirischer Regelmässigkeit* gleich. Diese Haltung hat eine sehr lange Tradition. Sie geht u.a. auf Hume zurück. Danach stellt der Experimentator – ausgehend von Beobachtungen in der Natur oder in einer experimentellen Anordnung – einen Zusammenhang, eine empirische Beziehung, eine Regelmässigkeit zwischen dem Auftreten von zwei oder mehr Ereignissen fest. Die Beobachtung einer derartigen empirischen Regelmässigkeit begründet die Postulierung einer Gesetzmässigkeit. Lässt sich nun eine Beobachtung von anderen Forschern an anderen Orten erfolgreich wiederholen, so einigt man sich darauf, von einer Gesetzmässigkeit zu sprechen. Wird eine empiristische Haltung eingenommen, die Regelmässigkeit einer Gesetzmässigkeit gleichsetzt, verliert der Begriff der Gesetzmässigkeit viel von seiner Erklärungskraft. Wenn die empirisch feststellbaren Regelmässigkeiten von einer Gesetzmässigkeit nicht klar getrennt werden, gerät man rasch in jene Schwierigkeiten, die die Diskussionen über Sinn, Zweck, Brauchbarkeit und Allgemeingültigkeit des homo oeconomicus kennzeichnen. Um den Einstieg zu erleichtern, möchte ich zunächst zwischen Ereignissen und ihren kausalen Mechanismen unterscheiden. Dieser Unterscheidung entspricht die ontologische Trennung zwischen der Ebene des Realen und der Ebene des Aktuellen bzw. des Wirklichen[16] (Bhaskar 1975, S. 12ff., S. 56ff.). Sie sollen an einem Beispiel aus den Naturwissenschaften kurz erläutert werden.

---

16 Bhaskar spricht in diesem Zusammenhang von einem "Domain of Actual". Neben der Unterscheidung zwischen Ereignissen und ihren kausalen Mechanismen führt Bhaskar die Ebene der Erfahrungen ein ("Experiences"). Diese Unterscheidung ist nötig, um den Fehlschluss zu vermeiden, Realität sei Wahrnehmbarkeit gleichzusetzen. Träfe dies zu, könnte auch die Supraleitung nicht als real angesehen werden. Im Zeitalter der Massenkommunikation wäre es dann eigenartig, etwa elektromagnetische Felder nicht als real und kausal zu betrachten... Die Beziehungen zwischen den verschiedenen Ebenen wird von Bhaskar wie folgt präsentiert (Bhaskar 1975, S. 13, S. 56):

Supraleitung kann bekanntlich nur unter aufwendigen Laborbedingungen beobachtet werden. Das empirische Phänomen der Supraleitung wird also durch den Experimentator ermöglicht und ist reproduzierbar: Bei Temperaturen nahe dem absoluten Nullpunkt verlieren gewöhnliche Metalle ihren elektrischen Widerstand fast vollständig. Eine empiristische Betrachtungsweise würde nun das beobachtete Phänomen als Gesetzmässigkeit bezeichnen. Dennoch lässt sich eine derartige Schlussfolgerungen nicht rechtfertigen. Denn dies würde bedeuten, dass Menschen Naturgesetze buchstäblich produzieren. Der Experimentator hat lediglich ein empirisches Phänomen produziert, aber nicht die dazugehörigen Gesetzmässigkeiten. Diese sind erst in den letzten Jahren zusehends erkannt worden, während das Phänomen der Supraleitung seit längerer Zeit bekannt ist. Wenn zwischen kausalen Mechanismen und empirischer Beobachtung ihrer Wirkungen nicht unterschieden wird, läuft man Gefahr, die Natur und ihre Gesetze als eine Konstruktion der Kultur zu deuten. Naturgesetze würden sofort aufhören zu existieren, wenn es die Menschheit nicht gäbe.

Ein derartiges Naturverständnis scheint zumindest eigenartig. Es wäre jedoch unvermeidbar, wenn empirische Regelmässigkeiten und ihre kausalen Mechanismen nicht als zwei ontologisch getrennte Ebenen betrachtet würden. Dies bedeutet u.a., dass Ereignisse, auch wenn sie mit einer gewissen Regelmässigkeit auftreten (also empirische Erfahrung darstellen) noch keine hinreichende Bedingung sind, um eine Gesetzmässigkeit zu postulieren. Dies ist seit langem bekannt. Regelmässigkeiten sind darüber hinaus auch gar keine notwendige Bedingung für die Postulierung von Gesetzmässigkeiten: Die Realität eines kausalen Mechanismus hängt nicht von der Feststellung der zugehörigen Ereignisse ab. Er manifestiert sich vielmehr in seiner potentiellen *Fähigkeit,* Wirkungen hervorzurufen.

Diesem Verständnis von *Kausalität* trägt der Realismus Rechnung, indem er kausale Mechanismen als "causal powers" (power: Im Sinne von "die Fähigkeit haben, etwas zu bewirken") bezeichnen. Es wäre sehr wohl denkbar, kausale Mechanismen zu postulieren, die sich auf keinerlei empirische Evidenz stützen. Die Entstehung der speziellen Relativitätstheorie ist ein ausgezeichnetes Beispiel dazu. Die mathematischen Grundlagen für die Formulierung der speziellen Relativitätstheorie wurden zunächst von H.A. Lorenz formuliert und von Poincaré weiterentwickelt. A. Einstein, der diese Arbeiten nicht kannte, kam kurz darauf zur Formulierung seiner spe-

---

	Domain of Real	Domain of Actual	Domain of Empirical
Mechanisms	x		
Events	x	x	
Experiences	x	x	x

ziellen Relativitätstheorie, indem er sich sehr ähnlicher mathematischer Konzeptionen bediente (Hund 1978, S. 69-74). Seine Arbeiten beruhten jedoch auf Gedankenexperimenten und nicht auf empirischen Beobachtungen. Eine empirische Überprüfung dieser Theorie gelang erst viele Jahre später.

Kausale Mechanismen sind *real* – unabhängig davon, ob sie gerade ein Ereignis bewirken, das beobachtet wird. Ihr ontologischer Status hängt somit nicht von der Feststellung empirischer Regelmässigkeiten ab. Lassen sich die Wirkungen eines postulierten kausalen Mechanismus empirisch nicht nachweisen, bedeutet dies nicht unbedingt, dass seine Existenz zurückgewiesen werden muss. Die Existenz eines kausalen Mechanismus ist weder an seine Messbarkeit noch an seine *Wahrnehmung* unmittelbar geknüpft. Elektrische und magnetische Felder sind sehr wohl real, auch wenn sie sinnlich nicht wahrgenommen werden können. Schon der Heilige Thomas von Aquin hatte erkannt, dass die Frage nach der Realität Gottes nicht einfach an eine mögliche Wahrnehmung durch den Menschen geknüpft werden kann. Real ist nicht einfach synonym mit sinnlich wahrnehmbar, also sichtbar, berührbar, hörbar usw. Mechanismen ebenso wie die von ihnen bewirkten Ereignisse sowie unsere Beobachtungen haben allesamt einen eigenen ontologischen Status und dürfen nicht miteinander gleichgesetzt werden.

Diese Auffassung von Gesetzmässigkeit stärkt und schwächt das Modell des homo oeconomicus zugleich. Sie stärkt es, weil seine Existenz nicht unmittelbar an empirische Evidenz geknüpft werden muss. Es manifestiert sich häufig – nicht immer – im alltäglichen Leben durch eine Reihe empirisch erfassbarer und beschreibbarer Haltungen, Einstellungen und Handlungsweisen. Eigennütziges Handeln soll sinnvollerweise als ein kausaler Mechanismus beschrieben werden. Einen derartigen kausalen Mechanismus möchte ich als eine Menge von Regeln und Normen verstehen, die gerade *nicht* das Ergebnis einer bewussten, gezielten Vereinbarung sind. Rationales, ökonomisches Handeln ist weder eine natürliche Anlage des Menschen noch die Erfindung eines individuellen Geistes. Wie ich im dritten Teil dieser Arbeit (Abschnitt 3.4.1) zeigen werde, ist eine strikt rationale Lebensführung eine relativ junge kulturelle Erscheinung, welche im wesentlichen durch die Reformation hervorgebracht wurde. Das Modell des homo oeconomicus wird durch diese Interpretation von Gesetzmässigkeit insofern geschwächt, als es seiner Universalität beraubt wird. Rationales Handeln ist zwar auch eine empirisch beobachtbare Realität und damit Ausdruck eines kausalen Mechanismus. Aber sie ist, wie in Abschnitt 2.5.3 gezeigt werden soll, keineswegs die einzige relevante Realität des Handelns.

Mit der Rede von kausalen Mechanismen in den Sozialwissenschaften soll keine positivistische Haltung angenommen bzw. kein Verständnis von

Gesetzmässigkeit in die Sozialwissenschaften importiert werden, das selbst in den Naturwissenschaften auf erhebliche Schwierigkeiten stösst (Bhaskar 1979). Obschon kausale Mechanismen in Natur- und Sozialwissenschaften denselben ontologischen Status haben, existieren kausale Mechanismen in den Sozialwissenschaften nicht unabhängig von den Akteuren, auf welche sie Wirkungen haben. Damit existieren sie aber nicht unabhängig von konkreten, d.h. kontingenten Situationen (historische Epochen, regionale Räume). Ein Beispiel: Die strenge, methodische und bis ins letzte Detail vorgeschriebene Lebensführung, welcher sich gläubige Calvinisten im 17. Jahrhundert unterwarfen, dürfte als kulturelle Orientierung wohl endgültig verschwunden sein. In der damaligen Zeit hatte die kalvinistische Lehre aber unmittelbar kausale Auswirkungen auf das alltägliche Leben.

Bhaskar hat diesen Sachverhalt trefflich mit dem Konzept der *emergenten Kausalitäten* beschrieben (Bhaskar 1978): Soziale Mechanismen sollen als gänzlich neue, emergente Realitäten von interagierenden Individuen angesehen werden. Sie dürfen nicht als Epiphänomene wie Temperatur oder Druck eines Gases, welche sich bekanntlich auf die kinetischen Bewegungen der Gasmoleküle reduzieren lassen, aufgefasst werden. Die ontologische Trennung zwischen kausalen Mechanismen, Ereignissen und wahrgenommenen Phänomenen erteilt allen reduktionistischen Versuchen im Bereich des Sozialen eine deutliche Absage. So eigenartig diese Formulierung zunächst auch wirken mag, sie ist im Grunde eine vertraute Angelegenheit. Kaum ein Gegenstand des täglichen Gebrauchs kann auf seine Bestandteile "reduziert" werden. So lässt sich z.B. kein Sessel, auf seine Elemente, wie Bein, Lehne, Verstrebung etc. reduzieren: Ein Sessel ist erst ein Sessel wenn alle diese Bestandteile auf bestimmte Art und Weise kombiniert sind. Ein Bein, eine Lehne, eine Verstrebung allein macht noch lange keinen Sessel. Bequemlichkeit und Design lassen sich nur in bezug auf den Sessel als ganzen beurteilen, nicht anhand seiner Bestandteile.

Die je individuellen Beschreibungen von Handlungen als eigennützig sind nur als solche brauchbar, weil sie sich auf ein allgemeines Konzept "Eigennutz" beziehen, das ontologisch von ihnen unabhängig ist und vorausgesetzt werden muss. Dieses Konzept stellt eine eigene Realität dar, welche nur hermeneutisch erschlossen (interpretiert) werden kann. Rationales, eigennütziges Handeln setzt Normen und Regeln voraus, deren Existenz erst Eigennützigkeit als Merkmal des individuellen Handelns ermöglicht. Vor diesem Hintergrund lassen sich die Diskrepanzen zwischen einer deutschen und einer schweizerischen Finanzinstitution in bezug auf eine grundlegende technische Innovation durch unterschiedliche kulturelle und soziale Orientierungen durchaus erklären. Innovativität ist gerade nicht das Attribut eines Individuums, sondern eine emergente Kausalität eines regionalen oder städtischen Netzes persönlicher und beruflicher Beziehungen. Und diese sind nicht (ausschliesslich) das Ergebnis individueller Nutzenmaximierung.

Es dürfte mittlerweile deutlicher geworden sein, wie mit dem Rückgriff auf einige Einsichten des Realismus die Gegensätze zwischen individualistischen und kollektivistischen sozialwissenschaftlichen Ansätzen überwunden werden können. "Gesellschaft" ist nicht mehr einfach ein Aggregat von Individuen, sie ist nicht auf Individuen reduzierbar. Individuen und Gesellschaft sind zwei gleichberechtigte reale Ebenen.

2.5.2 *Kontaktstrukturen zwischen Gemeinschaft und Gesellschaft*

Die vorangehenden Ausführungen haben gezeigt, wie mit dem Realismus der Gegensatz zwischen einem atomistischen Weltbild einerseits und einer holistischen Konzeption der Gesellschaft andererseits überwunden werden kann. Auf das Modell des homo oeconomicus angewendet legt die ontologische Trennung zwischen kausalen Mechanismen und empirisch beobachtbaren Ereignissen ein regelgeleitetes Verständnis des Eigeninteresses nahe. Wie bereits mehrmals angedeutet, handelt es sich dabei nicht um vereinbarte Regeln, sondern um Normen, die für eine bestimmte Kultur in einem bestimmten geographischen Raum bezeichnend sind. Diese Aussage ist zwar sehr allgemein, weist aber darauf hin, dass die disziplinspezifische Absonderung der ökonomischen Sphäre aus den übrigen Sozialwissenschaften, insbesondere aus der Soziologie und aus der Geschichte, verhängnisvolle Folgen gehabt hat. Solange diese Folgen nur die Wissenschaften betreffen, mag dies von beschränkter Bedeutung sein. Indes konsolidiert sich allmählich der Verdacht, dass die mittlerweile institutionalisierte Spaltung zwischen sozialwissenschaftlichen Disziplinen ein ernsthaftes kulturelles Hindernis auf dem Weg zur Identifikation und Ausarbeitung gangbarer Vorschläge zur Überwindung der ökologischen Krise ist.

Ein weiteres Hindernis, das auf den methodologischen Individualismus bzw. auf diese Spaltung zurückgeht, betrifft das Verständnis eines Marktes. *Märkte* werden im wesentlichen immer noch als ein *Ort der anonymen,* stets auf das Eigeninteresse bedachten *Interaktion* zahlreicher ökonomischer Akteure betrachtet. Sie entsprechen der Vorstellung des Naturzustands im Hobbesschen Sinne. Diese Vision von Märkten wurde in den letzten Jahren zwar relativiert. Die Neue Institutionelle Ökonomie hat hierzu einen Beitrag zu leisten versucht. Es kann aber nicht übersehen werden, dass persönliche stabile Beziehungen zwischen ökonomischen Akteuren auf einem Markt bestenfalls als Randerscheinungen und im schlimmsten Fall als ein Hindernis betrachtet werden. Es wird zwar eingeräumt, dass längerfristige stabile Handelsbeziehungen für beide Geschäftspartner von Vorteil sein können. Es wird aber postuliert, dass solche Beziehungen tendenziell "internalisiert" werden, indem das Produkt der Transaktion im Rahmen einer hierarchischen Struktur, typischerweise in einem Unternehmen, hergestellt wird (Williamson 1979, S. 241-242). Der Wechsel von einer marktmässigen zu einer hierarchischen Beziehung ist demnach lediglich das Ergebnis von Effizienzkriterien. Stabile, persönliche Beziehungen auf einem Markt werden dementsprechend als eine Seltenheit betrachtet. Im Endeffekt werden persönliche, stabile Beziehungen für das Verständnis heutiger Gesellschaften im allgemeinen und für das Verständnis von Märkten insbesondere als belanglos betrachtet. Die folgenden Ausführungen sollen plausibel machen, dass persönliche bzw. berufliche Kontakte nicht einfach eine Nebenerscheinung in einer Welt anonymer, eigennütziger Beziehungen sind, sondern eine alltägliche und damit zentrale Realität ökonomischer Gesellschaften. Es wird sich ferner zeigen, dass das Modell des homo oeconomicus mit der Etablierung stabiler persönlicher Kontakte nicht unvereinbar ist: Die Verfolgung des eigenen Interesses setzt i.a. nicht einen Hobbesschen Naturzustand voraus. Eigeninteresse ist vielmehr in soziale Beziehungen *eingebettet* (Granovetter 1985).

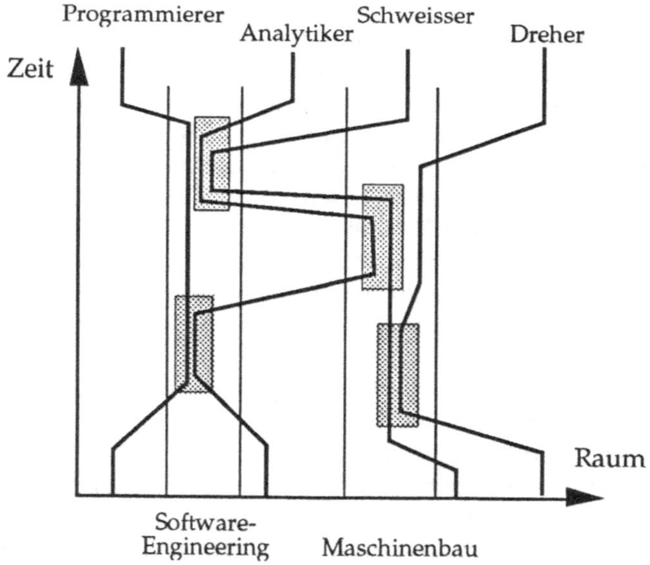

Abb. 8: Zeitgeographische Pfade.

Zwischenmenschliche Interaktion gehört zu den elementarsten und zugleich wichtigsten Aspekten des sozialen Lebens überhaupt. Ob es sich nun im einzelnen um ein formell organisiertes, im voraus geplantes Gespräch zwischen Geschäftspartnern handelt, um das regelmässige Zusammenkommen der Mitglieder einer Familie zum Mittagessen oder um ein flüchtiges, zufälliges Treffen auf der Strasse zwischen zwei Bekannten, immer handelt es sich um "körpernahe" Interaktion, sog. "Face-To-Face-Kontakte", und damit um die vielleicht fundamentalste Realität menschlichen Daseins. Die Zeitgeographie (lesenswert hierzu ist immer noch Hägerstrand 1970; einen Überblick vermitteln Carlstein, Parkes, Thrift 1978) bietet einige interessante Instrumente zur Beschreibung zwischenmenschlicher Interaktionen. Für die vorliegende Diskussion werde ich mich auf zwei Begriffe beschränken: zeitgeographische Pfade und Kontaktstrukturen. Ich will sie in erster Instanz nicht analytisch auseinanderhalten. Sie sollen lediglich unterschiedliche Aspekte ein und derselben Realität darstellen. Zeitgeographische Pfade sind als Trajektorien in Raum und Zeit zu verstehen. Sie beziehen sich auf Menschen und Artefakte. Zeitgeographische Pfade können sich im Raum treffen. Diese Situation beschreibt Menschen, die sich an einem bestimmten Ort während einer bestimmten Zeit treffen und dann wieder auseinandergehen. Wiederkehrende Muster solcher Pfade können als Kontaktstrukturen bezeichnet werden (siehe Abb. 8).

Zeitgeographische Pfade eignen sich zur qualitativen und quantitativen Beschreibung von Märkten und Unternehmen. Die Unterscheidung zwischen Kontaktstrukturen, Märkten und Unternehmen ist in diesem Zusammenhang hilfreich. Marktmässige Transaktionen finden nicht einfach nur auf einem Markt statt, ebensowenig wie berufliche Diskussionen nicht nur während der Arbeitszeit geführt werden. Entscheidend ist nicht der zeiträumliche Kontext, sondern die Art der Interaktion. Manche gute Geschäfte werden beispielsweise in der Schweiz während des Militärdienstes angebahnt. Die damit verknüpften persönlichen Beziehungen, die häufig eine erstaunliche Stabilität aufweisen, sind offensichtlich nicht das Ergebnis von gezielten Effizienzanstrengungen, sondern eine emergente Realität des Militärdienstes. Der Militärdienst hat diese Beziehungen zwar ermöglicht, aber sie müssen inzwischen als eine eigenständige soziale Realität angesehen werden (und als solche sind sie wichtige Voraussetzung wirtschaftlicher Aktivitäten in der Schweiz geworden).

Ebenso wenig wie Markttransaktionen einfach nur auf Märkten stattfinden, sind Arbeitsbeziehungen erstens nicht einfach auf die Arbeitszeit beschränkt, und zweitens auch nicht einfach die Folge von hierarchischen Relationen und Autoritätsstrukturen innerhalb einer Organisation. Wie jeder Manager weiss, lässt sich eine kooperative Haltung kaum befehlen, und Loyalität gegenüber dem Unternehmen ist ein recht schwacher Motivationsgrund. Den Schwierigkeiten, die sich im Rahmen marktmässiger Transaktionen ergeben, kann kaum damit begegnet werden, dass die entsprechenden Transaktionen internalisiert werden. Gegenseitiges Vertrauen ist für längerfristige Beziehungen sowohl auf dem Markt als auch in einem

Betrieb notwendig. Es kann nicht einfach durch Autorität ersetzt werden. Ein naheliegender Grund für eine kooperative Haltung in einer hierarchischen Beziehung innerhalb eines Unternehmens ist hingegen die berufliche Kompetenz und Autonomie der Beteiligten. Die Vernachlässigung beruflicher Identität ist vermutlich der wichtigste Grund für die unbefriedigende konzeptionelle Erfassung von Organisationen in der Neuen Institutionellen Ökonomie. Diese ist auch mitverantwortlich dafür, dass längerfristige Geschäftsbeziehungen i.a. als Randerscheinungen eines Marktes betrachtet werden bzw. dass gegenseitiges Vertrauen Markttransaktionen selten und unzureichend stabilisieren kann.

Wie solche Kontaktstrukturen in Wirklichkeit aussehen können, zeigt Abb. 8. In der vertikalen Richtung ist die Zeit einem Tagesablauf entsprechend aufgetragen, in der horizontalen der Raum. Zur besseren Übersicht wurde der Raum auf eine einzige Dimension reduziert. Abb. 8 stellt die (beruflichen und/oder persönlichen) Kontakte zwischen zwei Betrieben schematisch dar. Sie sind durch zeitgeographische Pfade wiedergegeben. Der Betrieb links ist mit der Herstellung von Software-Komponenten beschäftigt, während der Betrieb rechts die Entwicklung mechanischer Teile übernimmt. Die Grafik verdeutlicht, dass neben den rein formellen Beziehungen zwischen den Verantwortlichen der beiden Unternehmen, auf informeller Ebene eine Vielzahl von Kontakten verschiedener Natur stattfinden. Die geschilderte Situation ist ein ziemlich typisches Beispiel von beruflichem Alltag, ganz unabhängig davon, ob es sich nun um industrielle, dienstleistungsorientierte, akademische oder andere Aktivitäten handelt. Interessant in diesem Zusammenhang ist die Einsicht, dass aus der Sicht des Unternehmens die beruflichen und/oder persönlichen Beziehungen seiner Mitarbeiter mit der Aussenwelt eine lebenswichtige Ressource darstellen. Es ist nicht übertrieben zu behaupten, dass die Tätigkeiten vieler Unternehmen auf derartige Kontaktnetze existentiell angewiesen sind (Wellman, Berkowitz 1988).

Berufliche Kontaktstrukturen existieren quer zum Markt und zum Unternehmen. Neuere soziologische Untersuchungen haben gezeigt, dass die Beschäftigungsstruktur, definiert durch die Anzahl Betriebe in Funktion der Beschäftigtenzahl, in diesem Jahrhundert ziemlich konstant geblieben ist. Bemerkenswert ist v.a. die Tatsache, dass auch die sog. Grossunternehmen, also typischerweise Organisationen mit mehr als tausend Beschäftigten, i.a. in kleinen Betriebseinheiten organisiert sind, die im Durchschnitt nicht mehr als zwanzig Beschäftigte umfassen. Dieser Durchschnitt erwies sich trotz aller Reorganisationen und Transformationen als sehr stabil, und zwar in zahlreichen westeuropäischen Ländern (Granovetter 1984). Diese empirischen Regularitäten sind ein Indiz dafür, dass die Funktionsweise einer Organisation, unabhängig davon ob sie formell als ein Gross- oder Kleinunternehmen bezeichnet wird, auf berufliche

Kontaktstrukturen angewiesen ist, welche noch "handhabbar" sind. Empirische Arbeiten haben beispielsweise gezeigt, dass eine Struktur von mehr als einem bis zwei Dutzend Personen für ein Individuum nur noch sehr schwer als Gruppe überblickbar ist (Homans 1978, S. 100-122).

Die Einbettung ökonomischer Rationalität in berufliche Kontaktstrukturen und stabilen Geschäftsbeziehungen ist nicht zuletzt auch für die ökologische Krise von Bedeutung. Stimmt man den gängigen umweltökonomischen Argumentationen zu, wonach ökologische Probleme naturgemäss diffus sind und nicht durch eine zentrale, staatliche Instanz beobachtet und geregelt werden können, rücken dezentralisierte, auf regionaler oder lokaler Ebene vorhandene Informationen und Fähigkeiten in den Mittelpunkt des Interesses. Während führende neoklassische Autoren den individuellen Charakter der Suche und der Nutzung handlungsrelevanter Informationen betont haben (Hayek 1976), heben die obigen Ausführungen die Relevanz institutionalisierter persönlicher oder beruflicher Beziehungen als Kontext individuellen Handelns hervor. Die Bedeutung dieser Kontaktstrukturen ist weiter bei der Diskussion von Innovationsprozessen besonders wichtig. Bei der Umsetzung einer Neuentwicklung in ein marktfähiges Produkt sind Fähigkeiten notwendig, die erst durch die aktive Kooperation zwischen verschiedenen Institutionen und Akteuren mobilisiert werden können. Die Existenz solcher institutionalisierter Kontakte hat dazu geführt, Innovativität als ein Merkmal stabiler Kontaktstrukturen in einer bestimmten Region zu beschreiben.[17] Französisch sprechende Autoren prägten dazu den Begriff der innovativen Milieus (Crevoisier, Maillat, Vasserot 1989; Crevoisier 1990). Ich werde auf die Bedeutung der Kontaktstrukturen aus ökologischer Sicht im vierten Teil dieser Arbeit zurückkommen. Hier möchte ich lediglich darauf aufmerksam machen, dass die Berücksichtigung und Relevanz ökologischer Anliegen im Rahmen ökonomischer Entscheidungsfindungen als ein Entdeckungsverfahren angesehen werden soll, welches weder auf der politischen noch auf der rein privaten Ebene abläuft.

2.5.3 *Anonyme Interaktion und kulturelle Regeln*

Die bisherigen Ausführungen hätten den Eindruck erwecken können, soziale bzw. tradierte Regeln kämen erst in stabilen persönlichen oder beruflichen Beziehungen zum Ausdruck. Die soziale Einbettung ökonomischer

---

17 Das in Abschnitt 2.5.1 erwähnte Projekt über die Entwicklung und Diffusion bargeldloser Zahlungssysteme hat diese These immer wieder bestätigt. So sprach ein stellvertretender Direktor einer Schweizer Grossbank beispielsweise von "Biertisch-Ideen".

Transaktionen wäre demnach auf Beziehungen beschränkt, die i.a. als von beschränkter Bedeutung eingestuft werden. Hier möchte ich auf den Stellenwert persönlicher und beruflicher Beziehungen nicht eingehen. Der Leser sei auf den Abschnitt 2.5.2 verwiesen. Dort konnte plausibel gemacht werden, dass Kontaktstrukturen eine elementare aber ebenso zentrale Dimension ökonomischer Gesellschaften sind. Wie stark Individuen auf solche Beziehungen angewiesen sind, zeigen die Biographien jener Menschen auf tragische Weise auf, die aus jeglichem Beziehungsnetz ausgegrenzt worden sind (auf die Bedeutung persönlicher Kontaktstrukturen in ökonomischen Gesellschaften ist etwa Dahrendorf 1979 ausführlich eingegangen). In den folgenden Ausführungen möchte ich nun plausibel machen, dass auch anonyme zwischenmenschliche Interaktionen selten in einem moralischen Vakuum stattfinden.

Existenz und Stabilität allgemein gültiger moralischer Normen stellen für eine rein ökonomische Betrachtungsweise des menschlichen Handelns ein kaum zu lösendes Rätsel dar. Moralisches Handeln, als jene Fähigkeit beschrieben, das Zulässige und Vertretbare vom Unzulässigen zu unterscheiden, d.h. als eine Form von Selbstbeschränkung oder Selbstdisziplin aufgefasst, kommt aus ökonomischer Perspektive der Produktion eines öffentlichen Gutes gleich. Der Nutzen einer solchen Haltung kommt im Grunde genommen allen zugute, insbesondere auch denen, die von einer solchen Haltung einfach profitieren, ohne selber eine solche zu zeigen (opportunistisches Verhalten). Weiter kann vom Nutzen einer moralischen Haltung niemand ausgeschlossen werden. Der "Produzent" wird jedoch für seine moralische Haltung nicht entschädigt. Diese Situation würde die Herausbildung von stabilen, moralischen Haltungen wirksam verhindern. Für diese Betrachtungsweise lassen sich viele Beispiele finden. Ökologische Probleme werden bekanntlich genau vor diesem Hintergrund diskutiert. Es wird sich jedoch zeigen, dass moralische Haltungen, als öffentliche Güter interpretiert, nicht einfach eine Randerscheinung ökonomischer Gesellschaften sind. Die "Produktion" solcher Güter ist auch nicht einfach auf die enge Sphäre der persönlichen Beziehungen beschränkt. Moralische Haltungen sollen als eine elementare aber unverzichtbare Dimension des alltäglichen Lebens angesehen werden (Sabini, Silver 1982).

Die Beispiele alltäglicher Moral sind im Überfluss vorhanden. So ist es z.B. unüblich, an der Bar das eigene Brötchen in die Kaffeetasse des Nachbarn zu tauchen. Die Nichtbeachtung solcher Verhaltensregeln löst meist Konsternation oder heftige Reaktionen aus. Dasselbe gilt etwa für Essen oder Trinken während eines klassischen Konzertes. Lautes Lachen in einem vornehmen Restaurant wird mit strafenden Blicken quittiert. Niemand raucht in einem Wagen für Nichtraucher. Den Motor vor einer roten Ampel laufen zu lassen, kann heutzutage bei den Passanten unfreundliche Reaktionen auslösen. In ökonomischen Gesellschaften wäre es ohne eine elementare Form des gegenseitigen Vertrauens in anonyme Interaktionen kaum möglich, selbst einfache Situationen wie etwa den Kauf einer Zeitung mit einer 50-Franken Note zu meistern. Das Überreichen der Note setzt ja voraus, dass der Empfänger der Note das Herausgeld zurückgeben wird. Aber auch der Akt des Benzintankens setzt die darauffolgende, diskussionslose Bezahlung voraus.

Diese Beispiele zeigen, dass die Einhaltung moralischer Regeln i.a. nicht einer formellen Sanktionierung bedarf. In einem öffentlichen Gebäude wird kaum aus Angst vor polizeilichen Sanktionen nicht geraucht, sondern aus Rücksicht gegenüber dem nichtrauchenden Publikum. Eine ähnliche Haltung führt dazu, dass während einem Konzert nicht gegessen oder getrunken wird. Die Mechanismen der anonymen Vertrauensbildung beruhen keineswegs auf einer gegenseitigen Vereinbarung und auch nicht notwendigerweise auf Angst vor Sanktionen. Aus einer rein ökonomischen Perspektive kann die Einhaltung dieser Regeln erst postuliert werden, wenn die Kosten einer Nichtbeachtung moralischer Regeln grösser sind als ihr Nutzen. Eine Nichtbeachtung müsste also systematisch verfolgt oder bestraft werden. Dies ist jedoch selten der Fall. Es bleibt also eine weitgehend offene Frage, wie sich moralische Haltungen in der Öffentlichkeit überhaupt herausbilden und stabilisieren können. Ich möchte in diesem Zusammenhang erst gar nicht versuchen, eine umfassende Erklärung anzubieten. Einen Versuch in dieser Richtung gibt Douglas (1990). Es muss aber betont werden, dass eine rein ökonomische Betrachtungsweise i.a. nicht in der Lage ist, eine befriedigende Erklärung für die Existenz und Beständigkeit moralischer Regeln in anonymen Interaktionen zu liefern.

Die Existenz allgemeiner, moralischer Normen im alltäglichen Leben legt die Vermutung nahe, dass anonyme, eigennützige Beziehungen in ökonomischen Gesellschaften keineswegs als ein zentraler Aspekt ökonomischer Gesellschaften angesehen werden können. Dieser Umstand wird mit dem Begriff der *Systemintegration* (Giddens 1984, S. 28, S. 139ff.) gekennzeichnet: Individuen gehen in anonymer Interaktionen auf eine reziproke Art und Weise miteinander um. Sie teilen mit anderen Worten ein gemeinsames "Vermögen" an *kulturellen Regeln* und *Normen*. Solche kulturellen Normen, die von den meisten Individuen in einer Gesellschaft gekannt und routinemässig befolgt werden, ermöglichen eine Integration der Einzelnen in ein grösseres, anonymes Kollektiv. Am Begriff der Systemintegration zeigt sich nun eine Differenzierung des Regelbegriffs. In den Abschnitten 2.5.1 und 2.5.2 wurden soziale Regeln als emergente Eigenschaften stabiler Kontaktstrukturen beschrieben. Ihr Geltungsbereich ist dementsprechend räumlich und zeitlich beschränkt, beispielsweise auf eine Region oder einen Betrieb. Der Geltungsbereich kultureller Regeln bzw. der Mechanismen der Systemintegration erstreckt sich hingegen über ganze Gesellschaften. Zeigen bestimmte soziale Regeln und Normen der

Systemintegration zeitliche Beständigkeit, so kann auch von *Institutionen* (Giddens 1984, S. 17, S. 24) gesprochen werden (andernfalls ist es eher angezeigt, von Modeerscheinungen zu reden).

Es muss betont werden, dass diese Betrachtungsweise sich grundsätzlich für die Diskussion aller zwischenmenschlichen Beziehungen eignet, insbesondere auch für die Diskussion marktmässiger Interaktionen. Diese erfüllen selten die Kriterien perfekter Anonymität, wie sie von den Lehrbüchern verlangt wird. Marktmässige Interaktionen lassen sich i.a. selten als rein nutzenmaximierende, atomistische Transaktionen beschreiben. Persönliche und berufliche Beziehungen können nicht einfach als Randerscheinung im besten Falle und als Friktionen des Marktgeschehens im schlimmsten Falle betrachtet werden (Granovetter 1985, S. 493ff.). Was jedoch auch Granovetter zum Teil übersieht, ist die verpflichtende Kraft einer "moral community" in Situationen anonymer Interaktion bzw. die Vernachlässigung der Mechanismen der Systemintegration. Die Ärztegemeinschaft kennt beispielsweise seit langem einen verpflichtenden ethischen Kodex. Es stellt sich die Frage, ob in der amerikanischen Wirtschaftswelt der Vorsatz "in Treu und Glauben" zu handeln ein unbekanntes Phänomen ist. Angesichts des untergeordneten Stellenwertes des Berufswesens in den USA ist es verständlich, wenn die Kraft eines deontologischen Kodexes in einer Gemeinschaft von Berufsleuten unterschätzt oder gar nicht erkannt wird.

Die Neue Institutionelle Ökonomie hat einen ernsthaften Versuch unternommen, ein realistischeres, kohärentes Bild von Markttransaktionen zu entwerfen. Die Typologie der Transaktionstypen, die im wesentlichen auf drei Dimensionen beruht – Grad der Ungewissheit, Häufigkeit der Transaktion und Grad der Spezifizität der involvierten Produkte (Williamson 1979, S. 235ff und 246) – ist in erster Instanz sicherlich nützlich. Leider ist dieser Ansatz für die vorliegende Arbeit aufgrund des gewählten Handlungsmodells von beschränkter Brauchbarkeit. Im Anschluss an einen klassischen Beitrag von Simon (1955) ist zwar erkannt worden, dass der menschlichen Rationalität normalerweise nicht alle relevanten Informationen für einen optimalen Entscheid zur Verfügung stehen (Annahme der beschränkten Rationalität). Wie ich in diesem Abschnitt gezeigt habe, ist dieses Modell jedoch nicht in der Lage, die Beständigkeit sozialer und kultureller Regeln adäquat zu erklären. Die Vernachlässigung dieser Aspekte, insbesondere der sozialen und kulturellen Einbettung von Marktmechanismen, erweist sich deshalb im Rahmen dieser Arbeit als unzulässig.

2.5.4 *Routinisiertes Handeln und Vertrauensbildung*

In Abschnitt 2.5.2 habe ich gezeigt, dass persönliche und berufliche Beziehungen nicht einfach "Friktionen" von Marktmechanismen und Organisationen sind, sondern zentrale, unerlässliche Dimensionen des Marktgeschehens. In den folgenden Ausführungen möchte ich nun einen Aspekt des Handelns diskutieren, der sich deutlich vom üblichen Verständnis ökonomischer Rationalität abhebt. Wie in den vorangehenden Abschnitten schon mehrmals betont, geht es bei der Postulierung anderer Formen des Handelns nicht darum, die Existenz ökonomischer Rationalität generell abzulehnen. Ich möchte vielmehr zeigen, dass verschiedene Handlungsweisen sich im alltäglichen Leben manifestieren können und sich keineswegs gegenseitig ausschliessen. Ich werde insbesondere plausibel machen, dass *routinisiertes Handeln* wesentlich zur Stärkung von gegenseitigem *Vertrauen* in persönlichen und in anonymen Beziehungen beiträgt und damit als eine grundsätzliche Prämisse des gesellschaftlichen Lebens überhaupt betrachtet werden muss.

Der Stellenwert des routinisierten Handelns ist erst in den letzten Jahren deutlicher geworden, v.a. dank den Arbeiten des englischen Soziologen Anthony Giddens (Giddens 1979; Giddens 1984; Giddens 1988). Seine Beiträge haben auf meine Arbeit weit mehr Einfluss gehabt, als aus den folgenden Ausführungen unmittelbar ersichtlich wird. Seine Strukturationstheorie ist im angelsächsischen Raum, auch in der Geographie, breit rezipiert worden (Giddens, Turner 1987; Gregson 1986; Held, Thompson 1989). Im deutschsprachigen Raum hingegen stiess sie bisher nur auf geringes Interesse. Einen Einstieg in die Strukturationstheorie bietet beispielsweise Kiessling (1988b). Ausführlicher zum gleichen Thema ist Kiessling (1988a).

Im Fluss des täglichen Handelns sind die Situationen, die explizit und bewusst auf einem ökonomischen Kalkül beruhen, relativ selten. Weite Bereiche des Alltags sind durch routinisiertes Handeln und nicht durch ein ökonomisch-rationales Kalkül geprägt, d.h. sie entsprechen Bewegungsabläufen und Entscheidungen, die nicht unmittelbar motiviert sind. Es wäre jedoch falsch, routinisiertes Handeln als irrationales Handeln zu deuten. Obschon routinisiertes Handeln nicht unmittelbar durch ein ökonomisches Kalkül motiviert ist, kann jedes Individuum, das auf die Motive seines Tuns angesprochen wird, meistens eine kohärente Antwort geben (Giddens 1984, S. 5ff.).

Routinisiertes Handeln begleitet menschliche Biographien von der Geburt bis zum Tod. Es schafft systematisch Vertrauen und ist gleichzeitig Ausdruck von Vertrauen. Neugeborene werden vom ersten Lebenstag an mit dem Problem der Unsicherheit konfrontiert. Angesichts ihres grenzenlosen Ausgeliefertseins, ihrer absoluten Abhängigkeit von der Mutter, sind sie auf die rasche Konsolidierung von Mechanismen des Vertrauens angewiesen. Naheliegenderweise kann die Bildung solcher Mechanismen nicht auf Vereinbarung beruhen; das Neugeborene verfügt ja nicht über die geistig-rationalen Fähigkeiten eines erwachsenen Menschen. Sein Verhalten muss zunächst als intuitiv-angeboren bezeichnet werden. Dennoch legt das Neugeborene verblüffende Fähigkeiten an den Tag, seine Bedürfnisse zu kommunizieren. Empirische Untersuchungen haben gezeigt, dass Neugeborene bevorzugt auf eine weibliche Stimme hören, einen Finger fester als einen ebenso dicken Holzstab umklammern und sich durch Aufnehmen und An-der-Schulter-wiegen schneller beruhigen lassen als durch Apparate. "Die zwischenmenschliche Kommunikation beginnt bei der Geburt, und das Neugeborene kann sofort aus den Konsequenzen seines Verhaltens lernen, wenn die Reaktion innerhalb von 3 Sekunden erfolgt" (Grossmann 1988, S. 435). Diese Mechanismen führen dazu, dass zwischen Mutter und Neugeborenem sich sehr rasch soziale Mechanismen zum Abbau ontologischer Unsicherheit konsolidieren. Es etabliert sich das, was man das "Ur-Vertrauen" nennt (Stern 1979).

Die Mechanismen der Vertrauensbildung sind keineswegs nur für die Kind-Mutter-Beziehung relevant. Sie müssen vielmehr als eine elementare und unverzichtbare Prämisse allen sozialen Lebens betrachtet werden. Verfolgen wir beispielsweise den typischen Tagesablauf eines mitteleuropäischen Bürobeschäftigten. Sein Tagesablauf fängt *üblicherweise* mit dem Frühstück an. Dessen Zubereitung setzt voraus, dass Kaffee, Brot, Butter usw. *periodisch* eingekauft werden. *Normalerweise* ist zu dieser Zeit die Tageszeitung bereits zugestellt worden. Die Zeitungslektüre ist nach dem Frühstück sozusagen eine gewohnheitsmässige Pflicht. Anschliessend geht er zur Arbeit, häufig mit dem Auto, heute vermehrt mit dem Tram. Er hat sich *natürlich* darauf eingestellt, dass das Auto funktionsfähig ist und dass das Benzin nicht fehlt. Fährt er dagegen mit der Strassenbahn, verlässt er sich selbstverständlich auf die Fahrpläne. Am Arbeitsplatz widmet er sich *vertrauten Aktivitäten*. Am Abend, nach der Arbeit, hat er sich u.U. daran gewöhnt, mit Freunden einen Aperitif trinken zu gehen, etc. Jede Situation sozialer Interaktion zeichnet sich je nach den involvierten Personen (etwa: Fremde, gute Bekannte, Verwandte) und vorliegender Situation (z.B.: Telephongespräch, Tramfahrt, Zeitungskauf usw.) durch ganz unterschiedliche routinisierte Praktiken aus. Das Repertoire situations- und personenbezogener routinisierter Praktiken dürfte recht gross sein (siehe z.B. Goffmann 1986 für eine ausführliche Diskussion sozialer Interaktionen).

Das hier präsentierte Bild muss für einen mitteleuropäischen Bürobeschäftigten in keiner Weise repräsentativ sein. Man könnte sich beim gleichen Angestellten sehr verschiedene Tagesabläufe vorstellen. Indes steht hier nicht die Repräsentativität der Beschreibung im Vordergrund, sondern die Tatsache, dass ganz unabhängig davon wie ein solcher Tagesablauf im einzelnen aussieht, Individuen sowohl im privaten als auch im beruflichen Leben routinemässig auf Gewohnheiten, welche zur Bildung von Vertrauen beitragen, angewiesen sind. Vertrauen bildet sich, wenn die eigenen Erwartungen an Situationen und Mitmenschen normalerweise erfüllt werden. Das Zusammenspiel von Erwartungen und Bestätigungen drückt sich in routinisierten Praktiken aus. Diese helfen, Gefühle der ontologischen Unsicherheit und manchmal auch der Angst abzubauen. Routinisiertes Handeln, so die zentrale These Giddens', ist ein konstitutiver Aspekt des gesellschaftlichen Zusammenlebens. Die Relevanz des routinisierten Handelns für die Existenz und Reproduktion einer Gesellschaft ist von Giddens eindrücklich dokumentiert worden. Sich auf einen Erfahrungsbericht von Bruno Bettelheim stützend, zeigt er die zerstörerischen Folgen für die menschliche Psyche, die sich aus der systematischen Zerstörung alltäglicher Routinen in den deutschen Konzentrationslagern ergaben (Giddens 1984, S. 60-64). Auch Luhmann (1989) hat darauf hingewiesen, dass Individuen ständig mit Mechanismen der Vertrauensbildung konfrontiert sind.

Routinisiertes Handeln trägt dazu bei, eine Grenze zwischen (relevanter) Gegenwart und (irrelevanter) Zukunft zu ziehen. Denn offensichtlich hat für das soziale Leben ein naturwissenschaftlich aufgefasstes Verständnis der Gegenwart (d.h. Gegenwart als bloss unendlich kurzer Augenblick) keine Bedeutung. Wenn von Gegenwart in sozialer Bedeutung die Rede sein soll, so kann sie sich, wie schon Augustinus bemerkte, nur irgendwo zwischen der unmittelbaren Vergangenheit und einer zunächst nicht näher präzisierten Zukunft abspielen. Die Dauer der Gegenwart ist aus subjektiver Perspektive unterschiedlich lang. Sie ist nicht eine fixe, allgemein anerkannte Zeitspanne. Erst die soziale Definition relevanter Zeithorizonte scheint eine gegenwartsbezogene Konsolidierung routinisierter Praktiken zu ermöglichen. Umgekehrt trägt die Etablierung routinisierter Praktiken zur Konsolidierung von Rhythmen bei. Unabhängig davon, wie nun im einzelnen die kausalen Beziehungen aussehen, das alltägliche Leben zeichnet sich durch sehr unterschiedliche zeitliche Abgrenzungen der Gegenwart aus.

Normalität und Vertrauen beziehen sich nicht nur auf persönliche und private Beziehungen. Wichtiger ist in diesem Zusammenhang ein anderer Aspekt der Vertrauensbildung, den man als *generalisiertes Vertrauen* bezeichnen könnte. Normalität, also letztlich Legitimität, bezieht sich auch auf institutionalisierte Praktiken, d.h. auf weitgehend unveränderbare, kontext- und personenunabhängige Regeln und Normen.

Routinisiertes Handeln und die damit einhergehenden Mechanismen der Vertrauensbildung bzw. die Rhythmen und Abwechslungen zwischen

Arbeit und Freizeit sind für die Diskussion der ökologischen Krise unmittelbar von Interesse. Die systematische Produktion externer Effekte bringt das stillschweigende, aber unerlässliche Vertrauen der Bürgerinnen und Bürger in die Regeln und Normen, welche an der Basis ökonomischer Aktivitäten liegen, allmählich ins Wanken (Giddens 1990). Jene Regeln, welche im letzten Jahrhundert als völlig legitim galten, erzeugen inzwischen zusehends Verunsicherung, Misstrauen, Skepsis und gar offenen Widerstand. Wir werden hier mit einer negativen Deutung der Normalität konfrontiert: Routinemässig abgewickelte ökonomische Praktiken führen dazu, dass externe Effekte, Risiken und Gefahren zur gewöhnlichen Dimension des Alltags erhoben werden. Gerade die routinemässige Dimension, die Normalität ökologischer Risiken führt zu steigenden Legitimationsproblemen und Imageverlusten. Was für breite Teile der Bevölkerung bedenklich ist, sind nicht einfach einzelne ökologische Probleme oder Unfälle, sondern die systematische, man könnte schon fast sagen zielstrebige und hartnäckige Erzeugung immer neuer externer Effekte und Risiken.

Um welche tradierten Regeln es sich handelt, möchte ich mit einem berühmten Beispiel illustrieren. Es gehört zu den Allgemeinplätzen ökonomischer Weltanschauung, dass das Streben des Einzelnen nach Eigeninteresse paradoxerweise das grösste Wohl für die Gesellschaft bewirkt. Diese Idee kennt mindestens zwei sehr berühmte geistige Väter: Adam Smith und Bernard de Mandeville. Die Illustration, die Smith von dieser These gibt, scheint einleuchtend: Der Bäcker bäckt das Brot nicht zum Wohle der Gesellschaft, sondern aus Profitgründen. Nichtsdestoweniger profitieren alle davon, dass er tagtäglich Brot bäckt. Aus dem Streben nach Profit, so die These, erwachsen positive Nebenwirkungen für die ganze Gesellschaft. Das egoistische Streben des Bäckers nach Profit produziert ein öffentliches Gut, nämlich die Verfügbarkeit von Brot. F.A. von Hayek vertritt mit Vehemenz diese Position, indem er sich auf den berühmten Spruch Mandevilles beruft:

> "the grand principle that makes us social creatures, the solid basis, the life and support of all trade and employment without exception is *evil* " (Hayek 1988, S. 12-13, Hervorhebung im Original).

Die schon fast mythologische Bedeutung, die diese Metapher bei der Rechtfertigung ökonomischer Praktiken bekommen hat, darf nicht darüber hinwegtäuschen, dass die Regeln des systematischen Strebens nach Profit letztlich nichts anderes sind als tradierte soziale Praktiken. Ihre Legitimität ist entscheidend von der Glaubwürdigkeit der oben erwähnten geheiligten These abhängig, dass Egoismus letzten Endes der Gesellschaft als ganzer zugute komme. Dennoch lässt sich leicht zeigen, dass das Streben nach Profit in keiner Weise der einzige Grund für das Handeln des Bäckers ist. Selbstverständlich ist auch der Bäcker auf ein Einkommen angewiesen, doch handelt es sich dabei eher um eine Randbedingung als um eine Zielvariable. Was den Bäcker dazu bewegt, das zu tun, was er tut, ist nicht primär der Profit, sondern sein *Beruf*. Das Berufswesen ist historisch gesehen der zentrale Aspekt des Übergangs von politischen zu ökonomischen Gesellschaften. Die berufliche Arbeitsteilung und nicht einfach das Streben nach Profit hat einen sozialen Nutzen produziert.

Für die Ausübung einer bestimmten Aktivität ist demzufolge nicht das Streben nach Profit unbedingt massgebend, sondern das Interesse an der eigenen Arbeit. Somit muss der Zusammenhang zwischen strikter Eigennützigkeit (Egoismus) und gesellschaftlichem Wohl deutlich relativiert werden. Obschon dieses Argument hier nicht bis ins letzte Detail ausgeführt werden kann, bietet es eine interessante und möglicherweise folgenschwere Einsicht: Die Funktionsweise von Marktmechanismen kann u.U. auch bei sehr niedrigen Profiten, im Extremfall bei einem Profit von Null, gewährleistet werden. Dass Smith diese Möglichkeit nicht erkannte, liegt vermutlich darin, dass ihm das Konzept des Berufes fremd war. Berufswesen und Streben nach Profit sind zwar historisch gesehen eng verknüpfte Realitäten, es gilt sie jedoch sorgfältig zu unterscheiden. Wie im dritten Teil dieser Arbeit zu zeigen sein wird, ist Profitstreben keine natürliche menschliche Anlage, sondern Ausdruck einer Geisteshaltung und einer Lebensführung, die sich erst in Rahmen der Reformation konsolidierten.

Diesen Ausführungen liegt die Vermutung nahe, dass Marktmechanismen zwar einer unverzichtbaren Dimension ökonomischer Gesellschaften entsprechen, jedoch nicht einfach mit der simplen Norm nach Profitmaximierung gleichgesetzt werden können. Es ist schwerlich vorstellbar, in einer arbeitsteiligen Gesellschaft auf die Koordinationsleistung von Marktmechanismen zu verzichten. Es kann aber nicht übersehen werden, dass ein Aspekt heutiger Marktmechanismen, das Streben nach Profit, nicht nur einen sozialen Nutzen hat. Der Bäcker Smithscher Prägung produziert zwar ein öffentliches Gut, indem er die verschiedenen Sorten Brot bäckt. Dadurch dass er Luft und Wasser belastet, produziert er aber – unabsichtlich – auch negative öffentliche Güter. Inwiefern die Folgen der Profitmaximierung als positive oder negative öffentliche Güter zu bezeichnen sind, lässt sich kaum allein mit theoretischen Argumenten endgültig beschliessen. Der Stellenwert der Profitmaximierung in ökonomischen Gesellschaften muss vor dem Hintergrund dieser Ausführungen deutlich relativiert werden.

In Abschnitt 2.5 sind einige theoretische Konzepte vorgestellt worden, welche es ermöglichen sollten, jene Schwierigkeiten zu überwinden, die in der externen Perspektive ökologischer Probleme stecken. Wir haben gesehen, dass die Neue Politische Ökonomie die öffentliche und politische Dimension von externen Effekten und Marktversagen hervorhebt. Dieser

Einbezug politischer und öffentlicher Auseinandersetzungen begründet den Übergang von einer externen zu einer internen Perspektive. Externe Effekte und Marktversagen werden danach als Ergebnis politischer und öffentlicher Auseinandersetzungen angesehen. Die Existenz und Relevanz eines externen Effektes wird demzufolge ersichtlich, indem Individuen sich darüber einig sind, dass neue Regeln des Zusammenlebens vereinbart werden müssen. Regeln und Normen sind sicherlich ein zentraler Aspekt einer internen Perspektive sozialer Prozesse. Leider erweist sich das (reduktionistische) Regelverständnis, das von der neuen Politischen Ökonomie vertreten wird, letztlich als unhaltbar. Die Diskussion des Regelbegriffs in Abschnitt 2.5.1 hat gezeigt, dass sich Regeln keineswegs immer auf rechtliche Vereinbarungen und Konventionen reduzieren lassen. Sie sind häufig eine a-priori Realität, welcher Rechnung getragen werden muss. Es hat sich dabei als fruchtbar erwiesen, zwischen sozialen und kulturellen Regeln zu unterscheiden. Erstere haben i.d.R. eine beschränkte zeitliche und räumliche Ausdehnung (Sozialintegration). Ihre Wirksamkeit ist auf private und berufliche Kontaktstrukturen beschränkt. Letztere hingegen sind in viel grösseren geographischen Räumen gültig und meistens über lange Zeit recht stabil in ihrer Wirkung auf anonyme zwischenmenschliche Interaktionen (Systemintegration).

Die Erweiterung der internen Perspektive um a priori Regeln und Kontaktstrukturen hat zahlreiche Folgen. Eine derart erweiterte interne Perspektive legt ein Verständnis von Marktmechanismen nahe, das im wesentlichen auf dem Regelbegriff beruht. Im Gegensatz zur konstruktivistischen Auffassung von Regeln, welche von der Neuen Politischen Ökonomie vertreten wird, handelt es sich bei dieser Auslegung von Marktmechanismen um nicht-vereinbarte Regeln bzw. um Traditionen. Tradierte Regeln entstehen und konsolidieren sich allmählich im Laufe der kulturellen Evolution. Eine derartige Interpretation von Marktmechanismen ist aus ökologischer Sicht von grosser Bedeutung. Marktmechanismen werden als Gegenstand der kulturellen Evolution erklärt. Ihre Regeln sollen nicht mehr länger als unveränderbar, als endgültig axiomatisiert, als Gesetzmässigkeit angesehen werden. Dies mag für manche positivistisch orientierte Sozialwissenschafter enttäuschend sein. Doch gerade in einem evolutionären Verständnis von Marktmechanismen stecken die Chancen einer Reorientierung ökonomischer Aktivitäten in eine Richtung, welche zu einer ökologischen Marktwirtschaft führen soll. Wie eine solche Reorientierung ablaufen könnte, soll im vierten Teil dieser Arbeit gezeigt werden. Im dritten Teil möchte ich vorerst die Fruchtbarkeit einer evolutionären Betrachtungsweise von Marktmechanismen aufzeigen.

Teil III: Kulturelle Evolution und Marktmechanismen

3.1 Einführung

Umweltökonomische Konzeptionen stellen den "Marktmechanismus" in den Mittelpunkt ihrer Analyse. Wohlfahrtstheoretisch orientierte Ansätze versprechen sich von der Quantifizierung externer Kosten eine effizientere Nutzung von Umweltgütern, während die Theoretiker der Property-Rights-Schule in einer ineffizienten bzw. unklaren oder fehlenden Zuteilung von Eigentumsrechten die wichtigste Quelle ökologischer Probleme identifizieren. Beide Forschungsrichtungen sind sich in einem Punkt jedoch einig: Der "Marktmechanismus" steht im Zentrum jeder ökologischen Reform. Die Marktkräfte sollen sozusagen in den Dienst der Ökologie gestellt werden. Dieser These kann zwar zugestimmt werden, sie bedarf jedoch einer Klärung. Mit ihr verbindet sich die Überzeugung, dass der Staat letztlich nicht in der Lage ist, die zahllosen diffusen ökologischen Probleme zu erkennen und auf sie rechtzeitig, wirksam und kostengünstig zu reagieren. Der Staat ist gegenüber ökologischen Problemen letzten Endes machtlos, wenn es darum geht, gezielt und detailliert einzelne Handlungsweisen auf irgendeine Weise zu beeinflussen. Vor diesem Hintergrund muss den Umweltökonomen zugestimmt werden, wenn sie in der Diskussion möglicher Strategien zur Bewältigung ökologischer Probleme auf der expliziten Berücksichtigung des "Marktmechanismus" insistieren und darauf hinweisen, dass eine allein auf eine detaillierte Regulierung ausgerichtete Umweltpolitik mittelfristig zum Scheitern verurteilt ist. Und es kann ihnen wiederum zugestimmt werden, wenn sie der Umweltpolitik vermehrt ordnungspolitische Aufgaben zuteilen möchten.

Das Vertrauen in die positiven Wirkungen des Marktmechanismus beruht m.E. auf einem vielfach impliziten Verständnis der kulturellen Evolution, welches im Marktmechanismus den wichtigsten evolutionären Antrieb identifiziert. Die Schaffung geeigneter ökologischer Rahmenbedingungen soll danach bereits ausreichen, um einen strukturellen Anpassungsprozess in der Privatwirtschaft auszulösen, welcher den Übergang von den heutigen zu ökologisch verträglicheren Marktwirtschaften spontan bewirken soll. So verlockend diese Perspektive auch erscheinen mag, sie ist nicht unproblematisch, denn sie erhebt ganz bestimmte kulturelle Normen, nämlich jene, die für den Marktmechanismus konstitutiv sind, zur einzigen Dimension der kulturellen Evolution. Dabei geht es nicht darum, eine solche These grundsätzlich zu begrüssen oder abzulehnen, sondern ihre Glaubwürdigkeit näher zu betrachten. Eine Umweltpolitik, die sich auf die Schaffung geeigneter ökologischer Rahmenbedingungen beschränkt, legt ein Verständnis vom Marktmechanismus ans Licht, das auf formalen, mathematischen Eigenschaften beruht und kontextabhängige Aspekte explizit ablehnt. Der Marktmechanismus wird damit zu einer gesellschaftlichen Gesetzmässigkeit erhoben, die eine Existenzberechtigung jenseits von Kultur und Geschichte hat. Diese weitverbreitete Überzeugung hat für die Umweltpolitik wichtige Folgen. Die Realisierung einer ökologisch verträglichen Marktwirtschaft soll danach möglich sein, ohne auf die spezifischen, historisch bedingten strukturellen Merkmale einer gegebenen Wirtschaft Rücksicht nehmen zu müssen. Marktwirtschaftlich konforme Umweltpolitik, wie sie heute üblicherweise verstanden wird, beruht auf einem ahistorischen, kontextlosen Verständnis des Marktmechanismus.

Wie die Ausführungen im zweiten Teil dieser Arbeit gezeigt haben, ist der Marktmechanismus stets in soziale und kulturelle Realitäten eingebettet. Effizienz und Rationalität bekommen erst in einem sozialen und kulturellen Kontext Sinn, wodurch implizit auch die Beziehung zwischen Rationalität und Tradition umgekehrt werden muss: Tradition ist der Rationalität vorgelagert. Traditionen legen häufig fest, was als rationales Handeln gelten darf: nach welchen Regeln Preiskalkulationen durchgeführt werden sollen, welche Handlungsweisen noch als verantwortbar gelten, welche unfair, welche Risiken akzeptabel sind, wie Profitmargen berechnet werden sollen usw. Auch die Regeln des Marktes sind mit anderen Worten in Traditionen eingebettet und lassen sich schwerlich auf einfache, abstrakte und universelle Handlungsmaximen reduzieren. Diese Tatsache relativiert den Stellenwert des Marktmechanismus als wichtigster Dimension der kulturellen Evolution. Wenn der Marktmechanismus selbst in soziale und kulturelle Realitäten eingebettet ist, fällt es nun schwerer, ihn zur privilegierten kulturellen Triebfeder zu erheben. Angesichts des manchmal blinden Vertrauens in die positiven Wirkungen des Marktmechanismus scheint es mir angebracht, seine Bedeutung als evolutionärer Faktor für die Prozesse der kulturellen Evolution näher zu betrachten.

Ein einflussreicher Versuch, den Marktmechanismus in eine kulturelle Perspektive zu stellen, ist von F.A. Hayek unternommen worden. Während sich die Main-Stream-Ökonomie in diesem Jahrhundert vermehrt zu einer virtuosen mathematischen Übung entwickelte, hat Hayek immer wieder eine evolutionäre Betrachtungsweise von Marktmechanismen propagiert und zugleich eine eigene Theorie der kulturellen Evolution entwickelt (Hayek 1968; Hayek 1983; Hayek 1988; für eine Einführung in die Arbeit Hayeks siehe etwa Ballestrem, Ottmann 1990). Die Position Hayeks steht in deutlichem Gegensatz zu den vertragstheoretischen Positionen, die ich in Abschnitt 2.4 diskutiert habe. Marktmechanismen bestehen nach Hayek aus apriori Regeln, die niemals von Individuen rational entworfen und vereinbart worden sind. Marktmechanismen sind mit anderen Worten Traditionen, die ebenso wenig wie natürliche Sprachen auf individuelle, bewusste und rationale Entscheide zurückgeführt werden können. Hayeks Verständnis von Regeln und Normen deckt sich weitgehend mit dem in dieser Arbeit entwickelten, sich an einer realistischen Position orientierenden Konzept der sozialen und kulturellen Regeln. Die zentrale Frage in der Argumentation Hayeks lautet nun: Wenn die Regeln des Marktmechanismus nicht durch rational handelnde Individuen absichtlich vereinbart worden sind, wie konnten sie sich dann etablieren? Um diese Frage zu beantworten, hat Hayek ein Konzept von kultureller Evolution entwickelt, in dessen Mittelpunkt die Evolution von Regeln und Normen steht.

Ähnlich wie die biologische Evolution kennt die *kulturelle Evolution* Mechanismen der Selektion und Mutation.[1] Wie Giddens bedient sich Hayek des Konzeptes unbeabsichtigter Handlungsfolgen. Freilich benützt er es nicht, um die routinemässige Reproduktion gesellschaftlicher Institutionen zu erklären, sondern verwendet es in Analogie zum Mechanismus der biologischen Mutation. Im Laufe der menschlichen Geschichte kam es immer wieder vor, dass unbeabsichtigte Handlungsfolgen sich zu erfolgreichen gesellschaftlichen Praktiken entwickelten. Diese Praktiken etablierten sich nicht dank rationaler Vereinbarungen, sondern durch Imitation und Lehren. Jene Völker, die sich diese Praktiken aneigneten, so die These, genossen einen reproduktiven Vorteil. Sie konnten sich beispielsweise Nahrungsmittel rascher und effizienter beschaffen, so dass sie schneller als andere Populationen wuchsen.

Welche Regeln haben den Übergang von den archaischen zu den heutigen Gesellschaften ermöglicht? Die zentrale These Hayeks ist einfach. Die Transformation von der Horde zur offenen Gesellschaft war nur möglich, indem jedes Gesellschaftsmitglied seine eigenen, egoistischen Interessen zielstrebig und ohne Rücksicht auf seine Mitmenschen verfolgte. Betrachen wir näher diese zunächst seltsam anmutende These. Archaische Gesellschaften bilden den Ausgangspunkt jeder Diskussion der Mechanismen der kulturellen Evolution. Die Mitglieder der Horde oder des Clans kennen sich persönlich und sind häufig in verwandtschaftliche Beziehungen eingebunden. Konstitutives Organisationsprinzip archaischer Gesellschaften ist die *Gruppensolidarität*. Gruppensolidarität und Altruismus sind jedoch, so Hayek, für die "extended order", für ökonomische Gesellschaften, denkbar ungeeignet. Die Reproduktion einer Gesellschaft, deren Mitglieder sich

---

1 Siehe Bowler (1986) Boyd und Richerson (1985) für einen Überblick verschieder Konzeptionen der kulturellen Evolution.

nicht persönlich kennen, ist wesentlich von Institutionen bzw. von tradierten Regeln abhängig, die nicht auf Gruppensolidarität und persönlichen Beziehungen beruhen. Die Reproduktion heutiger Marktwirtschaften, so Hayek, kann offensichtlich nicht auf den Mechanismen der Gruppensolidarität beruhen. Wenn der Altruismus ein konstitutives Merkmal archaischer Gesellschaften ist, dann ist Eigeninteresse in ökonomischen Gesellschaften sozusagen das oberste Gebot. Der Marktmechanismus verkörpert nach Hayek genau jene tradierten, egoistischen Orientierungen, die die *anonyme Koordination* zwischen einer sehr grossen Zahl von Individuen ermöglichen.

Diese Argumentation entbehrt nicht einer gewissen Plausibilität. Soziobiologen haben darauf aufmerksam gemacht, dass Individuen, die einseitig ein altruistisches Verhalten zeigen, unter einen starken selektiven Druck geraten. Andererseits haben Gruppen von Individuen, welche die Regeln der Reziprozität in altruistischem Sinne anwenden, offensichtliche reproduktive Vorteile. Es ist jedoch unklar, ob sich solche Regeln auch ausserhalb der kleinen Gruppe aufrecht erhalten liessen. Schliesslich lässt sich die genaue Bedeutung von Altruismus bzw. Egoismus nicht allgemein definieren. Im zweiten Teil dieser Arbeit habe ich beispielsweise gezeigt, dass die Arbeitsteilung nicht unbedingt auf die blinde Verfolgung von Profit angewiesen ist. Das Interesse an den eigenen beruflichen Tätigkeiten kann genauso einen gesellschaftlichen Nutzen produzieren und zur Entstehung und Aufrechterhaltung der Arbeitsteilung beitragen wie das blosse Streben nach Profit. Müssen deswegen beruflichen Aktivitäten egoistische Motive unterstellt werden?

Der Stellenwert vom Marktmechanismus für die Prozesse der kulturellen Evolution soll anhand eines dreistufigen Modells diskutiert werden (Jaeger, Steiner 1988; Dürrenberger 1989, S. 106ff.; Jaeger 1991). Ich bezeichne die drei Stufen als *archaische, politische* und *ökonomische Gesellschaften*. Mit der Einführung dieses Modells verknüpft sich schon eine erste Relativierung des Marktmechanismus als evolutionäre Kraft. Keine der beiden kulturellen Zäsuren, so die These, hat ihre Wurzeln in den Wirkungen des Marktmechanismus. Jede Stufe ist in diesem Modell ein emergentes Phänomen der vorangegangenen, mithin also nicht auf diese reduzierbar. Sie kann im Sinne Giddens als die Institutionalisierung von unbeabsichtigten Handlungsfolgen beschrieben werden. So fehlte beispielsweise in archaischen Gesellschaften die politische Dimension, während in politischen Gesellschaften Marktmechanismus und Berufswesen unbekannt waren.

Das hier vertretene dreistufige Konzept der kulturellen Evolution ist von verschiedenen Autoren unabhängig voneinander in ganz ähnlichem Sinne skizziert worden. Karl Polanyi beispielsweise hat immer wieder von drei gesellschaftlichen Organisationsprinzipien gesprochen, die in etwa dieser Unterscheidung entsprechen: Reziprozität in archaischen, Redistribution in politischen und der Markt in ökonomischen Gesellschaften (Polanyi 1977, S. 35-43). Giddens unterscheidet zwischen "tribal societies", "class-divided societies" und "class societies" (Giddens 1984, S. 180-185). Ein dreistufiges Modell der kulturellen Evolution, das auf die Eigenständigkeit der öffentlichen Dimension hinweist, findet sich auch bei Service (Service 1977). Ausgehend von diesem dreistufigen Konzept hat Dürrenberger in geographischer Optik menschliche Territorialität diskutiert (Dürrenberger 1989). In den folgenden Ausführungen sollen nun die wesentlichen Aspekte dieser drei Gesellschaftsformen kurz besprochen werden.

Mancher Leser wird sich vermutlich fragen, wieso archaische Lebenszusammenhänge relevant sein sollen für eine Untersuchung mit dem Ziel, eine Analyse der ökologischen Krise ökonomischer Gesellschaften durchzuführen. Hierzu gibt es mehrere Gründe. Ein erster, schlichter, aber naheliegender Grund liegt in der zeitlichen Bedeutung, welche archaische Gesellschaften für die kulturelle Evolution haben: Vom Beginn der Hominisation vor zirka vier Mio. Jahren bis zum Beginn der *neolithischen Revolution* vor etwa 10'000 Jahren haben die Menschen als Jäger und Sammlerinnen gelebt. Auch wenn man von grossen Datierungsunsicherheiten ausgeht, so muss man feststellen, dass die Menschheit über 95 % ihrer Geschichte in dieser Gesellschaftsform gelebt hat. Dies relativiert die Sicht, wonach die westliche Zivilisation den (vorläufigen) Gipfel der Menschwerdung darstelle, ganz erheblich. Unsere moderne Zivilisation hat den Beweis noch nicht erbracht, dass sie über längere Zeit, und sei es nur ein kleiner Bruchteil der Dauer der archaischen Lebensweise, überleben kann. Die verblüffende kulturelle und demographische Stabilität dieser Kulturen beruht nicht auf der beschränkenden Wirkung natürlicher Faktoren. Das Ausbleiben materiellen Wachstums ist nicht primär durch Knappheit von Nahrungsmitteln oder durch primitive Technologien bedingt. Der eher statische Charakter dieser Gesellschaften (von Ökonomien kann hier nicht gesprochen werden) wurzelt vielmehr im kulturellen Bereich.

Archaische Gesellschaften waren hauptsächlich verwandtschaftlich organisiert. Ihre Mitgliederzahl war i.d.R. so begrenzt, dass persönliche Kontaktstrukturen das ganze Leben erfassten, also keine Systemintegration vonnöten war. Die Gültigkeit sozialer Normen erstreckte sich kaum auf Bereiche ausserhalb der Horde. Die tragende soziale Struktur war die *Verwandtschaft*, in welche das "ganze Leben", angefangen von der Beschaffung der Nahrungsmittel, zur Herstellung von Werkzeugen, die Austragung sozialer Konflikten bis hin zu den religiösen Aktivitäten, integriert war. Die Stellung eines Individuums in der Verwandtschaft bestimmte denn auch weitgehend seine Rechte und Pflichten.

Die Herausbildung einer selbständigen *politischen Sphäre* markiert die erste wichtige kulturelle Zäsur und fällt mit dem Übergang zur Sesshaftigkeit, d.h. der Entwicklung landwirtschaftlicher Praktiken, der Domestizierung von Tieren, der Gründung dauerhafter Siedlungen usw. zusammen. Die verwandtschaftlichen Strukturen verlieren ihren umfassenden moralischen Anspruch in dem Grade, wie sich die öffentliche Sphäre zu konsolidieren beginnt. Interessenkonflikte und die Ausübung von Autorität zur Schlichtung finden nicht mehr ausschliesslich im Rahmen verwandtschaftlicher Beziehungen und Regeln statt, sondern in einem rechtlichen Rahmen zwischen potentiell Gleichgestellten (Bürgern). Damit lässt sich zum ersten Mal eine Differenzierung zwischen einer familiären, privaten Sphäre und einer öffentlichen, politischen Sphäre ausmachen.

Die Zugehörigkeit zur politischen Öffentlichkeit wird zum integrierenden Moment einer politischen Gesellschaft. Diese Zugehörigkeit ist im Prinzip unabhängig von der Stellung des Mitglieds in der Verwandtschaftsstruktur. Es kann allerdings nicht übersehen werden, dass politische Gesellschaften real meist Klassengesellschaften sind, welche systematisch ganze Bevölkerungsgruppen vom öffentlichen Leben ausschliessen (in der Antike etwa die Sklaven, in der Moderne die Frauen, etc.). Die Etablierung einer politischen Sphäre darf der Gründung der ersten Staaten nicht gleichgesetzt werden. Öffentlichkeit und Staat sind zwei unterschiedliche kulturelle Erscheinungen. Ein öffentlicher Bereich lässt sich auch bei Völkern beobachten, die noch keine eigentlichen Staaten sind. Staaten sind ein historisch jüngeres Phänomen als öffentliche Institutionen.[2]

Politische Kulturen weisen eine grössere raum-zeitliche Ausdehnung als Verwandtschaftssysteme auf. Am Übergang von archaischen zu politischen Gesellschaften könnte die Entstehung der ersten Formen des Marktmechanismus postuliert werden. Die "ökonomischen" Praktiken in der Antike lassen jedoch begründete Zweifel an dieser These aufkommen. Marktmechanismen und ihre Institutionen sind während der ganzen Antike praktisch unbekannt. Die wichtigste "ökonomische" Aktivität, die Landwirtschaft, kennt keine Buchhaltung, ihre Techniken blieben während eines Jahrtausends weitgehend unverändert. Investitionen sind unbekannt und die Bodenrenten werden von den Grossgrundbesitzern einfach konsumiert. Versorgungskrisen werden mit politischen und nicht ökonomischen Mitteln bewältigt.

Erst vor etwa 300 Jahren begann die zweite kulturelle Zäsur: der Übergang von den politischen zu den *ökonomischen Gesellschaften.* Lässt sich nach dem Übergang von archaischen zu politischen Gesellschaften eine öf-

2 Zur Unterscheidung zwischen der politischen bzw. öffentlichen Dimension und der Entstehung der ersten Staatsformen siehe die Zusammenstellung in Dürrenberger (1989, S. 107-110)

fentliche von einer privaten Sphäre unterscheiden, stellt man mit der Entstehung ökonomischer Gesellschaften eine weitere soziale Differenzierung fest: die Konsolidierung beruflicher Aktivitäten. Mit der Entstehung des Berufswesens kann zum ersten Mal von Arbeitsteilung im engeren Sinne gesprochen werden. Der grösste Teil der Bevölkerung war im Mittelalter in landwirtschaftlichen Aktivitäten beschäftigt. Mittelalterliche Städte zeichneten sich durch ein Regime der Selbstversorung aus. Mit der Etablierung ökonomischer Gesellschaften grenzten sich berufliche Aktivitäten von der privaten Sphäre ab. Berufsarbeit fand nicht mehr länger in den eigenen vier Wänden statt. Es entstand eine neue soziale Figur, der Lohnabhängige. Gänzlich neue Organisations- und Produktionstechniken wurden entwickelt, die Methoden der Buchhaltung allmählich verfeinert und ausgebaut. Das noch weitgehend ländliche Leben, welches das alltägliche Bild Europas bis dahin prägte, wurde vom "Geist des Kapitalismus", so Max Weber in seinen religionssoziologischen Studien (Weber 1984), zutiefst erschüttert.

Auch beim Übergang von politischen zu ökonomischen Gesellschaften spielt der Marktmechanismus eine untergeordnete Rolle. Der moderne Marktmechanismus scheint eher ein Ergebnis eines tiefen kulturellen und moralischen Umbruchs als dessen Voraussetzung zu sein. Diese Frage kann naturgemäss kaum endgültig beantwortet werden. Die Diskussion der Weberschen Thesen scheint jedoch eine Erklärung des Übergangs von politischen zu ökonomischen Gesellschaften zu unterstützen, in deren Mittelpunkt nicht etwa die Marktkräfte stehen, sondern eine moralische Neuorientierung, nämlich die Reformation. Erst das Vorhandensein eines kulturell fruchtbaren Bodens hat nach dieser Konzeption die rasche Diffusion ökonomischer Praktiken ermöglicht. Damit wäre einmal mehr die Einbettung des Marktmechanismus in kulturelle Traditionen postuliert. Sollte sich diese These als glaubwürdig erweisen, müssten die Erwartungen, die heute in die positiven Wirkungen des Marktmechanismus gesteckt werden, deutlich relativiert werden. Seine Wirkungen müssten unweigerlich gegen jene tradierten und inzwischen auch gesellschaftlich sanktionierten Orientierungen prellen, die man mit dem heutigen Lebensstil assoziert.

3.2 Der Tausch in archaischen Gesellschaften

3.2.1 Über das "Ökonomische" in archaischen Gesellschaften

Die Interpretation ökonomischer Praktiken auf der Basis sozialen Handelns erfordert einen sorgfältigen Umgang mit kulturellen Kontingenzen. Sonst läuft man schnell einmal Gefahr, einen Begriffsapparat zu verwenden, der diesen Kulturen absolut fremd ist. Wichtige Beispiele sind etwa die modernen ökonomischen Begriffe "Arbeit", "Handel" und "Preis". Es dürfte nicht weiter überraschen, dass archaische Gesellschaften keine Begriffe hatten, deren Bedeutung sich mit den "unsrigen" decken. Nehmen wir etwa die Bedeutung des Wortes "Arbeit": Menschen beschaffen sich Nahrung, sammeln, jagen, spielen, beten, schlafen, usw. In archaischen Gesellschaften sind diese Tätigkeiten jedoch nicht institutionell in Arbeit und Freizeit differenziert, wie das in der modernen Zivilisation der Fall ist. Archaische Gesellschaften waren geldlose Gesellschaften. Sie beruhten meistens auf dem Tausch. Selbstverständlich mussten Werkzeuge, Kleider und Nahrungsmittel produziert, beschafft und verteilt werden. Ethnologische Arbeiten, auf welche noch näher einzugehen sein wird, haben jedoch gezeigt, dass der Austausch von Artefakten noch keineswegs als Handel im modernen Sinne aufgefasst werden kann. Der Handel, wie man ihn heute normalerweise begreift, nämlich als eine Aktivität, die darauf ausgerichtet ist, Einkommen aus Preisunterschieden zu erwirtschaften, war in archaischen Gesellschaften weitgehend unbekannt. Arbeitsteilung war eine "organische" Form der sozialen Kooperation (Durkheim 1988), die allerdings nicht mit ökonomischer Arbeitsteilung, etwa im Sinne Taylors, gleichgesetzt werden kann.

Die Schwierigkeiten, welche sich aus der ökonomischen Betrachtungsweise archaischer Gesellschaften ergeben, lassen sich umgehen, indem die diesen Kulturen eigenen Kategorien zu ihrer Beschreibung herangezogen werden, also von einer externen zu einer internen Betrachtungsweise übergegangen wird. Die Aufgabe der ökonomischen Perspektive bedeutet nicht automatisch den Verlust jeder Vergleichbarkeit. Manche sozialen Kategorien wie die Arbeitsteilung, der Tausch, das Eigentum oder die Zeit sind in der einen oder anderen Form in jeder Kultur vorhanden. Aber ihre Ausgestaltung kann sich selbstverständlich von Kultur zu Kultur stark unterscheiden. Damit verlieren soziale Kategorien wie Eigentum oder Tausch keineswegs ihre Bedeutung. Vielmehr handelt es sich dann darum, eine sinnvolle Übersetzung der Phänomene und Begriffe der einen Kultur in diejenigen der anderen Kultur zu finden. Die hier vertretene Position einer internen Perspektive sozialer Praktiken hat viele Gemeinsamkeiten mit der hermeneutischen Betrachtungsweise (Pohl 1986). Ich werde daher versuchen, funktionalistische Interpretationen so weit als möglich zu vermeiden.

Giddens veranschaulicht die Unzulänglichkeiten funktionalistischer Ansätze mit Hilfe des Konzepts der *unbeabsichtigten Handlungsfolgen* (Giddens 1984, S. 9-14; zur Beziehung zwischen funktionalistischen Ansätzen und der Strukturationstheorie siehe auch Giddens 1984, S. 293ff.). Wird z.B. während des Anbaus oder der Ernte einer Pflanze eine spezielle Fruchtbarkeitszeremonie zu Ehren der Götter gefeiert, so hat diese Zeremonie nicht in erster Linie die Funktion einer Erholungspause. Dennoch hat die Ausrufung dieser Zeremonie die (unbeabsichtigte) Folge, die Landarbeiten zu unterbrechen. Es kann natürlich nicht behauptet werden, dass der Zauberer die Absicht hat, Arbeitsphasen und Erholungsphasen aufeinander abzustimmen, denn weder Arbeit noch Erholung in unserem Sinne gehören zu den alltagssprachlichen Kategorien dieser Völker; de facto passiert aber genau das. Das Konzept der unbeabsichtigten Handlungsfolgen kann daher eine wesentliche Hilfe einer nicht-funktionalistischen Interpretation ethnographischen Materials sein.

Die archaische Lebensweise wird oft unrealistisch und verzerrt, sei es in beschönigender oder aber abwertender Weise, dargestellt. Weder handelt es sich um den "edlen Wilden", noch stimmt das Bild, nach dem Jäger und Sammlerinnen[3] in ihrer natürlichen Umwelt auf der Suche nach Nahrung ständig an der Grenze zwischen Überleben und Verhungern standen. Im Laufe der letzten dreissig Jahre haben etliche ethnographische Arbeiten dieses Bild grundsätzlich revidiert. Es ist immer wieder festgestellt worden, dass sowohl *Zeit* als auch *Nahrung*, zwei *Ressourcen*, die in der heutigen Welt sehr knapp sind, in archaischen Gesellschaften im Überfluss vorhanden waren. Empirische Untersuchungen haben bestätigt, dass die Beschaffung von Nahrung nie eine sehr aufwendige oder gar prekäre Angelegenheit war (Lee, DeVore 1968; Sahlins 1974). Dies ist um so erstaunlicher, als sich Engpässe der Nahrungsmittelversorgung in diesen Kulturen viel schlimmer auswirkten als in ökonomischen Gesellschaften, welche verschiedenste Verfahren der Konservierung von Nahrungsmitteln kennen. Angesichts der weitgehenden Autarkie und der Tatsache, dass keine Vorratshaltung betrieben wurde, ist ein Überfluss an Nahrungsmitteln eine überraschende Tatsache.

Die Beschaffung von Nahrungsmitteln in archaischen Gesellschaften folgte einer sehr einfachen Logik: Die "Arbeitsteilung" beruhte im grossen und ganzen auf der Geschlechtszugehörigkeit: Männer waren hauptsächlich Jäger, während Frauen und Kinder Pflanzen, Früchte und Beeren sammelten. Exemplarisch beschrieben ist das in einer bekannten Arbeit von Lee (Lee 1968). Er untersuchte die !Kung, ein Volk von Buschleuten, das am Rande der Kalahari-Halbwüste in Botswana lebt. Obwohl Lee diese Population am Ende einer dreijährigen Dürreperiode besuchte, stellte er keine nennenswerten Schwierigkeiten in der Beschaffung von Nahrungsmitteln fest. Während das Sammeln meistens eine unproblematische Aufgabe war und auch in Trockenphasen in einem Umkreis von sieben bis acht Kilometern vom Lagerplatz bewältigt werden konnte, war die Jagd häufig unergiebig und aufwendig. Lee hat sogar nachgewiesen, dass die Jagd vom Kalorienbedarf her nicht notwendig ist. Die Sammeltätigkeit allein sorgt für eine hinreichende Ernährung. Die Jagd, einmal abgesehen

3 Sammeln war in archaischen Gesellschaften hauptsächlich Aufgabe der Frauen.

von ihrer sozialen Bedeutung, bringt aber eine sehr willkommene Bereicherung des Speisezettels. Weniger detailliert, aber dieses Bild stützend, ist die Arbeit von Woodburn (Woodburn 1968) über die Hadza in Tansania. Das Sammeln erbringt eine sichere, aber vielfach recht eintönige Ernährung, während die Jagdbeute eine willkommene, aber nicht lebensnotwendige Abwechslung darstellt. Was die zeitliche Belastung durch die eigentliche Nahrungssuche anbelangt, so treten recht verblüffende Befunde zutage. Die !Kung wenden im Durchschnitt etwa zweieinhalb Tage pro Woche für die Nahrungsmittelbeschaffung auf. Der tägliche Aufwand beläuft sich auf kaum sechs Stunden. Insgesamt "arbeiten" die !Kung wöchentlich nicht mehr als 19 Stunden. Wenn man bedenkt, dass in den sogenannten Freizeitgesellschaften mindestens 35 Stunden pro Woche gearbeitet werden muss, erscheint das Leben bei den !Kung alles andere als anstrengend. Zeit ist keineswegs eine knappe Ressource, die es möglichst effizient einzusetzen gilt. Sie ist im Überfluss vorhanden.

Beispiele ähnlicher Art liessen sich fast beliebig fortsetzen, das Gesamtbild bliebe dasselbe: Archaische Menschen führten während Jahrtausenden ein Leben, welches jenseits von Hunger und Stress war und das die natürliche Umwelt selten übernutzte. Eine mögliche Erklärung für den letzten Sachverhalt wäre, dass die Ressourcen der Umwelt limitierend auf die Bevölkerung wirkten. So hätten z.B. hohe Sterberaten aufgrund von mangelnder Hygiene und Infektionskrankheiten dazu geführt, dass die Bevölkerungsdichte stets so tief blieb, dass auch eine verhältnismässig karge Umwelt diese Völker ernährt hätte. Neuere Arbeiten haben jedoch gezeigt, dass die stabilen Bevölkerungszahlen eher kulturelle Ursachen haben dürften, denn obwohl i.d.R. die Voraussetzungen für Bevölkerungswachstum und materielle Expansion gegeben waren, blieben archaische Gesellschaften in einem quasi stationären Zustand (Groh 1988).

Wie dieses Gleichgewicht zwischen demographischen Variablen, Verfügbarkeit von Nahrungsmitteln und kulturellen Normen bzw. Traditionen zustande kam, wissen wir nicht. Der analoge Mechanismus zur biologischen Selektion, der Wettbewerb, kann nicht als Erklärung herangezogen werden. Nahrungsmittel waren wie gesagt im Überfluss vorhanden. Die Mitglieder der Horden standen also kaum im Wettbewerb zueinander. Die Natur übte mit anderen Worten kaum einen Selektionsdruck aus. Auch die Wirkung von unbeabsichtigten Handlungsfolgen, die den Mutationen gleichgesetzt werden können, muss stark relativiert werden. Zwar hätten archaische Völker das technische Wissen und Können gehabt, um einen Wachstumsprozess zumindest in Gang zu bringen. Aber von einer solchen Zäsur lassen sich über Tausende von Jahren keine Spuren finden.

3.2.2 *Reziprozität als Integrationsprinzip*

Obwohl archaische Kulturen rein zahlenmässig betrachtet sehr begrenzt waren, war ihre soziale Organisation alles andere als "primitiv" (klassisch hierzu: Lee, DeVore 1968; eine Einführung bietet etwa Bargatzky 1986). Sie beruhte jedenfalls nicht bloss auf gruppenmässigen "Instinkten". Es kann natürlich nicht das Ziel dieser Arbeit sein, eine umfassende Diskussion archaischer Gesellschaften anzubieten. Im Vordergrund der nachfolgenden Ausführungen wird vielmehr die Stellung und die Form "ökonomischer" Praktiken, insbesondere des Tausches, in archaischen Gesellschaften sein. Am Beispiel des Tausches lassen sich die Unterschiede zu den heutigen Konzeptionen ökonomischer Transaktionen sehr gut diskutieren. Dabei soll es weniger um den eigentlichen Tausch als vielmehr um die Beziehungen zwischen Tauschformen und "Marktmechanismen"[4] gehen. Es hat sich als fruchtbar erwiesen, zwischen dem Verfolgen des Eigeninteresses, dem Wettbewerb und den "Marktmechanismen" sorgfältig zu unterscheiden. Die Verfolgung des Eigeninteresses ist ein Beispiel für eine bestimmte individuelle Haltung, während der Wettbewerb als eine strukturelle Eigenschaft von Marktmechanismen beschrieben werden soll. Es wird sich z.B. zeigen, dass die kulturelle Evolution "Marktmechanismen" hervorgebracht hat, die zwar die Koordination zwischen einer grossen Zahl von Individuen ermöglichen, die aber nicht auf nutzenmaximierende bzw. gewinnmaximierende Individuen angewiesen sind. Umgekehrt lassen sich Formen des Tausches beobachten, die aus einer modernen Optik als eigennützig zu bezeichnen wären, jedoch nicht Ausdruck von institutionalisierten, wettbewerbsmässigen Praktiken sind.

Reziprozität ist das konstitutive Prinzip der sozialen Organisation und der materiellen Versorgung archaischer Gesellschaften (Sahlins 1974, S. 191ff.). Reziprozität fasse ich als eine Institution im Giddens'schen Sinne auf, d.h. als eine Menge von Regeln, die von allen Mitgliedern einer bestimmten Gesellschaft, z.B. den Mitgliedern einer Horde oder, bei segmentär organisierten Gesellschaften, den Mitgliedern eines Stammes, routinemässig angewendet und respektiert werden. Aus heutiger Perspektive ist es schwierig, sich die Bedeutung der Reziprozität in archaischen Gesellschaften vorzustellen. Wir sind es z.B. gewohnt, ökonomische Beziehungen als Ausdruck eines voluntaristischen, effizienzstrebenden Aktes zwischen zwei "freien" Menschen zu betrachten, welche untereinander Eigentums-

4 In den folgenden Ausführungen werde ich durchwegs von "Marktmechanismen" sprechen, obschon dies - bezogen auf archaische Gesellschaften - unangemessen ist.

rechte austauschen. Im Falle von archaischen Gesellschaften ist diese Beschreibung von Tausch jedoch irreführend. Selbstverständlich wird etwas ausgetauscht, aber nicht zwischen dem, was wir "freie" Menschen nennen. Dieser Begriff ist ein politischer und drückt juristische Sachverhalte aus. Die Rechte und Pflichten der Vertragspartner werden durch das Gesetz und durch den vereinbarten Vertrag formell sanktioniert. Im archaischen Tausch stehen sich hingegen Menschen gegenüber, deren Identität durchaus von Belang ist. Der Tausch ist i.a. nicht anonym. Die Identität der Beteiligten ist ein wesentlicher Aspekt des Tauschaktes. Und weil die Identität in archaischen Gesellschaften Ausdruck der eigenen Position in der Verwandtschaft ist, können Verwandtschaftsstrukturen bei der Diskussion von Tauschpraktiken nicht ausser acht gelassen werden.

In einer klassischen Untersuchung über die Gabe analysierte Mauss Anfangs dieses Jahrhunderts die sozialen Normen, die in verschiedenen Epochen und in verschiedenen Kulturen den Gabentausch regeln (Mauss 1990). Er stellte fest, dass eine Gabe in den seltensten Fällen als einseitiges Geschenk interpretiert werden kann. Eine Gabe will vielmehr immer mit einer "gleichwertigen" Gabe erwidert werden. Dies gilt ganz unabhängig davon, ob es sich um Südseevölker, um die Völker der Antike oder um germanische Völker handelt. Die (moralische) Pflicht zur Erwiderung scheint eine universelle Konstante des Gabentauschs zu sein und ist ein wichtiger Aspekt des Reziprozitätsbegriffs. Bei den Maori, einem polynesischen Volk, gründete beispielsweise die Pflicht zur korrekten Erwiderung nach Mauss im sogenannten "Hau". Über die exakte Bedeutung von "Hau" herrscht Uneinigkeit. Eine einsichtige Interpretation von "Hau" hat etwa Sahlins angeboten (Sahlins 1974, S. 157ff.). Nach Sahlins verbindet sich mit der Pflicht zur Erwiderung noch ein zweites, wichtigeres Element. S.E. ist mit dem "Hau" nicht nur die Erwiderungspflicht gemeint, sondern auch das Verbot, Vorteile für sich zu erzielen. Konnte sich z.B. der Empfänger einer Gabe nach der pflichtgemässen Erwiderung einen materiellen Vorteil verschaffen, so hatte er den Geist des "Hau" verletzt. Gegen ihn wurden oft die schlimmsten Verfluchungen ausgesprochen. Der Geist des "Hau", der in jeden Tausch involviert ist, deckt die engen Verknüpfungen zwischen der materiellen und der religiösen Sphäre auf. "Transaktionen" konkretisieren sich in den Praktiken der Gabe und Gegengabe, dennoch verbindet sich mit der Erwiderungspflicht auch ein faktisches Verbot, Gaben und Gegengaben zur Erzielung eines materiellen Vorteils zu missbrauchen. An diesem Beispiel wird die Relevanz der Unterscheidung zwischen Marktmechanismen und Wettbewerb deutlich. Wettbewerb ist in dieser Variante eines Marktmechanismus völlig unbekannt. Internalisiert sind dabei nicht etwa die Regeln der Konkurrenz, sondern der Geist des "Hau".

Die Erwiderungspflicht bildet sicherlich ein konstitutives Element des Reziprozitätsbegriffs. Für die folgenden Ausführungen drängt sich allerdings eine differenziertere Betrachtungsweise auf. Leider gibt es keine allgemeingültige Typologie von Reziprozitäten. In der bereits zitierten Arbeit von Mauss wird Reziprozität lediglich im Sinne der Erwiderungspflicht erörtert. Polanyi scheint, obwohl er diesem Begriff eine grosse Bedeutung beimisst, Reziprozität auf Äquivalenz zu reduzieren. Reziprozität wird danach lediglich als Einhaltung von traditionellen Tauschverhältnissen aufgefasst (Polanyi 1977, S. 67-72). Diese Klasse von Reziprozitäten nimmt in den folgenden Ausführungen zwar eine wichtige Rolle an. Sie kann aber schwerlich den Nuancierungen des Begriffs gerecht werden. Die Erwiderungspflicht ist nur ein Aspekt des Reziprozitätsbegriffs, welchem die nächsten Ausführungen gewidmet sind.

Einen Versuch, den Reziprozitätsbegriff zu konkretisieren, hat Malinowski unternommen. In seinen klassischen Arbeiten über die Trobriander (ein Südsee-Volk) bietet er eine siebenstufige *Reziprozitätsskala* an, die sich von reiner Gabe ohne Erwiderungspflicht zu erbittertem Feilschen erstreckt (Malinowski 1979, S. 218-231). Diese Skala ist allerdings hauptsächlich auf die Trobriander zugeschnitten. Dementsprechend ist sie kaum verallgemeinerungsfähig. Die vielleicht hilfreichste Diskussion von Reziprozität bietet Sahlins, der einen ausgezeichneten Kompromiss zwischen theoretischen Ansprüchen und praktischer Relevanz gefunden hat (Sahlins 1974, S. 185-230). Sahlins unterscheidet in der Reihenfolge abnehmender Verbindlichkeit zwischen "generalized reciprocity", "balanced reciprocity" und "negative reciprocity". In den folgenden Ausführungen werde ich mich an diese Klassifikation halten. Dabei werde ich von verallgemeinerten Reziprozitäten, äquivalenten Reziprozitäten und negativen Reziprozitäten reden.

Die Diskussion *negativer Reziprozitäten* erweist sich als subtiler als erwartet. Negative Reziprozitäten kommen zunächst dem Modell moderner ökonomischer Transaktionen am nächsten. Es handelt sich dabei um den bewussten Versuch, möglichst viel auf Kosten des Partners zu erreichen. Entweder den eigenen "Gewinn" zu maximieren (Anbieter) oder aber die "Kosten" zu minimieren (Nachfrager). Jeder Beteiligte verfolgt also hartnäckig sein Eigeninteresse. Er nimmt weder Rücksicht auf den Partner, noch scheint sich in diesen Praktiken die Achtung übergeordneter, sozialer Prinzipien widerzuspiegeln. Die Identität der beteiligten Individuen ist für die Abwicklung des Tausches irrelevant. Sahlins spricht in diesem Zusammenhang explizit von Nutzenmaximierung, Malinowski von Eigeninteresse. Will man sich weniger "ökonomisch" ausdrücken, so könnte man von *Feilschen, Schachern* usw. sprechen.

Die Versuchung ist gross, negative Externalitäten als Beweis für die Existenz von Wettbewerb und Marktmechanismen im heutigen Sinne heranzuziehen. Eine nähere Betrachtung zeigt jedoch, dass dieser Schluss voreilig wäre. Das alltägliche Leben der Trobriander ist zwar von den Praktiken der Gabe und Gegengabe durchdrungen. Es wäre aber irreführend, das Ziel dieser Praktiken allein im kommerziellen Bereich anzusiedeln. Von Malinowskis sieben Arten von Reziprozitäten haben im Bewusstsein und in der Sprache der Trobriander m.E. höchstens zwei einen deutlich kommerziellen Charakter. So zeichnet sich beispielsweise "Gimwali" – die auf Malinowskis Reziprozitätsskala als "reine Handelsform" bezeichnete Stufe – dadurch aus, dass die Beteiligten offen und unmissverständlich die Erzielung des grösstmöglichen Nutzens in den Vordergrund stellen, dass der Tausch keine zeremoniellen Züge trägt, dass er zwischen Fremden stattfindet und dass das Austauschverhältnis das Ergebnis von Feilschen ist. "Gimwali" findet hauptsächlich zwischen Gemeinschaften statt, die mit verschiedenen natürlichen Ressourcen ausgestattet sind oder auf verschiedenen Inseln wohnen (Malinowski 1979, S. 229-231).

Die Ausführungen von Malinowski rücken den gesellschaftlichen Stellenwert von "Gimwali" ins richtige Licht. Dessen untergeordneter gesellschaftlicher Stellenwert zeigt sich darin, dass die Praktiken des "Gimwali" nicht institutionalisiert worden sind. Sie sind eher Ausdruck eines individuellen, psychischen Zustands als empirische Manifestationen institutionalisierter Haltungen und Normen. Es ist mit anderen Worten notwendig, zwischen individuellen Handlungsmustern und institutionalisierten Praktiken sorgfältig zu unterscheiden. Negative Reziprozitäten bzw. Nutzenmaximierung können bei den Trobriandern nicht als Beweis für die Existenz generalisierter wettbewerbsmässiger Praktiken interpretiert werden. Die untergeordnete Bedeutung negativer Reziprozitäten zeigt auch, dass bei den Trobriandern der Wettbewerb nicht als Selektionsmechanismus der kulturellen Evolution gewirkt hat.

Ein weiteres Beispiel für die Notwendigkeit, zwischen eigennützigen Praktiken und Wettbewerb zu unterscheiden, bietet der arabische Suk (Neumann 1983, S. 96-110). Zwar kann der Suk in erster Näherung einem Markt gleichgesetzt werden. Auf engem Raum ist eine grosse Zahl von Händlern und Gewerbetreibenden versammelt, die sehr viele unterschiedliche Artikel anbieten. Eine nähere Betrachtung zeigt jedoch, dass der Wettbewerb kein konstitutives Merkmal dieser Austauschpraktiken ist. Käufer und Verkäufer verhandeln über Objekte, die es auf dem ganzen Markt häufig nur in einmaliger Ausführung gibt. Unter diesen Umständen reduziert sich der "Markt" aus der Sicht des Käufers auf einen einzigen Anbieter. Diese Situation ist in ökonomischen Gesellschaften nicht unbekannt. Sie kommt z.B. bei den sog. idiosynkratischen Beziehungen vor, also bei einmaligen Verträgen, deren Gegenstand hochspezifische Produkte sind. In solchen Fällen kann erst gar nicht von Waren gesprochen werden, denn dafür gibt es gar keinen richtigen Markt. Das ist im Suk keineswegs die

Regel. Der Teppichhandel ist hierzu ein Beispiel. Die oben zitierte Arbeit kommt aber auch in diesem Falle zu einem verblüffenden Schluss. Der Käufer versucht angesichts der Unübersichtlichkeit eines derartigen Marktes erst gar nicht, sich einen Überblick über die Preislage zu verschaffen. Dementsprechend werden Preisschwankungen kaum beachtet. Effizienz ist damit nicht das wichtigste Kriterium für das Zustandekommen einer Transaktion. Der Käufer konzentriert sich vielmehr auf die taktvolle Führung von Verhandlungen mit dem aktuellen Verkäufer. Feilschen und Schachern haben dabei oft einen zeremoniellen Charakter: Käufer und Verkäufer haben nämlich sehr genaue Vorstellungen über den Wert der angebotenen Waren. Dieser kann durch Feilschen kaum verändert werden. Feilschen ist im Grunde ein Ritual zur Erreichung von im voraus feststehenden Austauschverhältnissen (Neumann 1983, S. 109-110).

Die zweite Art von Reziprozität möchte ich in Anlehnung an Sahlins (Sahlins 1974, S. 194) "balanced reciprocity" bezeichnen. Ich möchte diesen Ausdruck mit "*äquivalenter Reziprozität*" übersetzen. Die Übersetzung wird der Bedeutung der englischen Formulierung leider nur unzureichend gerecht. Mit der Rede von Äquivalenzen soll nicht einfach gesagt werden, dass an einem monetären Massstab gemessene gleichwertige Gegenstände getauscht werden. Äquivalenz kommt nicht nur in den Austauschpraktiken zum Vorschein. Sie ist i.a. Ausdruck gegenseitiger Verpflichtungen. "Balanced reciprocity" ist ein wichtiger Aspekt des sozialen Lebens archaischer Gesellschaften insgesamt. Äquivalente Austauschpraktiken sind als integrierendes Element des sozialen Lebens zu betrachten. Die Äquivalenz in einem Tausch ist nicht das Ergebnis einer formalen Vereinbarung oder einer Verhandlung zwischen "Handelspartnern". Sie wird auch nicht durch eine politische Instanz sanktioniert. Äquivalente Austauschverhältnisse sind vielmehr überliefert bzw. tradiert.

Ein erstes Beispiel äquivalenter Reziprozitäten ist der sog. Kula. Der Kula-Tausch ist durch die umfassenden Berichte Bronislaw Malinowskis berühmt geworden (der Kula-Tausch ist in Malinowski 1979 umfassend dokumentiert; eine knappe, übersichtliche Diskussion bietet Mauss 1990, S. 53-73. In Malinowski 1921 findet sich eine Einführung in die Ökonomie frühpolitischer melanesischer Gesellschaften). Beim Kula handelt es sich um einen hochritualisierten, religiös-magischen Tausch zwischen lebenslänglichen Partnern verschiedener Dörfer. Die Dörfer befinden sich i.d.R. auf verschiedenen Inseln, so dass der Kula-Handel immer mit einer monatelangen See-Expedition verknüpft ist. Ausgetauscht werden nur zwei Gegenstände: Halsketten aus roten Muscheln (Soulava) und Armreife aus weissen Muscheln (Mwali). Beim Kula handelt es sich um keine ökonomische Institution i.e.S. Armketten sind für das alltägliche Leben in keiner Weise nützlich. Die Austauschbeziehungen sind über exakt bestimmte und streng eingehaltene Äquivalenzen festgelegt. Beide Gegenstände werden unablässig ausgetauscht und "rotieren" in entgegengesetzter Richtung von Insel zu Insel (Malinoswki 1979, S. 115ff.). Der Grund hierfür liegt darin, dass jeder Teilnehmer am Kula entweder Halsketten oder Armreifen entgegennehmen darf, aber auf keinen Fall beides. Soulava und Mwali gelten bei den Trobriandern als besonders wertvoll. Sie sind im Grunde genommen Schmuckstücke, die aber selten getragen werden dürfen. Wer sie besitzt, gewinnt dadurch grosses soziales Ansehen. Obwohl sie sehr begehrte Objekte sind – man könnte fast sagen, dass sich auf sie die Habgier der Trobriander richtet – bleiben sie nie sehr lange im Besitz der gleichen Person, sondern werden weiter ausgetauscht.

Die Bedeutung äquivalenter Praktiken ist nicht auf die Institution des Kula beschränkt. Sie erstreckt sich auch auf nützliche Gegenstände. Viele Autoren haben die erstaunliche *Stabilität* von Austauschverhältnissen bei archaischen Völkern erkannt. Zu Beginn seiner Ausführungen über Wert und Geld stellt z.B. Thurnwald fest:

> "In the evolution of money various stages must be distinguished. The point of departure is marked by favourite articles of barter,... the regular exchange of sago for pots,... of armshells for pigs, and so on. This, *as a rule*, involves the exchange of *traditional quantities* or packages, as in the case of sago or tobacco, for corresponding quantities of the other articles." (Thurnwald 1965, S. 252, Hervorhebungen F.F.).

Tendenziell werden also Waren – und hier macht es Sinn von Waren zu sprechen, denn es handelt sich nicht um Geschenke oder einseitige Gaben – zu traditionell festgelegten Verhältnissen getauscht. In Neu-Guinea hatten sich z.B. gewisse Küstenvölker auf den Bau von Kanus spezialisiert. Ein grosses Kanu wurde für zwei grosse Muscheln (arm-shells) ausgetauscht, während ein kleines für eine andere Art Muscheln (melon shells) zu haben war (Thurnwald 1965, S. 253). Der Tauschwert eines Schweins entsprach bei diesen Völkern derjenigen Anzahl Hundezähne, die für eine von dessen Schwanzansatz bis zu dessen Nase reichende Kette benötigt wurde. Die Tauschbeziehungen kamen häufig als Folge einer unterschiedlichen Ausstattung der einzelnen Völker mit natürlichen Ressourcen zustande, behielten jedoch ihren traditionellen Charakter.

Thurnwald stellte fest, dass die Nichteinhaltung der "richtigen" *Tauschverhältnisse* meist nicht formell sanktioniert wurde. Es bestand also durchaus ein gewisser Spielraum für Anpassungen. Dennoch scheint es, dass jede Veränderung der Tauschverhältnisse mit einer gewissen Verunsicherung in den sozialen Beziehungen einherging:

> "There is always perplexity when the existing rate of exchange has to be adapted to meet a new situation." (Thurnwald 1965, S. xiii).

Eine weitere Bestätigung der These, dass archaische Völker sehr wohl eine genaue Vorstellung von "richtigen" Austauschverhältnissen hatten, findet sich in der folgenden Beobachtung: Solange einheimische Artefakte untereinander ausgetauscht wurden, blieben ihre Tauschverhältnisse ziemlich konstant. Beim Tausch eigener Produkte mit europäischen Waren, für welche die Einheimischen keine kulturell tradierten Wertstandards besassen, entstanden hingegen meist Schwierigkeiten (Thurnwald 1965, S. 260-261).

Traditionelle Austauschverhältnisse können als Orientierungspunkte sozialer Gerechtigkeit und Moral gedeutet werden. Die Regeln und Normen äquivalenter Austauschpraktiken ermöglichen die kohärente Unterscheidung zwischen "normalem" und "abweichendem" Handeln, bzw. zwischen "Recht" und "Unrecht". Die durch die Tradition geheiligten Regeln äquivalenter Austauschpraktiken werden nicht explizit sanktioniert. Ihre Einhaltung wird nicht durch eine zentrale Instanz überwacht, ihre Verletzung nicht strafrechtlich verfolgt. Werden diese stillschweigend anerkannten Regeln und Verhaltensnormen verletzt, zeigt sich das beim "Täter" oft in einem Gefühl der Verlegenheit und Scham. Wenn der Austausch zwischen Angehörigen verschiedener Clans stattfindet, wird die Nicht-Beachtung traditioneller Regeln vom "Opfer" als Affront empfunden und kommt häufig einer Kriegserklärung gleich. Sahlins spricht in diesem Zusammenhang trefflich von "Handelsdiplomatie" (Sahlins 1974, S. 302-303).

Äquivalente Reziprozitäten manifestieren sich typischerweise in den privaten oder persönlichen Beziehungen (Sahlins 1974, S. 196-204). Finley, einer der bekanntesten Spezialisten der antiken Wirtschaft, hat in diesem Zusammenhang immer wieder betont, dass im antiken Griechenland, an der Schwelle zwischen archaischen und politischen Gesellschaften, die Äquivalenz das Gerechtigkeitsideal für den Austausch darstellte (Finley 1977). Ein Grund hierfür liegt in der autarken Lebensweise der antiken Bauern: Der Lebensunterhalt konnte i.d.R. auf Familienbasis durch Ackerbau und Viehzucht erbracht werden. Innerhalb der Familie bzw. des patrimonialen Haushaltes galten klare Gerechtigkeitsvorstellungen, welche u.a. das Streben nach Gewinn verboten. Die Einhaltung fester Äquivalenzen beim Austausch von Lebensmitteln innerhalb der familiären Struktur wurde durch strengste moralische Gebote erreicht. Mehr zu verlangen, als es die tradierten Äquivalenzvorstellungen geboten, bedeutete in den Augen dieser Völker ausnahmslos die Erzielung eines Vorteils auf Kosten eines Freundes, Gastes oder Verwandten – eine Handlung, die schärfste moralische Verurteilung nach sich zog.

Stand mit dem Konzept der Äquivalenz die soziale Gerechtigkeit im Mittelpunkt der Betrachtungen, so gilt es nun, mit dem Begriff der *verallgemeinerten Reziprozität* soziale Mechanismen der Absicherung gegen die wichtigsten Lebensrisiken anzusprechen (Sahlins 1974, S. 193). Verallgemeinerte Reziprozität situiert sich auf der Skala Malinowskis in der Nähe der reinen Gabe, also einer Leistung mit nur vager, zeitlich beliebiger oder ganz ohne Erwiderungspflicht. Die Bedeutung der verallgemeinerten Reziprozität lässt sich am Beispiel der Nahrungsmittelverteilung illustrieren. Obschon archaische Gesellschaften in normalen Zeiten keine Schwierigkeiten mit der Beschaffung von Nahrungsmitteln hatten, waren sie natürlichen Katastrophen oder anderen, sie gelegentlich bedrohenden Naturereignissen ausgeliefert. Drohenden Hungersnöten wird in segmentären und frühpolitischen Gesellschaften oft begegnet, indem die Nahrungsmittel dem Häuptling zugeführt werden. Dieser sorgt dann für eine gerechte Verteilung auf die Mitglieder des Stammes. Man spricht in derartigen Fällen von redistributiven Praktiken (Polanyi 1979, S. 256-283). Beispielhaft hierzu sind auch die Rechte und Pflichten des Häuptlings bei den Trobriandern. Die Früchte des Gartenbaus müssen zu etwa 80 % dem Häuptling abgeliefert werden, der auf diese Weise einen grossen Reichtum akkumuliert. Dennoch hat der Rang des Häuptlings i.a. eine verpflichtende Wirkung. Der Ruhm des Häuptlings beruht nämlich nicht auf dem Reichtum an sich, sondern hauptsächlich auf der Grosszügigkeit, mit der er die vielen Nahrungsmittel wieder verteilt (Malinowski 1921).

Der Grad der Verfügbarkeit von Nahrungsmitteln verschiebt die Grenzen des Geltungsbereichs verallgemeinerter Reziprozität. Die Gültigkeit verallgemeinerter Reziprozität erweitert sich in Situationen hoher Nahrungsmittelknappheit vom engen Familienkreis zur breiteren Verwandtschaft und von dieser allenfalls bis zum Clan oder Stamm (Sahlins 1974, S. 213-215). Dabei werden die Prinzipien des äquivalenten Tausches sowie der negativen Reziprozität schrittweise eingedämmt. Verallgemeinerte Reziprozität drückt die für archaische Völker typische Art des Umgangs mit natürlichen Risiken aus:

> "This habit of share and share alike is understandable in a community where everyone is likely to find himself in difficulties from time to time, for it is scarcity and not sufficiency that makes people generous, since everybody is thereby ensured against hunger. He who is in need today receives help from him who may be in need tomorrow." (Evans-Pritchard 1940, S. 85).

Die Gerechtigkeitsprinzipien, die aus der Postulierung des "veil of ignorance" in moralphilosophischen Diskussionen abgeleitet werden können, weisen einige Parallelen zum Konzept der verallgemeinerten Reziprozität auf. Die moralische Haltung, die solidarische Akte begründet, ist bei verallgemeinerter Reziprozität und bei den Gerechtigkeitsregeln Rawls' ähnlich. Sie beruht auf der Fähigkeit sozialer Wesen, sich in die Lage von Dritten zu versetzen. Es ist allerdings unangebracht, im Falle der archaischen Gesellschaften von Gerechtigkeitsprinzipien in einem modernen Sinn zu sprechen. Archaischen Gesellschaften waren abstrakte Regeln fremd. Der Schutz gegen die Risiken des Lebens bezog sich auf konkrete, reale Bedrohungen, wie z.B. Hungersnöte. Dementsprechend war verallgemeinerte Reziprozität nicht Ausdruck von abstrakten Prinzipien, sondern eine moralische Selbstverständlichkeit innerhalb der Verwandtschaft. Eine moderne Analogie verallgemeinerter Reziprozität finden wir in der

Institution des Sozialstaates. So wie es in archaischen Gesellschaften nicht annehmbar war, dass Menschen an Hunger starben, so ist es heute nicht akzeptabel, dass Menschen, die aus dem Arbeitsprozess ausscheiden, für den Rest ihres Lebens kein Einkommen mehr beziehen.

3.2.3 *Effizienz und Handelsbeziehungen*

Moderne Theoretiker der kulturellen Evolution identifizieren häufig in der Auflösung des gemeinschaftlichen Lebens, das sich stark an persönlichen Beziehungen zwischen den Mitgliedern eines Haushaltes, einer Verwandtschaft, eines Clans usw. orientiert, zugunsten einer Gesellschaft, die sich weitgehend auf anonyme soziale Beziehungen stützt, den Ursprung und die Voraussetzung einer Entwicklung, die uns nicht nur beispiellose Prosperität und individuelle Freiheit, sondern auch Entfremdung und Anomie eingebracht hat. Die Polarisierung zwischen Gemeinschaft und Gesellschaft, zwischen persönlichen und anonymen Beziehungen bildet einen roten Faden in der sozialwissenschaftlichen Literatur dieses Jahrhunderts. Polanyi greift beispielsweise auf Henry Summer Maine zurück, der im letzten Jahrhundert den Gegensatz zwischen "Status" und "Contractus" prägte (Polanyi 1977, S. 48-49). Ferdinand Tönnies gab einer mittlerweile klassischen Abhandlung den Titel "Gemeinschaft und Gesellschaft" (Tönnies 1988). Die Artikulierung von System und Lebenswelt bei Habermas wurzelt u.a. in den Arbeiten Tönnies'. Andere Autoren, wie F.A. von Hayek, haben gar in der Sprengung aller gemeinschaftlichen Bindungen bzw. in der rücksichtslosen Verfolgung des Eigeninteresses eine wesentliche Voraussetzung für die Entstehung und Aufrechterhaltung ökonomischer Gesellschaften identifiziert. Andere liberale Autoren haben dagegen persönliche und familiäre Bindungen, sog. Ligaturen, als eine unverzichtbare Voraussetzung einer offenen Gesellschaft diskutiert (Dahrendorf 1979).

Die Liste prominenter Persönlichkeiten, die zu dieser Debatte einen Beitrag geleistet haben, liesse sich fast beliebig fortsetzen. Es ist eine These dieser Arbeit, dass die Postulierung eines Gegensatzes zwischen Gemeinschaft und Gesellschaft allmählich obsolet und teilweise auch irreführend geworden ist. Insbesondere erweist sich der Gegensatz zwischen anonymen und persönlichen Beziehungen bei der Diskussion ökonomischer Institutionen als unfruchtbar. Berufliche Kontaktstrukturen, die vielfach auf persönlichen Beziehungen beruhen, sind nicht mit effizienten Marktmechanismen inkompatibel, sondern sie sind häufig deren Voraussetzung. Diese These wurde bereits in Abschnitt 2.5 ausführlich diskutiert und soll hier nicht nochmals dargelegt werden. Aus einer evolutionären Perspektive ist diese Feststellung folgenreich, denn sie zeigt, dass funktionierende

Marktmechanismen nicht notwendigerweise die Sprengung gemeinschaftlicher Beziehungen bedeuten. Gerade archaische Gesellschaften liefern hierzu reichhaltiges Anschauungsmaterial.

Betrachten wir z.B. den sog. *Huon-Handel* in Neu Guinea, den Hogbin untersuchte (Hogbin 1951) und der von Sahlins ausführlich diskutiert wird (Sahlins 1974, S. 285ff.). Der Huon-Handel findet auf regionaler Ebene zwischen vier Gemeinschaften einer Inselgruppe statt. Gegenstand des regionalen Handels sind Geschirr, das in den südlichen Dörfern geschnitzt wird, Lebensmittel, welche von den Dörfern in der Mitte des Handelsrings geliefert werden, Taschen und Teppiche aus dem Norden, und Schüsseln von der vierten Insel-Gemeinschaft. Man könnte erwarten, dass Austauschpraktiken zwischen benachbarten fremden Gemeinschaften dem Modell nutzenmaximierender Transaktionen am nächsten kommen. Dem ist aber nicht so. Weder Anonymität noch gezielte Verfolgung von Eigeninteressen sind für die Abwicklung dieser Transaktionen relevant. Eine wesentliche Eigenschaft des Huon-Handels ist die *Stabilität* seiner *Handelsbeziehungen*. Mitglieder verschiedener Dörfer pflegen ihre Tauschbeziehungen immer auf verwandtschaftlicher Basis. Die Handelspartner bleiben sich i.a. über sehr lange Zeit treu. Der Handel beruht im Huon-Golf zum grössten Teil auf Mechanismen der Sozialintegration. Persönliche, stabile Beziehungen stellen für die Abwicklung der Austauschpraktiken kein Hindernis dar.

Die Mechanismen der Sozialintegration bezeichnet Sahlins als "Partnership-Trade" bzw. als Handelsdiplomatie (Sahlins 1974, S. 302-308). Die Aufnahme einer Handelsbeziehung zwischen Angehörigen fremder Kulturen war häufig eine sehr heikle Angelegenheit. Die Grenze zwischen friedlichen und kriegerischen Handlungen konnte etwa durch ein *dosiertes Mass* an *Grosszügigkeit* abgesichert werden. Durch grosszügige Erwiderung wurde die Grenze weiter gefestigt. Jede massvolle Grosszügigkeit signalisierte friedliche Absichten. Eine genaue, sachliche Erwiderung hätte in diesem Stadium als Zeichen unfriedlicher Intentionen interpretiert werden können, während übertriebene Grosszügigkeit den Handelsparter u.U. in Verlegenheit bei seiner Erwiderung gebracht hätte. Der Austauschprozess setzte sich dann eine Weile fort, bis die Beteiligten die "richtige" Austauschrate erreicht hatten. Diese Situation kann als ein Friedensabkommen angesehen werden. Solche Handelsbeziehungen zeichneten sich also durch eine sehr hohe gegenseitige Rücksichtnahme, durch Takt und Sensibilität in der Aufnahme, Führung und Schliessung der Handelstransaktionen aus. Das wird auch von Malinowski in seinen Schilderungen der See-Expeditionen der Trobriander bestätigt.

Der Handel zwischen den Dorfgemeinschaften wurde über lange Zeitperioden mit konstanten, traditionellen Austauschverhältnissen geführt. Die Handelspraktiken zwischen den Gemeinschaften beruhten auf stabilen

Äquivalenzen[5] (Hogbin 1951, S. 81-95; Sahlins 1974, S. 287). Die vier Dorfgemeinschaften im Huon-Handel belieferten sich gegenseitig mit ihren unterschiedlichen Waren. Jedes Dorf hatte sich auf die Herstellung bestimmter Objekte spezialisiert. Die Spezialisierung war nach Hogbin zum Teil eine Folge natürlicher Rahmenbedingungen. So waren die Gemeinschaften des südlichen Huon-Handels in der handwerklichen Fabrikation von zahlreichen Gegenständen tätig, die sie gegen Nahrungsmittel austauschten. Ohne solche Austauschpraktiken hätten z.B. die südlichen Dörfer aufgrund unergiebiger Böden kaum überleben können.

Die verwandtschaftliche Beziehung bzw. die Stabilität der Freundschaft verhindern bei äquivalenten Reziprozitäten sehr wirksam, dass persönliche Vorteile erzielt werden. Die Transaktion, eigentlich sollte man in diesem Zusammenhang besser von Beziehung reden, ist nicht durch Streben nach Profit motiviert. Auch von Wettbewerb im heutigen Sinne kann keine Rede sein. Anbieter und Nachfrager konkurrenzieren sich gegenseitig nie. Ein gezielter Austausch von Information zwischen den "Marktteilnehmern" konnte auch nicht beobachtet werden. Jene Kräfte, die normalerweise die Erreichung einer gleichgewichtigen Austauschrate fördern, fehlen also gänzlich. Auch saisonale Schwankungen im Angebot oder in der Nachfrage bestimmter Waren vermögen die Austauschverhältnisse i.a. nicht zu verändern. Der Huon-Handel ist durch und durch traditionell. Umso überraschender ist deshalb die Beobachtung, dass sich die Austauschraten langfristig im Sinn der relativen Knappheiten verändern. Wir haben es hier mit einem Marktmechanismus zu tun, der zwar ähnliche Wirkungen wie der lehrbuchmässige neoklassische Preismechanismus zeigt, aber weder Profitmaximierung noch Wettbewerb kennt.

Neoklassische Darlegungen des Wettbewerbs[6] erklären bekanntlich die "Räumung" des Marktes mit Preisänderungen: Ist das Angebot einer Ware

---

5 Der Handel mit gewohnheitsmässigen Äquivalenzen war keine Seltenheit. Sahlins erwähnt zahlreiche ethnographische Arbeiten, die bestätigen, dass äquivalente Reziprozitäten zum Alltagsbild vieler archaischen Gemeinschaften gehörten. Auch ihre Stabilität wird i.a. nicht bestritten, obschon diese von Kultur zu Kultur unterschiedlich gewichtet wird.

6 Zur Erinnerung: Das Wesen des neoklassischen Wettbewerbs bzw. der Preisbildung liegt in den Wirkungen der Konkurrenz. Jeder Marktteilnehmer, ob nun Nachfrager oder Anbieter, muss stets die Möglichkeit haben, auf einen anderen Anbieter bzw. einen anderen Nachfrager auszuweichen, falls ihm der Preis zu hoch bzw. zu niedrig erscheint. Der Anbieter maximiert somit seinen Profit, der Nachfrager minimiert seine Kosten. Das wäre allerdings noch kein vollkommener Markt, denn bei einer so kleinen Zahl von Marktteilnehmern würden sich diese untereinander persönlich kennen, so dass z.B. gegenseitige preisliche Absprachen möglich wären. Aus diesem Grunde nehmen die Modelle der perfek-

im Vergleich zur Nachfrage zu gross, sorgen fallende Preise für die Elimination des Überschusses. Liegt dagegen ein deutlicher Überhang der Nachfrage vor, steigen die Preise. Obschon der Huon-Handel auf Mengenanpassungen angewiesen ist, beruhen diese Anpassungen selten auf einer Änderung der Austauschverhältnisse. Diese bleiben wie gesagt normalerweise konstant. Die Mechanismen des Huon-Handels sind nicht endgültig geklärt. Einen originellen Erklärungsansatz hat Sahlins formuliert (Sahlins 1974, S. 301ff.). Danach liegt der Schlüssel zum Ausgleich von Mengenüberschüssen in den Mechanismen des "Partnership-Trade". Wir haben gesehen, dass äquivalente Reziprozitäten sich gerade nicht durch eine sachliche Erwiderung auszeichnen, sondern durch ein dosiertes Mass an Grosszügigkeiten und das Tabu, eine Gabe abzulehnen. Die Mechanismen der Über-Erwiderung bieten damit eine Möglichkeit, Überschüsse abzubauen: Überschüssige Erzeugnisse können durch sehr grosszügige Gaben eliminiert werden. Diese dürfen aufgrund der Verpflichtung, eine Gabe zu akzeptieren, nicht abgelehnt werden. Und da eine Gabe auch erwidert werden muss, bleibt das Austauschverhältnis konstant. Eine weitere Möglichkeit, Überschüsse abzubauen, besteht nach Sahlins in der Suche nach neuen Handelspartnern. Im grossen und ganzen hatten also die Teilnehmer am Huon-Handel einen gewissen Spielraum, um Mengen-Anpassungen vorzunehmen, ohne die Austauschraten ändern zu müssen.

Die Mechanismen des "Partnership-Trade" erklären auf plausible Art und Weise, wie Mengenanpassungen zustande kommen, ohne den traditionellen Charakter und die Stabilität von Äquivalenzen zu gefährden. Wie oben bereits erwähnt, bleiben die Austauschverhältnisse in der langen Periode jedoch nicht konstant. Eine befriedigende Erklärung für diesen

---

ten Konkurrenz an, dass ein Markt, der einen wirksamen Wettbewerb garantieren soll, aus sehr vielen Teilnehmern bestehen muss, und zwar aus mindestens so vielen, dass die Möglichkeit von gezielten Marktmanipulationen ausgeschlossen werden kann.

Die *Börse* drängt sich hier als Paradebeispiel auf: Die Börsenteilnehmer führen ihre Transaktionen im gleichen Raum und zur gleichen Zeit durch. Beschreibt man einen Markt wie eine Börse anhand von zeiträumlichen Kontaktstrukturen, stellt man eine wesentliche Eigenschaft neoklassischer Preismechanismen fest: Auf einem Börsen-Markt lassen sich kaum stabile Beziehungsmuster identifizieren. Jeder Marktteilnehmer tritt potentiell mit allen anderen in Beziehung, so dass eine Aufzeichnung der Häufigkeit von face-to-face-Kontakten keine Regelmässigkeiten zeigen würde. Das erfüllt die Forderung nach anonymen, unpersönlichen ökonomischen Transaktionen. Eine realitätsnahe Beschreibung verschiedener Formen von Märkten findet sich bei Morishima (1984).

Sachverhalt liegt bis heute nicht vor. Eine solche ist in diesem Zusammenhang auch nicht notwendig. Das Ziel dieser Ausführungen lag in einer ersten Relativierung des Stellenwerts von Anonymität, Eigennützigkeit und Wettbewerb als konstitutiven Eigenschaften des Marktmechanismus. Die Diskussion des Huon-Handels hat gezeigt, dass weder Anonymität, noch Eigennützigkeit und Wettbewerb notwendige Bedingungen für die Abwicklung handelsmässiger Transaktionen sind. Wir haben es hier mit einem "Marktmechanismus" zu tun, welcher keine dieser Eigenschaften aufweist.

Auch diese Handelsform illustriert deutlich die Notwendigkeit, zwischen Handlungsmodell, Transaktionsformen und Marktmechanismus zu unterscheiden. Die Diskussion des Suks hatte gezeigt, dass Feilschen und Schachern in Wirklichkeit nicht Ausdruck von rücksichtsloser Eigennützigkeit sind, sondern Teil einer zeremoniellen, taktvollen Verhandlung. Sie hat aber auch gezeigt, dass eine zentrale Eigenschaft von Marktmechanismen, die reziproke periodische Anpassung von (relativen) Preisen und Mengen, im Suk unbekannt ist. Dies war beim "Gimwali" nicht anders. Von Marktmechanismen im heutigen Sinne kann auch dort nicht gesprochen werden, obschon die Eigennützigkeit der Verhandlungen beim "Gimwali" nicht angezweifelt werden kann. Beim Huon-Handel haben wir es mit einer diametral entgegengesetzten Situation zu tun. Transaktionsformen, die offensichtlich nicht auf die Erzielung eines Vorteils ausgerichtet sind, den Wettbewerb nicht kennen und deshalb nicht als effizient bezeichnet werden können, führen langfristig zu einer Regulierung von Austauschverhältnissen und Mengen, die normalerweise nur von den Mechanismen der vollkommenen Konkurrenz erwartet wird.

Nun könnte natürlich der Huon-Handel als eine Frühform des heutigen Marktmechanismus betrachtet werden. In der Tat wird häufig der Ursprung vom Handel in den Praktiken der Gabe und Gegengabe identifiziert. Diese Vermutung liesse sich durch die allumspannende Bedeutung der Verwandtschaft bekräftigen. Die effiziente Abwicklung nutzenmaximierender Transaktionen wäre danach durch die moralischen Ansprüche verwandtschaftlicher Beziehungen wirksam verhindert worden. Wie die bisherigen Ausführungen gezeigt haben, waren in der Tat "ökonomische" Transaktionen in archaischen Gesellschaften in verwandtschaftliche Beziehungen eingebettet. Die Regeln und Normen des Tauschs stellten keine eigenständige soziale Realität dar. Wie im nächsten Abschnitt gezeigt werden soll, lässt sich mit dem Übergang von archaischen zu politischen Gesellschaften jedoch kaum eine Entfaltung ökonomisch gesinnter Individuen feststellen. Die moralischen Ansprüche verwandtschaftlicher Beziehungen dürfen somit nicht als wirksame aber vorübergehende Behinderung für die systematische Entfaltung einer eigennützigen, ökonomischen Gesinnung interpretiert werden.

3.3 Der Handel in politischen Gesellschaften

3.3.1 Der verwaltete Handel im Reich Hammurabis

Mit dem Übergang zu politischen Gesellschaften wird der moralische Geltungsbereich der engen familiären Sphäre, der Verwandtschaft oder des Clans reduziert. Die private Sphäre ist nicht mehr die alleinige Quelle moralischer Orientierung, die öffentliche Sphäre tritt hinzu. Die Herausbildung einer öffentlichen Sphäre verändert das individuelle Selbstverständnis. Identität wird nicht mehr länger ausschliesslich durch die engen Bindungen zum familiären Kreis vermittelt, sondern auch durch die Zugehörigkeit zu einer politischen Gemeinschaft bestimmt. Die Entstehung einer öffentlichen Sphäre markiert die erste, wichtige kulturelle Zäsur. Man darf sich diesen Prozess jedoch nicht als allzu abrupt vorstellen. Der Übergang zur Sesshaftigkeit, die Etablierung landwirtschaftlicher Praktiken, die Entstehung der ersten Städte lassen sich nur aus einer evolutionären Optik als Bruch identifizieren, dauerten in Wirklichkeit aber mehrere Tausend Jahre an. Über die Ursachen dieses kulturellen Umbruchs herrscht bis heute Uneinigkeit. Fest steht, dass einfache mechanistische Erklärungen diesem komplexen Problem nicht gerecht werden können (in Eder 1980 und Wesel 1985 werden die wichtigsten Erklärungsansätze des Übergangs zur Sesshaftigkeit dargestellt). Für die vorliegenden Ausführungen von Interesse ist die Tatsache, dass auch nach der Geburt politischer Gesellschaften kaum Spuren von Marktmechanismen im heutigen Sinne gefunden werden konnten. Wie im folgenden gezeigt werden soll, trifft dies nicht nur für Hochkulturen zu, welche durch einen starken, autoritären Staatsapparat regiert wurden. Auch im antiken Griechenland und in Rom lassen sich jene Praktiken, die für den modernen Marktmechanismus konstitutiv sind, kaum finden, obschon der Staat in diesen Kulturen deutlich weniger politische Kontrolle auf die Aktivitäten der Bürger ausübte.

Diese These, welche in diesem und in den nächsten Abschnitten immer wieder zur Sprache kommen wird, relativiert deutlich die Bedeutung von Eigennützigkeit und Wettbewerb als treibende Kräfte der kulturellen Evolution. Sie ist umso verblüffender, als die Welt der Hochkulturen und der Antike immer wieder als eine durch und durch kommerzielle beschrieben wird. Es wird sich jedoch zeigen, dass dieses Bild der Realität politischer Gesellschaften kaum gerecht wird. Dies ist keine Selbstverständlichkeit, denn mit der Geburt politischer Gesellschaften wären alle Voraussetzungen für die Entfaltung ökonomisch gesinnter Kräfte gegeben. Die enge familiäre Sphäre hat ihren umfassenden moralischen Anspruch längst verloren und von stabilen, verwandtschaftlichen Beziehungen in einem eng beschränkten Raum kann nicht mehr gesprochen werden. Vom moralischen "Ballast" enger verwandtschaftlicher Beziehungen befreit, hätten die Menschen erstmals Gelegenheit gehabt, ihren eigennützigen oder gar gewinnorientierten Motiven systematisch nachzugehen. Angesichts der räumlichen Ausdehnung politischer Gesellschaften sowie der Dimension mancher antiker Städte wäre ein Mechanismus der sozialen Reproduktion, der auf persönlichen stabilen Beziehungen beruht und durch solidarische Züge geprägt ist, ohnehin nicht zweckmässig gewesen. Die soziale Reproduktion politischer Gesellschaften muss, so eine gängige Argumentation, durch einen anonymen und von Eigennützigkeit geleiteten Mechanismus gewährleistet werden.

Dieses Bild politischer Gesellschaften wird sich als trügerisch erweisen. Antike Handelsaktivitäten sind in der Tat dokumentiert worden, aber sie lassen eine moderne Interpretation nicht zu, denn sie wurden zu traditionellen, festen Äquivalenzen betrieben. Preise und Preisschwankungen sind in der Antike ebenfalls dokumentiert worden, aber statt die These der Existenz moderner Marktmechanismen zu bestärken, tragen sie zu ihrer Verwischung bei. Geld und Zinsen sind im antiken Rom bekannt. Aber Kredite werden nicht etwa zur Finanzierung von Investitionen verwendet, sondern zur Korrumpierung politischer Behörden eingesetzt. Die Buchhaltung ist so gut wie unbekannt, und der technische Fortschritt steht nicht im Dienste einer ökonomischen Gesinnung. Auch das theoretische Verständnis der damaligen ökonomischen Praktiken entspricht durchaus diesem Bild. Dies ist beispielsweise bei Aristoteles der Fall.

Gegenstand der nun folgenden Ausführungen ist die frühe assyrische Hochkultur. Manche Auffassungen lokalisieren in den Handelspraktiken der assyrischen Hochkulturen den Ursprung heutiger ökonomischer Transaktionen. Die Entdeckung von Tausenden von Tontafeln aus der Zeit des Königs Hammurabi (17. Jahrhundert vor Christus), welche Handelstransaktionen über mehrere Generationen erfassten, legte eine solche Interpretation zunächst nahe. Man glaubte in diesen Tontafeln die erste "moderne" Buchhaltung entdeckt zu haben. Die Archäologen, welche diese Tontafeln untersuchten, wurden aber beim Versuch, diese Tafeln aus einer ökonomischen Perspektive zu interpretieren, vor fast unüberwindbare Probleme gestellt. Die Tafeln wiesen beispielsweise selten "Verluste" auf, dagegen oft "Profite". Es war das Verdienst Karl Polanyis und seiner Kollegen, eine Interpretation gefunden zu haben, welche die damals herrschende Auffassungen des Kodex von Hammurabi entscheidend veränderte (Polanyi, Arensberg, Pearson 1957). Ihre Interpretation war und ist nicht unbestritten, wirft sie doch ein völlig neues Licht auf die zeitgenössischen Ansichten über die ökonomischen Praktiken im antiken Mesopotamien.

Es ist nicht einfach, sich ein einigermassen kohärentes Bild über die Handelspraktiken im antiken Mesopotamien zu verschaffen. Dies liegt einerseits bei den objektiven Schwierigkeiten, die sich bei der Interpretation der Tontafeln ergeben. Sie sind einige Jahrtausende alt und in einer toten Sprache verfasst. Sodann tragen Polanyis Ausführungen leider viel zur Verwirrung bei.[7] Trotzdem werde ich versuchen, die im vorliegenden Zusammenhang wesentlichsten Züge dieser doch recht eigenartigen Handelspraktiken zu skizzieren. Gegenstand der Kontroversen ist der Handel zwischen zwei assyrischen Städten, Kanish und Assur. Das Königshaus der Stadt Assur gründete im Laufe der Jahrhunderte immer wieder neue Städte im Süden Mesopotamiens, mit welchen es regen Handel betrieb. Einige Händler, die ursprünglich aus Assur stammten, gründeten in Kanish eine Art Niederlassung und organisierten den Handel zwischen Assur und Kanish. Bei der Niederlassung handelte es sich um eine zünftische Organisation, "Karum" genannt, welche ihren Mitgliedern Rechte und Pflichten übertrug und eine gewisse Kontrolle über die Handelsaktivitäten ausübte. Die Mitgliedschaft beim Karum war Voraussetzung für die Ausübung der Handelsaktivitäten. Um Mitglied des Karums zu werden, war ein guter Ruf eine unerlässliche Voraussetzung. Gehandelt wurde v.a. Kupfer, das ausschliesslich in Kanish abgebaut wurde, aber auch Blei, Zinn und Tuch. Das Kupfer diente v.a. zur Herstellung von Schmuckstücken.

Die Ökonomie des Königs Hammurabi war geldlos. Jede Ware hatte einen festen Wert, der in Silbereinheiten ausgedrückt wurde. Silber hatte also die Funktion eines Wertmassstabs, aber wurde nicht als Zahlungs- und Austauschmittel verwendet. "Transaktionen" basieren also wie in archaischen Gesellschaften auf dem Tausch von Naturalien. Gold dagegen war weder als Wertmassstab noch als Zahlungsmittel anerkannt. Es diente hauptsächlich der Herstellung von Schmuck. Da Silber als Wertmassstab, nicht aber als Zahlungsmittel diente, also nicht von Geld gesprochen werden kann, will ich im folgenden auch nicht von Preisen reden. Ich benutze stattdessen den bereits eingeführten Ausdruck "Äquivalenzen" (vgl. Abschnitt 3.2.2). Die Transaktionen liefen also weitgehend über Naturalien. In der Regel wurden Äquivalenzen aus der Tradition übernommen oder durch Proklamation festgelegt. Die Kontrolle über die Einhaltung von Äquivalenzen unterschied sich von Ware zu Ware. Waren, über die der Staat monopolistisch verfügen konnte, wurden zu festen, staatlich fixierten Äquivalenzen gehandelt. Das Kupfer war eine solche Ware. Die Verletzung der staatlich festgelegten Äquivalenzen wurde streng bestraft.

---

7 Der interessierte Leser sei auf den Originalbeitrag (Polanyi, Arensberg, Pearson 1957) verwiesen. Eine deutsche Übersetzung mit zusätzlichem Material findet sich in Polanyi (1979, S. 300-316).

Da man aufgrund des Status und nicht aus eigener Initiative oder aus pekuniärem Interesse Händler wurde, standen "Profitmotive" nicht unmittelbar im Vordergrund ökonomischer Praktiken. Die fixen Äquivalenzen verunmöglichten es einem Händler, sein Einkommen aus Unterschieden (regionalen, saisonalen, etc.) in den Äquivalenzen zu erwirtschaften. Auch Aufschläge auf die festgelegten Äquivalenzen waren ausgeschlossen. Seinen Lebensunterhalt verdiente er mit Provisionen. Er bekam von der lokalen Verwaltung Handelsaufträge, welche mit Provisionen verbunden waren. Allerdings musste der Händler eine Bürgschaft im Wert der ganzen Provision deponieren. Obwohl die Äquivalenzen von der Verwaltung in Kanish festgelegt wurden, wurde der Händler deswegen nicht zum Funktionär oder Bürokrat. Die eigentliche Organisation des Handels zwischen Kanish und Assur erfolgte weitgehend in eigener Kompetenz und Verantwortung des Händlers. Organisatorisch-logistische Fähigkeiten waren wichtig. Da die Äquivalenzen in Assur wie in Kanish die gleichen waren, verschwand die wichtigste Quelle kommerzieller Risiken.

Die detaillierten Mechanismen der Handelspraktiken lassen sich aus den Ausführungen Polanyis nicht genau rekonstruieren. Es steht zwar fest, dass Handelspraktiken mit Äquivalenzen in einer Gesellschaft, die kein Geld als Austauschmittel kannte, recht schwerfällig waren. Der Austausch von Kupfer wie auch von allen anderen Waren wurde dadurch erschwert, dass er immer an Ort und Stelle gegen Bezahlung in Naturalien erfolgen musste. Die Einheimischen in Kanish hatten das Recht, aus den zur Verfügung stehenden Naturalien nach Wunsch auszuwählen, vorausgesetzt, dass der Wert ihrer Wünsche dem Wert des angebotenen Kupfers entsprach. Dies führte zu sehr langwierigen Tauschprozessen. Es konnte z.B. sehr wohl vorkommen, dass die Nachfrage der Einheimischen für feines Tuch den Vorrat der Händler überstieg. Es ist anzunehmen, dass am Ende von Verhandlungen häufig einzelne Waren überschüssig, andere dagegen nicht ausreichend vorhanden waren.

Über die Rigidität der staatlich vorgeschriebenen Äquivalenzen herrscht Uneinigkeit. Die Existenz von Äquivalenzen bedeutet nicht unbedingt, dass sich diese im Laufe der Zeit nicht allmählich verändern konnten. Polanyi behauptet, dass sich Äquivalenzen auch über sehr lange Zeitspannen kaum verändert hätten und begründet dies theoretisch damit, dass Äquivalenzen eine Form von sozialer Gerechtigkeit seien. Wie die Ausführungen des Abschnitts 3.2.2 gezeigt haben, wird ein auf traditioneller Äquivalenz beruhender Austausch in archaischen Gesellschaften tatsächlich als gerecht empfunden. Daraus lässt sich aber nicht der Schluss ziehen, dass variierende Äquivalenzen in Raum und Zeit prinzipiell im Gegensatz zu tradierten Vorstellungen von sozialer Gerechtigkeit stehen. Wie Polanyi selbst zeigt, deutet das empirische Material darauf hin, dass nur die Spekulation mit Wertunterschieden in den Äquivalenzen, und nicht die Veränderung von Äquivalenzen an sich, auf einer moralisch-religiösen Ebene scharf verurteilt wurde. Dies betraf insbesondere die Lebensmittel, deren Versorgung in der Antike sicherlich die wichtigste "ökonomische" Aktivität war.

Empirisch ist in der Tat gezeigt worden, dass die Äquivalenzen Schwankungen unterworfen waren und auch regional differieren konnten (Humphreys 1979, S. 29ff.). Der Handel mit festen Äquivalenzen (in der Terminologie Polanyis ein verwalteter Handel) verlangt moralisch "nur", dass keine Gewinne mit allfälligen Unterschieden der Austauschrelationen an verschiedenen Orten erzielt werden. Dass die Äquivalenzen im Laufe der Zeit durch staatliche Organe an veränderte Umstände angepasst wurden, wird dadurch nicht ausgeschlossen. Für die Händler waren Variationen in den Äquivalenzen aufgrund ihrer über Provisionen erzielten Einkünfte weit weniger relevant. Es ist sicher so, dass die zentrale Verwaltung, die mit der Registrierung von Handelstransaktionen und der Festlegung der Äquivalenzen beschäftigt war, ihre Wirkung auf die Lebensbedingungen der Einheimischen recht genau kannte. Es wird jedoch als sehr unwahrscheinlich angenommen, dass die zentrale Verwaltung über lange Zeit feste und unveränderbare Austauschrelationen vorschrieb und durchsetzte.

Zwischen der Handhabung von Äquivalenzen in politischen Gesellschaften und den archaischen Praktiken des "partnership-trade" bestehen Ähnlichkeiten. Gemeinsam war den beiden Handelsformen, dass sie – im Unterschied zu heutigen Marktmechanismen – kein Geld als Zahlungs- und Austauschmittel kannten. Auch "Gewinnmotive" standen nicht im Mittelpunkt dieser Handelspraktiken. Diese Handelsformen weisen aber auch deutliche Unterschiede auf. In archaischen Gesellschaften wurden die traditionellen, festen Austauschverhältnissen nicht durch Staatsgewalt verordnet und sanktioniert. Die Handelsaktivitäten selber beruhten nicht auf festen, verwandtschaftlichen Beziehungen.

Der verwaltete Handel ist vermutlich die einfachste und naheliegendste Art und Weise, die materielle Sphäre beim Übergang von einer Gesellschaftsform, die noch weitgehend auf verwandtschaftlichen und familiären Beziehungen beruhte, zu einer solchen, in welcher sich Formen der politischen Integration etablieren, zu organisieren. In der Sphäre des materiellen Austauschs scheint die öffentliche Festlegung von Äquivalenzen nichts anderes als die natürliche Fortsetzung des "partnership-trade" zu sein. Die Veränderung tradierter Äquivalenzen durch staatliche Organe kann natürlich unterschiedlich stark ausgefallen sein, von einer massvollen Anpassung bis zu einer mehr oder weniger willkürlichen Festlegung neuer Austauschraten. Wir haben es hier mit anderen Worten mit einer Übergangszone zwischen Tradition und Recht zu tun. Im Falle des Reichs Hammurabis handelt es sich vielleicht um positives Recht auf halbem Weg, um durch den Staat reproduzierte Tradition. Das Recht ist noch kein abstraktes, universelles Prinzip.

Die Entstehung einer öffentlichen Sphäre bzw. die Redimensionierung der moralischen Ansprüche familiärer und verwandtschaftlicher Beziehungen kam also nicht der Schaffung eines sozialen Raums gleich, der die Entfaltung einer ökonomischen Gesinnung ermöglicht hätte. Von einer Entfesselung ökonomischer Motive kann in dieser frühen Hochkultur nicht ernsthaft gesprochen werden. Handelspraktiken bleiben weiterhin in kulturelle und politische Traditionen eingebettet, die selbst Ausdruck von Reziprozität und sozialer Gerechtigkeit sind. Die Diskussion assyrischer Handelspraktiken hat gezeigt, dass von einem anonymen, eigennützigen Mechanismus der sozialen Reproduktion auch in politischen Gesellschaften nicht ernsthaft gesprochen werden kann. Diese Aussage müsste angesichts der doch brutalen Methoden, die nach Polanyi zur Einhaltung der vorgeschriebenen Äquivalenzen zur Zeit Hammurabis angewendet wurden, beträchtlich relativiert werden. Wie im nächsten Abschnitt dargelegt werden soll, ändert das Ausbleiben staatlicher Gewalt am Bild antiker Handelspraktiken nichts Wesentliches. Zwar lässt sich die Invarianz von Austauschraten nur noch im Sinne einer Tendenz aufrechterhalten. Es zeigt sich jedoch rasch, dass die beobachteten Veränderungen in keinem kausalen Zusammenhang stehen mit ökonomischen Preis-Mengen-Anpassungen.

3.3.2 *Der tradierte Charakter des Getreidehandels in der Antike*

Die Etablierung des Geldes als Wertmassstab und als Zahlungsmittel in der Antike[8] hätte die Herausbildung des Marktmechanismus entscheidend fördern sollen. Mit der Verwendung von Bargeld auf breiter Basis sind alle Voraussetzungen gegeben, welche die Etablierung anonymer, marktmässiger Transaktionen ermöglichen würden. Die zentrale Frage lautet daher: Haben sich mit der Institutionalisierung des Geldes in der Antike auch Mechanismen der sozialen Reproduktion etabliert, welche es rechtfertigen würden, in einem modernen Sinn von Marktmechanismen zu reden? Trotz dem spärlichen empirischen Material kann plausibel gemacht werden, dass es auch in der antiken Welt wie bei den frühen Hochkulturen höchstens ein tradiertes Verständnis von relativen Austauschverhältnissen gab und dass Preisschwankungen zwar beobachtet werden können, aber kaum systematische Aufmerksamkeit auf sich zogen. Die Handelspraktiken haben sich

8 Ich stütze mich auf Finley (1973), der unter Antike die griechische und römische Welt in der Zeit zwischen dem Jahr 1000 v.C. und 500 n.C. versteht (Finley 1973, S. 27-34).

zwar stark verallgemeinert (anonymisiert), dennoch beruhen sie noch nicht auf Marktmechanismen, welche relative Knappheiten über Preise signalisieren und regulieren.

Für diese These gibt es ein zwar indirektes, aber ernstzunehmendes Indiz. Finley, der bezogen auf die antike Wirtschaft als die weltweit wichtigste Autorität gilt, hat in einer mittlerweile klassischen Arbeit notiert, dass von den griechischen und römischen Kulturen zahlreiche schriftliche Dokumente über Philosophie, Recht, Literatur, Mathematik, Astronomie usw. bekannt sind, aber sowohl ökonomische Schriften als auch statistische Angaben fast vollständig fehlen (Finley 1973). Dies lässt sich anhand des mediterranen Getreidehandels besonders gut illustrieren. Hierzu werde ich mich im folgenden hauptsächlich auf Jardé stützen (Jardé 1979). Jardé ist einer der wenigen Autoren, der eine umfassende Studie über den antiken Getreidehandel im mediterranen Raum vorgelegt hat. Nach einer systematischen Auseinandersetzung mit den verfügbaren antiken Quellen kommentiert er die Ergebnisse seiner Arbeit wie folgt:

> "Au terme de notre étude, nous ne saurions nous défendre d'un sentiment de découragement. Nous avons cherché à traduire les données éparses dans les textes antiques en chiffres précis, en statistiques rigoureuses: reconnaissons que chiffres et statistiques reposent sur un échafaudage bien fragile d'hypothèses. ... Après avoir passé des textes aux chiffres, nous sommes obligés, pour conclure, d'abandonner les chiffres et d'en revenir à des simples impressions, vraies peut-être, imprécises assurément." (Jardé 1979, S. 190).

Trotz seiner eher pessimistischen Schlussfolgerungen ist Jardés Arbeit in diesem Rahmen eine ausreichend ergiebige Quelle. So kann er beispielsweise zeigen, dass zwar saisonale Preisschwankungen festgestellt werden können und dass der Getreidepreis von Region zu Region variiert. Es stellt sich jedoch heraus, dass die Handelspraktiken von diesen Preisunterschieden kaum berührt werden oder gar ein irrationales Verhalten nahelegen. Viele Indizien sprechen dafür, dass Preisunterschiede im Getreidehandel der antiken Welt eine untergeordnete Rolle spielten. Das historische Material zur Klärung der Frage nach der Existenz moderner Marktmechanismen ist zwar, wie ich bereits angedeutet habe, spärlich, aber es legt nahe, die antiken Handelsbeziehungen nicht nach dem Muster moderner marktmässiger Transaktionen zu verstehen. Was Jardé vorgefunden hat, sind in bestimmten Regionen und zu bestimmten Jahreszeiten *übliche Getreidepreise*, aber keine einheitlichen, über ganz Griechenland fixierten, starren Preise.

Zwischen einem üblichen und einem festen Preis bestehen Unterschiede. Feste Getreidepreise sind für konkrete Transaktionen an konkreten Orten zu konkreten Zeiten bestimmend. Übliche Preise dagegen sind so etwas wie allgemeine Richtlinien oder Normen. Bestimmte Produkte werden üblicherweise zu diesen oder jenen Preisen gehandelt. Der übliche Preis wird nicht immer und ausnahmslos in allen Transaktionen eingehalten. Abweichungen vom üblichen Preis (der nicht genau festgelegt ist) falsifizieren dessen Existenz nicht. Widerlegt wäre er erst, wenn es möglich wäre, die empirischen Abweichungen auf andere reale Mechanismen, z.B. auf moderne Marktmechanismen, zurückzuführen. Wie die Ausführungen Jardés indirekt zeigen, konnte die Existenz von Marktmechanismen in der antiken Welt bisher nicht einwandfrei nachgewiesen werden. Das von Jardé vorgelegte empirische Material scheint eher die These zu stützen, dass der Getreidehandel zu üblichen Preisen geführt wurde. Es ist z.B. verblüffend zu konstatieren, dass das Verhältnis zwischen Gerste und Weizen meist etwa 1:2 betrug. Das scheint sowohl in Athen im fünften und vierten Jahrhundert v.u.Z., als auch im Ägypten des Ptolemäus der Fall gewesen zu sein (Jardé 1979, S. 178ff.).

Obschon sich Jardés Interesse v.a. auf die Zusammenstellung von empirischem Material richtet und er sich dementsprechend weniger mit theoretischen Fragen beschäftigt, spricht er in diesem Zusammenhang recht eindeutig und durchaus in theoretischer Einstellung von "normalen Preisen" für Weizen und Mehl in Athen. Die Schwankungen der normalen Preise konnte Jardé angesichts des unzuverlässigen und spärlichen Datenmaterials nicht erklären. Polanyi, der sich z.T. stark auf die Arbeit Jardés stützt, nimmt hierzu eine viel weniger vorsichtige Haltung ein. Er interpretiert die Stabilität der relativen Preise als feste Austauschverhältnisse (Polanyi 1977, S. 225ff.). Er vertritt wie bei den Untersuchungen über den Kodex von Hammurabi die These, dass der Handel zu festen Äquivalenzen geführt wurde. Ich möchte Polanyis radikale These aber aus denselben Gründen, welche ich im Zusammenhang mit der Diskussion des verwalteten Handels angeführt habe, nicht weiter verfolgen. Es scheint weder empirisch nachweisbar noch theoretisch zwingend, im mediterranen Getreidehandel feste, über lange Zeit unveränderbare Äquivalenzen zu postulieren. Die These der normalen Preise wird hingegen von ethnographischen Arbeiten über afrikanische Marktformen bestätigt (Bohannan, Dalton 1962): Preisschwankungen beeinflussen kaum das Angebot. Verkäufer kümmern sich mit anderen Worten nicht um Marktpreise.

Die Annahme üblicher oder normaler Getreidepreise braucht weder auf einer rein objektiven Werttheorie, wie etwa der Arbeitswertlehre, noch auf einer streng subjektiven Betrachtungsweise, wie das beim Begriff des Nutzens der Fall ist, zu beruhen. Übliche Preise möchte ich als eine soziale Realität der antiken Welt betrachten. Es wird damit nicht ausgeschlossen, dass im Verständnis des normalen Preises sowohl objektive als auch subjektive Elemente stecken können. Es wird damit nur gesagt, dass in der römischen und griechischen Gesellschaft normale Preise ebenso zur alltäglichen Realität und zum allgemeinen Verständnis gehörten wie etwa die Sklaverei. Der Begriff des normalen Preises muss nicht notwendigerweise restriktiv gehandhabt werden. Normalität beschränkt sich nicht einfach auf quantitative Austauschrelationen. Wenn die Beachtung normaler Preise als Ausdruck von äquivalenten Reziprozitäten angesehen wird, kann man leicht feststellen, dass es sich dabei um einen Mechanismus der Systemintegration handelt, der weder auf einer nur persönlichen Beziehung noch auf blosser Anonymität beruht.

Die spärliche empirische Evidenz, welche die antike Wirtschaft liefert, ist ein ernstzunehmendes Indiz für die geringe gesellschaftliche Bedeutung ökonomischer Praktiken bzw. eine indirekte Bestätigung für die These, dass Marktmechanismen im heutigen Sinne nicht im Mittelpunkt der sozialen Reproduktion politischer Gesellschaften standen. Im folgenden Abschnitt werde ich zeigen, dass die untergeordnete Bedeutung heutiger Marktmechanismen durchaus in Einklang stand mit der Tatsache, dass die antike Wirtschaft keine Buchhaltung kannte, Profitraten nicht kalkuliert werden konnten, der technische Fortschritt gering war und nicht im Dienste ökonomischer Aktivitäten stand, Handelsbeziehungen eine beschränkte Bedeutung hatten, Städten mit wenigen Ausnahmen autark waren und dass Kreditgeld und Zinsen zwar Realität waren, aber keine ökonomische Bedeutung hatten.

3.3.3 *Die vermeintlich ökonomische Gesinnung der Antike*

Es ist aus der Perspektive ökonomischer Gesellschaften durchaus schwierig, unser Selbstbild auf frühere Kulturen nicht systematisch zu übertragen. Wenn das Modell des homo oeconomicus sich prinzipiell zur Diskussion sämtlicher Lebensbereiche eignet, ist es natürlich nicht einzusehen, warum frühere Menschen anders hätten handeln sollen. Diese häufig implizite Meinung führt schliesslich dazu, dass die antike Wirtschaft in jeder Beziehung als eine Marktwirtschaft beschrieben wird, in welcher Profit und Märkte sowie weltweite Handelsaktivitäten zum damaligen Alltagsbild gehören. In den folgenden Ausführungen werde ich plausibel machen, dass dieses Bild der antiken Wirtschaft drastisch relativiert werden muss. Keine jener Institutionen, die für ökonomische Gesellschaften konstitutiv sind, prägt das Alltagsbild der antiken Wirtschaft. Diese Aussage ist für diese Arbeit von einigem Interesse, bedeutet sie doch, dass der Marktmechanismus bis zur Schwelle ökonomischer Gesellschaften keine nennenswerte evolutionäre Bedeutung gehabt hat. Auch in der Antike tragen somit Mechanismen, die auf anonymen, profitorientierten Beziehungen beruhen, kaum zur sozialen Reproduktion bei.

Für die soeben vorgebrachte These gibt es zahlreiche Indizien. Die *Sklaverei* ist in mancher Hinsicht ein Schlüsselfaktor für das Verständnis der antiken Wirtschaft (Finley 1973, S. 62-94). Die Sklavenarbeit erstreckte sich von den reinen Sklaven bis zu den freien Bürgern und umfasste zahlreiche Abstufungen, höhere und niedere Sklavenarbeit, Lohnarbeit, freie Berufe usw. (Kloft 1985). Die "Verfügbarkeit" von Sklaven, die sowohl im antiken Griechenland als auch im römischen Reich einen grossen Teil der produktiven Aktivitäten aufrecht erhielten, entband die Bürger von Athen bzw. den Adel und die Bürger von Rom von der Verrichtung handwerklicher und landwirtschaftlicher Tätigkeiten. Das wirft die Frage nach der Bedeutung der Arbeit in der Antike auf. Aus den Schriften zahlreicher griechischer Philosophen wissen wir, dass in Athen die handwerkliche Arbeit von den Bürgern stark verachtet wurde (Handwerker wurden "Banausen" genannt). Hoch im Kurs stand dagegen die geistig-intellektuelle Tätigkeit, wie sie insbesondere die Politik auszeichnet (Arendt 1989, S. 18ff.). Arbeit als die einzig moralisch legitime Form des Erwerbs zu betrachten, wäre den Bürgern von Athen und Rom reichlich fremd erschienen. Lohnarbeit war in der Antike mehrheitlich unbekannt.

Eine weitere Institution, die in der Antike noch weitgehend unbekannt war, ist die *Buch- und Betriebsführung*. Dieser Umstand ist ein weiterer Hinweis auf das Fehlen moderner Marktmechanismen in politischen Gesellschaften. Zunächst gilt es festzuhalten, dass in der Antike in mancher Hinsicht von "Betrieben" nicht die Rede sein kann, eine institutionalisierte räumliche Trennung zwischen der privaten und der "betrieblichen" Sphäre gab es damals nicht. Handwerkliche Tätigkeiten und Familienleben fanden unter dem gleichen Dach statt und standen im Dienste einer weitgehend autarken Lebensweise (siehe Dürrenberger 1989 für eine evolutionäre Betrachtung und Ausdifferenzierung menschlicher Territorien). Dementsprechend kann auch von Arbeitsteilung im heutigen Sinne kaum gesprochen werden. Sodann bestätigen die damals üblichen Methoden der "Betriebsführung", dass der wirtschaftliche Erfolg eine untergeordnete Rolle spielte. Dies wird v.a. anhand des Latifundius, des römischen Grossgrundbesitzes, sichtbar. Die Grossgrundbesitzer kannten keine konsolidierten, zuverlässigen Regeln der Buchführung. Diese heute nicht mehr wegzudenkende Institution ökonomischer Gesellschaften beschränkte sich in der Antike im besten Falle auf einige einfache Faustregeln. Ihr fehlte jegliches theoretische Fundament.

Es ist vermutlich kein Zufall, dass die Antike uns sehr wenige Beispiele buchhalterischer Methoden überliefert hat. Das vielleicht berühmteste und am meisten beachtete geht auf Columella zurück (1. Jahrhundert nach Christus) und bezieht sich auf die Techniken zur Abschätzung der *Rentabilität* von verschiedenen Böden und Plantagen (Duncan-Jones 1977). Seine buchhalterischen Empfehlungen sind detailliert untersucht worden. Bezeichnenderweise gibt es in seinen Kalkulationen keinen Unterschied zwischen Arbeits- und Kapitalkosten, und Abschreibungen wurden nicht berücksichtigt. Das Fehlen von Abschreibungen deutet auf ein simples Verständnis von Kapital hin. Finley bestätigt, dass im antiken Rom das Konzept der Abschreibung in der Tat gänzlich unbekannt war (Finley 1973, S. 116). Aus dem antiken Griechenland sind ganze zwei Beispiele von Frühformen der Buchführung bekannt, wovon eines unglaubwürdig ist. Das andere liefert, wie im Falle von Columella, eine eindrückliche Illustration des griechischen Verständnisses von "Kapital". Auch nach diesem Verständnis haben Abschreibungen keine Bedeutung (Finley 1973, S. 116). Dementsprechend ist der Begriff der Rentabilität nur sehr schwer mit dem modernen gleichzusetzen. Während Columella eine "Profitrate" von 22 % vorrechnet, kann aus heutiger Perspektive mit gutem Grund eine Rentabilität von etwa 7 % erwartet werden (Duncan-Jones 1977, S. 55-59).

Während diese frühen Buchhaltungsmethoden kaum den für ökonomische Gesellschaften typischen Entwicklungsstand erreicht hatten, war die Praxis des Kredit- und Zinswesens zumindest in der römisch-kaiserlichen Epoche bekannt. Die Vernachlässigung von betrieblicher Rentabilität und die Beachtung von Zinsen stehen zunächst in krassem Widerspruch zueinander. Die Existenz eines Kreditwesens lässt sich nicht mit der mangelhaften Berechnung oder gar Vernachlässigung von Profitraten in Einklang bringen. Eine nähere Betrachtung zeigt, dass die gewährten Kredite i.d.R. nicht zu Investitionszwecken im modernen Sinne verwendet wurden. Dem römischen Adel mangelte es trotz seines Reichtums an Land und Gütern vielfach an liquiden Mitteln. Das ausgeliehene Geld wurde zu Konsumzwecken ausgegeben, oder aber es wurde zur Bestechung bzw. Gewinnung von Politikern sowie zur Finanzierung politischer Karrieren verwendet. Die ökonomischen Vorteile, die sich aus einer erfolgreichen politischen Karriere ergaben, wurden dann zur Rückzahlung der Schulden benützt, indem sich etwa der erfolgreiche Politiker seiner Kompetenz zur Steuerfestsetzung bediente (Finley 1973, S. 53ff.). Dies führt uns zum Schluss, dass das Geld in der kaiserlichen Zeit zwar zum Alltagsbild des römischen Lebens gehörte, aber lediglich in seiner Funktion als Austauschmedium wahrgenommen wurde.

Auch das mythologisierte Bild von *Wissenschaft* und *Technik* trägt zu einer verzerrten Vision der antiken Wirtschaft bei. Die Griechen haben uns beachtliche wissenschaftliche Leistungen überliefert. Ihre Mathematikkenntnisse sind sprichwörtlich. Aber diese waren selten von praktischer Bedeutung. Praktische Anwendbarkeit stand bei wissenschaftlichen Tätigkeiten nicht im Vordergrund. Auch waren Fachdisziplinen nur beschränkt ausdifferenziert. Natur- und Sozialwissenschaften waren untrennbare Elemente philosophischer Tätigkeit. Die technischen Fähigkeiten, welche die Realisierung architektonischer Wunderwerke ermöglichten, waren kein Nebenprodukt wissenschaftlicher Forschung. Wissenschaft und Technik standen nicht im Dienste ökonomischer Aktivitäten (Hösle 1991, S. 49ff.). Letztere zeichnen sich i.a. durch eine geringe technische Innovativität aus.

Die landwirtschaftlichen und handwerklichen Methoden blieben während einem Jahrtausend weitgehend unverändert (Finley 1965).

Die geographische Ausdehnung des römischen Reichs ist ein weiteres Element, das das Bild der antiken Wirtschaft verzerrt hat. Auch der Begriff eines mediterranen Getreidehandels kann u.U. zu Missverständnissen führen. Eine nähere Betrachtung zeigt, dass weiträumige und intensive Handelsbeziehungen zwischen den Städten des römischen Reichs zum grössten Teil ein Mythos sind. Für viele Regionen der Antike war *Autarkie* und Selbstversorgung ein prägendes Merkmal. Die Vorstellung der Autarkie scheint, angesichts des ausgedehnten römischen Strassen- und Handelsnetzes, reichlich naiv. Es ist aber gezeigt worden, dass Autarkie in der Antike wie auch im Mittelalter weitgehend Realität war (Finley 1973, S. 123ff.). Die Städte des römischen Reichs – mit Ausnahme von Rom – waren i.d.R. selbstversorgend. Landwirtschaftliche Produkte wurden durch das umliegende Land in die Stadt geliefert und selten exportiert. Die Stadt lieferte ihrerseits allerlei handwerkliche Erzeugnisse an das Land. Dennoch waren antike Städte selten vollständig autark: Baumaterialien, Metalle, Sklaven etc. mussten häufig importiert werden. Dazu diente allerdings weniger das Strassennetz. Dieses war nicht in erster Linie für kommerzielle, sondern vielmehr für militärische Zwecke gebaut worden. Strassentransporte waren zudem sehr zeitraubend und beschwerlich. Das einzige wirklich leistungsfähige Transportmittel in der Antike war das Schiff. Es ist kein Zufall, dass alle wichtigen Handelsplätze der Antike entweder direkt am Meer lagen oder aber einen guten Zugang zu einer Wasserstrasse hatten.

Die Lebensmittelversorgung, die im Mittelpunkt antiker ökonomischer Praktiken stand, liefert eine weitere Bestätigung für die vernachlässigbare Bedeutung des Marktmechanismus in der Antike. Der Getreideversorgung kommt in der Antike ein hoher gesellschaftlicher Stellenwert zu. Die "ewige Stadt" war diesbezüglich nicht selbstversorgend: Sie litt regelmässig an Nahrungsmittelknappheit und musste immer wieder mit Getreide aus Sizilien, der Kornkammer der Antike, beliefert werden. Der römische Staat verteilte diese Getreideimporte in Form minimaler Brotrationen: "Panem et Circenses" lautete in Rom die politische Devise zur Entschärfung sozialer Konflikte und zur Linderung von Hungersnöten (Weber 1989). Diese Maxime war nicht bloss eine befristete, einmalige Massnahme zur Rettung politischer Karrieren (Weber 1989, S. 254ff.). Obschon die Versorgung der römischen Bevölkerung mit Getreide durch den Staat sicherlich auch der Gewinnung der Gunst der Massen diente, war sie nicht in erster Linie Ausdruck eines politischen Kalküls. Der römische Staat stand immer wieder vor der Bewältigung gravierender Hungersnöte und postulierte ein

Anrecht aller römischen Bürger auf eine minimale Menge Getreide zu einem gerechten Preise[9] (Weber 1989, S. 258ff.).

Der grosse Stellenwert dieser Form von verallgemeinerter Reziprozität legt die Vermutung nahe, dass manche gesellschaftlichen Probleme, die in modernen Gesellschaften hauptsächlich als ökonomische beschrieben werden, in der Antike vielmehr als politische betrachtet wurden. Die Bewältigung von Hungersnöten bzw. die Versorgung der Stadt Rom mit genügend Getreide wurde nicht als ökonomisches Problem angegangen. Der Handel mit Getreide beruhte nicht auf ökonomischen Institutionen, sondern auf politischen: *Macht* – nicht *Geld* – schien damals die Lebensmittelversorgung zu koordinieren. Nicht viel anders sah die Situation im Athen der klassischen Zeit aus. Ähnlich wie Rom konnte sich auch Athen nicht allein aus den Ernteerträgen der umliegenden Regionen ernähren. Eine sichere und permanente Getreideversorgung war deshalb ein Grundpfeiler der Polis (Polanyi 1977, S. 160ff.). Aber Athen war im Gegensatz zu Rom nicht in der Lage, die Importe von Getreide militärisch zu kontrollieren. Dies erklärt das ständige Interesse Athens an den Getreidepreisen im mediterranen Raum.

Das soeben skizzierte Bild der antiken Wirtschaft hilft zu verstehen, warum schwankende Preise letztlich keine Auswirkungen auf die produktiven Aktivitäten hatten. Da ein umfassendes Kostenbewusstsein ebenso wie ein rationales, methodisches Streben nach Profit in der griechischen und in der römischen Gesellschaft weitgehend fehlten, mangelte es auch steigenden oder sinkenden Preisen an Bedeutung. Ihre Schwankungen waren jedenfalls als Orientierungskategorien des alltäglichen Lebens kaum von Bedeutung (siehe De Martino 1985 für eine umfassende Diskussion ökonomischer Praktiken im antiken Rom). Eine in der Antike bekannte, modernen ökonomischen Gepflogenheiten am nächsten kommende Aktivität war vermutlich die Spekulation. Der Spekulant kennt in der Antike nur eine einzige Regel: Möglichst billig einkaufen und möglichst teuer wiederverkaufen. Schon Aristoteles hatte diese Möglichkeit erkannt. Er erwähnt dabei Thales von Milet, der sich vornimmt, die Mächtigkeit seines Wissens nachzuweisen. Nachdem er eine ausgezeichnete Olivenernte prognostiziert hat, kauft er sämtliche Ölpressen der Region ein und verkauft oder vermietet sie während der Erntezeit für teures Geld (Gigon 1986, S. 64). Dennoch gilt sein Interesse in erster Linie dem Beweis der potentiellen, praktischen Nützlichkeit philosophischer Erkenntnisse und nicht der Spekulation und ihrer ökonomischen Bedeutung.

9 Frauen waren von diesem Recht ausgeschlossen.

3.3.4. *Das Selbstverständnis ökonomischer Praktiken in der Antike: Aristoteles*

Die bisherige Diskussion hat die These von weitgehend auf Tradition und nicht auf nutzenmaximierendem Entscheiden beruhenden Handelspraktiken in archaischen und politischen Gesellschaften bestärkt. In den folgenden Ausführungen möchte ich nun das bisher skizzierte Bild der antiken Wirtschaft dem damaligen theoretischen Selbstverständnis gegenüberstellen. Es wird sich zeigen, dass der weitgehend traditionelle Charakter von Handelspraktiken bzw. ihre kulturelle Einbettung in den Schriften jener Philosophen eine Bestätigung finden, die sich mit ökonomischen Fragen beschäftigten, nämlich Plato und Aristoteles. Angesichts des hervorragenden Stellenwertes des Werkes Aristoteles' nicht nur in der Antike, sondern auch während des ganzen Mittelalters, werde ich mich ausschliesslich auf Aristoteles konzentrieren. Ein Überblick über die Ansichten Platos (und Aristoteles') findet sich in Schefold (Schefold 1989).

Interessant ist zunächst, dass bei Aristoteles die Unterscheidung zwischen negativen und äquivalenten Reziprozitäten eine wichtige theoretische Kategorie darstellt. Freilich spricht Aristoteles nicht direkt von Reziprozitäten, aber seine Ausführungen über Formen der sozialen Beziehungen (verwandtschaftlich, familiär, fremd usw.) lassen sich ohne weiteres auf die drei Typen von Reziprozitäten übertragen. Eine wichtige Quelle für diese Diskussion bietet das erste Buch der Politik (Gigon 1986, S. 47ff.). Dort unterscheidet Aristoteles grundsätzlich zwischen zwei Arten "ökonomischer" Aktivitäten: Der Erwerbskunst und der Hausverwaltung (Gigon 1986, S. 57). Die Hausverwaltung ist mit der Beschaffung des Notwendigen befasst. Das Haus ist der Baustein der Gemeinschaft, und diese wiederum ist der Inbegriff der Polis. Die Gemeinschaft ist der Selbstgenügsamkeit verpflichtet, ihr Ideal liegt also in der Autarkie, ein Ideal das, wie ich im Abschnitt 3.3.3 zu zeigen versucht habe, gar nicht so weit von der alltäglichen Realität entfernt war. Ein wichtiges Prinzip einer der Selbstversorgung verpflichteten Gemeinschaft ist nach Aristoteles die *austeilende* (oder distributive) *Gerechtigkeit*. Diese kann unmittelbar als eine Form verallgemeinerter Reziprozität interpretiert werden.

Erwerbskunst, solange sie im Dienste der Hausverwaltung bzw. der Selbstgenügsamkeit steht, ist gerechtfertigt und legitim. Erwerbskunst dagegen, die als Selbstzweck betrieben wird, wird von Aristoteles als unnatürlich betrachtet:

> "Da es aber eine doppelte Erwerbskunst gibt, ... die des Kaufmanns und die des Hausverwalters, und da diese notwendig und lobenswert ist, die Tauschkunst dagegen mit recht getadelt wird (denn sie hat es nicht mit der Natur zu tun, sondern mit den Menschen untereinander), so ist erst recht der Wucher hassenswert..." (Gigon 1986, S. 62-63).

Offensichtlich unterscheiden sich nach Aristoteles die verschiedenen Formen des "Wirtschaftens" durch ihren Zweck. Erwerbskunst im Dienste der Selbstgenügsamkeit ist legitim, Erwerbskunst als Selbstzweck, der sich die Maximierung des "Profits" zum Ziel setzt, ist dagegen verwerflich.

Die Ausführungen von Aristoteles zeigen, dass ökonomische Praktiken, die sich ausschliesslich die Vermehrung von Reichtum zum Ziel gesetzt haben, in der antiken Welt zwar durchaus bekannt waren, aber als moralisch verwerflich angesehen wurden. Es ist jedoch sehr schwierig, aus seinen Ausführungen die genaue gesellschaftliche Relevanz solcher Praktiken abzuleiten, da Aristoteles in seinen Schriften nur am Rande darauf eingegangen ist. Beruht die mangelnde Auseinandersetzung mit diesen ökonomischen Praktiken auf Aristoteles' (aristokratischem) Desinteresse, oder ist sie Ausdruck ihres faktisch sehr niedrigen gesellschaftlichen Stellenwertes? Müssen diese Praktiken als Vorläufer moderner Marktmechanismen gedeutet werden, oder dokumentieren sie bloss die antike Geld- und Habgier?[10] Die Diskussion der relevanten Textstellen wird plausibel machen können, dass Aristoteles eine Auffassung der ökonomischen Realität seiner Epoche hatte, die mit dem in den vorangehenden Abschnitten entwickelten Bild der antiken Wirtschaft durchaus übereinstimmt. Diese ist weit mehr mit den archaischen Handelsformen als mit ökonomischen Marktmechanismen verwandt. Es wird sich einmal mehr zeigen, dass Mechanismen der Systemintegration, die auf anonymen, nutzenmaximierenden Beziehungen beruhen, weder der damaligen ökonomischen und sozialen Realität noch den zugehörigen aristotelischen Darlegungen gerecht werden.

Im Gegensatz zur Erwerbskunst als Selbstzweck, der sogenannten Chrematistik, muss der Tausch für Aristoteles unter den Mitgliedern der Gemeinschaft ein gerechter sein. Der Tausch nimmt in den aristotelischen Ausführungen keine privilegierte Stellung ein und wird wie alle andere Formen sozialer Interaktion durch das Gerechtigkeitsideal geleitet. Das Konzept des *gerechten Tausches* wird von Aristoteles im Buch 5 der Nikomachischen Ethik eingehend diskutiert. Die Form der Gerechtigkeit, die sich auf den Tausch bezieht, ist die *Gegenseitigkeit*. Gegenseitigkeit ist nicht nur im Austausch materieller Güter relevant. Sie rückt in den Mittelpunkt zahlreicher zwischenmenschlicher Beziehungen:

---

10 Geld- und Habgier sind kein exklusives Merkmal ökonomischer Gesellschaften. Die menschliche Geschichte hat immer und in unterschiedlichem Ausmass Geld- und Habgier gekannt. Keine der Kulturen jedoch, die Habgier und später Geldgier kannten, entwickelte sich zu dem, was ich ökonomische Gesellschaft genannt habe - mit Ausnahme des Okzidents. Das ist eine der Einsichten, die die Weberschen Studien über den Ursprung ökonomischer Gesellschaften motiviert hat.

"In jedem auf Gegenseitigkeit beruhenden Verkehr freilich begreift die Wiedervergeltung das fragliche Recht in sich, jedoch eine Wiedervergeltung nach Massgabe der Proportionalität, nicht nach Massgabe der Gleichheit. Denn dadurch, dass nach Verhältnis vergolten wird, bleibt der Bürgerschaft ihr Zusammenhalt gewahrt. Entweder nämlich sucht man das Böse zu vergelten, und ohne diese Vergeltung hätte man den Zustand der Knechtschaft, oder das Gute, und ohne das wäre keine Gegenleistung, auf der doch die Gemeinschaft beruht. ... Denn man muss dem, der uns gefällig gewesen ist, Gegendienste erweisen und auch selbst wieder zuerst ihm gefällig sein." (Bien 1985, S. 111).

Aus der obigen Passage ergibt sich eine erste interessante Einsicht. Die Reziprozität im Austausch materieller Güter (wobei hier v.a von "balanced reciprocities", d.h. von Äquivalenzen die Rede ist) wird hier wie in archaischen Gesellschaften zu einer institutionellen Norm des gemeinschaftlichen Zusammenhalts erhoben: "Gesellschaft" ist nur dann möglich und gerecht, wenn die Austauschbeziehungen zwischen ihren Mitgliedern durch äquivalente Reziprozität geleitet werden. Unklar ist in dieser Passage das genaue Verständnis von "Proportionalität". Offensichtlich beruht Reziprozität nicht auf Gleichheit. Proportionalität kann im Sinne von *Angemessenheit* interpretiert werden (Schefold 1989, S. 47). Die Schwierigkeiten, die sich bei der Interpretation von Angemessenheit ergeben, gleichen in erstaunlicher Weise jenen bei der Deutung von *Grosszügigkeit* im archaischen "partnership-trade". Aristoteles liefert hierzu folgenden Hinweis:

"Es kommen also nach Massgabe des Verhältnisses eines Baumeisters zu einem Schuster soundso viele Schuhe auf ein Haus oder auf ein gewisses Mass von Lebensmitteln. Ohne solche Berechnung kann kein Austausch und keine Gemeinschaft sein" (Bien 1985, S. 112).

Mit anderen Worten sind die Austauschverhältnisse in erheblichem Masse durch die *Standesbeziehungen* der Kontrahenten bestimmt.

Die Schwierigkeit liegt nun darin, dass Aristoteles nichts Definitives über die Bestimmung eines solchen Verhältnisses sagt. Die Interpretation der relevanten Stellen im Buch V, Kapitel 8 der Nikomachischen Ethik bietet erhebliche Probleme. Ein Blick in die Literatur lässt zwei unterschiedliche, miteinander nicht vereinbare Interpretationen zu. Sie können als eine subjektive, sich am Begriff des Nutzens orientierende und eine objektive, auf einer einfachen Arbeitswertlehre beruhenden Auffassung aristotelischer Proportionalität beschrieben werden. Beide sind m.E. letztlich unbefriedigend. Doch bevor die Umrisse einer weiteren Interpretationsmöglichkeit beschrieben werden, möchte ich die Passagen diskutieren, welche eine auf einer objektiven Wertlehre beruhende Interpretation stützen. Anschliessend werde ich mich mit den Stellen beschäftigen, die für eine subjektive Perspektive sprechen.

Die oben zitierte Textstelle hat zu einer Interpretation von Standesbeziehungen geführt, nach welcher der unterschiedliche Arbeitsaufwand für den Bau eines Hauses bzw. die Herstellung eines Paars Schuhe das Ansehen von Baumeistern bzw. Schustern bestimmt. Gegen diese Interpretation sprechen allerdings manche Textstellen und auch die damalige Auffassung von "Arbeit" ist nur schwer mit dem in dieser Interpretation vorkommenden Arbeitsbegriff (Arbeit als zeitlicher Aufwand) kompatibel. In der von mir konsultierten Ausgabe der nikomachischen Ethik (Bien 1985) ist zwar von Arbeit die Rede:

> "Der Baumeister muss nun vom Schuster dessen *Arbeit* bekommen und selbst ihm die seinige dafür zukommen lassen" (Bien 1985, S. 112, Hervorhebung F.F.). In einer anderen Ausgabe wird dagegen vom *Werk* des Baumeisters und des Schusters gesprochen (Schefold 1989, S. 51, Hervorhebung F.F.). Diese Formulierung scheint besser mit dem folgenden Zitat in Einklang zu stehen: "Denn nichts hindert, dass die *Leistung* des einen wertvoller sei als die des anderen..." (Bien 1985, S. 112, Hervorhebung F.F.).

Gegen eine Interpretation reziproker Standesbeziehungen auf der Basis eines objektiven Arbeitsaufwandes spricht die Tatsache, dass weder "Werk" noch "Leistung" sich unmittelbar als zeitlicher Aufwand beschreiben lassen. Ein Werk bzw. eine Leistung misst sich meistens am Ergebnis und weniger am Aufwand, der zu seiner Herstellung nötig war. In einer Gesellschaft, in welcher manuelle Arbeit verpönt war und Sklaven aufgebürdet wurde, wäre eine Auslegung des Wertbegriffs, welche ausschliesslich auf dem stundenmässigen Arbeitsaufwand beruht, nur sehr schwer verständlich. Die Werke, Leistungen und Fähigkeiten eines Schusters oder eines Baumeisters hingegen mögen zum kulturellen Selbstverständnis der Gemeinschaft gehören.

Andere Autoren haben eine auf dem modernen Begriff des (subjektiv begründeten) Nutzens beruhende Interpretation der relevanten Stellen geliefert (Soudek 1952; Gordon 1975). Das Austauschverhältnis ist demnach unmittelbarer Ausdruck individueller, subjektiver Bedürfnisse. Dementsprechend kommen sie zum Schluss, dass

> "in terms of everyday economic experience, however, his justice of exchange was probably nothing more mysterious than the normal competitive price" (Baldwin 1959, S. 12).

Tatsächlich lassen sich im relevanten Abschnitt Stellen finden, die diese These teilweise bestätigen. An einer Stelle, wo die Inkommensurabilität unterschiedlicher Waren angesprochen wird, findet sich bei Aristoteles z.B. die folgende Aussage:

> "So muss denn für alles ein Eines als Mass bestehen. (...). Dieses Eine ist in Wahrheit das *Bedürfnis*, das alles zusammenhält. Denn wenn die Menschen nichts bedürfen oder nicht die gleichen Bedürfnisse hätten, so würde entweder kein Austausch sein oder kein gegenseitiger." (Bien 1985, S. 112, Hervorhebung im Original).

Neben den Schwierigkeiten, die sich bei der Übersetzung des Wortes ηχρεια bieten – übersetzt wurde dieser Ausdruck etwa mit "demand", "want" und "need" (Baldwin 1959, S. 12) - taucht auch ein erhebliches Interpretationsproblem auf. Der blosse Hinweis auf die Existenz menschlicher Bedürfnisse lässt im relevanten Kontext den Schluss nicht zu, dass die an einem Tausch beteiligten Individuen nach nutzenmaximierenden Kriterien handeln bzw. dass das Ausmass der gegenseitigen Bedürfnisse für die Bestimmung des Austauschverhältnisses allein massgebend ist (Hollander 1965). Wenn von Bedürfnis die Rede ist, so liegt der Akzent nicht notwendigerweise auf einer utilitaristischen Auffassung menschlicher Aktivitäten. Bedürfnis als Ausdruck der Zugehörigkeit zur politischen Gemeinschaft wird an mancher Stelle im Text bestätigt:

> "Dass aber das Bedürfnis als eine *verbindende Einheit* die Menschen zusammenhält, erhellt daraus, dass, wenn kein Teil des anderen bedarf, oder auch nur der eine des anderen nicht, sie in keinen Verkehr des Austausches treten, wie sie es tun, wenn der eine Teil dessen benötigt, was der andere hat, z.B. Wein, und darum die Getreideausfuhr freigibt." (Bien 1985, S. 113, Hervorhebung F.F.).

Menschliche Bedürfnisse halten die Menschen in reziprokem Sinne zusammen und vermitteln ihnen ein Gefühl von Gemeinsamkeit und Zugehörigkeit. Mit anderen Worten erwecken und motivieren ihre Bedürfnisse ein Gefühl von Solidarität und Reziprozität. In der gegenseitigen Anerkennung der eigenen Bedürfnisse, in der (moralischen) Fähigkeit, sich in die Position des Gegenüberstehenden zu versetzen, liegt m.E. die adäquate Interpretation dieses Begriffs. Es handelt sich also gerade nicht um eine utilitaristische Auffassung von Bedürfnis, die die eigenen Bedürfnisse in den Vordergrund stellt. Die Prämisse einer gerechten Gemeinschaft liegt vielmehr in der Anerkennung der Bedürfnisse Dritter. Das reziproke Verständnis individueller Bedürfnisse wurde bei der Diskussion archaischer Handelspraktiken bereits eingeführt. Der "partnership-trade" bzw. die sozialen Regeln, die die dosierte Übererwiderung einer Gabe bestimmen, unterscheiden sich kaum von jenen Regeln, die im gerechten Tausch zwischen den Bürgern der Polis in den gerechten Tausch involviert sind.

Damit ist allerdings die Frage nach dem Ursprung spezifischer Austauschverhältnisse nicht beantwortet. Im folgenden möchte ich die These vertreten, dass die Austauschverhältnisse als tradierte Relationen aufgefasst werden können. Betrachten wir dazu noch einmal die bereits zitierte Textstelle des Aristoteles:

> "Ohne solche Berechnung [des Austauschverhältnisses] kann kein Austausch und keine Gemeinschaft sein. Die Berechnung liesse sich aber nicht anwenden, wenn nicht die fraglichen Werte in gewissem Sinne gleich wären. So muss denn für alles ein Eines als Mass bestehen (...). Dieses Eine ist in Wahrheit das *Bedürfnis*." (Bien 1985, S. 112, Hervorhebung im Original).

In welchem Sinne, kann man sich fragen, sollen die fraglichen Werte gleich sein? Hier geht es nicht darum, eine monetäre Gleichheit herzustellen. Es muss vielmehr ein gemeinsames Verständnis der reziproken Bedürfnisse vorliegen, damit überhaupt ein Austausch stattfinden kann. Dies wird kurz darauf wie folgt begründet:

"Denn wenn die Menschen nichts bedürfen, oder nicht *die gleichen Bedürfnisse* hätten, so würde entweder kein Austausch sein oder kein gegenseitiger." (Bien 1985, S. 112-113, Hervorhebung F.F..

Die Gleichheit der Werte scheint sich also eher auf eine gemeinsame Auffassung der Reziprozität der Bedürfnisse zu beziehen als auf die Erreichung einer Übereinkunft durch Verhandeln oder Feilschen. Die gemeinsame Einschätzung der gegenseitigen Bedürfnisse muss somit als eine Prämisse und nicht etwa als Ergebnis des Tausches angesehen werden. Wie auch immer diese Austauschbeziehungen zustande kommen: Sie sind Ausdruck einer traditionellen, reziproken Auffassung menschlicher Bedürfnisse. Baumeister und Schuster haben ein gemeinsames Verständnis vom Wert eines Hauses und vom Wert eines Paars Schuhe. Das Austauschverhältnis ist primär das Ergebnis tradierter relativer Werte.

Die Stabilität traditioneller Austauschverhältnisse darf nicht überschätzt werden. Dieser Tatsache scheint sich auch Aristoteles bewusst zu sein, wenn er feststellt:

"Freilich geht es mit dem Geld wie mit anderen Dingen: es behält nicht immer genau seinen Wert. Jedoch ist derselbe naturgemäss mehr den Schwankungen entzogen." (Bien 1985, S. 113-114).

In dieser knappen Formulierung scheint sich eine interessante These zu konkretisieren. Obschon der Geldwert eines Gutes naturgemäss schwankt, vertritt Aristoteles die Meinung, dass sich die traditionellen, relativen Austauschverhältnisse kaum verändern. Eine Erklärung für die festgestellten Schwankungen findet sich im Text nirgendwo. Wenn dies auch einerseits zu bedauern ist, so liefert diese Abwesenheit doch eine indirekte Bestätigung für das mangelnde Interesse an der "ökonomischen" Sphäre. Preisschwankungen gab es damals trotz dem tradierten Charakter der relativen Austauschverhältnisse. Sie erregten aber offensichtlich keine besondere Aufmerksamkeit. Sie waren jedenfalls nicht Gegenstand einer kontinuierlichen, systematischen und aufmerksamen Beobachtung, welche dann eine Erzielung von Profiten ermöglicht hätte.

3.3.5 *An der Schwelle zum Marktmechanismus: der gerechte Preis bei Thomas von Aquin*

Das mittelalterliche Leben wird gemeinhin als durch und durch traditionell bezeichnet. Während fast eines Jahrtausends blieb die europäische Bevölkerung praktisch konstant, landwirtschaftliche Techniken wurden kaum verbessert, und die Wissenschaften standen noch weitgehend im Zeichen antiker Philosophen und der katholischen Lehre. Das alltägliche Leben zeichnete sich durch die Rhythmen landwirtschaftlicher Aktivitäten und der Jahreszeiten aus. Handel und Arbeitsteilung waren für die

Bevölkerung, die weitgehend in kleinen, stark selbstversorgenden Stadtregionen konzentriert und hauptsächlich in der Landwirtschaft tätig war, von untergeordneter Bedeutung. Es kann daher kaum überraschen, wenn auch im Mittelalter ökonomische Fragen kaum im Mittelpunkt des Interesses standen. Handwerkliche Tätigkeiten und Handel gehörten selbstverständlich schon damals zum Alltagsbild. Ihnen fehlte jedoch jene ökonomische Gesinnung, welche die ersten grossen Händlerfamilien an der Schwelle zur modernen Zeit auszeichnete. Auch im Mittelalter kann von Marktmechanismen insofern nicht gesprochen werden, als ökonomische Aktivitäten im Banne der Tradition standen. Die Geburt moderner ökonomischer Institutionen und ihre rasche Diffusion muss, ungeachtet der Schwierigkeiten, die naturgemäss in einer solchen Datierung stecken, auf die Renaissance und Reformation verschoben werden. An der Schwelle zur Neuzeit, im Spätmittelalter, setzte ein tiefer kultureller Umbruch ein, dessen Wirkungen das Gesicht der Erde in den kommenden Jahrhunderten radikal verändern wird.

Solche kulturellen Veränderungen stellten für die Autorität der katholischen Kirche eine ernsthafte Herausforderung dar. Die Intensivierung ökonomischer Aktivitäten und ihre rasche Diffusion zwangen die höchste moralische Autorität zu einer vertieften Auseinandersetzung mit diesen kulturellen Innovationen. Das Verbot des Zinsnehmens wurde beispielsweise systematisch unterwandert, Profitstreben wurde als sündhaft verurteilt. Von einigem Interesse in diesem Zusammenhang ist die scholastische Diskussion um den sogenannten gerechten Preis. An diesem Konzept wird sich zeigen, dass der tradierte Preis, der bisher nichts anderes als eine Manifestation äquivalenter Reziprozitäten war, eine bedeutsame Transformation erlitt. Der gerechte Preis war nicht länger Synonym einer unveränderbaren, tradierten Austauschbeziehung. Schwankungen wurden von den Scholastikern in bestimmten Fällen zugelassen. Die folgenden Ausführungen sind dem scholastischen Verständnis des gerechten Preises gewidmet. Doch zuerst möchte ich kurz den traditionellen Charakter mittelalterlicher ökonomischer Praktiken diskutieren.

Das mittelalterliche Leben war in einem stärkeren Masse durch Selbstversorgung und Tradition geprägt als dasjenige der Antike. Der (bäuerliche) Tagesablauf und die jahreszeitlichen Aktivitäten wurden massgeblich durch den Rhythmus der Natur vorgegeben. Die Bezeichnung der Monate orientierte sich an den periodisch wiederkehrenden landwirtschaftlichen Tätigkeiten wie Saat, Ernte usw. Das Leben auf dem Lande verlief in "geordneten Bahnen". Die Zukunft war auf Grund von Tages-, Monats- und Jahresroutinen hinreichend vorhersehbar. Der Alltag bereitete kaum Überraschungen. Die Zeit als eine (knappe) Ressource bzw. die ständige Sorge um die Zukunft waren im Mittelalter unbekannte soziale Phänomene. Der mittelalterliche Mensch war nicht um die irdische Zukunft, sondern um die Ewigkeit, um das ewige Leben besorgt. Das Zeitverständnis war im Mittelalter nicht linear, nicht einfach in die Zukunft gerichtet. Es war zirkulär bzw. zyklisch, an periodischen Ereignissen orientiert (Gurjewitsch 1989).

Die Arbeitsteilung hatte in den mittelalterlichen Stadtregionen eine untergeordnete Bedeutung. Werkzeuge und Waren des täglichen Gebrauchs und Bedarfs wurden noch weitgehend im Rahmen der bäuerlichen Aktivitäten hergestellt. Die Aktivitäten der Handwerker waren in den Städten konzentriert. Dort lernten sie ihr Handwerk und konnten ihre Waren und Dienstleistungen verkaufen. Der Verkauf beruhte dabei stark auf Bräuchen und Preise waren hauptsächlich tradierte Preise, selten Ergebnis von Wettbewerbspraktiken (Stürmer 1986, S. 16ff.). Die Handwerker arbeiteten in der Regel nach Auftrag, wobei sich Auftraggeber und Handwerker häufig persönlich kannten. Angesichts der weitgehenden Autarkie mittelalterlicher Städte beschränkten sich Handelsaktivitäten zwischen benachbarten Regionen auf das Wesentlichste. Strassen wurden meist kaum mehr unterhalten, was den Transport auf dem Landweg weiter einschränkte. Landtransporte waren darüber hinaus häufig Attacken von Räubern ausgesetzt (man darf dabei nicht vergessen, dass die damalige Landschaft Europas noch eine eigentliche Waldlandschaft war).

Einen ersten Hinweis für die schicksalsschwere kulturelle Zäsur, für den Übergang von politischen zu ökonomischen Gesellschaften, liefert der Wandel in der Wahrnehmung der Zeit. Die Säkularisierung des Zeitempfindens zeigt sich deutlich an der Evolution der Zeitmessung. Mechanische Uhren wurden erst im 13. und 14. Jahrhundert gebaut (Gurjewitsch 1989, S. 174ff.). Ihre Genauigkeit war meistens gering, sie hatten keinen Minutenzeiger. Sie symbolisieren jedoch die Verselbständigung der spätmittelalterlichen Städte von der Autorität der Kirche. Der Glockenschlag war geradezu Ausdruck der Autorität der Kirche. Er strukturierte den Ablauf des alltäglichen Lebens der Gläubigen. Mit dem Aufkommen des zwischenstädtischen Handels rückte die Zeitmessung immer mehr in den Mittelpunkt des sozialen Lebens. Das alltägliche Leben entzog sich dem zeitlichen Diktat des Kirchturms. Die Zeitmessung wurde genauer, die mechanischen Uhren bekamen Minutenzeiger und konnten auch an Häuserfassaden, insbesondere am Rathaus, angebracht werden. Waren in politischen Gesellschaften ökonomische Praktiken der moralischen Autorität der Kirche unterstellt, zeichnet sich mit der Renaissance eine unaufhaltsame moralische und institutionelle Verselbständigung des Alltags, insbesondere im ökonomischen Bereich, ab. Mit der Etablierung des Messewesens – berühmt war etwa die Messe in der Champagne, wo sich die Händler aus Nord- und Südeuropa jährlich einmal trafen – wurde der Ausbruch aus den autarken Lebensformen erleichtert (Le Goff 1989). Die Kirche und ihre moralischen Dogmen wurden mit neuen kommerziellen

Gepflogenheiten konfrontiert, welchen sie häufig machtlos gegenüberstanden.

Alle wichtigen Institutionen ökonomischer Gesellschaften wurden an der Schwelle zwischen Mittelalter und Renaissance eingeführt. In dieser Zeit etwa wurde in Italien durch die Händler der Stadtstaaten die doppelte Buchhaltung entwickelt. Auch das Geld- und Bankenwesen erfuhr am Ende des Mittelalters eine enorme Ausweitung. Systematische Gewährung von Kredit und Zinsnehmen sind ebenfalls eine Innovation italienischer Grosshändler (Littleton, Yamey 1956). Die kulturelle Reichweite dieser Innovationen lässt sich an der Haltung der katholischen Kirche deutlich illustrieren. Das Zinsnehmen war durch die Dogmen der katholischen Kirche verboten und bedeutete automatisch die Verurteilung zur Hölle. Kredit- und Zinswesen hatten aber einen derart wichtigen Stellenwert bekommen, dass eine pauschale Verurteilung all jener Gläubigen, die diese Sünden begingen, nicht in Frage kam. Das Zinsnehmen bzw. die Ausübung von Handelsaktivitäten aus reinen Profitgründen wurde zwar weiterhin als Sünde betrachtet, aber der Betreffende wurde nicht mehr zur Hölle verurteilt. Die Kirche verurteilte sie zum *Fegefeuer* (Le Goff 1988; eine ausführliche Diskussion der scholastischen Haltungen gegenüber dem Zinsnehmen findet sich Noonan 1957).

Die scholastischen Diskussionen um den Begriff des gerechten Preises finden in dieser kulturellen Umbruchsperiode statt. Dies trifft besonders für das Wirken von *Thomas von Aquin* zu. Er lebte in einer Zeit, in welcher der Traditionalismus des Mittelalters durch tiefgreifende Innovationen im wirtschaftlichen Bereich allmählich aufgebrochen wurde. Als der wichtigste Vertreter der Scholastik, als moralische und politische Autorität, als aufmerksamer Beobachter seiner Zeit, ging der ökonomische und gesellschaftliche Umbruch an ihm nicht spurlos vorbei. Anhand seiner Interpretation des gerechten Preises möchte ich nun die Wandlung diskutieren, welche äquivalente Reziprozitäten bzw. tradierte Austauschbeziehungen an der Schwelle zum ökonomischen Zeitalter erlitten. Auch bei Thomas von Aquin, wie schon bei Aristoteles, ist der Tausch eine soziale Beziehung, die in einen gesellschaftlichen Zusammenhang eingebettet ist und nach bestimmten Regeln und Normen abgewickelt werden soll. Dementsprechend gilt die Aufmerksamkeit Thomas' in der Summa Theologica II-II, Frage 77, der Gerechtigkeit beim Tausch und Verkauf von Waren zwischen zwei Individuen.

Ich möchte einleitend unterstreichen, dass Thomas kein naturrechtliches Verständnis des *gerechten Preises* vertrat. Die Gerechtigkeit des Tausches ist nicht einfach eine Frage abstrakter, universeller Prinzipien. Thomas formulierte vielmehr eine Werttheorie, die in mancher Hinsicht ein ernstzunehmender Vorläufer derjenigen Konzeptionen ist, welche im 18. Jahrhundert mit Adam Smith Aktualität und gesellschaftliche Relevanz erlangten. Diese These werde ich im Laufe dieses Abschnittes eingehend erläutern. Die erste Schwierigkeit, die sich bei der Lektüre der relevanten Textstellen ergibt, betrifft das Verständnis des gerechten Preises. Thomas definierte nirgendwo explizit, was er unter einem gerechten Preis verstand. Die Konzeption des gerechten Preises war eine Selbstverständlichkeit des alltäglichen Lebens, welche nicht ausgiebiger Erörterungen bedurfte. Der gerechte Preis war zunächst eine unbegründete Prämisse der thomistischen Anschauung. Von dieser Voraussetzung ausgehend, diskutierte Thomas dann Situationen, welche eine *Abweichung* vom gerechten Preis rechtfertigten.

Bei der Interpretation der scholastischen Werttheorien, insbesondere der thomistischen Ausführungen[11], haben sich wie bei Aristoteles zwei unterschiedliche Haltungen konsolidiert, eine neoklassische Haltung (Schreiber 1913; Baldwin 1959; Noonan 1957, S. 82-99), und eine eher objektive, z.T. durch die Arbeitswertlehre beeinflusste Position (Hagenauer 1931). Ich möchte gleich vorwegnehmen, dass es m.E. nicht darum gehen kann, zwischen der einen, ausschliesslich dem modernen Verständnis des Marktmechanismus verpflichteten Interpretation des gerechten Preises, oder der anderen, der klassischen Wertlehre nahestehenden Position wählen zu müssen. Für beide Interpretationen lassen sich in den thomistischen Texten Aussagen finden, die sie sowohl bestätigen als auch ablehnen. In den folgenden Ausführungen werde ich zunächst jene Passagen diskutieren, welche eine moderne, subjektive Interpretation des gerechten Preises unterstützen. Anschliessend sollen jene Passagen diskutiert werden, welche eine Interpretation des gerechten Preises im Sinne einer objektiven Wertlehre zulassen. Ich werde schliesslich aufzuzeigen versuchen, dass beide Positionen nicht unbedingt als gegensätzlich angesehen werden sollen. Die thomistischen Texten lassen m.E. eine Synthese zu, die bei der Diskussion moderner Marktmechanismen von Interesse sein wird.

Die Idee des Wettbewerbs war Thomas von Aquin sicherlich nicht vollkommen unbekannt. Er beschrieb beispielsweise Situationen bei welchen der lehrbuchmässige Marktmechanismus Preisschwankungen bewirkt. Er war sich sehr wohl über die Funktionsweise spekulativer Aktivitäten im klaren und ging an einer Stelle explizit auf sie ein:

> "Doch bisweilen fällt der Preis auch ohne Warenmängel aus einem anderen Grund, z.B. wenn der Verkäufer, der seinen Weizen an einen Ort bringt, wo Getreidemangel herrscht, weiss, dass da viele mit ihren Erzeugnissen hinkommen können. Wenn die Käufer dies wüssten, würden sie einen geringeren Preis zahlen." (Groner, Utz 1987, S. 206).

11 Es war im Rahmen dieser Arbeit nicht möglich, alle relevanten Stellen zu konsultieren. Ich habe mich deshalb auf die Summa Theologica konzentriert und auf Sekundärliteratur gestützt.

Die neoklassisch orientierten Autoren haben einige Passagen, die sich mit dem Begriff des Bedürfnisses auseinandersetzen, als Nachweis einer subjektiven Werttheorie bei Thomas vorgebracht. Die subjektive Interpretation der thomistischen Lehre stützt sich auf zwei grundsätzliche Annahmen: (1) Der Wert einer Ware gründet allein in den menschlichen, subjektiv empfundenen Bedürfnissen, und (2) weil Bedürftigkeit individuell ist, kann es keine objektive Wertkategorie geben. Das thomistische Verständnis des gerechten Preises scheint sich zunächst tatsächlich an der individuellen Werteinschätzung zu orientieren. In der Frage 77, Artikel 1 stellt Thomas fest:

> "Und so scheinen Kauf und Verkauf zum *gemeinsamen Nutzen* beider Teile eingeführt worden zu sein, indem nämlich der eine die Sache des anderen nötig hat und umgekehrt" (Groner, Utz 1987, S. 201, Hervorhebung F.F.).

An anderer Stelle betont Thomas, dass Gegenstände nicht einen Wert an sich haben, sondern ihr Wert sich immer erst vor dem Hintergrund menschlicher Bedürfnisse bemisst. Dinge haben einen Wert, weil und insofern sie für die Menschen nützlich sind.

Diese Formulierung hat manche modernen Leser veranlasst, im gerechten Preis einfach den nach den Prinzipien von Angebot und Nachfrage entstandenen Marktpreis zu sehen, welcher somit das Ergebnis der Nutzenmaximierung wäre (Schreiber 1913). Dem gerechten Preis wird damit jegliche objektive Wertkomponente abgesprochen. Eine Unterscheidung zwischen Wert und Preis erübrigt sich bzw. käme einer Überstrapazierung der thomistischen Texte gleich (Noonan 1957, S. 82-99; Baldwin 1959, S. 75-80). So naheliegend diese Interpretation auch erscheinen mag, bei einer näheren Betrachtung der thomistischen Texte weist sie gravierende Mängel auf. Wie ich im vorangehenden Abschnitt gezeigt habe, ist bei Aristoteles die Anerkennung der gegenseitigen Bedürfnisse eine wichtige Prämisse einer gerechten Gemeinschaft. Thomas folgte bei der Auslegung des Begriffs des Bedürfnisses Aristoteles, wenn er feststellte:

> "Was nun zum gemeinsamen Nutzen eingeführt wurde, darf den einen nicht mehr belasten als den anderen. Daher muss der Vertrag zwischen ihnen unter dem Gesichtspunkt des *sachlichen Ausgleichs* abgeschlossen werden." (Groner, Utz 1987, S. 201, Hervorhebung F.F.).

Der Nutzen wird also nicht zum Eckpfeiler einer rein subjektiven Werttheorie erklärt. Sowohl Aristoteles als auch Thomas waren der Ansicht, dass der Nutzen als Ausdruck einer gemeinsamen Notwendigkeit aufzufassen sei. Der Begriff des "gemeinsamen Nutzens" ist dabei nahe verwandt mit demjenigen der Reziprozität. Reziprozität als Verfassung des Gewissens und nicht als eine subjektive Auffassung von Bedürfnis scheint bei Thomas die notwendige Voraussetzung für das Zustandekommen des (gerechten) Tausches zu sein.

Autoren, die v.a. an die Tradition der Arbeitswertlehre anknüpfen, haben die Ausführungen von Thomas im Sinne einer objektiven Werttheorie ausgelegt (Hagenauer 1931). Auch in diesem Falle lassen sich bei Thomas einige Stellen finden, die diese These bekräftigen. Aber ebensowenig wie sich mit der Idee des Eigeninteresses allein noch keine Interpretation der thomistischen Werttheorie auf der Grundlage des modernen Marktmechanismus begründen lässt, kann aus Thomas' Behandlung der Arbeit eine Arbeitswertlehre ante litteram rekonstruiert werden. Es wird sich zeigen, dass das Konzept des gerechten Preises nicht einfach in einem empirisch messbaren, auf einem Arbeitsaufwand beruhenden, objektiven Wert begründet ist.

Die Spaltung zwischen subjektivistischen und objektivistischen Interpretationen der thomistischen Darlegungen ist m.E. im jeweiligen Verständnis des Marktmechanismus begründet. Wie die umfassenden Ausführungen Baldwins (Baldwins 1959, S. 75ff.) und die eher beiläufige Diskussion Noonans (Noonans 1957, S. 82-99) zeigen, setzen diese Autoren bei der Diskussion des gerechten Preises ein empiristisches Verständnis vom Marktmechanismus voraus. Beide machen die Existenz von preisbildenden Marktmechanismen von der Feststellung abhängig, Thomas hätte die Möglichkeit von Preisschwankungen postuliert und solche Schwankungen auch beobachtet und beschrieben. Wie bereits angedeutet trifft dies sicherlich zu. Die Diskussion ökonomischer Praktiken in archaischen und politischen Gesellschaften hat immer wieder gezeigt, dass variierende Austauschraten und Preise empirische Beobachtungen sind, welche über das Vorliegen eines modernen Marktmechanismus alleine betrachtet nichts Endgültiges aussagen. Wie die folgende Diskussion plausibel machen wird, vertrat Thomas ein Verständnis von Marktmechanismen, das zwar mit den lehrbuchmässigen Darlegungen preisbildender Märkte nicht kompatibel war, aber dennoch Preis-Mengen-Anpassungsprozesse durchaus zuliess.

Zur Erläuterung dieser doch überraschenden These ist der Rückgriff auf die Primärliteratur notwendig. Die entscheidende Stelle lautet in der lateinischen Originalversion:

> "Quantitas autem rei, quae in usum hominis venit, mensuratur secundum *pretium datum*; ad quod est inventum numisna." (Hagenauer 1931, S. 53, Hervorhebung F.F.).

Die deutsche Ausgabe übersetzt diese Stelle wie folgt:

> "Der Wert der Dinge aber, die zum Nutzen des Menschen in Umlauf kommen, wird nach dem *bezahlten Preis* bemessen. Zu diesem Zweck wurde das Geld erfunden." (Groner, Utz 1987, S. 201, Hervorhebung F.F.).

Eine englische Ausgabe der "Summa" hat diese Stelle wie folgt übersetzt:

"The value of economic goods is that which comes into human use and is measured by a *monetary price*, for which purpose money was invented." (Baldwin 1959, S. 77, Hervorhebung F.F.).

Beide Ausgaben übersetzen den Ausdruck "pretium datum" m.E. korrekt als laufenden Preis. Es kann sich also nicht um den gerechten Preis handeln. Der laufende Preis kann je nach der Marktlage um den gerechten Preis schwanken, wie im darauffolgenden Satz deutlich wird:

"Si vel *pretium* excedat *quantitatem valoris rei* e converso res excedat pretium, tolletur justitiae aequalitas:..." (Hagenauer 1931, S. 53),

was in der deutschen Thomas-Ausgabe heisst:

"Wenn daher der *Preis* den *Sachwert* übersteigt, oder, umgekehrt, der Sachwert den Preis übersteigt, ist von ausgleichender Gerechtigkeit keine Rede mehr." (Groner, Utz 1987, S. 201, Hervorhebung F.F.).

Der Interpretation dieser Stelle kommt natürlich eine entscheidende Bedeutung zu. Wie Hagenauer richtigerweise bemerkt, unterscheidet Thomas deutlich zwischen dem Wert (quantitatem valoris) und dem laufenden Preis (pretium). Während der gerechte Preis "sachlich" gegeben ist, zeigen sich in Wirklichkeit Abweichungen, die als Ergebnis von "Marktkräften" angesehen werden können. Neoklassische Interpreten haben die *Unterscheidung* zwischen *gerechtem* und *laufendem Preis* (bzw. Marktpreis), die sich aus der obigen Stelle ergibt, abgelehnt und als Überinterpretation ausgelegt (Baldwin 1959, S. 77). Hierzu muss festgehalten werden, dass die deutsche Thomas-Ausgabe in Anlehnung an das Original zunächst vom "bezahlten Preis" und anschliessend einfach vom "Preis" spricht. In diesem Kontext "Preis" als gerechten Preis interpretieren zu wollen scheint mir problematisch. Das Weglassen eines präzisierenden Attributs kann m.E. stilistischen Aspekten zugeschrieben werden, sowie der Vermutung, dass der Satz seine Eindeutigkeit ohnehin nicht verloren hätte. Insofern scheint die Interpretation Hagenauers keineswegs falsch und der damaligen historischen und kulturellen Realität durchaus gerecht zu werden. Wie zu Beginn dieses Abschnitts ausgeführt wurde, zeichnet sich diese Epoche als eine Übergangsphase aus, die traditionelle ökonomische Praktiken noch nicht endgültig hinter sich gelassen hat.

Die Unterscheidung zwischen gerechtem Preis und Marktpreis wird durch die Ausführungen von Thomas über die moralische Legitimität des Profitstrebens bekräftigt. Der Marktpreis kann bei Thomas kaum systematisch als gerechter Preis interpretiert werden. Im vierten Artikel der Frage 77 legt er jene Abneigung für spekulative Praktiken an den Tag, die für die katholische Kirche des Mittelalters typisch war. Seine Verurteilung galt jedoch nicht dem Gewinn an sich. Dieser ist moralisch neutral. Erst Handelspraktiken, die sich ausschliesslich in den Dienst des Gewinnstrebens stellen, betrachtet er, in Übereinstimmung mit Aristoteles, als sündhaft:

> "Der Gewinn hat ... dennoch nicht etwas Lasterhaftes oder Tugendwidriges in sich. Daher besteht keine Schwierigkeit, ihn einem notwendigen oder auch einem ehrenhaften Ziel dienstbar zu machen. Und somit wird das Handelsgeschäft eine erlaubte Sache, z.B. wenn einer den massvollen Gewinn ... für die Erhaltung seines Hauses verwendet oder ... wenn er Handel treibt zum öffentlichen Nutzen, ... und er den Gewinn dabei weniger als Ziel, sondern sozusagen als Arbeitsentgelt auffasst." (Groner, Utz 1987, S. 209-210).

Offensichtlich lässt sich eine solche Haltung kaum mit einer wettbewerbsmässigen Auffassung des gerechten Preises vereinbaren.

Aus den bisherigen Ausführungen lässt sich über das Verständnis des "iustum pretium" eine erste Zwischenbilanz ziehen. Den gerechten Preis möchte ich als *angemessen Preis* interpretieren. "Iustum" setzt immer einen Ausgleich voraus. Auch heute spricht man von "justieren" (französisch: "ajuster", italienisch: "aggiustare") als einem Vorgang des Ausgleichens. Dies dürfte auch der Grund dafür sein, dass nach Thomas der gerechte Preis im Normalfall eher als eine Grössenordnung denn als ein genau festgelegter Betrag betrachtet werden muss. Der gerechte Preis ist Schwankungen ausgesetzt, die einen gerechten Tausch nicht gefährden. Thomas betont lediglich, dass "sich der gerechte Preis nicht immer auf den i-Punkt genau ausmachen lässt, sondern auf Schätzung beruht, so dass ein geringes Mehr oder Weniger den gerechten Ausgleich nicht aufzuheben scheint." (Groner, Utz 1987, S. 202). Es wäre also übertrieben, den gerechten Preis bei Thomas als eine (werttheoretisch) allgemein und genau quantifizierbare Grösse anzusehen, wie dies Hagenauer manchmal tut.

Wie lässt sich nun der gerechte Preis "bestimmen"? Ich habe bereits erwähnt, dass Thomas hierzu keine genauen Angaben macht. Seine Ausführungen lassen jedoch eine Interpretation zu, welche dem gerechten Preis einen starken, traditionellen Charakter beimisst. Diese Aussage lässt sich nun präzisieren. In den Ausführungen Thomas' finden sich Hinweise auf ein Verständnis des gerechten Preises, das sich am Arbeitsaufwand orientiert:

> "Und somit wird das Handelsgeschäft eine erlaubte Sache, z.B. wenn einer den massvollen Gewinn, den er beim Handel sucht, für die Erhaltung seines Hauses verwendet ... und er den Gewinn dabei weniger als Ziel, sondern sozusagen als Arbeitsentgelt auffasst" (Groner, Utz 1987, S. 210).

Der Händler soll für den getriebenen Aufwand, der sich etwa mit dem Transport verbindet, angemessen entschädigt werden. Der Unterschied zwischen Kauf- und Verkaufspreis soll offensichtlich als Lohn für die Arbeit des Händlers angesehen werden.

Offensichtlich ist die Arbeit ein bestimmender Faktor des gerechten Preises. Es ist insbesondere unklar, welche Beziehung zwischen einer Konzeption des gerechten Preises besteht, die sich an tradierten Kategorien orientiert, und einer, die primär auf dem Arbeitsaufwand beruht. Dieser scheinbare Gegensatz kann erst dann aufgelöst werden, wenn das damalige Verständnis von Arbeit rekonstruiert werden kann. Arbeit einfach dem stundenmässigen Aufwand gleichzusetzen, wäre in einer Gesellschaft, in welcher die Zeit noch nicht als ökonomische Ressource bzw. als knappes Gut gilt, irreführend. Offensichtlich herrschte im Mittelalter eine Art "vorökonomisches" Verständnis von Arbeit, das mit der modernen Auffassung nicht gleichgesetzt werden kann, obwohl "Arbeit" bereits im Mittelalter entlohnt wurde. Die zeitliche Dauer war dabei sicherlich ein bestimmender Faktor, aber keineswegs der einzige. Im Gegensatz zur mechanisierten Arbeit (Landes 1983) kann für das Mittelalter die menschliche Arbeit nicht einfach mit der Erbringung einer physischen Leistung identifiziert werden. Neben der zeitlichen Dauer hatte sie hochgeschätzte inhaltliche Qualitäten. Diese sind, wie wir das schon bei Aristoteles gesehen haben, nicht von der Person zu trennen. Dem gesellschaftlichen Status, dem Ansehen, der Würde einer Person musste Rechnung getragen werden. Die Stellung, die sie in der Gesellschaft inne hat, musste bei der Bestimmung einer angemessenen "Vergeltung" berücksichtigt werden, und zwar unabhängig davon, ob es sich nun um eine Untat oder um einen Tausch handelte.

Diese Überzeugung drückte Thomas in der Diskussion der ausgleichenden Gerechtigkeit in der Summa, Frage 61, Artikel 4 aus (Groner, Utz 1987, S. 60-62). Stellung und Ansehen eines Individuums waren durch die mittelalterliche Standespyramide festgelegt. In der Stellung innerhalb dieser Pyramide spiegelte sich der Wert einer Arbeitsleistung. Mit dieser knappen Formulierung zeigt sich die Eigenheit der thomistischen Wertlehre: Die "Objektivität" des gerechten Preises darf keineswegs als eine rohe Form von (marxistischer) Arbeitswertlehre interpretiert werden. Sie lässt zwar einige Jahrhunderte vor der Industrialisierung Anzeichen einer ökonomischen Analyse erkennen. Diese beruht aber nicht einfach auf einem allgemeinen Konzept von "gesellschaftlich notwendigem Arbeitsaufwand", sondern auf ständisch tradierten beruflichen Fähigkeiten (und Privilegien). Hagenauer ist in der Interpretation der Beziehung zwischen dem jeweiligen Stand und dem Wert der Arbeitsleistung einen Schritt weitergegangen und hat diese als Ausdruck der gesellschaftlichen Einschätzung der zugehörigen beruflichen Fähigkeiten ausgelegt (Hagenauer 1931, S. 19ff.). Diese Interpretation ist zwar gewagt, aber angesichts der thomistischen Ausführungen keineswegs unberechtigt. Wie Abschnitt 3.4.1 zeigen wird, ist der stark traditionelle Charakter des Berufswesens mit einer Begründung des Wertes einer Arbeitsleistung, die sich stark am Berufsstand orientiert, durchaus kompatibel.

Zusammenfassend lässt sich sagen, dass die Konzeption des gerechten Preises (als angemessener Preis aufgefasst) keine blosse Arbeitswertlehre darstellt. Die Berücksichtigung von beruflichen Qualifikationen, wenn auch in einer den mittelalterlichen Vorstellungen eigenen Art und Weise, verbietet es, von einer Arbeitswertlehre im engeren Sinne zu sprechen. Die thomistische Beschreibung des Wettbewerbs und seiner Wirkungen lässt aber auch keine neoklassische Erklärung preislicher Schwankungen zu: Nicht der Preis an sich ist das Ergebnis des Wettbewerbs, sondern bloss die *Abweichungen* von einem bereits existierenden und bekannten gerechten Preis. Es soll unterstrichen werden, dass mit der im nächsten Kapitel vorgenommenen Einführung und der an den gerechten Preis anschliessenden Konzeption des normalen Preises eher ein Forschungsprogramm skizziert, als eine abgeschlossene Theorie vorgestellt wird. Sicherlich ist die hier dargelegte Interpretation der aristotelischen und thomistischen Schriften diskutierbar. Zu ihrer Untermauerung wären weitere Quellenforschungen notwendig. Solche waren im Rahmen dieser Arbeit aber weder möglich, noch wurden sie angestrebt.

Die Diskussion ökonomischer Praktiken in politischen Gesellschaften hat zumindest plausibel machen können, dass der Marktmechanismus in diesen Gesellschaften keine nennenswerte Bedeutung gehabt hat. Angesichts der geringen Arbeitsteilung, der weitgehenden Autarkie antiker und mittelalterlicher Städte und der untergeordneten Bedeutung der Arbeitsteilung waren keine ausgeklügelten Mechanismen der anonymen sozialen Koordination notwendig. Die auf tradierten Normen beruhenden Gesellschaften stellen vor diesem Hintergrund keine kulturelle Barriere gegen die Diffusion einer neuen ökonomischen Gesinnung dar. Von einem Wettbewerb zwischen Normensystemen, die hauptsächlich auf Tradition beruhen, und einem auf ökonomischen Prinzipien beruhenden Normensystem kann in archaischen und politischen Gesellschaften aus einem sehr guten Grund nicht die Rede sein. Eine ökonomische Gesinnung war so gut wie unbekannt. Diese schlichte Aussage hat auf ein Verständnis der kulturellen Evolution, in deren Mittelpunkt nutzenmaximierende, anonyme Mechanismen der Systemintegration stehen, weitgehende Folgen. Die Bedeutung eines solchen Mechanismus muss aus der Sicht der kulturellen Evolution beträchtlich relativiert werden. In archaischen und politischen Gesellschaften waren ökonomische Normen stets in einen breiteren kulturellen Kontext eingebettet. Sie hatten mit anderen Worten keine unbeschränkten Wirkungsmöglichkeiten und prallten an der Mauer kultureller Orientierungen systematisch ab. Umso interessanter und wichtiger ist also die Frage nach den Umständen, die in kurzer Zeit die Überwindung traditioneller Normensysteme ermöglicht haben. Dieser Frage ist der nächste Abschnitt gewidmet.

3.4 Der Markt in ökonomischen Gesellschaften

3.4.1 Die Entstehung des Berufswesens

Der Übergang von politischen zu ökonomischen Gesellschaften bietet eine der interessantesten und wichtigsten Möglichkeiten an, die Beziehungen zwischen kulturellen Orientierungen und ökonomischer Gesinnung zu diskutieren. In den Abschnitten 3.2 und 3.3. habe ich plausibel machen können, dass der Übergang von archaischen zu politischen Gesellschaften nicht durch die Herausbildung eines Mechanismus der Systemintegration (d.h. eines Normensystems) ermöglicht wurde, das auf anonymen, eigennützigen Beziehungen beruhte. Bis zum Ende des Mittelalters finden sich von einem solchen Mechanismus kaum Spuren. Man wäre aufgrund einer oberflächlichen Betrachtung geneigt zu glauben, dass das zugrundeliegende Verständnis der kulturellen Evolution dadurch nicht wesentlich tangiert würde. Dieses beruht weiterhin auf der Annahme, dass die soziale Reproduktion von Gesellschaften, die weit über die Dimension der kleinen Gruppe hinausgewachsen sind, nur durch Normensysteme ermöglicht wird, welche auf Anonymität und Eigennützigkeit in den zwischenmenschlichen Beziehungen beruhen. Die bisherigen Ausführungen hätten damit lediglich das Geburtsdatum der unbeabsichtigten Entdeckung und Diffusion eines derartigen Normensystems drastisch verschoben, aber das damit verknüpfte Verständnis der kulturellen Evolution nicht grundsätzlich tangiert.

Die religionssoziologischen Arbeiten des deutschen Soziologen Max Weber bieten eine ausgezeichnete Möglichkeit an, ein derartiges Verständnis der kulturellen Evolution näher zu betrachten. Eine seiner wichtigsten und zugleich umstrittensten Thesen identifiziert in den ethischen Lehren der protestantischen Sekten zur Zeit der Reformation ein konstitutives Element des "Geistes des Kapitalismus" (Weber 1984). Webers religionssoziologische Arbeiten lösten eine Debatte aus, die fast hundert Jahre später immer noch nicht an Aktualität verloren hat. Der interessierte Leser sei auf die entsprechende Literatur verwiesen.[12] Es ist im Rahmen dieser Arbeit unmöglich und auch nicht zweckmässig, auf diese Debatte einzugehen. Ich möchte vielmehr anhand der Weberschen Thesen die Beziehungen zwischen kulturellen und ethischen Normen einerseits und ökonomischer Gesinnung andererseits näher betrachten. Es wird sich zeigen,

12 Die Reaktionen auf die Publikation der Weberschen Thesen sind in Weber (1987) zusammengefasst. Zum Werk Max Webers siehe etwa Aron (1979) und Hennies (1987).

dass die im Spätmittelalter entwickelten "wirtschaftlichen" Institutionen – dazu gehören u.a. Buchhaltung, Bank- und Kreditwesen – zwar eine notwendige Voraussetzung zur Entfaltung einer damals noch neuen und auch fremden ökonomischen Haltung waren, diese jedoch nicht als Ursache eines solchen radikalen Wandels in den Einstellungen dem Wirtschaftsleben gegenüber angesehen werden können. Auch die etwa in der gleichen Periode stattfindenden wissenschaftlichen Revolutionen dürfen nicht als Hauptursache dieses kulturellen Umbruchs angesehen werden. Sie wirkten m.E. höchstens als Katalysatoren. Die in diesem Zusammenhang wichtigste Frage lautet: Wie konnte sich eine, der damaligen Zeit absolut fremde Haltung der Arbeit und dem Wirtschaftsleben gegenüber in Gesellschaften durchsetzen, die solche Haltungen in jeder Hinsicht als moralisch verwerflich betrachteten? Wie konnte der tiefsitzende Traditionalismus ganzer Gesellschaften so wirksam gesprengt werden, dass sich heute kaum noch jemand das Leben vor diesem Umbruch realistisch ausmalen kann?

Diese auf Weber zurückgehende Fragen zeugen von einem Verständnis kultureller Evolution, das erstaunliche Parallelen mit der Vision Hayeks aufweist. Auch Hayek vertritt ein Verständnis der kulturellen Evolution, dass auf Normensystemen bzw. auf Mechanismen der Selektion und Mutation von Normensystemen beruht. Aber im Gegensatz zu Hayek hielt Weber es für unmöglich, dass sich eine neue ökonomische Gesinnung einfach aufgrund ihres "Erfolgs" hätte durchsetzen können. Die Diffusion neuer Orientierungen gegenüber dem Wirtschaftsleben wurde nach Weber erst vor dem Hintergrund radikaler kultureller Veränderungen möglich. Die schiere Unüberwindbarkeit traditioneller Haltungen im Wirtschaftsleben kann auf verschiedene Weise illustriert werden. In einer noch weitgehend auf mittelalterliche Praktiken und Wertvorstellungen orientierten Landwirtschaft bewirkte der Versuch, die Arbeitsleistungen über höhere Löhne zu steigern, das Gegenteil. Da man nun mehr verdiente, musste man – um denselben "Lebensstandard" zu halten – weniger arbeiten. Musste ein Landarbeiter zweieinhalb Morgen Getreide pro Tag mähen, um sich und seiner Familie den täglichen Unterhalt zu verschaffen, bewirkte eine Verdoppelung des Lohnes, dass er nur noch halb soviel arbeitete (Weber 1984, S. 49-50).

Ähnliche Einstellungen lassen sich in den frühen Manufakturen beobachten. Die Erhöhung des Akkordlohnes taugte i.d.R. wenig, um die industrielle Produktion zu steigern (Landes 1978, S. 78-79). Aber auch die Strategie, die Löhne zu senken, war kaum erfolgversprechender, denn die Senkung des Akkordlohns zog lediglich schlechter qualifizierte Handwerker an, was einer qualitativen Verschlechterung der Arbeitsleistung gleichkam. Die Einführung positiver oder negativer finanzieller Anreize hatte i.d.R. nicht die erhofften Auswirkungen. Dem traditionellen Handwerker war die moderne hartnäckige Suche nach Profit fremd. Er arbeitete in erster Linie im Rahmen tradierter Vorstellungen über gerechte Preise, Kosten und Gewinne, sowie über das "rechte" Umfeld, welches die Beziehungen zwischen Lehrlingen, Gesellen, Meistern und Kunden betraf. Die Tradition erfasste mit anderen Worten das ganze Geschäftsleben (Stürmer 1986). Obwohl die produktiven und handwerklichen Tätigkeiten schon sehr arbeitsteilig waren, verbietet es die traditionalistische Haltung dieser Handwerker, hier bereits von kapitalistischen Arbeitsformen zu sprechen (Weber 1984, S. 56-57).

Der vorkapitalische Zustand des Wirtschaftslebens zeigt sich auch am Stellenwert von Wissenschaft und Technik im Europa des Spätmittelalters. Technische Fähigkeiten und Errungenschaften standen bis zur modernen Zeit nie explizit im Dienste wirtschaftlichen Erfolgs. Seit der neolithischen Revolution wurden immer wieder technologische Hochleistungen hervorgebracht, die keinem ökonomischen Zweck dienten. Aus dem Monumentalwerk von S. Giedion seien zwei erwähnt (Giedion 1987). So stiess der Bau von mechanischen Automaten am Hof des Königs Ludwig XV von Frankreich auf grosse Resonanz. Gebaut wurden etwa Puppen, die Melodien auf einer Blockflöte spielen konnten, oder eine mechanische Ente, die alle typischen Bewegungen einer echten Ente genauestens nachahmen konnte (Giedion 1987, S. 55). Es kann kein Zweifel darüber bestehen, dass der erfolgreiche Bau solcher Automaten hohe Anforderungen an ihre Konstrukteure stellte. Höchste Genauigkeit, Überwindung schwieriger technischer Probleme und Kreativität waren dafür erforderlich. Ihre Leistung ist umso bemerkenswerter, als die damals verfügbaren Maschinen und Werkzeuge niemals die Wirksamkeit und Genauigkeit ihrer modernen Nachfolger besassen. Auch in der Antike ist, wie ich in Abschnitt 3.3.3 angedeutet habe, eine weitgehende Unabhängigkeit zwischen Wirtschaftsleben und Technik festzustellen. Zur Zeit des Ptolemäus gelang es etwa den Ägyptern, komplizierte Bewegungsabläufe zu mechanisieren. Beispielsweise bewirkte das Anzünden eines heiligen Feuers die Öffnung der Tempel-Türen, das Löschen ihre Schliessung (Giedion 1987, S. 52-53). Die Erfahrungen und Fähigkeiten, die bei der Konstruktion dieser Mechanismen gesammelt wurden, fanden jedoch keine unmittelbare wirtschaftliche Anwendung und standen nicht im Dienste einer profitorientierten Geisteshaltung. Sie sollten beim Betrachter lediglich Bewunderung auslösen.

Der Bau von Kirchen und Kathedralen im Mittelalter ist ein weiteres, eindrückliches Zeugnis von technischen und handwerklichen Fähigkeiten, die in keiner Weise im Dienste des Profits standen. In der Renaissance wurde die Bewunderung für Natur und Schöpfung auf die meisterhaften mechanischen Konstruktionen und künstlerischen Leistungen übertragen. Die Perfektion dieser Menschenwerke musste die Vollkommenheit der Natur, die ja Gotteswerk war, widerspiegeln. Die berufliche Tätigkeit war mit anderen Worten Ausdruck des Ruhms Gottes auf Erden. Auch die kurz darauf einsetzende wissenschaftliche Revolution, die von Kepler, Newton, Galilei und weiteren schon fast mythologischen Figuren ausgelöst wurden, fanden zwar hie und da praktische Anwendung, wurden aber erst viel später systematisch zu ökonomischen Zwecken eingesetzt. Der Fundus an wissenschaftlichen und technischen Fähigkeiten war in jeder Hinsicht beachtlich und im Begriff, noch stärker zu wachsen. Die grössten Auswirkungen zeitigten diese wissenschaftlichen Revolutionen jedoch nicht primär im Wirtschaftsleben, sondern im politischen und kulturellen Bereich, indem sie die bisher stillschweigend akzeptierte moralische und weltliche Autorität der katholischen Kirche zunehmend unter Legitimationsdruck setzten.

Im Bereich der rein handwerklich-technischen Fähigkeiten waren also die Voraussetzungen gegeben, um den Übergang von politischen zu ökonomischen Gesellschaften auszulösen. Aber die wissenschaftlichen Revolutionen können schwerlich an sich als Ursache dieses schicksalsschweren kulturellen Umbruchs angesehen werden. Sie müssen m.E. eher als Katalysatoren dieses Prozesses betrachtet werden. Wissenschaft und Technik haben Geschwindigkeit und Richtung des Übergangs von politischen zu ökonomischen Gesellschaften massgebend gesteuert aber diesen letztlich nicht verursacht. Auch einige wichtige betriebliche Innovationen, die in den italienischen Stadtstaaten entwickelt wurden, können schwerlich für die Auslösung dieses Umbruchs verantwortlich gemacht werden. Die ersten Versuche mit der doppelten Buchhaltung werden allgemein den Florentinern zugeschrieben. Die Einführung des Bank- und Versicherungswesens geht auf die italienischen Stadtstaaten des 16. Jahrhunderts zurück, von denen auch wesentliche Handelsimpulse ausgingen (Braudel 1986, S. 134-141). Aber der Kultur dieser Städte fehlte die wirksame Kombination streng religiöser mit weltlichen Motiven, denn die Heilserwartungen (nicht nur das Heil) waren im mittelalterlichen Katholizismus fast nur eschatologischer Art. Die Verlegenheit der katholischen Kirche Handelspraktiken gegenüber, die explizit den hemmungslosen Profit in den Vordergrund stellen, ist bekannt und gut dokumentiert (Le Goff 1989).

Paradoxerweise macht der Rückgriff auf die wissenschaftlichen Revolutionen und auf die betrieblichen Innovationen die Erklärung des Übergangs von politischen zu ökonomischen Gesellschaften noch obskurer. Unabhängig von diesen tiefgreifenden Erneuerungen, die später zu konstitutiven Merkmalen ökonomischer Gesellschaften wurden, liess sich der Traditionalismus spätmittelalterlicher Praktiken dadurch scheinbar kaum erschüttern. Wie die Darlegungen des Thomas von Aquin bestätigen, bleiben für die katholische Kirche profitorientierte Handelspraktiken, abgesehen von wenigen Ausnahmen, weiterhin eine tödliche Sünde. Die Handelspraktiken der neuen gesellschaftlichen "Parvenues" waren zwar den tradierten in jeder Beziehungen überlegen. Innert kurzer Zeit konnten einzelne, völlig unbekannte junge Männer beachtliche Reichtümer akkumulieren. Aber ihr wirtschaftlicher Erfolg wurde missachtet oder gar öffentlich verurteilt. Die Profitorientierung blieb ein individuelles Phänomen ohne weitere gesellschaftliche Folgen. Das Beispiel machte keine Schule, hatte keinen Vorbildcharakter. Handelspraktiken, die sich durch systematische Profitsuche auszeichneten, prallten offensichtlich gegen eine scheinbar unüberwindbare Mauer unerschütterlicher Traditionen.

An diesem Punkt wird eine der wichtigsten Schwierigkeiten der Hayekschen Konzeption der kulturellen Evolution offensichtlich. Einen Mechanismus der kulturellen Evolution zu postulieren, der auf dem Wettbewerb zwischen unterschiedlichen Normsystemen beruht, ist in diesem Fall irreführend, denn zwischen der neuen ökonomischen Gesinnung und dem traditionellen Normensytem fand gar kein Wettbewerb statt. Profitorientierte Haltungen können zu jenem Zeitpunkt noch keineswegs als ein neues, stabiles Normensystem bezeichnet werden. Sie manifestierten sich lediglich in individuellen Handlungsweisen, hatten aber noch keineswegs einen institutionalisierten Charakter. Die neue ökonomische Gesinnung konnte erst diffundieren, nachdem die traditionellen Haltungen gegenüber Arbeit und Profit gesprengt worden waren. Die Überwindung der Tradition ist also die Voraussetzung dafür, dass der "Geist des Kapitalismus" sich etablieren konnte. Um diesen Vorgang zu erklären müssen also Selektionsmechanismen der kulturellen Evolution gesucht werden, die nicht auf Wettbewerb beruhen.

Hayek identifiziert in der Erziehung und in der Imitation die zwei wichtigsten Selektionsmechanismen von sozialen Regeln. Mit dieser Haltung steht er nicht alleine da. Wie gleich zu zeigen sein wird, nimmt Weber eine sehr ähnliche Position ein. Neuere Konzeptionen der kulturellen Evolution von Regeln bestätigen diese Ansicht (Boyd, Richerson 1985). In den folgenden Ausführungen werde ich mich auf die Erziehung beschränken. Dabei möchte ich unter Erziehung nicht nur die traditionellen Praktiken im engen familiären Bereich verstehen. Ein Erziehungseffekt kann auch bei vorbildlichen, symbolhaften Situationen eintreten. Solche Situationen sind in keiner Weise nur auf die Familie beschränkt. Sie erfassen das wirtschaftliche und öffentliche Leben zugleich. Doch bevor ich auf diese Selektionsmechanismen näher zu sprechen komme, möchte ich die zweite theoretische Kategorie einer evolutionären Betrachtung ansprechen, die Mutation. Obwohl mit unterschiedlichem Akzent haben sowohl Giddens als auch Hayek, bezugnehmend auf Merton, die Entstehung neuer kultureller Normen mit dem Begriff der *unbeabsichtigten Handlungsfolgen* beschrieben. Aber keiner von beiden hat für jene Handlungen, die unbeabsichtigte Folgen haben, einen eigenständigen Begriff geprägt. In den folgenden Ausführungen werde ich deshalb einfach von (kulturellen) Innovationen sprechen, im Bewusstsein darum, dass dieser Terminus als provisorisch zu betrachten ist.

Das Wirken der protestantischen Sekten zuerst in Europa und später auch in den USA steht im Mittelpunkt der Weberschen Erklärung für die rasche Diffusion und Etablierung einer ökonomischen Gesinnung bzw. für die Überwindung traditioneller Normensysteme (Weber 1984, S. 279-298). Es hat sich gezeigt, dass die Mitgliedschaft in einer *protestantischen Sekte* eine sehr wirksame Selektionswirkung auf individuelle Normen und Haltungen gehabt hat. Der Unterschied zwischen Kirche und Sekte liegt nicht einfach in einer Verschiebung des semantischen Akzents. In eine Kirche wird man hineingeboren, während man sich für die Aufnahme in eine Sekte in jeder Hinsicht bewähren muss. Obschon die Sekten ihrer Mitgliederzahl nach zu Beginn bedeutungslos waren, hatten sie grossen Einfluss auf das öffentliche Leben. Ihr Ruf absoluter moralischer Integrität und hervorragender Geschäftstüchtigkeit machte deren Mitglieder zu privilegierten Geschäftspartnern. Der Einstieg in die Geschäftswelt wurde durch die Mitgliedschaft in einer protestantischen Sekte wesentlich erleichtert. Die Aufnahme in eine Sekte erfolgte nach strengsten moralischen Kriterien. Der Kandidat musste eine harte Bewährungsprobe auf sich nehmen. Sein Privatleben und seine Vergangenheit wurden peinlich genau durchsucht, seine Sitten rücksichtslos eruiert, ehe er für aufnahmewürdig befunden wurde. Einmal in die Sekte aufgenommen, galt er in der Öffentlichkeit als ein "Gentleman" und als solcher kredit- und vertrauenswürdig. Weber illustriert in diesem Zusammenhang einen sozialen Mechanismus zur Kennzeichnung moralisch aufrichtiger Personen. Die Mitgliedschaft zu einer Sekte, später auch bloss zu einem Club, wurde häufig durch ein entsprechendes Abzeichen im Knopfloch signalisiert (Weber 1984, S. 284).

Die Bedeutung dieser Abzeichen als Selektionsmechanismus darf natürlich nicht übertrieben werden. Worauf es ankam war die Mitgliedschaft, die wie die Ausstellung eines einwandfreien moralischen Zeugnisses wirkte. Aus evolutionärer Sicht ist dieser kulturelle Selektionsmechanismus eine reale und v.a. wirksame Alternative zum Wettbewerb zwischen Normensystemen. Moralische Bewährung war zur Zeit der Kalvinisten, Puritaner, Methodisten usw. der entscheidende kulturelle Selektionsmechanismus. Seine Wirkungen reichen bis in die Gegenwart. Viele Berufstätige – vom Wirtschaftsführer bis zum einfachen Arbeiter – wachsen auch heute noch in einem Umfeld auf, in dem eine strenge protestantische Erziehung spürbare Auswirkungen sowohl auf das private als auch auf das berufliche und öffentliche Leben haben. Der langjährige Säkularisierungsprozess liess zwar die religiösen Motive immer mehr in den Hintergrund treten. Die biographische Bedeutung des Berufslebens scheint aber, wie im vierten Teil dieser Arbeit näher erläutert werden soll, erhalten geblieben zu sein.

3.4.2 *Der Beruf zwischen Tradition und Erneuerung*

Im vorangehenden Abschnitt sind einige allgemeine Gedanken über die Mechanismen der Selektion von Normensystemen dargestellt worden. In den folgenden Ausführungen werde ich nun die Wesenszüge der immer wieder postulierten, aber bis jetzt nicht näher erläuterten ökonomischen Gesinnung diskutieren. Diese konkretisiert sich an der Entstehung des Berufswesens. Der Beruf ist eine kulturelle Neuheit, die im wesentlichen auf die Reformation bzw. auf Martin Luther zurückgeführt werden kann. In Abschnitt 3.3.3 und 3.3.5 habe ich gezeigt, dass sowohl in der Antike als auch im Mittelalter Autarkie das Leben in den Stadtregionen auszeichnete und von Arbeitsteilung kaum gesprochen werden kann. Mit der Etablierung des Berufswesens setzte ein beispielloser Prozess der Arbeitsteilung und der Spezialisierung ein. Die berufliche Arbeitsteilung stellt nun die Frage nach effizienten Mechanismen der sozialen Koordination stärker in den Mittelpunkt des Interesses. Die Beziehung zwischen Berufswesen und Marktmechanismus werde ich in Abschnitt 3.4.3 näher erläutern. In den folgenden Ausführungen soll nun Verständnis und Bedeutung des Berufswesens diskutiert werden. Es wird sich zeigen, dass der Berufsbegriff zwei theoretisch und chronologisch trennbare Dimensionen beinhaltet: Berufsethik und Arbeitsmoral. Während die erste durchaus mit dem mittelalterlichen Traditionalismus in Einklang gebracht werden kann, verändert die zweite das Selbstverständnis des Berufs auf eine radikale und folgenschwere Art und Weise. Stand in der traditionellen Berufsauffassung noch der identitätsstiftende Charakter des Berufs im Vordergrund, wird das Berufsleben mit der Diffusion protestantischer Sekten immer stärker und systematischer der Erzielung eines möglichst hohen Profits untergeordnet. Damit sind die Voraussetzungen für die Entstehung und Etablierung eines Lebensstils gegeben, welcher an den Wurzeln der heutigen ökologischen Probleme liegt.

Auch einem relativ unaufmerksamen zeitgenössischen Beobachter wird vielleicht die verblüffende Ähnlichkeit der protestantischen Kultur mit den Erziehungsmustern, moralischen Vorstellungen und Lebenshaltungen, wie sie in Biographien moderner Wirtschaftskapitäne vorkommen, auffallen. Dabei sind insbesondere zwei Motive auffällig, die kaum versteckte Begeisterung oder gar Leidenschaft für den eigenen Beruf, sowie die ungeheure Arbeitsleistung, die als Pflicht und Herausforderung zugleich empfunden wird und ausschliesslich im Dienste des ökonomischen Erfolgs steht. Eine derartige Haltung dem Beruf gegenüber kommt zwar bei Wirtschaftsvertretern besonders deutlich zum Vorschein, stellt aber keine Ausnahme dar. In der heutigen Gesellschaft ist die Arbeit weitgehend als

Pflicht akzeptiert, die es unter Schweiss und Mühsal zu erledigen gilt (zur Einstellung der Schweizer und Schweizerinnen zur Arbeit bzw. zur Wandlung dieser Einstellungen in diesem Jahrhundert siehe Lalive d'Epinay 1991). Das Schweizer Volk hat bekanntlich schon zweimal die Reduktion der maximalen Arbeitszeit auf 40 Stunden pro Woche abgelehnt. Die Eidgenössische Betriebszählung von 1985 zeigt, dass in vielen Branchen üblicherweise zwischen 44 und 55 Stunden pro Woche gearbeitet wird.

Während die Arbeit als auferlegte, häufig stumpfsinnige Pflicht lange Zeit zum Selbstverständnis des Berufslebens gehörte, wird die Relevanz einer weiteren zentralen Dimension des Berufs, der sogenannten Berufsethik, allzu häufig übersehen. Die Unterscheidung zwischen *Arbeitsmoral* und *Berufsethik* ist in den Schriften Webers zwar implizit enthalten, ihre Bedeutung wurde aber erst vor kurzer Zeit deutlich unterstrichen (Schmidtchen 1984; Jaeger, Bieri, Dürrenberger 1987; Abbot 1988; Furnham 1990). Während die Arbeitsmoral sich v.a. an Pflichten orientiert, betont die Berufsethik praktische Fähigkeiten, Kompetenz, Autonomie und Verantwortung. Die Berufsethik betont mit anderen Worte den biographischen, identitätsstiftenden Charakter des Berufslebens. Während ein archaischer Mensch, nach seiner Identität gefragt, möglicherweise mit der Angabe seiner verwandtschaftlichen Stellung geantwortet hätte, in politischen Gesellschaften auf die gleiche Frage ein Mensch sich als Bürger einer bestimmten Gemeinschaft identifiziert hätte, antworten Menschen, die in ökonomischen Gesellschaften leben, in den meisten Fällen nach kurzem Zögern mit der Angabe des eigenen Berufs. Der Berufsalltag prägt Biographien nachhaltig. Es kann aber auch kein Zweifel darüber bestehen, dass die kulturelle Eigenständigkeit des modernen Berufslebens eine sehr junge Erscheinung im Rahmen der kulturellen Evolution ist.

Arbeitsmoral und Berufsethik stellen zwei säkulare Traditionen dar, die im Sinne Giddens' als Institutionen zu bezeichnen wären. Es ist nicht übertrieben zu behaupten, dass der "extended order" Hayekscher Prägung ohne die Institution des Berufs nicht möglich gewesen wäre. Diese Aussage steht nicht unbedingt in Widerspruch zum Verständnis von Marktmechanismen, wie es durch Hayek vertreten wird. Berufswesen und Marktmechanismen sind nicht zwei sich ausschliessende Aspekte ökonomischer Gesellschaften. Zwischen Beruf und Markt bestehen vielmehr Beziehungen, die sich in zahlreichen, spezifischen Regeln konkretisieren. Leider hat die Postulierung eines abstrakten Handlungsmodells, das in der Erreichung ökonomischer Effizienz das einzige Ziel menschlichen Handelns sieht, eine explizite Diskussion des Zusammenhangs zwischen Berufswesen und Marktregeln verhindert.

Nach Weber kam das Wort "Beruf" in seiner heutigen Bedeutung im Mittelalter noch nicht vor (Weber 1984, S. 102). Die Wurzeln dieser Bedeutung müssen in der Reformation gesucht werden. Weber schreibt den heute üblichen Wortgebrauch hauptsächlich Luther zu. Luther vereinigte in der Übersetzung der Bibel Weber zufolge zwei zunächst völlig verschiedene Bedeutungen. Das Wort "Ruf" hatte damals eine rein religiöse Färbung. Es war Inbegriff einer aktiven und totalen Hingabe an ein heiliges Leben. Die zweite von Luther eingeführte Bedeutung kommt bei der Übersetzung der Bibel ins Deutsche besonders deutlich zum Ausdruck. So übersetzte er etwa einen Passus mit "beharre in deinem Beruf" bzw. "bleibe in deinem Beruf" und nicht mit "beharre in deiner Arbeit" (Weber 1984, Fn. 55, S. 101-106). Mit dem Berufsgedanken verknüpft Luther letztlich die Vorstellung einer göttlichen Fügung. Der Einzelne wird von Gott in seine berufliche Stellung gewiesen. Sein Beruf erhebt sich somit zu seiner Lebensaufgabe. Und weil es sich um eine göttliche Fügung handelt, soll der Einzelne in dem Beruf bleiben, in den ihn Gott gestellt hat (Weber 1984, S. 71).

Die Unterscheidung zwischen "Arbeit" und "Beruf" ist in diesem Zusammenhang zentral. Während das Wort "Arbeit" eher zeitlich beschränkte, eng vorgeschriebene und nicht sonderlich motivierende Aktivitäten bezeichnet, werden berufliche Tätigkeiten mit sinnerfülltem Tun assoziiert. Ich habe zu Beginn des Kapitels diese Unterscheidung bereits angesprochen, als die zwei grundlegenden Aspekte des Berufslebens, Arbeitsmoral und Berufsethik kurz angetippt wurden. Die Luthersche Auffassung von Beruf schloss die Dimension der Arbeitsmoral noch aus. Menschliche Tätigkeiten waren noch weitgehend durch sinnhafte Arbeit geprägt. Stumpfsinnige Aktivitäten, wie sie im Chaplins Film "Modern Times" weltberühmt geworden sind, waren Luther und seinen Zeitgenossen fremd. Im Italienischen zeigt sich der Unterschied zwischen Arbeit und Beruf am Wort "vocazione". "Vocazione" hat zwar ähnlich wie das deutsche Wort "Ruf" auch noch einen gewissen religiösen Charakter. Aber von einer "vocazione" spricht man auch und vor allem, wenn jemand mit besonderer Begeisterung und Energie einer bestimmten Aktivität nachgeht. Dann sagt man, dieser oder diese habe eine "vocazione" dazu, eine Art Berufung. Die mittelalterlichen, traditionellen Wurzeln des Berufsbegriffs kommen bei der Übersetzung von Beruf ins Italienische deutlich zum Ausdruck. Dem deutschen Wort "Beruf" entspricht das italienische "mestiere", welches von "maestro" ("Meister") abgeleitet ist. Ein Meister ist jemand, der lange Jahre seines Lebens seinem Fach nachgegangen ist und es zur Meisterschaft gebracht hat. Die Berufstätigkeit ist ein Stück seines Lebens geworden.

Die revolutionäre Leistung Luthers kann besser abgeschätzt werden, wenn sie mit der Haltung der katholischen Kirche zur weltlichen Arbeit verglichen wird. Der christlichen Tradition war eine Interpretation der Berufsarbeit als göttliche Pflicht bis dahin völlig unbekannt. Der heilige Franziskus, Mitglied einer reichen florentinischen Familie, gründete einen Orden, der aus der materiellen Armut die höchste Tugend machte. In weltlicher Berufsarbeit, in geschäftlicher Betriebsamkeit eine göttliche Fügung zu sehen, wäre den mittelalterlichen Bettel-Orden mehr als "befremdlich" vorgekommen. Dennoch sind die Wirkungen der traditionellen Berufsauffassung auf die ökonomischen Praktiken beschränkt. Insbesondere standen Profitorientierungen niemals im Mittelpunkt von Luthers Berufsauffassung. Die methodische und hartnäckige Akkumulierung und Vermehrung von Reichtümern als eine göttliche Pflicht zu betrachten, wäre ihm wie dem traditionellen Katholizismus sicherlich niemals in den Sinn gekommen.

Mit der *Diffusion der protestantischen Sekten* erfährt das Berufsleben tiefgreifende Veränderungen und verliert endgültig seinen traditionellen Charakter. Wie dies in etwa vor sich ging, habe ich bereits im vorangehenden Abschnitt diskutiert. In den folgenden Ausführungen möchte ich nun auf die Eigentümlichkeiten des Berufsverständnisses näher eingehen. Eine detaillierte Diskussion dessen kann angesichts der grossen Zahl protestantischer Sekten nicht in Angriff genommen werden und wäre in diesem Zusammenhang auch nicht zweckmässig. In den folgenden Ausführungen werde ich mich auf ein repräsentatives Beispiel beschränken, auf den Kalvinismus und die Prädestinationslehre. Im Mittelpunkt der Prädestinationslehre steht der Gnadenstand. Im Gegensatz zur katholischen Tradition kann sich ein gläubiger Kalvinist nicht über seinen Gnadenstand vergewissern. Weder fromme Taten noch Beichte bieten ihm gangbare Wege. Ob ein Gläubiger zu den Auserwählten gehört, wird von den unerforschlichen Plänen Gottes bestimmt. Es gibt auch keine sichtbaren äusseren Zeichen, die einen Auserwählten von einem Nicht-Auserwählten unterscheiden würden, denn beide sind auf Erden unendlich weit von der göttlichen Perfektion entfernt.

Die in der protestantischen Ethik begründete ökonomische Rationalität relativiert nicht nur die Relevanz abstrakter ökonomischer Handlungsmodelle. Sie liefert auch einen weiteren Beleg für die beschränkte Bedeutung des Eigeninteresses als treibende Kraft evolutionärer Prozesse. Die sachliche, methodische Geschäftsführung stand, wie bereits bemerkt, gerade *nicht* im Dienst egoistischer Triebe. Der Schlüssel zum geschäftlichen Erfolg war nicht schrankenlose Eigennützigkeit, sondern methodische Lebensführung und Askese. Jedenfalls zeigen die Regeln und Normen des asketischen Protestantismus, dass zwischen moralischen Normen, Marktmechanismen und Eigennützigkeit komplexe Beziehungen bestehen, die im Rahmen eines abstrakten, die historischen und kulturellen Kontingenzen vernachlässigenden Modells kaum adäquat wiedergegeben werden können. Es ist dabei nicht so sehr von Belang, wie diese Beziehungen in Wirklichkeit aussehen. Wichtiger ist in diesem Zusammenhang die Einsicht, dass moderne Marktmechanismen ohne die explizite Berücksichtigung dieser Beziehungen nicht verstanden werden können.

Man kann sich leicht vorstellen, dass die im Protestantismus angelegte ontologische Unsicherheit über längere Zeit nur schwer zu ertragen ist.[13] Wie kann sich also der Gläubige dem unerträglichen Druck, der durch diese transzendente Ungewissheit auf ihm lastet, entziehen? Die Lehre liefert hierzu zwei eng miteinander verknüpfte Ratschläge. Es ist geradezu die Pflicht jedes Einzelnen, sich für auserwählt zu halten. Jeder Zweifel am eigenen Gnadenstand wird unmittelbar als Ausdruck teuflischer Wirkungen gedeutet. Zur Erreichung dieser Gewissheit wird zweitens *rastlose Berufsarbeit* empfohlen (Weber 1984, S. 128-129). Der Gläubige sollte immer vor der Frage seines Gnadenstandes stehen. Die Gewissheit, auserwählt zu sein, beruhte nicht wie in der katholischen Tradition auf Ablassmöglichkeiten. Momente der Schwäche sollten nicht nachträglich durch verdienstvolle Leistungen kompensiert werden können. Durch eine systematische Bändigung und Rationalisierung der alltäglichen (innerweltlichen) Lebenshaltung – was insbesondere und auf vorzügliche Art und Weise in der Berufsarbeit geleistet werden konnte – sollte sich die Gnade "erarbeiten" lassen (Weber 1984, S. 132ff.).

Der Kalvinismus stellt damit, wie auch die zahlreichen anderen protestantischen Sekten, eine enge, verpflichtende und kontinuierliche Beziehung zwischen der religiösen und der alltäglichen Sphäre her. Diese rational-asketische Lebensführung hatte weitreichende Konsequenzen. Die unmittelbare Verknüpfung religiöser Motive mit der beruflichen Alltagspraxis führte zu einer dramatischen Umkrempelung der traditionellen familien- bzw. haushaltszentrierten Wirtschaftsethik. Die ungeheure Effizienz, die fromme Calvinisten im ökonomischen Bereich an den Tag legten, mündete in eine rasche Zunahme ihrer materiellen Reichtümer. Doch gerade der asketische Imperativ verbot es strengstens, die Ergebnisse einer methodischen, rationalen Lebensführung zu geniessen. Der strenge Kalvinist durfte niemals auf seinen Reichtümern ausruhen. Reichtum wird nicht als Ziel, sondern als Konsequenz einer religiösen Haltung betrachtet. Für Calvin war ein grosses Einkommen bzw. Vermögen denn auch ein direkter Hinweis darauf, dass der Gläubige zu den Auserwählten gehöre.

Es muss unterstrichen werden, dass die Vermehrung des Reichtums nichts mit Habgier und Profitsucht zu tun hat. Calvinisten wie Puritaner betrachteten die Früchte einer methodischen, frommen Lebensführung als Ausdruck der Gottgefälligkeit, aber auch als eine religiöse Pflicht. Die Suche nach Profit, das muss hier betont werden, war kein Selbstzweck. Berufsarbeit stand eindeutig im Dienste des Ruhmes Gottes. Verwerflich waren Reichtümer nur deshalb, weil sich mit ihnen die Gefahr verband,

---

13 Auch heute noch kann für manche reformierte Gläubige die Unmöglichkeit, eine Beichte abzulegen, eine nur schwer zu tragende Last sein.

darauf auszuruhen. Profit an sich war jedoch nicht verwerflich, er galt im Gegenteil als religiöse Pflicht:

> "Wenn Gott Euch einen Weg zeigt, auf dem Ihr ohne Schaden für Eure Seele oder für andere in gesetzmässiger Weise *mehr gewinnen könnt* als auf einem anderen Wege, und Ihr dies zurückweist und den minder gewinnbringenden Weg verfolgt, dann *kreuzt Ihr einen der Zwecke Eurer Berufung, Ihr weigert Euch, Gottes Verwalter* zu sein und seine Gaben anzunehmen, um sie für ihn gebrauchen zu können. Nicht freilich für Zwecke der Fleischeslust und Sünde, wohl aber für Gott dürft Ihr arbeiten, um reich zu sein". (Weber 1984, S. 172, Hervorhebungen im Original).

Berufliche Arbeit und Geschäftsleben zeichneten sich durch absolut sachliches, rechtsmässiges Handeln aus und waren mit Spekulation, unangemessenen Profiten, überzogenen Preisen, etc. unvereinbar. Dies zeigt sich z.B. in der Haltung gegenüber Preisen. Die Festlegung des Preises einer Ware sollte immer auf einer sachlichen Einschätzung ihres Wertes beruhen. Niemals hätte der Kalvinist oder Puritaner mehr, aber auch nicht weniger verlangt, als der Wert der Ware betrug. Der Preis wurde unabhängig von der sozialen Position des Käufers festgelegt:

> "Kein wirklich frommer Puritaner – darauf kommt es an – hätte je durch Pfandwucher, durch Ausnutzung des Irrtums des Gegenparts (was dem Juden gegenüber den Fremden zustand), durch Feilschen und Schachern ... erworbenes Geld für gottwohlgefälligen Gewinn halten können. *Der feste Preis*, die absolut sachliche, jeden Durst nach Geld verschmähende, bedingungslos legale Geschäftsgebarung jedermann gegenüber ist es, deren Bewährtheit vor den Menschen die Quäker und Baptisten es zugeschrieben haben, dass gerade die Gottlosen bei ihnen und nicht [bei] ihresgleichen kauften ..." (Weber 1984, S. 338, Hervorhebung F.F.).

Dass die Quäker und Baptisten fixe Preise verlangten, wird von Weber gelegentlich bestätigt (Weber 1984, S. 288). In der anschliessenden Fussnote erwähnt Weber die Proteste, die gegen Quäker erhoben wurden, weil sie immer den gleichen Preis verlangten, sowohl von Bekannten und Verwandten als auch von Unbekannten. Diese Praxis löste natürlich bei vielen Leuten eine markante Verschiebung der Einkaufsgewohnheiten aus (Weber 1984, S. 303-304). Der feste Preis bei den Mitgliedern protestantischer Sekten kann nach den (knappen) Ausführungen Webers nicht im Sinne eines unveränderbaren Preises aufgefasst werden. Er ist vielmehr Ausdruck einer moralischen Haltung, die Kalvinisten und Puritaner daran hinderte, von einer günstigen Situation rücksichtslos zu profitieren. Die Bemessung der Preise beruhte bei Puritanern indes ausschliesslich auf einer sachlich-objektiven, methodisch geführten Kostenrechnung und vernachlässigte die Marktlage. Sie war jedenfalls nie das Ergebnis einer spekulativen Haltung.

Die Differenzierung zwischen Profit- und Habgier einerseits, sowie methodischer, rationaler Geschäftsführung, d.h. einer durch die protestantische Ethik massgebend geprägten Form der ökonomischen Rationalität andererseits, zeigt die Grenzen einer axiomatisierten Auffassung des rationalen Handelns auf, die auf die Berücksichtigung historischer und kultureller Gegebenheiten verzichtet. Die axiomatisierten Theorien des rationalen Handelns und das Modell des homo oeconomicus müssten die zügellose Suche nach Profit als ökonomisch rational (und letztlich auch legitim und moralisch vertretbar) bezeichnen, während die moralische Aufrichtigkeit, die von den Mitgliedern der protestantischen Sekten im Geschäftsleben gezeigt wurde, aus dieser Sicht als irrational angesehen werden müsste. Es ist überraschend, konstatieren zu müssen, dass gerade das wichtigste Beispiel lehrbuchmässiger Rationalität sich durch eine sehr hohe Achtung moralischer Werte auszeichnet. Ökonomische Rationalität und Moral fusionieren in der protestantischen Ethik auf eine geradezu harmonisierende Weise. Zur Zeit der protestantischen Sekten hätte die Abschliessung eines langfristigen Vertrags für zwei Geschäftspartner kein Risiko dargestellt, denn bereits die Zugehörigkeit zu einer protestantischen Sekte wäre für beide Garantie für Loyalität und Schutz vor opportunistischem Verhalten gewesen. Die zentrale Frage Williamsons, für die Abwicklung einer Transaktion die effizienteste institutionelle Rahmenbedingung zu finden, bzw. zwischen "Markt" und "Hierarchie" wählen zu müssen (Williamson 1975), hätte sich für zwei Mitglieder einer protestantischen Sekte gar nicht gestellt. Vor dem Hintergrund eines kulturell bedingten, an der protestantischen Ethik anknüpfenden Verständnisses ökonomischer Rationalität muss das zentrale Problem der Neuen Institutionellen Ökonomie als Symptom des Zerfalls moralischer Tugenden im Geschäftsleben interpretiert werden.

Waren Markt und Moral zur Zeit der Reformation sehr eng verknüpft, scheint dies heute je länger je weniger der Fall zu sein. Man kann sich fragen, wie fromme Protestanten auf die heutige Zerstörung der Umwelt reagiert hätten. Man kann auf diese Frage naturgemäss nur spekulative Antworten geben. Die Einsicht, dass die bei ihnen übliche Betriebsamkeit die menschlichen Lebensgrundlagen gefährden könnte, wäre vermutlich an jenen hochmoralischen Menschen nicht spurlos vorbeigegangen. Respekt und Loyalität den Geschäftspartnern gegenüber sowie ein bedingungsloses Gerechtigkeitsideal wären mit einer räuberischen Haltung der Natur gegenüber kaum vereinbar gewesen. In der Tat haben Theologen die asketischen Tugenden des Protestantismus als eine mögliche Antwort auf die Probleme der ökologischen Krise vorgeschlagen (Fuchs 1990). Die Suche nach einer neuen, den modernen Marktmechanismen adäquaten Ethik scheint bekannte Vertreter der wichtigsten Weltreligionen immer wieder zu beschäftigen (Aus katholischer Sicht: Küng 1990; aus islamischer Perspektive: Akhtar 1991). Es kann nicht das Ziel dieser Ausführungen sein, auf die Möglichkeiten und Grenzen dieser Vorschläge einzugehen. Die Diskussion des Berufswesens hat aber immerhin gezeigt, dass historisch gesehen der Entstehung moderner Marktmechanismen eine moralisch-religiöse Revolution vorausging. Moral und Markt, das zeigt die

Geschichte, stehen nicht notwendigerweise im Gegensatz zueinander – vielmehr hat jene diesen erst ermöglicht.

3.4.3 *Marktmechanismus und kulturelle Evolution*

Die bisherigen Ausführungen haben plausibel machen können, dass weder beim Übergang von archaischen zu politischen Gesellschaften noch bei der Geburt ökonomischer Gesellschaften Mechanismen der gesellschaftlichen Reproduktion postuliert werden mussten, die auf Anonymität und Eigennützigkeit basieren. Das hier präsentierte Material scheint die These zu stützen, dass der Marktmechanismus in beiden Fällen eine untergeordnete Rolle gespielt hat. Den Weberschen Thesen zufolge müssen sogar die kausalen Beziehungen zwischen ökonomischer Gesinnung und Kultur umgekehrt werden. Erst die Diffusion bestimmter kultureller und ethischer Orientierungen hat die Diffusion einer ökonomischen Gesinnung überhaupt ermöglicht. Die Diskussion politischer Gesellschaften hat gezeigt, dass der Marktmechanismus als Mechanismus der Systemintegration kaum eine Rolle gespielt hat. Angesichts dieser Analyse kann man sich fragen, welche Rolle dem Marktmechanismus in der Evolution ökonomischer Gesellschaften zukommen könnte.

Diese Frage ist gerade für die Diskussion ökologischer Probleme relevant. Die wohlfahrtstheoretischen Konzeption und die Property-Rights-Schule haben trotz aller Differenzen eine kaum anerkannte aber m.W. wichtige Gemeinsamkeit. Beide erwarten aus den Marktkräften die entscheidenden Impulse, die eine Evolution von den heutigen zu ökologisch verträglichen (was auch immer darunter verstanden werden soll) Marktwirtschaften herbeiführen soll. Diese Hoffnung kann auf einer allgemeinen Ebene durchaus geteilt werden. Eine Ökologisierung heutiger Marktwirtschaften kann sicherlich nicht gegen die Marktkräfte stattfinden. Die Frage ist vielmehr, was von den heutigen Marktmechanismen in nützlicher Frist erwartet werden kann. Das ist eine überaus wichtige und schwierige Frage, welche mit traditionellen theoretischen und analytischen Mitteln kaum beantwortet werden kann. Die formalisierten Modelle des Marktmechanismus sind zur Diskussion dieser Frage ungeeignet, denn soziale Akteure orientieren sich darin ausschliesslich nach Preissignalen und Eigennützigkeit. Dies schliesst eine evolutionäre Betrachtungsweise aus. Soziale Akteure handeln in diesen Modellen in einem kulturellen und moralischen Vakuum.

Eine ernstzunehmende Alternative zu einer formalisierten Diskussion von Marktmechanismen hat Hayek geboten. Seine immer wieder vorgebrachte These, Marktmechanismen seien letztlich selbst als eine Tradition, ein kulturelles Normensystem zu interpretieren, kann nur unterstützt werden. Leider ist bei Hayek die Tendenz unverkennbar, nichtbeabsichtigte, tradierte Normen in unantastbare Dogmen, in abstrakte, unveränderbare Prinzipien umzuwandeln, die vom Einzelnen nicht durchschaut werden können und blind befolgt werden sollen. Die Tendenz, die positiven Wirkungen des Marktmechanismus und des Wettbewerbs zu undiskutablen Dogmen zu erheben, prägt das kulturelle, politische und wissenschaftliche Leben dieses Jahrhunderts in einer unverkennbaren Art und Weise. Die blosse Forderung nach Bewahrung effizienter Marktmechanismen bietet jedoch keine Antwort auf die oben gestellte Frage. Es ist beispielsweise unklar, ob das Hayeksche Verständnis der kulturellen Evolution die Möglichkeit einer Fehlevolution zulässt. Man kann sich mit anderen Worten fragen, ob einem Normensystem wie dem Marktmechanismus Irrtümern zugebilligt werden sollen. Eine solche Möglichkeit soll offen gehalten werden, wenn das evolutionäre Verständnis von Marktmechanismen nicht zu einer eingleisigen, mechanischen Entwicklung degradiert werden soll.

In den folgenden Ausführungen werde ich zwei diametral entgegengesetzte Haltungen diskutieren, die auf die obige Frage indirekte Antworten liefern. Sodann werde ich zeigen, warum keine der beiden in diesem Zusammenhang in Betracht gezogen werden kann. Anschliessend werde ich eine dritte Variante vorschlagen im Bewusstsein, dass es sich dabei lediglich um den ersten Schritt in eine neue Richtung handelt. Ausgangspunkt der Diskussion bildet die Modellierung des Marktmechanismus bzw. der Stellenwert von Preissignalen auf die Entscheidungen ökonomischer Akteure. In der neoklassischen Forschungstradition wird diese Beziehung bekanntlich mit dem Begriff der *Produktionsfunktion* diskutiert (Lancaster 1971, S. 127-134). Das Konzept der Produktionsfunktion wurde von Wicksteed Ende des letzten Jahrhunderts ausgearbeitet. Eine Produktionsfunktion definiert die Beziehungen zwischen einer beliebigen Kombination von Produktionsfaktoren, im einfachsten Fall Arbeit und Kapital, und dem zugehörigen Output. Die Form der Funktion ist unmittelbarer Ausdruck des Stands der Technik. Dieser wirkt sich primär in der Art und Weise aus, wie zwei Produktionsfaktoren, beispielsweise Arbeit und Kapital, untereinander substituiert werden können. Neben dieser Einschränkung, die man als Substitutionselastizität zwischen den Produktionsfaktoren beschreibt, bestehen keine weiteren technischen Limitierungen. Produktionsfaktoren können untereinander beliebig ausgetauscht werden. Diese Betrachtungsweise ist in den letzten hundert Jahren kontinuierlich verfeinert und axiomatisiert worden. Wurden zu Beginn des Jahrhunderts lediglich zwei Produktionsfaktoren berücksichtigt, Arbeit und Kapital, haben die Fortschritte analytischer Methoden erlaubt, diese Betrachtungsweise auf eine beliebige Anzahl Faktoren zu erweitern und zu verallgemeinern. Der Begriff der Produktionsfunktion wurde allmählich durch mengentheoretische Konzeptionen ersetzt (Koopmans 1951) und gipfelte in einer vollkommen axiomatisierten Formulierung von Marktmechanismen (Débreu 1966).

Der Anlass für eine Veränderung in den Proportionen der Produktionsfaktoren sind hauptsächlich Variationen in den relativen Preisen dieser Faktoren. Nimmt der Preis für Arbeit zu, wird jene Kombination von Arbeit und Kapital gewählt, die den neuen relativen Preisen entspricht. Um den gleichen Output zu erbringen wird nun mehr Kapital und weniger Arbeit eingesetzt. Auf dieser einfachen Überlegung beruht nun die Analyse ökologischer Probleme. Werden ökologisch relevante Produktionsfaktoren explizit einbezogen und bewertet, werden sie gemäss ihrer relativen Knappheiten eingesetzt. So einfach und einleuchtend diese Formulierung auch erscheinen mag, sie ist die Quelle zahlreicher konzeptioneller Schwierigkeiten. Die Veränderung in den Proportionen der Faktoreinsätze kann nach der Definition einer Produktionsfunktion nicht als technischen Wandel bezeichnet werden. Eine Produktionsfunktion stellt die technisch möglichen Beziehungen für eine gegebene Technologie dar. Von technischem Fortschritt kann erst gesprochen werden, wenn sich die Form der Produktionsfunktion verändert. Dies könnte etwa dazu führen, dass das gleiche Outputvolumen mit weniger Input produziert werden kann. Die Unterscheidung schafft auf der empirischen Ebene jedoch fast unüberwindbare Probleme. Es lässt sich beispielsweise nicht mehr eindeutig entscheiden, ob eine Zunahme des Outputs durch technischen Fortschritt oder einfach durch eine Erhöhung bzw. Effizienzsteigerung der Produktionsfaktoren erklärt werden soll. Um die Vergleichbarkeit mit den neo-ricardianischen Ansätzen zu bewahren, möchte ich an dieser Stelle von der neoklassischen Terminologie abweichen und Veränderungen in den Proportionen der Faktoreinsätze auch als technischen Fortschritt bzw. als soziotechnischen Wandel bezeichnen.

Diese Abweichung ist nicht einfach pragmatischer Natur. Mit der Einführung von Produktionsfunktionen wird die produktive Sphäre gewissermassen zu einem kombinatorischen Problem, zu einer Frage der optimalen Kombination der Produktionsfaktoren reduziert. Die produktive Sphäre existiert nicht als eigenständige ökonomische Sphäre, sie stellt lediglich eine Reaktion auf veränderte Preisrelationen dar. Auch technologische Aspekte verlieren mit der Einführung von Produktionsfunktionen weitgehend ihre Relevanz. Wie bereits oben angesprochen kennen Produktionsfunktionen kaum technologische Beschränkungen. Da die Produktionsfaktoren in beliebiger Weise kombiniert werden können, hat ein Unternehmer keine Schwierigkeiten, die bei einer bestimmten Preisrelation beste Kombination der Produktionsfaktoren auszuwählen. Technologische Schranken und technische Schwierigkeiten, mit denen jeder "reale" Unternehmer konfrontiert ist, existieren in dieser Beschreibungsweise nicht. Ich möchte die hier angesprochenen Schwierigkeiten mit einem Beispiel illustrieren. Betrachten wir die Produktion von Personal Computers. Die Produktionsfaktoren dieser Aktivität umfassen neben Arbeit, der zentralen Recheneinheit, dem Bildschirm, die Tastatur und einen Massenspeicher. Der Konzept der Produktionsfunktion lässt nun zu, dass eine Erhöhung der Bildschirmpreise bzw. eine Reduktion in den Preisen für Zentraleinheiten zur Produktion von PC's führt, die über keinen Bildschirm verfügen, dafür mit zwei Zentraleinheiten ausgestattet sind.

Während die Annahme einer beliebigen technischen Substituierbarkeit der Produktionsfaktoren untereinander auf einer tiefen Aggregationsebene offensichtlich zu absurden Schlussfolgerungen führen kann bzw. zur Vernachlässigung realer technischer Beschränkungen, mag das Konzept der Produktionsfunktion auf einer hohen Aggregationsebene berechtigt sein. Wird Erdöl zu teuer, kann es mit elektrischer Energie substituiert werden. Wird elektrische Energie zu teuer, kann sie z.B. durch Erdgas ersetzt werden. Wird Aluminium knapp, kann vielleicht Stahl oder Plastik seine Rolle einnehmen. Diese Argumentationsweise wird durch empirische Befunde teilweise bestätigt. Amerikanische Autos sind beispielsweise nach dem Erdölschock von 1973 allmählich leichter geworden. Viele Bestandteile, die früher aus Stahl fabriziert wurden, werden heute weitgehend aus Plastik hergestellt (Larson, Ross, Williams 1986). Damit werden die Autos bedeutend leichter und verbrauchen weniger Treibstoff. Der Verbrauch von Stahl in der Autoindustrie in den USA ist nach den genannten Autoren denn auch seit Jahren rückläufig.

Offensichtlich kommt diese empirische Beobachtung dem Konzept der Substitution von Produktionsfaktoren sehr nahe. Der Marktmechanismus hat dafür gesorgt, dass teurer werdende Produktionsfaktoren durch billigere ersetzt worden sind. Es kann jedoch nicht übersehen werden, dass dieses Ergebnis nur auf einer recht hohen Aggregationsebene erreicht werden kann. Auf dieser Aggregationsebene lassen sich die exakten kausalen Beziehungen unmöglich rekonstruieren. Zahlreiche andere Faktoren beeinflussen die aggregierte Nachfrage eines bestimmten Rohstoffes. Welchen Einfluss steigende Ressourcenpreise auf die Nachfrage nach natürlichen Ressourcen gehabt haben, kann naturgemäss kaum quantifiziert werden. Eine Rückkehr auf ein möglichst tiefes Aggregationsniveau scheint damit unumgänglich.

Eine diametral entgegengesetzte Haltung haben jene Autoren eingenommen, die sich in der klassischen Tradition situieren. Bei Smith, Ricardo und Marx steht ein Konzept von Produktion im Vordergrund, das sich deutlich von den späteren neoklassischen Konzepten unterscheidet. Am Begriff der Produktionsfunktion lassen sich denn auch die *klassischen* von den neoklassischen *Preis- und Produktionstheorien* unterscheiden. Bei den Klassikern findet sich kein Konzept der Produktionsfunktion. Die Produktionssphäre stellt bei ihnen eine eigenständige, analytische Ebene dar. Dies zeigt sich deutlich am Begriff der *Technik*. Eine bestimmte Technik zeichnet sich dadurch aus, dass die Produktionsfaktoren in wohldefinierten, festen Proportionen eingesetzt werden. Smith, Ricardo und Marx sehen in diesen Proportionen einen Ausdruck der technologischen Verhältnisse und der spezifischen Arbeitsteilung, die in einer bestimmten Industrie herrschen – also nicht einfach einen Reflex einer bestimmten Konstellation von relativen Preisen.

Die Erhebung der Produktionssphäre zu einer eigenständigen, analytischen Kategorie ist leider mit dem neoklassischen Verständnis der Preisbildung inkompatibel. Am deutlichsten sind diese und andere Schwierigkeiten von Sraffa in einer radikalen und mittlerweile berühmt gewordenen Kritik des neoklassischen Gedankengutes diskutiert worden (Sraffa 1960). In den folgenden Ausführungen möchte ich lediglich auf einige wenige Punkte dieser Diskussion eingehen. Sraffa beschreibt eine produktive Tätigkeit auf der physischen Ebene als eine Abbildung einer Menge Inputs zu einem Output. Die Proportionen zwischen den Inputs sind gemäss den technologischen Rahmenbedingungen und den dominanten Organisationsmethoden in der zugehörigen Industrie gegeben und fix. Diese Proportionen sollen als eine Technik bezeichnet werden. Stellt man eine Matrix der industriellen Interdependenzen auf, so kann gezeigt werden, dass die technischen Relationen das Schema der relativen Preise eindeutig bestimmt. Die Substitution einer Technik durch eine alternative Technik (nicht einfach die Substitution eines Faktors durch einen anderen!) führt i.a. zu einem völlig neuen Schema von relativen Preisen. Es ist also nicht möglich, optimale Proportionen für einen optimalen Produktionsplan zu bestimmen und zugleich die Faktorpreise als gegeben zu betrachten. Die Veränderung der Proportionen, d.h. der technischen Beziehungen, verändert das Schema der relativen Preise, so dass die Rahmenbedingungen für die Bestimmung des optimalen Produktionsplans ständig wechseln.

Das Problem wird dadurch erschwert, dass das Schema der relativen Preise nicht nur von den technischen Relationen in jedem Industriezweig bestimmt wird, sondern auch von der Profitrate. Diese wird von Sraffa im Gegensatz zur Neoklassik nicht wie eine Grösse behandelt, die es zu maximieren gilt. Sie kommt bei Sraffa wie bei den Klassikern vielmehr als Resultat eines sozialen Prozesses zustande (wird also extern bestimmt). Sraffa zeigte, dass bei einer systematischen Erhöhung der Profitrate das sogenannte "Reswitching" auftreten kann. Dies bedeutet, dass es keine eindeutige Rangfolge von "arbeitsintensiven" zu "kapitalintensiven" Techniken geben kann. Eine "arbeitsintensive" Technik kann u.U. sowohl bei einer tiefen als auch bei einer hohen Profitrate die rentabelste Technik sein (Sraffa 1960, S. 81ff.).

Es ist klar, dass diese neo-ricardianische (oft mit post-keynesianischen Argumenten kombinierte) Kritik der Produktionsfunktion die neoklassische Preistheorie grundsätzlich in Frage stellt. Ist die Kritik korrekt, verliert der Marktmechanismus seine determinierende Wirkung vollständig. In einem engeren Sinn kann man nicht mehr von einem Marktmechanismus reden, denn es finden gar keine Produktionsanpassungen an veränderte Preiskonstellationen statt. Die kausalen Beziehungen verlaufen in diesem Ansatz genau umgekehrt wie in der neoklassischen Preistheorie. Nicht die relativen Preise haben eine determinierende Wirkung auf die Wahl einer bestimmten Technik, sondern die technischen Relationen und das Kräfteverhältnis zwischen Arbeitgebern und Arbeitnehmern bestimmen das Schema der relativen Preise. Damit verlieren die relativen Preise jegliche Signalwirkung. Sie sind mit anderen Worten zu einer abhängigen Variable der technischen Verhältnisse und der Profitrate geworden. Von einem Marktmechanismus nach den Vorstellungen von neoklassisch orientierten Autoren kann im Schema Sraffas nicht mehr gesprochen werden. Preise behalten eine Rolle als Mechanismen der Systemintegration insofern, als nur bestimmte Vektoren von relativen Preisen als reproduktive Preise in Frage kommen.

Die bahnbrechende Arbeit Sraffas löste zwischen prominenten Vertretern beider Positionen eine rege Debatte aus, die die theoretischen Grenzen der neoklassischen Produktions- und Preistheorie deutlich zutage treten liess. Der interessierte Leser sei auf die folgende Literatur verwiesen. In Hardcourt (Hardcourt 1972) und Dobb (Dobb 1977, S. 268ff.) finden sich ausführliche Diskussionen dieser Kontroverse. Zur Kritik aus neo-ricardianischer Sicht haben Robinson, Naqvi, Pasinetti, Garegnani und Levhari beigetragen (Robinson 1953-54; Robinson 1959; Robinson, Naqvi 1967; Pasinetti 1969; Pasinetti 1966; Garegnani 1966; Garegnani 1970; Levhari 1965). Zu den Antworten neoklassischer Autoren siehe beispielsweise Samuelson (Samuelson 1962). Ein Versuch, die fruchtbaren Aspekte dieser Auseinandersetzung zu synthetisieren, ist in Marglin (1984) dargestellt.

Trotz den fundamentalen Kritiken an der neoklassischen Preis- und Produktionstheorie kann nicht übersehen werden, dass der neo-ricardianische Ansatz Fragen offen lässt, die in unserem Zusammenhang besonders relevant sind. Die neo-ricardianische Preistheorie bietet zwar eine eigenständige Produktionstheorie an. Das Verständnis des Marktmechanismus als einer Institution zur Koordination zahlreicher individueller ökonomischer Akteure geht allerdings verloren. Für eine elementare soziale Realität ökonomischer Gesellschaften, den Wettbewerb, hat es in den neo-ricardianischen Ansätzen kaum Platz. Dies ist umso bedauerlicher, als die neoricardianische Preis- und Produktionstheorie im Grunde genommen ein regelgeleitetes Verständnis ökonomischer Aktivitäten an den Tag legt, das mit einer evolutionären Auffassung von Marktmechanismen durchaus vereinbar wäre. Wir sind hier mit zwei sich gegenseitig auschliessenden, theoretischen Konzeptionen von Marktmechanismen konfrontiert, die sich leider als unfruchtbar erwiesen haben. In den folgenden Ausführungen möchte ich nun die Umrisse einer Position skizzieren, welche die Überwindung dieses Engpasses ermöglichen soll. Ich möchte diesen Vorschlag nicht als eine vollständig ausgearbeitete Theorie verstanden wissen. Ich betrachte ihn lediglich als potentiell fruchtbaren Beginn (siehe etwa Ratti 1990 für verwandte Überlegungen).

Eine Möglichkeit, die oben angesprochenen Schwierigkeiten zu überwinden, liegt m.E. in der Unterscheidung von Marktpreisen und reproduktiven Preisen. Um das Verhältnis zwischen *Marktpreisen* – Preise die als Ergebnis vom Wettbewerb zu betrachten sind – und *reproduktiven Preisen* – jenen Preisen, die im Sraffa-System die periodische Reproduktion des ökonomischen Systems ermöglichen – zu klären, hat sich das Konzept der *normalen Preise*, das von Adam Smith eingeführt wurde, als fruchtbar erwiesen. In den folgenden Ausführungen möchte ich mich nun diesem Konzept widmen.

Ausgangspunkt der folgenden Betrachtungen ist die Beobachtung, dass Normalität und Routine nicht nur, wie ich es in Abschnitt 2.5.3 geschildert habe, die persönliche und private Sphäre erfassen, sondern auch die berufliche und ökonomische. Normalität und routinemässige Bestätigung von Erwartungen erstreckt sich auch auf Preise. Ein Preis zwischen 2.40 und 2.90 für einen Kaffee wird in Zürich als normal betrachtet, und Unterschiede innerhalb dieses Spektrums werden kaum beachtet. Auch die Preisdifferenzen der Tageszeitungen verdienen kaum Aufmerksamkeit. Dasselbe gilt für die meisten Artikel des Haushalts und für Lebensmittel. Hausfrauen haben recht genaue Vorstellungen und Erwartungen über die Preise von Konsumgütern. Normale, berechenbare Preise sind nicht nur im Bereich der privaten Haushalte relevant. Händler und Produzenten sind in der Regel auf eine gewisse Stabilität der Preise ihrer Inputs angewiesen, soll eine rationale Organisation und Planung der Geschäfte überhaupt ermöglicht werden. Ich möchte also zur Normalität des Alltags bzw. zu jenen Faktoren, die den (beruflichen) Alltag erst möglich machen, auch Preise zählen.

Normale Preise haben eine denkwürdige Geschichte. Die Diskussion "ökonomischer" Praktiken und Mechanismen in verschiedenen Stadien der kulturellen Evolution hat die Bedeutung tradierter, d.h. eben normaler Austauschrelationen immer wieder hervorgehoben. Normale Preise sind auch in ökonomischen Gesellschaften eine ernstzunehmende Realität die, wie gleich zu zeigen sein wird, zu den Anpassungsmöglichkeiten moderner Marktmechanismen nicht im Widerspruch stehen. Der geistige Vater moderner Marktwirtschaften, Adam Smith, diskutiert im "Wealth of

Nations", ausgehend vom Konzept der natürlichen Preise, die Mechanismen der gegenseitigen Koordination auf dem Markt wie folgt:

> "When the price of any commodity is neither more nor less than what is sufficient to pay the rent of the land, the wages of the labour, and the profits of the stock employed in raising, preparing, and bringing it to the market, according to their natural rates, the commodity is then sold for what may be called its *natural price*." (Smith 1937, S. 55).

Smith postuliert nicht nur die Existenz von normalen Preisen. Der normale Preis ist eine unmittelbare Folge normaler Bodenrente, normaler Lohnkosten und einer normalen Profitrate. Es ist dabei zunächst unwichtig, wie diese Kostenkomponenten zustande gekommen sind. Sie sind einfach eine Voraussetzung unternehmerischer Kalkulationen und werden als solche diskutiert. Der erwirtschaftete Profit wird von Smith nicht als Ergebnis eines Maximierungsprozesses betrachtet. Er muss lediglich die Subsistenz des Unternehmers ermöglichen. Diese knüpft natürlich nicht an einer biologischen Konzeption der Subsistenz an, sondern wird massgebend durch gesellschaftliche Kriterien bestimmt. Ähnliches gilt für eine angemessene Entlohnung der Arbeit und die Bezahlung der Rente an die Bodenbesitzer.

Diese Betrachtungsweise ist im Grunde genommen nicht neu. Sie begegnete uns schon bei der Diskussion der scholastischen Auffassungen des gerechten Preises. Thomas von Aquin beispielsweise stellt einen nicht näher erläuterten, einfach als gegeben angenommenen, gerechten Preis in den Mittelpunkt seiner Ausführungen und diskutiert Situationen, die eine *Abweichung* vom gerechten Preis rechtfertigen. Nicht anders geht Smith vor, wenn er konstatiert, dass zwischen dem natürlichen Preis und dem Marktpreis i.a. positive oder negative Unterschiede bestehen können:

> "The actual price at which any commodity is commonly sold is called the market price. It may either be above, or below, or exactly the same with its natural price.... The natural price, therefore, is, as it were, the central price, to which the prices of all commodities are continually gravitating." (Smith 1937, S. 56, S. 58).

Wenn der Marktpreis genau dem natürlichen Preis entspricht, wird die zugehörige Nachfrage als *effektive Nachfrage* bezeichnet. In diesem Fall bieten die Produzenten genau soviel an, wie die Konsumenten nachfragen. Sobald zwischen realer und effektiver Nachfrage positive oder negative Unterschiede auftreten, setzen die Wirkungen des Marktmechanismus ein. Übersteigt die reale die effektive Nachfrage, tritt ein Konflikt zwischen den potentiellen Abnehmern auf. Diese stehen in Wettbewerb zueinander, und die Marktpreise steigen momentan über den natürlichen Wert der angebotenen Ware. Erweist sich hingegen das Angebot im Vergleich zur effektiven Nachfrage als zu hoch, setzt Wettbewerb zwischen den Anbietern ein, und die Marktpreise sinken unter ihr natürliches Niveau. Die Abweichungen der Marktpreise vom natürlichen Preis signalisieren damit (relative) Knappheiten bzw. (relative) Überschüsse (für eine Diskussion der

Beziehung zwischen Markt- und natürlichen Preisen siehe Schefold 1986, S. 195).

Die kontinuierlichen Schwankungen der Marktpreise um den natürlichen Preis veranlassten Smith, von einem ökonomischen Gravitationsgesetz zu reden. Manche Kritiker wollen darin den Nachweis eines mechanistischen, sich stark an den naturwissenschaftlichen Dogmen orientierenden Weltbildes erkannt haben. Dass Smith ein mechanistisches Weltbild hatte, möchte ich nicht ausschliessen. In diesem Zusammenhang scheint mir diese Unterstellung jedoch unangebracht. Denn im fraglichen Kapitel kommt es einzig und allein auf die Unterschiede zwischen dem natürlichen und dem Marktpreis bzw. auf die Einführung des Konzepts der natürlichen Preise an. In dieser Unterscheidung liegt m.E. der wichtigste Unterschied zwischen dem Smithschen und dem heutigen Verständnis vom Marktmechanismus. Die Fruchtbarkeit eines Begriffs von Marktmechanismen, der sich auf relative und nicht auf absolute Preisänderungen bezieht, zeigt sich daran, dass in diesem Ansatz eine zentrale Figur des Marktmechanismus, nämlich der Unternehmer, nicht zu einem marginalen Aspekt reduziert wird. Eine Firma, ein Betrieb, ein Unternehmen, kurz, eine Organisation lässt sich für Smith und die klassischen politischen Ökonomen offensichtlich nicht einfach auf ein kombinatorisches Problem reduzieren. Eine Organisation ist nicht einfach ein Reflex einer bestimmten Konstellation von relativen Preisen. Dieses Konzept von Marktmechanismen bewahrt dem Unternehmer organisatorische und strategische Kompetenzen.

Die Wahl betrieblicher Organisationsformen setzte Smith in direkte Beziehung mit der Marktdimension. Die zunehmende Differenz zwischen Markt- und natürlichen Preisen ist für die Unternehmer das Signal, dass die Kapazitätsgrenzen für viele von ihnen erreicht worden sind. Bleibt die Preisdifferenz bestehen, werden die Unternehmer Investitionen zur Erweiterung ihrer Kapazitäten tätigen. Über die Art der getätigten Investitionen, über die technologischen und organisatorischen Strategien, die bei einer Kapazitätsausweitung zum Zuge kommen, hatte Smith klare Vorstellungen. Wie viele andere Nationalökonomen seiner Zeit identifizierte er in der zunehmenden funktionalen Arbeitsteilung und in der Anwendung eines zunehmend spezialisierten Maschinenparks das wichtigste Ziel aller organisatorischen Massnahmen. In den folgenden Ausführungen werde ich plausibel machen, dass diese Haltung gegenüber Organisationsfragen Ausdruck einer kulturellen, diffusen Orientierung ist, die auch von anderen prominenten politischen Ökonomen, aber auch von Naturwissenschaftlern und Politikern geteilt wird. Im zweiten Teil dieser Arbeit habe ich diese Haltung als externe Perspektive bezeichnet und als Ausdruck einer technokratischen Haltung gegenüber Menschen und sozialen Prozessen beschrieben. Im nächsten Abschnitt werde ich nun die Beziehungen zwischen externer Perspektive und dominanten Organisationsparadigmen kurz antippen.

3.4.4 *Externe Perspektive und Arbeitsteilung*

Wie wurde also eine Organisation von den klassischen politischen Ökonomen beschrieben? Diese Frage ist interessant, weil Industriebetriebe in Wirklichkeit nach jenen Normen und Kriterien organisiert waren, die auch in der akademischen Welt diskutiert wurden. Wie die folgenden Ausführungen zeigen werden, lagen die damaligen theoretischen Überlegungen zur Funktionsweise einer Organisation einerseits und der betriebliche Alltag andererseits jedoch nicht weit auseinander. Beide Realitäten werden manchmal als Ausdruck eines mechanistischen Menschen- und Weltbildes charakterisiert (Dijksterhuis 1956; Groh, Groh 1991). In den folgenden Ausführungen ziehe ich es vor, von einer externen Perspektive zu reden. Der Begriff der externen Perspektive ist zwar enger gefasst als jener eines mechanistischen Weltbildes, hat jedoch den Vorteil, präziser und in diesem Zusammenhang auch zweckmässiger zu sein. In Abschnitt 2.2 wurde eine externe Perspektive als Ausdruck einer technokratischen, manipulativen Haltung einer Gesellschaft gegenüber beschrieben. Danach wird eine Gesellschaft im wesentlichen einer Maschine gleichgesetzt, deren Funktionen und Eigenschaften von einem (metaphorisch gesprochen gesellschaftlichen) Ingenieur aufgesetzt werden. Die Konsolidierung eines derartigen Verständnisses einer Organisation wurde sicherlich durch die Erfolge der Naturwissenschaften und ihrer Methoden begünstigt. Die systematische Diffusion jener betrieblichen Methoden, die heute als tayloristische Organisationsprinzipien bekannt sind, wurde jedoch erst durch eine besondere Einstellung der Berufsarbeit gegenüber, durch die Tugenden der Arbeitsmoral, möglich. Es ist symptomatisch, dass dieses doch recht eigenartige Verständnis einer Organisation nicht nur in akademischen und unternehmerischen Kreisen, sondern letztlich auch unter den Arbeitnehmern vorherrschte. Die Arbeitsmoral prägte die Einstellung zur Arbeit von Arbeitgebern und Arbeitnehmern in gleichem Masse. Ohne jene eigentümlichen Einstellungen zur Arbeit, welche ich in den Abschnitten 3.4.1 und 3.4.2 als Arbeitsmoral bezeichnet habe, wäre die Diffusion einer externen Perspektive von Organisationen und Berufsarbeit kaum denkbar gewesen.

Eine derartige externe Perspektive drückt sich nun darin aus, dass Organisationen als komplexe mechanische Maschinen angesehen werden, deren (ökonomische) Effizienz es nach wissenschaftlichen Kriterien zu optimieren gilt. Die klassischen Methoden zur Effizienzsteigerung von Arbeitsprozessen haben sich in ihren wesentlichen Zügen von der Frühindustrialisierung bis zur Gegenwart, kaum verändert. Sie berufen sich im Grunde genommen auf die Diskussion der Arbeitsteilung, wie sie von Smith anhand seiner mittlerweile berühmt gewordenen Nadelfabrik geführt wurde. Danach lassen sich Effizienzsteigerungen einerseits durch eine systematische Steigerung der Arbeitsteilung bzw. einer Dequalifizierung beruflicher Tätigkeiten, andererseits durch den Einsatz zunehmend spezialisierter Maschinen erreichen. In den folgenden Ausführungen möchte ich nun drei repräsentative Beispiele einer externen Perspektive von Organisationen und Berufsarbeit diskutieren. Es handelt sich um die Arbeiten von Adam Smith, Charles Babbage und Frederick Taylor. Ihre Arbeiten dürfen keineswegs als isolierte Beispiele einer Betrachtungsweise, welche in Wirklichkeit kaum auf Resonanz stiess, gesehen werden. Wie im vierten Teil dieser Arbeit gezeigt werden soll, fanden jene Prinzipien, auf welchen eine externe Perspektive von Berufsarbeit und Organisationsformen beruhte, in der betrieblichen Praxis breite Anwendung.

Bereits anfangs des 19. Jahrhunderts wurden die aufstrebenden Manufakturen zum Gegenstand sozialwissenschaftlicher Interessen. Die Sogwirkung, die die Naturwissenschaften und ihre analytischen Methoden auch auf die Sozialwissenschaften ausübten, kommt bei Adam Smith besonders deutlich ans Licht.[14] Es ist symptomatisch, dass Smith in "The Wealth of Nations" kein Verständnis vom Berufswesen zeigte. Wie später Charles Babbage identifizierte Smith in einer extremen funktionalen Arbeitsteilung die einzige Quelle von Effizienzsteigerungen. Der Beruf wurde in keiner Weise als eine autonome soziale Realität angesehen, die es in organisatorischer Hinsicht zu berücksichtigen galt. Er wurde im Gegenteil als ein Hindernis auf dem Weg zur systematischen Steigerung der Gesamteffizienz betrachtet. In "The Wealth of Nations" ist zwar von "dexterity" die Rede (die deutsche Übersetzung lautet hierzu "Geschicklichkeit"). Diese wird allerdings nicht im Sinne beruflicher Fähigkeiten verstanden, sondern als Synonym für die Beherrschung von einfachen maschinellen Handgriffen verwendet:

> "First, the improvement of the dexterity of the workman necessarily increases the quantity of work he can perform, and the division of labor, by reducing every man's business to some simple operation, and by making this operation the sole employment of his life, necessarily increases very much the dexterity of the workman." (Smith 1937, S. 7).

Arbeit wird nach diesen Ausführungen zur homogenen Ware degradiert. Der Arbeiter bietet nicht seine beruflichen Fähigkeiten an, sondern verkauft bloss seine Arbeitskraft. Die Bewunderung für die gewaltigen Effi-

---

14 In den folgenden Ausführungen soll es nicht darum gehen, Smith und Babbage als zwei Technokraten zu beschreiben. Die Wirkungen eines mechanistischen Weltbildes manifestieren sich bei ihnen eher im Übersehen eines wichtigen Aspektes der Manufakturen als in der Annahme technokratischer Allüren.

zienzsteigerungen, die durch die konsequente Zersplitterung beruflicher Tätigkeiten in zahlreiche maschinelle Handgriffe entstanden, ist unübersehbar, die Verachtung traditioneller Arbeitstechniken zwar nicht explizit formuliert, aber dennoch deutlich spürbar.

In der Zelebrierung des Segens der Arbeitsteilung unterscheidet sich Smith kaum von den puritanischen Seelsorgern (Weber 1984, S. 170). Dies scheint die These zu bestätigen, wonach die Diffusion einer externen Perspektive der Berufsarbeit in engem Zusammenhang mit der Reformation bzw. mit der Etablierung der protestantischer Arbeitstugenden steht. Smith ist in dieser Haltung keineswegs eine Ausnahme. Ähnliche Ideen finden sich auch bei Charles Babbage, der Anfangs des 19. Jahrhunderts lebte (es gibt mehrere gute Biographien über Charles Babbage. Empfehlenswert ist etwa Hyman 1982). Dieser britische Philosoph wird häufig als geistiger Vater moderner Rechenmaschinen zitiert. Während seine Beiträge zur Theorie der Rechenautomaten zu Lebzeiten kaum Aufmerksamkeit erweckten, stiessen seine Arbeiten im Bereich der politischen Ökonomie auf grosse Resonanz. Babbage war in der britischen Gesellschaft des 19. Jahrhunderts eine sehr einflussreiche Persönlichkeit. Der Einfluss naturwissenschaftlicher Methodik auf seine Arbeit ist unübersehbar. Die immer wieder vertretene Forderung nach systematischer Anwendung wissenschaftlicher Methoden in der Organisation der neuen Manufakturen ist hierzu ein Beispiel. Wie das etwa zu geschehen hatte, führte er in einem damals sehr erfolgreichen Buch aus: "On the Economy of Machinery and Manufactures" (Babbage 1835). Dieses Werk hatte eine nachhaltige Wirkung auf die damals führenden politischen Ökonomen, wie John Stuart Mill und Karl Marx. Seine Ausführungen sind in Bezug auf das damalige Verständnis von Fabriken und Fabrikarbeit sehr einsichtsreich. Auch Babbage legte ein Verständnis von Organisationen ans Licht, das sich sehr stark an technischen Metaphern orientiert. Nicht anders als Smith setzte er eine Manufaktur gedanklich einer Maschine gleich, deren Effizienz zu optimieren war. Dementsprechend galt seine Aufmerksamkeit der funktionalen Arbeitsteilung, in deren effizienten Gestaltung er das Ziel und zugleich den Schlüssel zum Erfolg jeder Manufaktur sah. Wie Adam Smith gibt es auch bei Babbage kein Verständnis von Berufswesen. Auch er machte manuelle Geschicklichkeit bzw. Effizienz ausschliesslich von der umfassenden Zerlegung handwerklicher Tätigkeiten abhängig (Hyman 1982, S. 160-190).

Die Verachtung für berufliche Fähigkeiten kommt beim ersten grossen Organisationstheoretiker, Frederick W. Taylor, besonders deutlich zum Ausdruck. Der Zusammenhang zwischen seiner externen Perspektive von Organisationen und den Beiträgen zur wissenschaftichen Betriebsführung ist bei Taylor eindeutig und unmittelbar (Zur Figur und Wirkung Taylor's siehe Nelson 1980. In Morgan 1986 findet sich eine einsichtsreiche

Diskussion tayloristischer Konzepte. Siehe auch Taylor 1911 und Taylor 1919). Im Mittelpunkt der Bestrebungen Taylor's stand eindeutig der Versuch, Berufsarbeit auf eine homogene und deshalb auch leicht auswechsel- und kontrollierbare Aktivität zu reduzieren. Der erste und vermutlich auch entscheidende Schritt in dieser Richtung war die klare *Trennung* zwischen *Kopf-* und *Handarbeit*, d.h. zwischen dem Konzipieren und Entwickeln einerseits und dem Ausführen und Realisieren andererseits. Die Organisationsstruktur teilte sich in eine kleine Elite von Technikern und Bürokraten und eine Schar unqualifizierter Arbeiter auf. Der Informationsfluss zwischen Planungsbüro und Werkstatt wurde bis ins kleinste Detail mit Hilfe von sog. *Produktionstabellen* geregelt. Die Aufgaben wurden in Bezug auf Inhalt, Dauer, Vorgehen und zu gebrauchende Werkzeuge präzis beschrieben. Die Maximierung der Arbeitsleistung verlangte detaillierte Informationen über die Leistungsfähigkeit der menschlichen Maschine. Taylors inzwischen berühmt gewordenen "*Time Studies*", die er in der metallverarbeitenden Industrie durchführte, wurden zum Eckstein seiner wissenschaftlichen Betriebsführung. Für jeden Handgriff und jeden Bewegungsablauf wurde das beste Arbeitstempo empirisch ermittelt. Die Effizienz der menschlichen Maschine musste maximiert werden, ohne deren physische Integrität zu zerstören.

Soll Max Weber Glauben geschenkt werden, bilden Adam Smith, Charles Babbage und Frederick Taylor in Bezug auf ihre Haltung gegenüber der Berufsarbeit keine Ausnahme. Es sieht so aus, als ob die Diffusion einer externen Perspektive, begünstigt durch eine stramme protestantische Erziehung, wesentlich mehr zur Etablierung bestimmter Organisationsformen und Produktionstechniken beigetragen hat als rein ökonomische Kalküle und Preissignale. Die Ausführungen in diesem Abschnitt haben gezeigt, dass die Diffusion von Organisationsformen und Produktionstechniken mit der Existenz von Marktmechanismen vereinbart werden kann, solange diese nicht absolute, sondern relative Knappheiten signalisieren. Die Existenz sozialer und kultureller Rahmenbedingungen ökonomischer Aktivitäten steht also nicht in Widerspruch zu effizienten Marktmechanismen. Der Stellenwert des Marktmechanismus muss jedoch relativiert werden, denn effiziente Marktmechanismen sind sowohl in einer ökologischen als auch in einer stark umweltbelastenden Marktwirtschaft denkbar.

Wie ich in diesem Abschnitt gezeigt habe, scheint die Diffusion organisatorischer und technischer Innovationen stärker als erwartet von sozialen und kulturellen Rahmenbedingungen abhängig zu sein. Diese Erkenntnis ist aus ökologischer Sicht besonders relevant, denn die Realisierung einer ökologischen Marktwirtschaft, welche diesen Name verdient, hängt von tiefgreifenden Innovations- und Anpassungsprozessen ab. In den Mittelpunkt des Interesses rücken damit jene Faktoren, welche die Evolution sozialer und kultureller Rahmenbedingungen beeinflussen. Wie die Ausführungen im zweiten und dritten Teils dieser Arbeit gezeigt haben, stehen die sozialen und kulturellen Regeln nicht einfach zur Disposition, sie können nicht, ähnlich wie positive Regeln, immer wieder neu ausgehandelt werden. Über längere Zeitperioden brauchen kulturelle Regeln keine gesellschaftliche Legitimation. Wie in Abschnitt 2.5.4 gezeigt wurde, sind jene kulturellen Regeln, welche den Inbegriff des heutigen Lebensstils bilden, in den letzten Jahren zunehmend unter Legitimationsdruck geraten. Mit dem zunehmenden Vertrauensschwund in die Muster des etablierten Lebensstils verbindet sich die Möglichkeit, gesellschaftliche Optionen zu entwerfen und zu diskutieren. Ein solcher Aushandlungsprozess wäre jedoch undenkbar, ohne dass die sozialen und kulturellen Rahmenbedingungen ökonomischer Aktivitäten nicht auch in den Fluss gerieten. Im vierten Teil dieser Arbeit möchte ich nun zeigen, dass die ökonomischen Turbulenzen der 70er Jahre dazu beigetragen haben, die Axiome des bis dahin dominanten Wirtschaftsstils kräftig zu erschüttern. Die darauf einsetzenden organisatorischen und technologischen Restrukturierungsprozesse liefern aus ökologischer Sicht wichtige Anhaltspunkte.

Teil IV: Umweltökonomische Instrumente als Selektionsmechanismen

4.1 Einführung

Die Ausführungen des dritten Teils dieser Arbeit haben immer wieder auf die kulturelle Einbettung von Marktmechanismen hingewiesen. So waren in archaischen Gesellschaften die Regeln und Normen, die in Austauschbeziehungen beachtet wurden, Ausdruck des umfassenden moralischen Anspruchs der familiären Sphäre. In politischen Gesellschaften verlor zwar die Verwandtschaft ihre exklusive Stellung als moralische Orientierung zugunsten der öffentlichen Sphäre. Die Praktiken der Gabe und Gegengabe behielten jedoch ihren vorwiegend archaischen Charakter. Die Verpflichtung zu einer gerechten Erwiderung, die für den archaischen Tausch massgebend war, schlug sich in tradierten Austauschraten nieder. Von Marktmechanismen kann in politischen Gesellschaften nicht gesprochen werden, denn in ihnen fehlte es an "ökonomischen" Orientierungen. Diese konsolidierten sich und gewannen an gesellschaftlicher Relevanz erst mit der Reformation. An der Etablierung derartiger Orientierungen, die in Abschnitt 3.4.1 als Beruf bezeichnet wurden, wird der Übergang von politischen zu ökonomischen Gesellschaften sichtbar. Das Berufswesen ist in zweierlei Hinsicht relevant. Die Herauslösung beruflicher Aktivitäten aus der privaten Sphäre schuf erstens die Voraussetzung einer ausgedehnten Arbeitsteilung. Zweitens wurden berufliche Kompetenzen eine wichtige biographische, identitätsstiftende Dimension. Die Etablierung des Berufswesens kam zunächst keineswegs der moralischen Verselbständigung ökonomischer Praktiken gleich, im Gegenteil. Berufliche Normen und Einstellungen waren Ausdruck einer zutiefst religiösen Haltung. Auch in ökonomischen Gesellschaften sind also ökonomische Praktiken in kulturelle Orientierungen eingebettet. Das Berufswesen stellt sozusagen die kulturellen Rahmenbedingungen des Wirtschaftsgeschehens dar.

Seit der Reformation hat sich das Verhältnis zwischen ethischen Orientierungen und dem Wirtschaftsleben drastisch verändert. Die kulturelle Einbettung ökonomischer Praktiken ist jedoch nicht verloren gegangen. Sie manifestiert sich in tradierten Normen und Regeln, die für einen bestimmten *Lebensstil* konstitutiv sind und – bis heute – weiterhin auf einem breiten gesellschaftlichen Konsens beruhen. Manche Umweltökonomen haben in diesem Zusammenhang von einem "Konsens gegen die Natur" gesprochen (Minsch 1992). Der "Konsens gegen die Natur" drückt sich auf sehr unterschiedliche Art aus, beispielsweise in sehr niedrigen Energiepreisen. Der heutige Benzinpreis zeugt eindeutig vom stillschweigenden Konsens über die Legitimität eines Lebensstils, der wesentlich auf das Automobil ausgerichtet ist. Die systematische Trennung zwischen Arbeitsplatz und Wohnort, die im Projekt der modernen Stadt begründet ist (Dürrenberger u.a. 1992), hat zur Konsolidierung eines als normal und legitim angesehenen Lebensstils geführt, der nur dank tief gehaltenem Benzinpreis aufrechterhalten werden kann. Ein normaler, als fair empfundener Benzinpreis (im Sinne des Abschnitts 3.4.3) wird damit zu einem konstitutiven Merkmal des modernen Lebensstils.

Die Bedingungen für die Aufrechterhaltung des modernen Lebensstils lassen sich im wesentlichen auf *vier Garantien* reduzieren (Minsch 1992). Werden ökonomische Gesellschaften als eine (sehr grosse) Menge transformativer Aktivitäten aufgefasst (siehe Abschnitt 2.2.1), ist der moderne Lebensstil auf der Inputseite wesentlich auf billige Energie und billige Rohstoffe angewiesen. Auf der Outputseite hingegen hängt seine Reproduktion und Fortführung vom Recht auf billige Abfallproduktion als auch auf beliebige Emissionen ab. Zu diesen vier Garantien kam in der Nachkriegszeit eine fünfte hinzu, nämlich das faktische Recht auf systematische Produktion von Risiken und Gefahren (Beck 1986). Doch während die ersten vier Garantien ausserhalb der Spezialisten- und Betroffenenkreise noch weitgehend unangetastet geblieben sind, geriet die Risiko- und Gefahrengarantie nach den periodisch wiederkehrenden Grossunfällen zunehmend unter Legitimationsdruck.

In manchem der erwähnten fünf Bereiche drückt sich die Legitimität eines bestimmten Lebensstils in garantierten, niedrigen Preisen aus. Der normale Benzinpreis bewegt sich beispielsweise im Bereich eines Frankens. Die Produktion von Abfall war bis vor kurzem weitgehend kostenlos. Die Preispolitik der Elektrizitätsproduzenten ermöglicht einen verschwenderischen Einsatz elektrischer Energie. Emissionen finden zum Nulltarif statt. Die Produktion technologischer Risiken war noch bis vor wenigen Jahren eine gesellschaftliche Selbstverständlichkeit. Der Bau des Autobahnnetzes in den 60er und 70er Jahre stand sehr hoch in der Agenda der politischen und gesellschaftlichen Prioritäten. Der gesellschaftliche Konsens schlug sich in einem politischen Konsens nieder. Der Staat sorgte in der Nachkriegszeit systematisch für die Gewährleistung aller fünf Garantien. Am deutlichsten wird die Rolle des Staates in der Verkehrspolitik bzw. in der gezielten Förderung des Privatverkehrs. In der praktizierten Energiepolitik ist die Absicht deutlich zu erkennen, den Energieverbrauch durch Gewährleistung tiefer Preise zu fördern. Forschungs- und Entwicklungsarbeiten im Bereich der Kernenergie wurden durch die öffentliche Hand massgebend finanziert. Schliesslich erfolgte die Finanzierung des Abfuhrwesens bis heute auf einem undifferenzierten Gemeinlastprinzip.

Die Gewährleistung der oben genannten fünf Garantien kann leider nicht einfach als politisch-rechtliches Problem angesehen werden. Wenn die Legitimität dieser Garantien in Frage gestellt wird, ergibt sich nicht nur ein politisches, sondern auch ein kulturelles Problem. Denn konsensbedürftig ist neben einem bestimmten Lebensstil auch der zugehörige Wirtschaftsstil. Der Rückgriff auf das Konzept des Wirtschaftsstils soll verdeutlichen, dass mit dem zunehmenden Legitimationsdruck auf die fünf Garantien der Übergang von politischen zu ökonomischen Gesellschaften nicht automatisch zur Disposition steht. Die kulturellen Veränderungen, die damit einhergingen, sind wohl zu tiefgreifend, als dass man sie ohne weiteres rückgängig machen könnte. Weder die berufliche Arbeitsteilung noch der Marktmechanismus dürften in ihrer Existenzberechtigung antastbar sein. Sie sind jedoch mit verschiedenen Wirtschaftsstilen kompatibel. Die Wurzeln der ökologischen Krise sollen also nicht am Übergang von politischen zu ökonomischen Gesellschaften angesiedelt werden, sondern eher in einem bestimmten Wirtschafts- und Lebensstil. Unter Legitimationsdruck geraten nicht die Marktmechanismen an sich, sondern ein bestimmter Wirtschafts- und Lebensstil.

Durch diese Relativierung werden freilich die bevorstehenden ökologischen Probleme kaum einfacher lösbar. Auch ein Wirtschafts- und Lebensstil ist letztlich Ausdruck kultureller Regeln, die mit einfachen Mitteln kaum überwunden oder reformiert werden können. Diese Regeln manifestieren sich in den zu Beginn dieses Abschnittes diskutierten fünf Garantien. Welche Schwierigkeiten sich beim Versuch ergeben, diese Garantien anzutasten, haben die politischen Auseinandersetzungen um den motorisierten Privatverkehr deutlich genug gezeigt. Jede politische Massnahme, insbesondere auch die Einführung umweltökonomischer Instrumente, wird sich mit diesen heute noch tief verwurzelten Legitimitätsvorstellungen konfrontiert sehen. Vieles deutet jedoch darauf hin, dass sich umweltökonomische Instrumente in absehbarer Zeit in der einen oder anderen Version durchsetzen werden, denn sie sind heute die einzige konkrete realisierbare Alternative zum staatlichen Dirigismus oder gar zu autoritären Staatsformen. Dies betrifft wohlgemerkt nicht nur die Schweiz. Die Wirksamkeit und Zweckmässigkeit umweltökonomischer Instrumente misst sich letztlich an den Anforderungen einer globalen Betrachtung.

Man kann sich vor diesem Hintergrund fragen, inwiefern umweltökonomische Instrumente geeignet sind, den heutigen Wirtschafts- und Lebensstil in einen noch zu spezifizierenden, umweltverträglichen Wirtschaftsstil umzuwandeln. Zur Diskussion stehen hier im wesentlichen nur zwei Ansätze, eine ökologische Steuerreform und eine umfassende Realisierung der Zertifikatslösung. Die Zweckmässigkeit beider Ansätze soll nicht etwa mit formalen Mitteln und mathematischer Modellbildung untersucht werden. Es wird sich vielmehr zeigen, dass ihre Zweckmässigkeit erstens durch die Natur heutiger ökologischer Probleme und zweitens durch die Restrukturierungsprozesse, welche in Anschluss an die ökonomischen Turbulenzen in den 70er Jahren einsetzten, geprägt wird.

Zur Natur ökologischer Probleme: Die Diskussion des Begriffs der externen Effekte im zweiten Teil dieser Arbeit hat gezeigt, dass die Zahl neuer ökologischer Probleme aller Voraussicht nach eher noch zunehmen wird. Gleichzeitig werden bestehende ökologische Probleme vielfach noch dramatischer und schärfer. Es liegt im Wesen dieser Probleme, dass sie sehr häufig kaum einer naturwissenschaftlichen Analyse, geschweige denn einer ökonomischen Bewertung zugänglich sind. Naturwissenschaftliche Gutachten werden somit wenig konkrete Orientierungshilfen anbieten, es sei denn auf einer sehr allgemeinen Ebene, beispielsweise in der Festlegung des jährlich maximalen Volumens an CO_2-Emissionen, welches vom globalen Klima noch verkraftet werden kann. Darüber hinaus bleibt weiterhin ein sehr grosser, stark regionalisierter oder gar punktueller Handlungsbedarf bestehen. Ganz unabhängig davon, ob es sich nun um globale, nationale, regionale oder gar lokale ökologische Probleme handelt, ihre Bewältigung wird in starkem Ausmass durch die technologische und betriebliche *Innovativität* geprägt werden. Diese ist umso wichtiger, als die Zahl, Schärfe und Wirkung relevanter externer Effekte, wie im zweiten Teil dieser Arbeit aufgezeigt wurde, nicht zuverlässig prognostiziert werden kann. Angesichts dieser Situation kommt technologischer *Flexibilität* und betrieblicher *Anpassungsfähigkeit* eine strategische Bedeutung zu.

Zu den Restrukturierungsprozessen: In den 70er Jahren gerieten die klassischen Produktionsverfahren, die auf den Techniken der Massenproduktion beruhten, in ernsthafte Schwierigkeiten. Die zu diesen betrieblichen Strategien notwendige Stabilität der sozialen und ökonomischen Rahmenbedingungen konnte nicht mehr aufrechterhalten werden. So zeigte sich beispielsweise, dass die Nachfrage so volatil und ihre Struktur so fragmentiert war, dass die Techniken der Massenproduktion kaum rentabel eingesetzt werden konnten. Auch auf betrieblicher Ebene stiessen die auf tayloristischen Prinzipien beruhenden Organisationen auf grosse Schwierigkeiten. Jene Produktionsbetriebe hingegen, welche die Unsicherheit der ökonomischen und sozialen Rahmenbedingungen in den Mittelpunkt ihrer Marktstrategien stellten, erwiesen sich als besonders wettbewerbsfähig. So fielen manche peripheren Regionen in den industrialisierten Ländern, welche die Industrialisierungswelle Anfangs des Jahrhunderts verpassten, in den 70er und 80er Jahre durch ihre ökonomische Vitalität auf.

Die Lern- und Anpassungsprozesse, welche im Anschluss an die Turbulenzen der 70er Jahre einsetzten, sind aus ökologischer Sicht von besonderem Interesse, denn sie zeigen, welche Produktionstechniken und betrieblichen Organisationsformen in einer schwer prognostizierbaren Umgebung wettbewerbsfähig sind. Diese Fähigkeiten sind angesichts der Natur ökologischer Probleme, wie ich sie in Abschnitt 2.3 diskutiert habe, von zentraler Bedeutung. Ökologische Probleme zeichnen sich danach durch sehr grosse Ungewissheiten und Überraschungen aus. Diese Unberechenbarkeit liefert ein wichtiges Kriterium zur Beurteilung der Zweckmässigkeit der zwei oben erwähnten umweltökonomischen Ansätze. Nach den Erfahrungen, die in den Restrukturierungsprozessen in den 70er und 80er Jahren gesammelt wurden, soll eine allmähnliche Destabilisierung der ökonomischen Rahmenbedingungen grundsätzlich angestrebt werden. Diese in den kommenden Ausführungen diskutierte These lässt sich am besten mit der schrittweisen Einführung von Umweltzertifikaten erreichen. Neben den offensichtlichen Vorteilen, welche die Zertifikatlösung aus ökologischer Sicht bietet, könnte sie jene Reorientierungen in den technischen und organisatorischen Konzeptionen bewirken, welche bei der Lösung ökologischer Probleme besonders gefragt sind. So trägt die Instabilität von Energie- und Ressourcenpreisen wesentlich direkter zur Förderung von Innovativität bei, als etwa eine stabile, hohe Emissions- oder Lenkungssteuer.

4.2 Die Rahmenbedingungen der ökologischen Krise

In Abschnitt 3.4.1 ist der Zusammenhang zwischen der Reformation und der Herausbildung der beruflichen Arbeitsteilung diskutiert worden. Hatte das Berufswesen zu Beginn einen noch durchaus traditionalistischen Charakter, erfuhr es mit der Diffusion der protestantischen Sekten tiefgreifende Veränderungen. Der traditionalistische Charakter des Berufes verschwand zwar nicht, wurde aber von jenen Arbeitseinstellungen überschattet, die ich als Arbeitsmoral bezeichnet habe. In den kommenden Ausführungen soll nun gezeigt werden, dass die breite Diffusion der industriellen Massenproduktion als dem wichtigsten Produktions- und Organisationsparadigma dieses Jahrhunderts, durch die Dominanz der protestantischen Arbeitstugenden wesentlich erleichtert wurde. Ich werde die Techniken der industriellen Massenproduktion als Wirtschaftsstil der Massenproduktion (oder fordistischer Wirtschaftsstil) bezeichnen. Es soll ferner gezeigt werden, dass die Diffusion derartiger Organisations- und Produktionstechniken auf die Stabilisierung der ökonomischen, sozialen und ökologischen Rahmenbedingungen angewiesen ist. Die Stabilisierung der Nachfrage nach Massengütern auf einem hohen Niveau gehört ebenso zu den Stabilisierungszielen wie eine strikt disziplinierte Belegschaft. Zu den ökologischen Rahmenbedingungen gehören die im letzten Abschnitt diskutierten fünf staatlichen Garantien. Insbesondere erweist sich die Gewährleistung stabiler, tiefer Ressourcen- und Energiepreise als lebensnotwendige Voraussetzung.

Die industrielle Produktion entstand in etwa Ende des 18. Jahrhunderts in Grossbritannien. Handwerker und Bauern, die seit jeher selbständige Erwerbende gewesen waren, mussten ihre Tätigkeiten zugunsten einer Beschäftigung in den neu entstehenden Manufakturen aufgeben.[1] Der Übergang von den bäuerlichen und handwerklichen Tätigkeiten zur Fabrikarbeit war aus der damaligen Perspektive ein echtes kulturelles Erdbeben. Innerhalb einer relativ kurzen Zeitspanne stand der grösste Teil der ehemals selbständigerwerbenden Bevölkerung in einem Lohnverhältnis. Zwischen 1780 und 1900 ging in den USA die Zahl der Selbständigerwerbenden von 80 % auf 31 % zurück. In diesem Jahrhundert verlangsamte sich zwar dieser Prozess, kam aber keineswegs zum Stillstand. Der Anteil der selbständigerwerbenden Bevölkerung nahm um etwa 80 % ab und betrug 1974 8.2 % (Morgan 1986, S. 282). Nicht wesentlich anders präsentiert sich die Situation in der Schweiz. Der Anteil an Selbständigerwerbenden schrumpfte von 19 % Anfangs de Jahrhunderts auf 6 % im Jahre 1975 zusammen (Eidgenössisches Statistisches Amt 1931, Eidgenössisches Statistisches Amt 1977 und eigene Berechnungen).

Die Techniken der Massenproduktion konnten sich in den USA viel rascher und erfolgreicher als in Europa und selbst in Grossbritannien etablieren, wo sie ihre eifrigsten Nachahmer fanden. Ein wichtiger Grund hierfür liegt sicherlich in den unterschiedlichen Haltungen gegenüber der Berufsarbeit. Während in Europa berufliche und handwerkliche Tätigkeiten auf eine Tradition von mehreren Jahrhunderten zurückblicken konnten, orientierten sich in den USA die Einstellungen zur Arbeit hauptsächlich an den protestantischen Arbeitstugenden. Die Beziehung zwischen Arbeitseinstellungen und Organisations- bzw. Produktionsformen entging einem sorgfältigen Beobachter wie Antonio Gramsci nicht:

> "The 'vocation of work' was not a trait inherent only in the working class but it was a specific quality of the ruling classes as well. The fact that a millionaire continued to be practically active until forced to retire by age or illness and that his activity occupied a very considerable part of his day, is a tipically American phenomenon. This, for the average European, is the weirdest American extravagance. In the United States ... there is a 'recent tradition' of the pioneers, the tradition of strong individual personalities in whom the vocation of work had reached its greatest intensity and strength, men who entered directly, not by means of some army of servants and slaves, into energetic contact with the forces of nature in order to dominate them and exploite them victoriously." (Gramsci 1971, S. 305).

Die Beobachtungen Gramscis legen die Vermutung nahe, dass die Etablierung der Massenproduktion wesentlich stärker von der Bereitschaft ame-

---

1 Für eine ausführliche Diskussion der Industrialisierung in Grossbritanien sei etwa auf Hobsbawm (1969) verwiesen.

rikanischer Arbeiter abhing, die damit verbundenen Arbeitsformen zu akzeptieren, als von den relativen Preisen von Arbeit und Kapital. Der starke Zufluss europäischer Einwanderer, die eine nahezu unerschöpfbare Reserve an billigen Arbeitskräften war, hätte auf die Diffusion industrieller Produktionstechniken bremsend wirken sollen und teure Investitionen in arbeitssparende Technologien als überflüssig erscheinen lassen. Dennoch liessen sich amerikanische Unternehmer in ihren Mechanisierungsanstrengungen durch einen schon fast religiösen, kaum ökonomisch-rationalen Eifer leiten, und zwar zu einer Zeit, als es noch keineswegs feststand, welche konkreten Vorteile aus dem Einsatz dieser Technologien erwartet werden konnten (Houshell 1984).

Die Konsolidierung des amerikanischen Modells darf indes nicht als eine geradlinige, letztlich unvermeidliche Entwicklung angesehen werden. Grossbetrieb und Massenproduktion sind das Ergebnis eines langjährigen und graduellen Lernprozesses. Die systematische *Standardisierung* der Produkte und der zugehörigen Bauteile war im ganzen 19. Jahrhundert keine Selbstverständlichkeit. Die ökonomischen Vorteile der Massenproduktion waren den Unternehmern des 18. Jahrhunderts keineswegs vertraut oder gar selbstverständlich. Die Standardisierung der Produktion muss indes als eine für die damalige Zeit revolutionär anmutende Innovation betrachtet werden. Der handwerklichen Produktion und den ersten Manufakturen war jeglicher Begriff von Standardisierung fremd. Selbst in einem Land wie den USA, wo die Techniken der Massenproduktion im Gegensatz zu Europa eine rasche Diffusion erfuhren, dauerte es etwa ein Jahrhundert, bis sie vollumfänglich beherrscht wurden. In seiner klassischen Diskussion des amerikanischen Fabriksystems stellt Houshell beispielsweise fest, dass selbst als Singer 500'000 Nähmaschinen jährlich produzierte, die Montage aus Gründen mangelhafter Standardisierung der Bauteile auf eine Vielzahl spezialisierter Handwerker angewiesen war (Hounshell 1984, S. 85ff.).

Es ist symptomatisch, dass die Standardisierung industrieller Produkte nicht etwa von aufstrebenden jungen Unternehmern, sondern in Waffenfabriken der US-Regierung erstmals erprobt wurde (Hounshell 1984, S. 3-4). Die Idee stammte allerdings nicht von amerikanischen US-Bürokraten. Sie wurde angeblich von französischen Waffenherstellern in den 20er Jahren des 19. Jahrhunderts übernommen. Giedion hat in einer bemerkenswerten Rekonstruktion der Anstrengungen zur Mechanisierung menschlicher Tätigkeiten zahlreiche einfallsreiche aber erfolglose Versuche dokumentiert (Giedion 1987, S. 103ff.). Sie wurden typischerweise von Leuten in Angriff genommen, die von den Errungenschaften der Naturwissenschaften und der Technik fasziniert waren, i.d.R. aber über keine Beziehungen zur Geschäftswelt verfügten. Nicht mangelnde Effizienz oder geringe Rentabilität waren für diese Misserfolge verantwortlich, sondern die fehlenden Beziehungen zu den industriellen Milieus der damaligen Zeit.

Es dauerte etwa ein Jahrhundert, bis sich die Techniken der Massenproduktion durchsetzen konnten und mit ihnen die funktionale Arbeitsteilung einen festen Platz im ökonomischen Gefüge einnahm. Anfangs dieses Jahrhunderts war in den USA jenes Modell der industriellen Produktion und Organisation ausgereift, das in der Folge als Vorbild für die Industrialisierung aller europäischen Länder[2] dienen würde (zur Entstehung und Diffusion des Grossbetriebs bzw. der Massenproduktion in den USA siehe Chandler 1977 und Hounshell 1984. Piore und Sabel 1985 liefern eine vertiefte historische und soziologische Analyse der Diffusion der Massenproduktion). Die Massenproduktion dominierte die meisten Märkte für Konsumgüter. Die Lebensmittelindustrie, die Produktion langlebiger Konsumgüter wie Nähmaschinen, Kühlschränke, Radiogeräte usw. wurden nach jenem neuen industriellen Paradigma organisiert, das in diesem Jahrhundert das Wesen der industriellen Produktion ausmacht – und zugleich den Keim der modernen ökologischen Krise in sich trägt.

Ich möchte die Etablierung dieser Techniken und Methoden anhand des Begriffs des *Wirtschaftsstils* erläutern. Dieser Begriff geht auf Spiethoff zurück (Spiethoff 1932). In neuerer Zeit wurde er von Schefold aufgegriffen (Mayer-Abich, Schefold 1981). Für die folgenden Ausführungen werde ich mich nicht an die präzise Definition von Spiethoff halten, denn ich möchte den Begriff des Wirtschaftsstils im Sinne einer sozialen Struktur, wie sie von Giddens diskutiert wird, interpretieren. Der Wirtschaftsstil soll damit als ein System von Regeln und Normen aufgefasst werden, welche für die spezifische Ausgestaltung ökonomischer Aktivitäten, aber auch für einen bestimmten Lebensstil und für ein bestimmtes Verständnis öffentlicher Aufgaben im Bereich der Wirtschafts- und Sozialpolitik konstitutiv sind und eine bestimmte Epoche und eine bestimmte geographische Region prägen. Dabei handelt es sich hauptsächlich um kulturelle und soziale Regeln (wie sie im zweiten Teil dieser Arbeit in Abschnitt 2.5 definiert wurden) und nicht etwa um positive Regeln. Der Wirtschaftsstil soll auch nicht, wie dies von Schefold getan wird, lediglich zur Diskussion nationaler Spezifika herangezogen werden, denn die Massenproduktion hat weltweit eine ganze Epoche gekennzeichnet.

Die Unterscheidung zwischen den Institutionen ökonomischer Gesellschaften und einem Wirtschaftsstil ist theoretischer Natur. Erstere umfassen im wesentlichen das Berufswesen und die Marktmechanismen. Deren Entstehung ist aus einer evolutionären Perspektive heraus als vermutlich irreversibel zu betrachten. Berufswesen und Marktmechanismen

2 Die Schweiz ist hierzu eine Ausnahme. Die Massenproduktion konnte in diesem Land bekanntlich nie richtig Fuss fassen.

stehen auch mit der Verschärfung globaler ökologischer Probleme nicht zur Disposition. Ein Wirtschaftsstil hingegen hat eine beschränktere kulturelle Reichweite. Ökonomische Gesellschaften sind i.a. mit ganz unterschiedlichen Wirtschaftsstilen kompatibel. Die Unterscheidung zwischen ökonomischer Gesellschaft und Wirtschaftsstil relativiert einmal mehr den Stellenwert lehrbuchmässiger Marktmechanismen als Antriebskräfte der kulturellen Evolution. Wie in den folgenden Ausführungen gezeigt werden soll, kann eine abstrakte Konzeption des Marktmechanismus die Ausgestaltung einer konkreten Marktwirtschaft kaum erklären. Die Dominanz spezifischer Organisationsformen und Produktionstechniken lässt sich plausibler erklären, wenn die jeweiligen historischen und kulturellen Rahmenbedingungen explizit berücksichtigt werden.

Das vermutlich bekannteste Beispiel der konsequenten Anwendung der Techniken der Massenproduktion hat Henry Ford geliefert. Mit Henry Ford wird die Massenproduktion zu einer gesellschaftlichen Angelegenheit, zur tragenden Orientierung für Manager, Politiker und erstaunlicherweise auch für die arbeitende Bevölkerung:

> "I am ... most interested in fully demonstrating that the ideas we have put into practice are capable of the *largest application* – that they have nothing peculiarly to do with motor cars or tractors but form something in the nature of a universal code. I am quite certain that it is the natural core and I want to demonstrate it so thoroughly that it will be accepted, not as a new idea, but as a natural code." (Ford 1925, S. 3, Hervorhebung F.F.).

Massenproduktion beschränkte sich also in keiner Weise auf die Automobilproduktion, sie wurde von Ford als eine allgemeingültige Methodik betrachtet. Ich möchte diese Methodik als *Wirtschaftsstil der Massenproduktion* (oder fordistischer Wirtschaftsstil) bezeichnen.[3] Der Begriff des fordistischen Wirtschaftsstils ist v.a. von marxistisch orientierten Ökonomen (Boyer 1986, Aglietta 1987, Lipietz 1987) aufgegriffen worden. Dennoch ist er von allgemeinem Interesse. Dass er von neoklassischen Autoren kaum zur Kenntnis genommen wurde, dürfte angesichts ihrer systematischen Vernachlässigung historischer Zusammenhänge kaum überraschen.

Ford verstand es wie kein anderer, Produktivität und Effizienz seiner Produktionsstätten in den Dienst eines gesellschaftlichen Projektes zu stellen. Effizienzsteigerungen waren in seinen Augen kein Selbstzweck. Sie sollten den seiner Meinung nach vermeintlichen Gegensatz zwischen Arbeit und Leben endgültig aufheben:

> "I think that we have already done too much toward banishing the pleasant things from life by thinking that there is some opposition between living and providing the means of living. We waste so much time and energy that we have little left over in which to enjoy

---

3 Eine knappe Diskussion des Fordismus findet sich in Murray (1989). Siehe auch Blackburn, Coombs, Green (1985) und Lüscher (1988). Der Begriff "Fordismus" geht auf Antonio Gramsci zurück (Gramsci 1978).

ourselves. Power and machinery, money and goods, are useful only as they set us free to life." (Ford 1925, S. 1-2).

Der Fordismus verköpert nicht nur eine bestimmte Produktionstechnik oder eine bestimmte Organisationsform. Fordismus heisst vor dem Hintergrund dieses Zitats, betriebliche Effizienzsteigerung in den Dienst des materiellen Wohlstands zu stellen – eine Vision die, wie die bald hundertjährige Geschichte der Massenproduktion zeigt, zwar Wirklichkeit geworden ist, allerdings nur für eine Minderheit der Weltbevölkerung und zu einem zunehmend stärker ins Gewicht fallenden ökologischen Preis.

Wie Smith hatte Ford erkannt, dass *Massenmärkte* eine Voraussetzung für die systematische Erhöhung der Produktivität sind. Die Anstrengungen Fords galten also zunächst der drastischen Standardisierung der Automobile und der zugehörigen Bauteile. Die Standardisierung des Produktes ist die wichtigste Prämisse für die Einführung effizienter Produktions- und Organisationstechniken. Sie ermöglicht die drastische Dequalifizierung der beruflichen Aktivitäten sowie eine systematische Trennung von Entwicklungs-, Planungs- und Organisationsaktivitäten einerseits und Produktion andererseits. Die systematische Trennung zwischen Kopf- und Handarbeit, ein Grundpfeiler tayloristischer Organisationsformen, habe ich in Abschnitt 3.4.4 bereits diskutiert. Neu trat hier das *Fliessband* [4] hinzu, das lange und zeitraubende interne Transportwege eliminierte und damit eine nochmalige Effizienzsteigerung ermöglichte. In der Verwendung des Fliessbandes zeigt sich ein weiterer Grundpfeiler des Wirtschaftsstils der Massenproduktion. Das Fliessband ist ein typisches Beispiel für eine *spezialisierte Produktionsinfrastruktur*. Spezialisierte Maschinen verursachen normalerweise hohe Investitionskosten, müssen durch sehr grosse Stückzahlen amortisiert werden und schränken die Innovativität drastisch ein.

Die technokratischen Visionen, die Henry Ford von Menschen, Organisationen und Gesellschaft an den Tag legte, bieten das vielleicht wichtigste Beispiel einer – weitgehend Wirklichkeit – gewordenen externen Perspektive. Erst mit der Massenproduktion wird Effizienz zu einer nicht diskutablen gesellschaftlichen Priorität. Die gewaltigen Produktivitätsfortschritte müssen jedoch teuer erkauft werden. Die Rentabilität des massenproduzierenden Betriebs wird in einem bisher unbekannten Ausmass von der *Stabilität* der *Nachfrage* bzw. von einem sehr hohen Auslastungsgrad der Produktionsanlagen abhängig. Investitionen in eine spezialisierte Produktionsinfrastruktur verursachen hohe fixe Kosten. Diese schlagen sofort zu Buche, sobald der Auslastungsgrad eine bestimmte minimale Schwelle

---

4 Wie die wissenschaftliche Betriebsführung war auch das Fliessband keine Erfindung von Henry Ford. Das Fliessband wurde in der Nahrungsmittelindustrie Ende des 19. Jahrhunderts in Chicago zum Transport des Fleisches, beispielsweise von Geflügel, erstmals eingesetzt (Giedion 1987, S. 111-120)

unterschreitet. Unterhalb dieser Schwelle ist der massenproduzierende Betrieb nicht mehr konkurrenzfähig. Auch auf rasche Erhöhungen der Nachfrage kann der massenproduzierende Betrieb kaum rechtzeitig reagieren, denn seine produktive Kapazität kann kurzfristig nicht erhöht werden. Massenproduktion ist somit auf stabile, zunächst nur nationale, später auch internationale Massenmärkte angewiesen.

Die Kombination tayloristischer Organisationsmethoden verknüpft mit der Verwendung eines spezialisierten Maschinenparks reduzierte die Produktionszeiten drastisch. Benötigte beispielsweise ein Handwerker mit herkömmlichen Methoden zur Montage eines Motors etliche Stunden, reduzierte sich diese Zeit jetzt auf wenige Minuten. Die rasanten Effizienzsteigerungen machten aus dem Luxusgut Auto ein Massenprodukt, das für breite Teile der arbeitenden Bevölkerung erschwinglich wurde. Mit der Vorstellung des Modells T war die Sternstunde dieser Produktionstechnik erreicht. Der durchschnittliche amerikanische Industriearbeiter, der gewillt und fähig war, stupide und monotone Arbeiten mit mechanischer Regelmässigkeit tagtäglich auszuüben, wurde mit einem Lohn entschädigt, der es ihm ermöglichte, sich die Massengüter als Früchte der eigenen Arbeit zu beschaffen.

Eine erste Massnahme zur Stabilisierung der Nachfrage nach Massengütern wurde dadurch erreicht, dass die Löhne an die Fortschritte der Arbeitsproduktivität gekoppelt wurden. Der Vorschlag der Arbeitnehmerorganisationen, periodische Lohnverhandlungen durchzuführen, stiess bei den Arbeitgebern freilich nicht auf Begeisterung. Die Intoleranz Henry Fords gegenüber den Gewerkschaften war sprichwörtlich. Schliesslich schien sich bei Unternehmern und Gewerkschaften die Ansicht durchzusetzen, dass die Löhne an den Fortschritten der Produktivität periodisch angepasst werden müssen, um die Nachfrage nach langlebigen Konsumgütern auf einem hohen Niveau zu stabilisieren. Mit der Vereinbarung kollektiver Arbeitsverträge bekam die Beziehung zwischen Produktivitätsfortschritt und Lohnerhöhungen einen stark institutionalisierten Charakter. Die periodischen Absprachen zwischen Gewerkschaften und Arbeitgebern wurden zu einer ersten wichtigen politischen Rahmenbedingung für die Stabilisierung des Wirtschaftsstils der Massenproduktion.

Die Gewährleistung einer hohen Kaufkraft darf indes nicht bloss auf weitsichtige Unternehmer zurückgeführt werden. Es ist allgemein bekannt, dass gerade die Ford Motor Company die Gewährleistung des berühmten 5-Dollar-Tageslohns nicht aus eigener Initiative einführte, sondern als verzweifelte Reaktion auf die erdrückende Rotation des Personals. Der 5-Dollar-Tageslohn muss als eine monetäre Kompensation für die bis anhin unerreichte Stumpfsinnigkeit des Arbeitsalltags betrachtet werden (Foster 1988). Hohe Löhne und Konsum sollten danach für einen Arbeitsalltag entschädigen, der zu blosser Pflicht reduziert und von jedem Sinn entleert worden war. Dieser kompensatorische Mechanismus ist aus ökologischer Sicht von besonderem Interesse, stellt er doch eine schon fast perverse Beziehung zwischen Arbeitszufriedenheit und Konsum her. Dieser Zusammenhang ist bisweilen kaum systematisch untersucht worden und soll hier nicht näher verfolgt werden. Es kann aber nicht übersehen werden, dass der Übergang zu einer ökologisch orientierten Marktwirtschaft sich kaum unabhängig von einer tiefgreifenden Wandlung in den Einstellungen zur Berufsarbeit bewerkstelligen lässt. Diesbezügliche Studien in der Schweiz haben ergeben, dass die rein finanziellen Aspekte der Berufsarbeit zugunsten von eher qualitativen Aspekten (Flexibilität der Arbeitszeit, Arbeitsinhalte, Ausbildungsmöglichkeiten usw.) an Bedeutung verloren haben (Lalive d'Epinay 1988).

Die Etablierung des Wirtschaftsstils der Massenproduktion brachte einschneidende soziale Umwälzungen in Gang und verschob die Frage der sozialen Sicherheit von der lokalen, bzw. regionalen auf die nationale Ebene. Die gewaltigen Produktivitätsfortschritte bedeuteten nicht nur eine merkliche Erhöhung der Kaufkraft bzw. des materiellen Lebensstandards. Sie waren auch die Quelle ausgedehnter Arbeitslosigkeit. Die Massenarbeitslosigkeit stellt in diesem Jahrhundert ein gänzlich neues soziales Problem dar. Ländliche Regionen kannten bis anhin kaum die Arbeitslosigkeit (Piore 1987). Selbstverständlich waren Landwirte im Winter bei weitem nicht so stark beschäftigt wie im Sommer. Sie waren dennoch nicht "arbeitslos", sondern mit anderen Tätigkeiten beschäftigt. Demgegenüber wurde die Existenz der Industriearbeiter und ihrer Familien in den städtischen Agglomerationen von den konjunkturellen Schwankungen und den Krisen der nationalen Volkswirtschaft in einem noch nie dagewesenen Ausmass bedroht.

Die Massenarbeitslosigkeit schien die Existenz einer Gesellschaft, die wesentlich auf dem Wirtschaftsstil der Massenproduktion beruhte, ernsthaft zu bedrohen. Die grosse Krise der 30er Jahre hatte Ökonomen und Politiker zugleich aufhorchen lassen. Der Schutz des Individuums und der Familie gegen die existentiellen Bedrohungen des Wirtschaftsstils der Massenproduktion erhob sich zu einer der wichtigsten staatlichen Aufgaben. Arbeitnehmer- und Arbeitgeberorganisationen gingen das Problem der sozialen Sicherheit pragmatisch an. Gegen die Unabwägbarkeiten von Rezessionen und Krisen wurden soziale Institutionen wie die Arbeitslosen- und Altersversicherung eingerichtet und damit die Grundlagen des modernen Sozialstaates geschaffen. Diente die Sozialpolitik hauptsächlich dazu, die schlimmsten Folgen der Arbeitslosigkeit zu lindern, versuchte die Wirtschaftspolitik gemäss den Empfehlungen der Keynesianer, die Arbeitslosigkeit mit öffentlichen Investitionen und Beschäftigungsprogrammen einerseits sowie einer gezielten Zinspolitik andererseits zu bekämpfen. Bis zum ersten Ölschock in den 70er Jahren schienen sich politische Parteien, Ökonomen, Arbeitgeber- und Arbeitnehmerorganisationen über die Notwendigkeit und die Wahl der Instrumente zur makroökonomischen Stabilisierung des Wirtschaftsstils der Massenproduktion einig zu sein. Dieser öffentliche und politische Konsens vermag die Diffusion der Massenproduktion besser zu erklären als vermeintlich objektive Effizienzkriterien.

Ein wesentlicher, aber bis vor kurzem kaum erkannter Aspekt der makroökonomischen und politischen Stabilisierungsbemühungen betrifft die Versorgung der massenproduzierenden Betriebe mit natürlichen Ressourcen und Energie. Stark fluktuierende, unberechenbare Ressourcen- und Energiepreise stellen für die Strategie der Massenproduktion ein ernsthaftes Problem dar. Die Ausgaben für Rohstoffe und Energie sind für den massenproduzierenden Betrieb eine wichtige Komponente seiner variablen Kosten. Ihre Schwankungen wirken sich auf die Stückkosten direkt aus, denn auf einem hohen Produktionsniveau wird der Anteil der fixen Kosten an den Stückkosten schon fast vernachlässigbar. Der Stabilität von natürlichen Ressourcen – und Energiepreisen kommt eine ähnliche Bedeutung zu wie der Stabilität der Konsumnachfrage – und sie schlägt sich in einer aktiven nationalen Energie- und Handelspolitik nieder. Welche strategische Bedeutung einer gesicherten Energieversorgung zukommt, hat der Golfkrieg auf eindrückliche Weise demonstriert. Die Kontrolle über die wichtigsten natürlichen Ressourcen könnte in Zukunft vermehrt Anlass für kriegerische Handlungen werden. Der Golfkrieg hat auch eine bedenkenswerte Illustration der externen Kosten der Energienutzung geliefert. Sollten die Kosten des Golfkriegs den amerikanischen und westeuropäischen Energieverbrauchern verrechnet werden, würde sich der heutige Lebensstil für viele rasch als finanziell untragbar erweisen. Er hat damit eine eindrückliche Illustration des Zusammenhangs zwischen staatlich garantierten Energie- und Ressourcenpreisen und der Aufrechterhaltung eines bestimmten Lebensstils geliefert.

4.3 Die Anforderungen an ökologische Rahmenbedingungen

Die Selektionswirkungen umweltökonomischer Ansätze

Im zweiten Teil dieser Arbeit ist gezeigt worden, dass weder externe Kosten noch externe Effekte glaubwürdig quantifiziert werden können, dass die damit verknüpften Folgewirkungen nicht prognostizierbar sind und dass zwischen Verursacher und Opfer eines externen Effektes kaum ein kausaler, naturwissenschaftlich fundierter Zusammenhang hergestellt werden kann. Welche externen Effekte als relevant angesehen werden ist damit das Ergebnis gesellschaftlicher und politischer Auseinandersetzungen. Der Existenz eines derartigen Schleiers von Unsicherheit und Unwissenheit soll bei der Beurteilung umweltökonomischer Ansätze nun Rechnung getragen werden. Wie die Diskussion der externen Perspektive ökologischer Probleme gezeigt hat, muss jenen Ansätzen, welche ökonomische Effizienz als höchste Priorität deklarieren, jegliche praktische Relevanz abgesprochen werden. In den folgenden Ausführungen werde ich mich deshalb auf Vorschläge konzentrieren, welche ökologische Ziele als prioritär erklären. Sie stellen damit die Effizienzeigenschaften von Marktmechanismen auf eine transparente, nachvollziehbare Weise in den Dienst eines ökologischen Ziels. Zur Diskussion stehen eine ökologische Steuerreform und die Realisierung der Zertifikatlösung. Beide Vorschläge möchte ich je als ein wesentlicher Schritt zur *Schaffung ökologischer Rahmenbedingungen* betrachten. In den folgenden Ausführungen werde ich auf einen Punkt eingehen, der in den ordnungspolitischen Diskussionen kaum angesprochen wird.

Die Zweckmässigkeit der einen oder anderen umweltpolitischen Variante wird meistens mit pragmatischen Kriterien beurteilt. So scheint sich der Konsens über die Notwendigkeit einer ökologischen Steuerreform nicht auf inhaltliche Motivationen zu stützen, sondern ist durch praktische Motive begründet. Der Realisierung einer ökologischen Steuerreform stehen kaum grosse technische Schwierigkeiten im Wege und könnte mit dem bestehenden administrativen Apparat in Angriff genommen werden. Die Realisierung der Zertifikatlösung hingegen ist mit einem beachtlichen technischen Aufwand verbunden. Die Diffusion dieser Lösung ist letztlich auf der Einrichtung eines flexiblen, billigen und zuverlässigen elektronischen Zahlungssystems angewiesen. Ein solches System gibt es zwar heute noch nicht, seine Realisierung liegt jedoch im Rahmen des Machbaren. Es hätte verglichen mit einer ökologischen Steuerreform wichtige Vorteile, wie Transparenz in der Festlegung der ökologischen Gesamtziele und Flexibilität der Benutzung.

Neben den oben erwähnten pragmatischen Gründen ist die Realisierung einer ökologischen Steuerreform in letzter Zeit auch mit inhaltlichen Motiven begründet worden. Danach würde die schrittweise Erhöhung der Energie- und Ressourcenpreise die aus ökologischer Sicht wünschbaren strukturellen Anpassungsprozesse in der Wirtschaft bewirken, ohne die Stabilität der ökonomischen Rahmenbedingungen zu gefährden (Weizsäcker 1990). Dies trifft für die Zertifkatlösung nicht zu. Mit der Einführung von Umweltzertifikaten wäre die Stabilität und Berechenbarkeit der Energie- und Ressourcenpreise zunehmend gefährdet. Dies trifft sicherlich zu. Man kann sich dennoch fragen, inwiefern die Stabilisierung ökonomischer Rahmenbedingungen ein erstrebenswertes politisches Ziel an sich ist. Die Diskussion dieser Frage wird eine unerwartete, aus ökologischer Sicht ernstzunehmende Einsicht hervorbringen. Die schrittweise

Destabilisierung ökonomischer Rahmenbedingungen übt einen selektiven Druck auf ökonomische Aktivitäten aus. Zur Beurteilung dieser selektiven Wirkung bietet sich die Wirtschaftsgeschichte dieses Jahrhunderts an.

In Abschnitt 4.2 ist gezeigt worden, dass die Diffusion der Massenproduktion auf der Gewährleistung stabiler sozialer, ökonomischer und ökologischer Rahmenbedingungen beruhte. Eine ökologische Steuerreform ändert an diesem Grundsatz nichts wesentlich. Zwar steigen die Energie- und Ressourcenpreise, sie stellen jedoch den Wirtschaftsstil der Massenproduktion nicht grundsätzlich in Frage. Organisationsformen, Produktionskonzepte und Marktstrategien dieses Wirtschaftsstils erweisen sich jedoch, gemessen am notwendigen Anpassungs- und Restrukturierungsbedarf, nicht als besonders geeignet. Massenproduktion zeichnet sich durch geringe produktive und organisatorische Flexibilität und durch geringe Innovativität aus (zur Situation in der Automobilindustrie siehe etwa Abernaty 1978). Stimmt die Analyse heutiger ökologischer Probleme, wie ich sie in Abschnitt 2.3 entwickelt habe, so nehmen gerade Flexibilität und Innovativität in jenen Restrukturierungsprozessen eine Schlüsselrolle ein. Damit wird eine entscheidende, bis anhin kaum diskutierte Anforderung an die Schaffung ökologischer Rahmenbedingungen sichtbar. Diese müssen nicht nur für die Festlegung klarer ökologischer Ziele sorgen, sondern auch einen positiven Selektionsdruck auf jene Fähigkeiten ausüben, welche zur Erreichung dieser Ziele besonders geeignet sind (ähnliche Überlegungen, allerdings aus einer anderen Optik, finden sich in Ladeur 1987 und Ladeur 1989).

Aus dieser Optik schneidet eine ökologische Steuerreform nicht besonders günstig ab, scheint sie doch die Strategien und Merkmale des dominanten Wirtschaftsstils, der Massenproduktion, zu bekräftigen. Die Zertifikatlösung weist, neben der Transparenz der ökologischen Ziele, bezüglich der Selektionswirkung auf Organisationskonzepte, Produktionstechniken und Marktstrategien deutliche Vorteile auf. Sie hätte auf die klassischen Strategien der Massenproduktion eine beachtliche Destabilisierungswirkung. Sowohl auf der Input- als auch auch der Outputseite wäre mit der Realisierung der Zertifikatlösung die für massenproduzierende Betriebe notwendige Berechenbarkeit der relevanten ökonomischen Variablen nicht mehr unbedingt gewährleistet. Die Energie- und Ressourcenpreise wären Schwankungen ausgesetzt, welche sich auf die Stückkosten markant auswirkten. Die systematische Verfolgung der Strategie der Massenproduktion könnte zusätzlich erschwert werden, indem das Recht auf die Emissionen und auf Abfallproduktion ebenfalls auf einem Markt für entsprechende Zertifikate erworben werden muss.

Die gezielte Destabilisierung der Organisationsformen, der Produktionstechniken und der Marktstrategien des Wirtschaftsstils der Massenproduktion wäre per se nicht erstrebenswert, würde sie nicht zugleich die

Herausbildung eines anderen, aus ökologischer Sicht günstigeren Wirtschaftsstils begünstigen. Die Diskussion der Selektionswirkung zunehmend instabiler ökonomischer Rahmenbedingungen ist glücklicherweise nicht auf formale, aufwendige, aber häufig wenig aussagekräftige Modelle angewiesen. Die Restrukturierungsprozesse, welche die Industrie in den letzten 10 bis 20 Jahren geprägt haben, bieten diesbezüglich reichhaltiges Anschauungsmaterial, denn sie zeigen, welche Organisationsformen und Produktionstechniken sich in einer zunehmend instabilen ökonomischen Umwelt bewährt haben. Die ökonomischen Turbulenzen der 70er Jahre simulieren mit anderen Worten die Destabilisierungstendenzen, welche sich mit der Realisierung der Zertifikatlösung unweigerlich bemerkbar machen würden. In den folgenden Ausführungen möchte ich kurz diese Turbulenzen näher betrachten. Im darauffolgenden Abschnitt sollen dann die wichtigsten Merkmale des aus den Restrukturierungsprozessen der 70er Jahre hervorgegangenen Wirtschaftsstils diskutiert werden.

Spätestens nach dem ersten Ölschock in den 70er Jahren geriet der Wirtschaftsstil der Massenproduktion in ernsthafte Schwierigkeiten (Piore, Sabel 1985, S. 185-216). Der massenproduzierende Betrieb sieht sich einer Nachfrage gegenüber, die zunehmend fragmentiert ist. Nationale und regionale Spezifika sowie zahllose Regelungen sind dafür verantwortlich und schränken dementsprechend die Absatzmöglichkeiten eines Massengutes erheblich ein. Auch die Volatilität der Nachfrage nimmt allmählich zu. Der zunehmenden Instabilität der Devisenmärkte und den steigenden Erdölpreisen ist der massenproduzierende Betrieb nicht gewachsen. Diesen Destabilisierungstendenzen steht auf betrieblicher Ebene ein markanter Legitimitätsverlust der traditionellen Arbeits- und Organisationsformen gegenüber. Industrieunternehmer mussten in den 70er Jahren einsehen, dass ihre Belegschaften nicht mehr länger bereit waren, die Bedingungen und Rhythmen tayloristischer Arbeitsformen stillschweigend auf sich zu nehmen. In den meisten industrialisierten Ländern kam es zu zahlreichen Streiks und Forderungen nach massiven Lohnerhöhungen. Die Literatur spricht in diesem Zusammenhang von "Wage Explosion" (Van de Wee 1986, S. 81-84; siehe auch Jaeger, Weber 1988). Soziologische Studien haben inzwischen das Abbröckeln der Arbeitsmoral als gesellschaftliches Fundament tayloristischer Organisationsformen nachgewiesen, während die Berufsethik keine nennenswerten Erosionserscheinungen aufzuweisen scheint (Schmidtchen 1984; Jaeger, Bieri, Dürrenberger 1987). Ein Grundpfeiler des fordistischen Wirtschaftsstils, die Berechenbarkeit und Prognostizierbarkeit ökonomischer und sozialer Rahmenbedingungen, gerät allmählich ins Wanken. Erfolgreicher sind jene Industriebetriebe, welche die Ungewissheit in den Mittelpunkt ihrer Marktstrategien gestellt haben (Häusler 1992).

Die Veränderung der ökonomischen Rahmenbedingungen geht an Produktionstechniken, Arbeitsformen und betrieblichen Strategien nicht spurlos vorbei. Aus einer neueren Studie in der ehemaligen BRD geht beispielsweise hervor, dass zwischen 1980 und 1990 in der Industrie die Artikelanzahl um 70 % bis 130 % zunahm, die Zahl der Varianten zwischen 100 % und 420 % erhöht wurde und der Lebenszyklus der Produkte um 60 % bis 80 % abnahm (Wildemann 1991, S. 340). Ein Blick auf die einschlägigen Management-Zeitschriften liefert eine zusätzliche Bestätigung. Die klassische Trennung zwischen Serienproduktion und Marktnischen für spezialisierte, hochqualitative Produkte scheint immer mehr in Fluss zu geraten.

Flexible Spezialisierung als Vorbild?

Die Turbulenzen der 70er Jahre erschütterten, wie im vorangehenden Abschnitt gezeigt wurde, die Prinzipien und Methoden des Wirtschaftsstils der Massenproduktion. Die darauffolgenden Restrukturierungsprozesse führten zu neuen Modellen der industriellen Produktion, aber auch zu neuen Haltungen gegenüber Organisationsfragen und zu veränderten Marktstrategien, die in die Literatur als Wirtschaftsstil der *Flexiblen Spezialisierung* eingegangen sind (Sabel 1982; Piore, Sabel 1985; der neuste Stand der Diskussion findet sich etwa in Ernste, Meier 1992). Den Konturen dieses Wirtschaftsstils sind die nächsten Ausführungen gewidmet. Dabei werde ich hauptsächlich jene Aspekte dieser Debatte herausstreichen, die aus einer ökologischen Perspektive betrachtet besonders relevant sind. Zu erwähnen sind zunächst jene betrieblichen Strategien, welche das Operieren auf zunehmend fragmentierten und volatilen Märkten ermöglicht haben. Sie bieten erste Einsichten in notwendige Fähigkeiten und erfolgreiche Strategien im Umgang mit einer zunehmend instabilen ökonomischen Umwelt. Ein wesentliches Attribut des Wirtschaftsstils der Flexiblen Spezialisierung ist die Flexibilität. Diese ist kein individuelles Merkmal, sondern das Ergebnis enger kooperativer Geschäftsbeziehungen zwischen zahlreichen Industriebetrieben auf regionaler Ebene. Aus ökologischer Sicht besonders relevant ist neben der Flexibilität die Innovativität. Diese ist in noch stärkerem Ausmass von der Existenz stabiler beruflicher und persönlicher Beziehungen zwischen Industrie, Finanzsektor und akademischen Institutionen abhängig. Es wird sich zeigen, dass Flexibilität und Innovativität Merkmale von Produktionssystemen sind, welche in einer schlecht berechenbaren ökonomischen Umwelt erfolgreich operieren können. Die Restrukturierungsprozesse der 70er und 80er Jahre legen die begründete Vermutung nahe, dass eine zunehmend instabile und volatile ökonomische Umwelt einen aus ökologischer Sicht günstigen Selektionsdruck auf Organisations- und Produktionskonzepte ausübt. Instabilität wie sie von der systematischen Einführung der Zertifikatlösung erwartet werden kann, ist somit kein Selbstzweck, sondern fördert jene Fähigkeiten, welche zur Realisierung einer ökologischen Marktwirtschaft notwendig sind.

Die Debatte um die Flexible Spezialisierung wurde Anfangs der 70er Jahre durch die Entdeckung der sogenannten *Terza Italia* ausgelöst. In Mittel- und Nordostitalien zeichnete sich ein Modell industrieller Organisation ab, das sich von den traditionellen, auf Massenproduktion basierenden Mustern in den Industrie-Regionen des Nordens, aber auch von der desolaten Situation in Süditalien deutlich abhob (Bagnasco 1977; Fuà 1983; Fuà, Zacchia 1983). Die genannten Industrieregionen erwiesen sich gegenüber den Problemen, die massenproduzierende Betriebe in den Jahren der Krise plagten, als besonders resistent (Brusco 1982). Die Arbeitslosigkeit lag deutlich unter dem italienischen Durchschnitt. Die Produktion konzentrierte sich vielfach auf traditionelle Produkte, wie etwa Schuhe, Lederwaren, Kacheln und Textilien – Produkte also, die normalerweise mit den klassischen massenproduzierenden Techniken in Niedriglohnländern hergestellt werden.

Die Regionen des Dritten Italiens zeichnen sich durch eine starke handwerkliche Tradition aus, deren Wurzeln bis in die Renaissance reichen. Während in Nordeuropa das Bild des Berufswesens durch die protestantischen Sekten geprägt wurde, blieb die Kultur dieser Regionen den Idealen der Renaissance verpflichtet. Es sind dies Traditionen, die wesentlich die Diffusion des Modells der Massenproduktion verhindert haben (Fuà 1983). Einen interessanten Hinweis auf die kulturelle Eigenständigkeit dieser Regionen liefern die Migrationsströme. Zur Zeit der grossen Süd-Nord-Emigration in die industriellen Zentren Norditaliens (Mailand, Turin, Genua) fanden in diesen Regionen lediglich intraregionale Migrationen statt (Beccatini 1983). Die Landbevölkerung wanderte zwar in den 50er Jahren aus den ländlichen und peripheren Gebieten aus, liess sich jedoch in den regionalen Agglomerationen nieder. In diesen Regionen finden sich keine Metropolen. Die italienische Literatur bezeichnet die urbane Struktur als "campagna urbanizzata": Das Land ist durch eine Vielzahl kleiner und kleinster Zentren geprägt. Der massenproduzierende Grossbetrieb stellt eine Ausnahme dar. Dies spiegelt sich in der Beschäftigungsstruktur wieder, die als kleinbetrieblich bezeichnet werden muss. In der Emilia-Romagna, einer Region Mittelitaliens, arbeiteten 1971 38.2% aller Industriebeschäftigten in Betrieben mit weniger als 20 Angestellten (Brusco 1982, S. 170).[5]

---

5 Urbane Struktur und Beschäftigungsstruktur des Dritten Italiens weisen erstaunliche Ähnlichkeiten mit der schweizerischen Situation auf. So arbeiteten 1975 in der Schweiz 38,5 % der Berufstätigen in Betrieben mit weniger als 20 Beschäftigten.

Die Arbeiten über das Dritte Italien haben immer wieder die engen Beziehungen zwischen Wettbewerbsfähigkeit, Flexibilität und Innovativität einerseits und der regionalen Dimension dieser Ökonomien andererseits betont. Die traditionellen analytischen Einheiten, die individuelle Firma und die Branche, erweisen sich im Falle dieser Industrieregionen als unzweckmässig oder gar irreführend (Garofoli 1983). Eine rein betriebliche Perspektive wäre beispielsweise nicht in der Lage, die Wettbewerbsfähigkeit zahlreicher Betriebe, die vielfach mit antiquierten Produktionstechniken operieren und mit überholten Methoden geführt werden, zu erklären. Diese Betriebe wären ausserhalb ihrer angestammten Region kaum überlebensfähig. In ein Netz stabiler beruflicher und persönlicher Beziehungen eingebunden zeigen sie hingegen eine erstaunliche Vitalität. Auch die Branche als analytische Kategorie erweist sich in mancher Hinsicht als unzweckmässig. Obschon sich diese Regionen meistens auf ganz bestimmte Produkte spezialisiert haben, haben sie im Laufe der Jahre auch Know-How in der Produktion der zugehörigen Produktionsinfrastruktur gesammelt. Die Kachel-Produzenten von Pozzuoli beispielsweise verwenden spezielle Öfen, die das Ergebnis der Kooperation zwischen ihnen und den Ofen-Herstellern in der Region sind (Gandolfi 1988, S. 57ff. Die Arbeit enthält eine detaillierte Diskussion zahlreicher Industrieregionen des Dritten Italien).

Wenn von der Region als wesentlicher analytischer Einheit die Rede ist, dann in einem durchaus präzisen Sinne. Die empirischen Arbeiten über das Dritte Italien haben gezeigt, dass zwischen den in einer bestimmten Region angesiedelten Industriebetrieben und den Anbietern von produktionsorientierten Dienstleistungen bzw. zwischen Gewerkschaften und Arbeitgeberorganisationen enge, stabile berufliche oder gar persönliche Beziehungen bestehen. Erst der explizite Einbezug dieser Beziehungen in die Analyse vermag die Wettbewerbsfähigkeit, die Flexibilität und die Innovativität dieser Industrieregionen zu erklären. Die regionale Dimension beruflicher Beziehungen im Dritten Italien ist von der italienischen Literatur deutlich erkannt worden. Sie spricht in diesem Zusammenhang von industriellen Distrikten oder von "area-sistema". Obschon die Debatte über Industriedistrikte erst mit der Entdeckung des Dritten Italien in Bewegung kam, hat dieser Begriff eine denkwürdige Geschichte. Der Begriff des Industriedistriktes geht auf Alfred Marshall zurück und wurde von ihm für jene Regionen eingeführt, die eine hohe Konzentration von Klein- und Mittelbetrieben in einem verhältnismässig engen Raum aufwiesen und durch ihre verblüffende Vitalität auffielen (Eine Diskussion des Industrie-Distriktes bei Marshall findet sich in Bellandi 1989. Den Bezug zur italienischen Situation stellt Beccatini 1987 her).

Die Flexibilität der Industriedisktrikte des Dritten Italiens zeigt sich in ihrer Fähigkeit, auf stark fragmentierten und volatilen Märkten zu operieren. Innerhalb einer bestimmten Produktepalette sind sie durchaus in der Lage, sehr unterschiedlichen Produktspezifikationen gerecht zu werden sowie verschiedene Losgrössen, vom Einzelexemplar bis zur mittleren Serie, produzieren zu können. Ihre Flexibilität darf aber doch nicht überschätzt werden, eine gewisse Spezialisierung ist unumgänglich. Die Kachelproduzenten von Pozzuoli sind beispielsweise nicht in der Lage, die Textilproduzenten von Prato zu konkurrenzieren. Im Bereich der Kachelproduktion können sie jedoch praktisch alle Kundenanforderungen erfüllen. Auf diesen Sachverhalt bezieht sich die Bezeichnung "Flexible Spezialisierung". Die Strategien, welche ihnen ermöglichten, sich auf diesen Märkten zu behaupten, sind zu komplex und zu unterschiedlich, um im Rahmen dieser knappen Ausführungen adäquat dargestellt zu werden. In den folgenden Ausführungen werde ich mich lediglich auf eine idealtypische Diskussion beschränken.

Die Marktstrategien der italienischen Industriedistrikte beruhen auf der Einsicht, dass die Struktur der Nachfrage sowie die Lebensdauer einzelner Produkte je länger desto weniger zuverlässig prognostiziert werden können. Diese Einsicht hat auf die Produktionsstruktur tiefgreifende Auswirkungen. Die traditionellen Konzepte der Massenproduktion können nicht mehr angewendet werden. Angesichts der Schwankungen in der Nachfragestruktur und ihre Volatilität sind Investitionen in eine hochspezialisierte Produktionsinfrastruktur nicht mehr rentabel. Demzufolge können auch keine tayloristischen Arbeits- und Organisationskonzepte angewendet werden. Industriebetriebe in den italienischen Industriedistrikten sind diesen Schwierigkeiten begegnet, indem sie den Produktionsprozess in zahlreiche unabhängige Produktionsphasen zerlegt und teilweise dezentralisiert haben. Die Modalitäten dieses Prozesses der vertikalen Desintegration können stark variieren. Es kommt sogar vor, dass im betreffenden Industriedistrikt kein eindeutiger Leader-Betrieb mehr erkannt werden kann. Die gegenseitigen Lieferbeziehungen sind dementsprechend nicht unbedingt rein sequentiell oder hierarchisch strukturiert. Sie können durchaus einen netzwerkartigen Charakter haben. Die Produktion scheint sich in diesem Falle tatsächlich von selbst zu organisieren und ein koordinierender Betrieb ist nicht primär notwendig (eine detaillierte Diskussion verschiedener Modelle von Industriedistrikten findet sich in Garafoli 1981).

Die vertikale Desintegration des Produktionsprozesses ermöglicht die Auslagerung von Investitionen in sehr effiziente, aber teure und spezialisierte Maschinen. Ist für einen Produzenten, der auf dem Weltmarkt operiert, die Investition in eine spezialisierte Maschine aufgrund der stark fragmentierten und volatilen Nachfrage nicht rentabel, kann sich eine solche Investition für einen Betrieb, der hauptsächlich Bauteile und Komponenten für Betriebe verschiedener Branchen innerhalb des Distriktes herstellt, durchaus lohnen. Ein solcher Betrieb ist weder von einem einzigen dominanten Auftraggeber abhängig, noch den Unsicherheitheiten der Weltmärkte ausgeliefert. Seine Nachfrage ist durchaus berechenbar, die Investition in spezialisierte Maschinen dementsprechend amortisierbar. Die starke vertikale Desintegration der Produktion scheint damit eine erfolgreiche Strategie zur Umverteilung der Risiken einer zunehmend instabilen und volatilen ökonomischen Umwelt zu verkörpern.

Die bisherigen Ausführungen dürfen nicht darüber hinwegtäuschen, dass der Erfolg dieses Produktionsmodells wesentlich von einem kritischen Gleichgewicht zwischen Kooperation und Konkurrenz in den Subcontracting-Beziehungen dieser Industriedistrikte abhängig ist (Furino 1988). Basiert das klassische Subcontracting auf einseitigen Machtverhältnissen, die dem Auftraggeber ermöglichen, alle Risiken des Vertrags auf den Subcontractor abzuwälzen, beruhen die Lieferbeziehungen im Dritten Italien und anderswo auf delikaten sozialen Regeln des gegenseitigen Vertrauens.[6] Die Bedeutung von Vertrauensbeziehungen in einem regionalen Kontext ist schon vor etlichen Jahren von Thorngren (1970) dokumentiert worden. Neuere Arbeiten über die französische Zulieferindustrie im Automobilsektor haben die subtilen Regeln gegenseitigen Vertrauens, welche an der Basis der Subcontractor-Auftraggeber-Beziehungen liegen, untersucht und dokumentiert (Lorenz 1989; Lorenz 1990).[7] Das Paradoxe an Vertrauensbeziehungen ist, dass gegenseitiges Vertrauen für beide Partner aus einer eigennützigen Perspektive vorerst von Vorteil ist, dieses Vertrauen aber wiederum leicht Opfer von eigennützigem Handeln werden kann. Die Vertragspartner sehen sich mit dem klassischen Gefangenen-Dilemma konfrontiert, welches ich in Abschnitt 2.4.3 diskutiert habe. Das Vorliegen eines Dilemmas macht darauf aufmerksam, dass kooperative Praktiken kaum mit einem Willensakt herbeigeführt werden können. Vertrauen zu "vereinbaren" heisst letztlich, einen gewissen Spielraum für gegenseitige Kontrolle einzuräumen. Ein übertriebenes Mass an Kontrolle kann eine Vertrauensbeziehung jedoch zerstören. "Sich auf jemanden verlassen können" heisst eben, dass gewisse Erwartungen ohne systematische Kontrolle routinemässig bestätigt werden. Andererseits macht der Aus-

---

6 Wenn eine Vertrauensbeziehung als Ausdruck reziproker Praktiken aufgefasst wird, können ihre kulturellen Wurzeln teilweise sichtbar gemacht werden. Im dritten Teil dieser Arbeit habe ich soziale Beziehungen grob in drei Klassen eingeteilt, in negative, äquivalente und verallgemeinerte Reziprozitäten. Vertrauen wurde dort als "balanced reciprocities", als eine Klasse reziproker Beziehungen beschrieben, die sich sowohl von den strikt utilitaristischen Beziehungen, den "negative reciprocities", als auch von den solidarischen Beziehungen, von "generalized reciprocities" unterscheiden lässt.

7 Von Interesse ist auch Sabel (1990). Umfassend hierzu ist Gambetta (1990).

druck "blindes Vertrauen" auf die Verletztbarkeit von Vertrauensbeziehungen aufmerksam.

Eine rein konstruktivistische Auslegung der Vertrauensbeziehungen in den Industriedistrikten des Dritten Italiens scheint damit die ermöglichende und stabilisierende Wirkung sozialer und kultureller Regeln zu übersehen. Es soll in diesem Zusammenhang unterstrichen werden, dass die Entstehung der Vertrauensbeziehungen nicht einfach als eine Reaktion auf die zunehmende Fragmentierung und Volatilität der Nachfrage gedeutet werden kann. Gegenseitiges Vertrauen ist ein konstitutives Merkmal beruflicher Traditionen des Dritten Italiens. Damit soll nicht der Eindruck erweckt werden, die alltägliche Realität der Industriedistrikte sei ausschliesslich durch kooperative oder gar altruistische Beziehungen zwischen den ansässigen Betrieben geprägt. Die Existenz stabiler geschäftlicher Beziehungen darf nicht darüber hinwegtäuschen, dass innerhalb dieser Industriedistrikte der Wettbewerb heftige Ausmasse annehmen kann. Tradition und Kultur dieser Regionen haben informelle aber verbindliche Regeln hervorgebracht, die die Grenzen zwischen kooperativen und konkurrierenden Haltungen deutlich abstecken (Pyke 1988; Pyke, Beccatini, Sengerberger 1990). So kann es durchaus vorkommen, dass zwei Industriebetriebe an der technischen Verbesserung einer Maschine kooperieren, sich aber aufs Schärfste auf dem gleichen Markt konkurrenzieren.

Die Bedeutung der italienischen Erfahrungen wird dadurch erhöht, dass sie keineswegs einmalig sind. Angeregt durch die italienischen Arbeiten sind zahlreiche weitere ähnliche Regionen entdeckt und untersucht worden. Sie unterscheiden sich äusserlich stark vom italienischen Modell aber sie bestätigen i.d.R. den Grundtenor der italienischen Erfahrungen. Interessante Arbeiten liegen über die Uhrenregionen in der Schweiz (Rüedi 1992; Crevoisier, Vasserot 1988; Crevoisier, Maillat, Vasserot 1989; Crevoisier 1990), über die Maschinenindustrie in Baden-Württenberg (Piore, Sabel 1985, S.229ff.), über die Film-Industrie in Los Angeles USA (Storper, Christopherson 1987), über die High-Tech-Aktivitäten in Boston und Silicon Valley (Saxenian 1985), in der Region Lyon (Raveyre, Saglio 1984) und Japan (Dore 1984) vor.

Das Interesse an den Restrukturierungsprozessen in den Klein- und Mittelbetrieben wird durch einen weiteren Aspekt erhöht, denn diese Strategien gingen an den Grossbetrieben nicht spurlos vorbei. In den 80er Jahren haben massenproduzierende Grossbetriebe angefangen, sich am Modell der Flexiblen Spezialisierung zu orientieren (Sabel 1989). Bedeutende multinationale Unternehmen haben begonnen, Verantwortungen und Entscheidungskompetenzen auszulagern. Administrative Einheiten werden zunehmend in rechtlich autonome Betriebe umgewandelt. Die neueste Illustration eines solchen Prozesses hat IBM geliefert. Ein weiteres interessantes Beispiel bot die Restrukturierung der Asea-BBC (Catrina

1991). In einer neueren Untersuchung ist gezeigt worden, dass bei BMW die Entwicklung und Produktion neuer Modelle zu hundert Prozent (!) ausgelagert werden kann. Abgesehen vom Motor, der aus Prestigegründen immer noch im Hause entwickelt und produziert wird, ist die ganze Produktion und zum Teil auch die Entwicklung von Automobilteilen ausgelagert worden (Sabel, Kern, Herrigel 1989).

Die Aktualität dieser Diskussion scheint auch in der Schweiz erkannt worden zu sein. Die Wettbwerbsfähigkeit hochqualitativer Schweizer Spezialprodukte scheint je länger je mehr durch die neuen, flexiblen Fertigungstechnologien, die auch von massenproduzierenden Betrieben im Ausland vermehrt eingesetzt werden, gefährdet zu sein. Inländische Industrie-Zeitschriften widmen dem Thema der Flexibilität und der neuen Fertigungstechnologien immer wieder praxisbezogene Artikel. Die Schweizer Regierung hat ein Impulsprogramm (das CIM-Programm) zur Förderung der neuen flexiblen Fertigungstechnologien und der beruflichen Ausbildung gestartet. Ähnliche Initiativen werden aus anderen europäischen Ländern gemeldet. Flexibilität und Innovativität als ökonomische Erfolgsfaktoren auf fragmentierten und volatilen Märkten, eine der wichtigsten Erkenntnisse aus den italienischen Erfahrungen der 70er Jahre, scheinen in den Strategien industrieller Unternehmer in der Schweiz und im Ausland zunehmend Eingang gefunden zu haben.

Über das Ausmass und die Relevanz dieser Restrukturierungsprozesse sind die Meinungen geteilt (Minsky 1985; Haslam 1987). In unserem Zusammenhang kann es nicht darum gehen, eine definitive Antwort auf die Frage nach der Richtung und der Geschwindigkeit dieser Restrukturierungsprozesse zu geben. Es ist also nicht primär von Belang, ob sich der Wirtschaftsstil der Flexiblen Spezialisierung gegen das Modell der Massenproduktion generell durchzusetzen vermag. Massenproduktion wird wohl ihre Bedeutung nie vollständig verlieren. So sind schon heute gemischte Formen ersichtlich, welche weder der Massenproduktion noch der Flexiblen Spezialisierung eindeutig zugeteilt werden können. Die Produktion der Swatch ist hierzu ein Beispiel. Wie auch immer das Verhältnis zwischen der Strategie der Massenproduktion und der Flexiblen Spezialisierung aussieht, eines ist klar: Die klassischen Arbeits-, Organisations- und Produktionsmodelle, welche sich ausschliesslich an Konzepten der Massenproduktion orientierten, stehen nicht mehr alleine da. Dementsprechend scheint sich die Einsicht allmählich durchzusetzen, dass reine Massenproduktion und tayloristische Organisationsprinzipien nicht die einzigen und auch nicht die erfolgreichsten Methoden sind, ökonomische Aktivitäten zu organisieren. Eine indirekte Bestätigung der Verschiebung des Verhältnisses von alten und neuen Organisationsparadigmen liefern Arbeiten über die Struktur und Evolution von Arbeitsmärkten. In der ehemaligen BRD wurden in der Industrie Requalifizierungstendenzen bei stagnierenden Stellenzahlen festgestellt (Kern, Schumann 1984). Ähnliche Tendenzen sind im Bürobereich beobachtet worden (Baethge, Oberbeck 1986). Diese Tendenzen können für sich betrachtet nicht als Beweise für eine endgültige Trendumkehr angesehen werden. Sie liefern jedoch ernstzunemende Indizien dafür, dass traditionelle Arbeits- und Organisationsformen in Fluss geraten sind.

Die Restrukturierungsbemühungen der Grossbetriebe sind ein wichtiges Indiz für die Selektionswirkung, welche die Destabilisierung ökonomischer Rahmenbedingungen auf überlieferte Organisations- und Produktionsformen hat. Aus ökologischer Sicht haben derartige Dezentralisierungstendenzen zwar keine unmittelbare Bedeutung. Sie schaffen jedoch Voraussetzungen für eine ökologische Restrukturierung, indem Verantwortungen und Entscheidungskompetenzen systematisch dezentralisiert werden. Wie die Diskussion der italienischen Industriedistrikte gezeigt hat, sind solche Dezentralisierungsbemühungen eine wichtige Prämisse zur Schaffung flexibler Produktionssysteme. In den folgenden Ausführungen soll illustriert werden, dass regionale Produktionsstrukturen bzw. institutionalisierte berufliche und persönliche Beziehungen auf regionaler Ebene auch aus innovatorischen Gesichtspunkten von zentraler Bedeutung sind. Diesem Zusammenhang ist bis heute kaum Aufmerksamkeit geschenkt worden. Innovationen werden meistens als rein individuelle Leistungen diskutiert und beschrieben. Selbst Schumpeter stellte ausschliesslich den einzelnen Unternehmer in den Mittelpunkt seiner Betrachtungen über die Mechanismen der Innovation. Hier soll ein anderer Weg beschritten werden und die Bedeutung institutionalisierter Kontakte für den Innovationsprozess betrachten.

Die Relevanz von Innovationsprozessen kann aus ökologischer Sicht nicht genügend herausgestrichen werden. Von den innovatorischen Fähigkeiten einer Marktwirtschaft hängt letztlich der Erfolg der politischen Bemühungen ab, jene industriellen Restrukturierungsprozesse in Gang zu bringen, welche aus ökologischer Sicht dringend notwendig sind. Es ist m.E. nicht übertrieben zu behaupten, dass die Schaffung ökologischer Rahmenbedingungen den Aspekt der Innnovation explizit einbeziehen soll. Mit Innovativität sollen in den folgenden Ausführungen Fähigkeiten angesprochen sein, die nicht mit der Entwicklung und Vermarktung eines spezifischen Produktes oder einer bestimmten Produktgruppe verknüpft sind. Innovativität möchte ich eher als Ausdruck bestimmter technischer und organisatorischer Fähigkeiten beschreiben. Jene Fähigkeiten beispielsweise, die zum Aufbau einer weltweiten Marketing-Organisation, zur Umsetzung einer neuen Idee in ein Produkt und zur Organisation der Produktion dienen, hängen i.a. nicht primär mit den Eigenheiten des Produktes zusammen. Produktspezifisch sind hingegen die entsprechenden Marktkenntnisse. Diese Auslegung innovativer Fähigkeiten unterstreicht letztlich die Relevanz beruflicher Fähigkeiten. Sie steckt zugleich die ökonomische und kulturelle Reichweite einer Innovation ab. Von einer Innovation soll hier erst dann die Rede sein, wenn die Vermarktung gänzlich neuer Produkte oder Produktionsverfahren gelingt. Ein extremes Beispiel bietet hierzu die Region Jura in der Schweiz. Ausgehend von der (sehr erfolgreichen) Massenproduktion von Billiguhren haben sich bemerkenswerte Fähigkeiten im Bereich der Mikroelektronik konsolidiert. Mittlerweile wird gar an der Entwicklung eines unweltfreundlichen Automobils gearbeitet.

Wie die folgenden Ausführungen illustrieren werden, haben innovative Fähigkeiten eine ausgeprägte regionale Dimension. Innovativität soll dementsprechend als Merkmal regionaler Milieus und nicht einfach als Attribut eines einzelnen Individuums aufgefasst werden. Es wird sich zeigen, dass die institutionalisierten Beziehungen zwischen Unternehmen, Gewerkschaften, Finanzinstitutionen, Forschungszentren und lokalen politischen Behörden einen wichtigen Erklärungsfaktor für die erfolgreiche Umsetzung einer Idee in eine technische Entwicklung und schliesslich in ein marktreifes Produkt bilden. An dieser These wird der beispielhafte Charakter italienischer Industriedistrikte sichtbar, denn gerade diese Art von Beziehungen sind für sie ein konstitutives Merkmal. Die Bedeutung des regionalen Milieus möchte ich nun sowohl im positiven als auch im negativen Sinne anhand einiger weniger, aber einsichtsreicher Beispiele diskutieren.

Zeitungsberichte bieten hierzu reichhaltiges Anschauungsmaterial. Die Geschichte der Firma Cray, die bis vor wenigen Jahren die weltweit führende Herstellerin von Superrechnern war, ist lediglich das letzte einer langen Reihe ähnlicher Beispiele, welche die entscheidende Bedeutung eines innovativen Milieus illustrieren. Seymour Cray war noch vor wenigen Jahren Leiter einer Entwicklungsgruppe der Firma CDC, einer damals noch führenden Herstellerin von Mainframes. Nachdem CDC Seymour Cray die finanziellen Mittel für die Entwicklung eines neuartigen Computers verweigerte, beschloss dieser kurzerhand, die Entwicklungsarbeiten auf selbständiger Basis voranzutreiben. Das Entwicklungsergebnis war aus technischer Sicht durchaus hervorragend. Bei der Vermarktung stiess Cray jedoch auf sehr grosse Schwierigkeiten. Nach einem Bericht der Zeitung Weltwoche vom 16. Febraur 1989 verschenkte Seymour Cray seine erste Cray einem Physik-Institut in Kalifornien, nachdem er beim Versuch, seine Entwicklung zu verkaufen, ein Jahr lang erfolglos geblieben war. Die kalifornischen Forscher waren von dieser Maschine so begeistert, dass sie den Rechner a posteriori bezahlten und gleich weitere Exemplare bestellten.

Seymour Cray verkörpert die Figur des brillianten Entwicklers, der jedoch über keine institutionalisierten Kontakte zur Industrie- und Finanzwelt verfügt. Mehr Glück hatten zwei Boys der kalifornischen Bay Area, südlich von San Francisco, Mark Wozniak und Steve Jobs. Ihre Biographie und die Geschichte der Firma Apple liefern m.E. eine der besten Illustrationen zur Bedeutung eines regionalen Milieus. In den 70er Jahre begannen Jugendliche in der Bay Area mit Elektronik und Informatik zu experimentieren. Ihren Hobbys konnten sie, von Eltern und Lehrern gefördert, optimal nachgehen. Es ist nicht übertrieben zu behaupten, dass das Ergebnis dieser harmlosen Spiele zwischen Jugendlichen die Erfindung des Personal Computer ist. Bis Ende der 70er Jahre wurden Computer ausschliesslich für Firmen und nicht für Individuen gebaut. Die Idee, Computer für eine individuelle Benutzung zu entwickeln, war selbstverständlich auch den etablierten Computer-Herstellern bekannt, wurde aber nie ernstgenommen. Unter den Mitgliedern des Homebrew Club, eines Vereins von begeisterten Computer-Freaks, hatte diese Idee hingegen schon längst Fuss gefasst. Doch sie musste weitgehend Utopie bleiben, bis die Finanzwelt begann, sich dafür zu interessieren. Die zwei Wunderboys, Wozniak und Jobs, wurden mit den wichtigsten Figuren der amerikanischen Finanzwelt in Kontakt gesetzt, beispielsweise mit der Bank für Venture Capital der Familie Rockefeller. Zu dieser Zeit, 1976, war Apple schon gegründet worden, hatte aber noch den Charakter eines Familienunternehmens und operierte ausschliesslich auf lokaler Ebene. Erst nachdem das Management von Apple mit professionellen Methoden organisiert wurde, kam der kommerzielle Erfolg (eine detaillierte, einsichtsreiche Diskussion der Geschichte der Firma Apple findet sich in Moritz 1984). Dieser muss nach den Ausführungen von Moritz tatsächlich als Ergebnis der Kooperation zwischen technisch innovativen Geistern und weitsichtigen Investoren beschrieben werden.

Ungefähr in der gleichen Zeit, Ende der 70er Jahre, wurde am Institut für Informatik der Eidgenössischen Technischen Hochschule in Zürich die Personal Workstation Lilith entwickelt. Lilith war für jene Zeit jedem existierenden Personal Computer überlegen. Die Workstation verfügte über eine graphische Benutzeroberfläche und konnte über Menüs und über eine dreiknöpfige Maus angesteuert werden. Das Betriebssystem wurde vollständig in einer neuen, höheren Programmiersprache namens Modula-2 entwickelt. Die Lilith war für die damalige Zeit sehr innovativ. Doch selbst derartige, zukunftsträchtige Spitzenleistungen gingen am Zürcher Finanzplatz und der Industrie spurlos vorbei. Der Versuch, diese Entwicklung zur Marktreife zu bringen, scheiterte kläglich. Die Gründe für diesen Misserfolg sind bisher nicht endgültig geklärt worden. Einiges spricht allerdings dafür, dass zwischen Hochschulen, Finanzplatz und Industrie im Bereich der neuen Informationstechnologien jene institutionalisierten Beziehungen fehlten, die im letzten Jahrhundert den Aufbau der Schweizer Maschinenindustrie ermöglicht hatten.

Gerade das Aufkommen der Schweizer Textil- und Maschinenindustrie liefert ein weiteres, aus Schweizer Sicht besonders relevantes Beispiel des

Zusammenhangs zwischen institutionalisierten Beziehungen in Finanz- und Industriewelt einerseits und Innovationsprozessen andererseits. Der Finanzplatz Zürich wurde buchstäblich aus dem Boden gestampft, als in den 50er Jahren des 19. Jahrhunderts die Notwendigkeit erkannt wurde, industriellen Tätigkeiten mit Beratung und finanziellen Mitteln beizustehen. Auch die Einrichtung der technischen Hochschule ging auf die Absicht zurück, die junge Schweizer Industrie mit dem nötigen technischen Know-How zu unterstützen. Die engen persönlichen Beziehungen zwischen der damals durch den offenen Geist der Aufklärung getragenen Freisinnigen Partei, dem Finanzplatz und der Industrie brachten technologische und organisatorische Spitzenleistungen wie die Realisierung des Eisenbahnnetzes oder die Finanzierung der jungen Textil- und Maschinenindustrie hervor (siehe Craig 1988 für eine detaillierte, einsichtsreiche Diskussion dieser Zusammenhänge). Während die Bedeutung der Ende des 19. Jahrhunderts aufstrebenden Technologien, insbesondere der Elekrizität im Zürcher Milieu noch erkannt wurde, scheint dies für die neuen Informations- und Kommunikationstechnologien, wie der Fall der Personal Workstation Lilith zeigt, nur bedingt der Fall zu sein.

Die Liste derartiger Beispiele liesse sich schon fast beliebig erweitern. Der Grundtenor würde sich dabei kaum ändern und die Bedeutung institutionalisierter persönlicher und beruflicher Kontakte für den Innovationsprozess bestätigen. Aus ökologischer Sicht muss somit dieser neuen, bisher kaum beachteten Variable explizit Rechnung getragen werden. Die bisherigen Ausführungen haben jedoch gezeigt, dass der politische Handlungsspielraum diesbezüglich beschränkt ist. Wie die Diskussion italienischer Industriedistrikte nahegelegt hat, sind Flexibilität und Innovativität keine Fähigkeiten, die auf dem politischen Wege gewährleistet werden können. Der vierte Teil dieser Arbeit hat plausibel zu machen versucht, dass die Einführung von Umweltlizenzen nicht nur klare, verbindliche ökologische Rahmenbedingungen schafft, sondern auch Fähigkeiten wie Flexibilität und Innovativität fördert, die als wichtige Voraussetzungen einer ökologischen Restrukturierung zu betrachten sind. Diese Fähigkeiten werden durch die schrittweise Destabilisierung ökonomischer Rahmenbedingungen besonders gefördert. Destabilisierungstendenzen üben gleichzeitig einen selektiven Druck auf nicht-flexible, nicht-innovative Betriebe aus. Wie zu Beginn dieses Abschnitts gezeigt wurde, beruht diese These nicht etwa auf abstrakten Modellierungen, sondern auf den Erfahrungen, welche in den 70er Jahren im Umgang mit einer zunehmend instabilen ökonomischen Umwelt gesammelt wurden.

Ordnungspolitische Diskussionen, welche sich die Realisierung einer ökologischen Marktwirtschaft zum Ziel setzen, können sich m.E. nicht mehr leisten, die realen Auswirkungen zu vernachlässigen, welche aus der Umsetzung eines bestimmten umweltpolitischen Instruments erwartet werden müssen. Diese Aufgabe kann jedoch nur bewältigt werden, wenn historische und kulturelle Gegebenheiten nicht systematisch in den gängigen Diskussionen vernachlässigt werden. Damit soll die Wichtigkeit und Notwendigkeit einer zeitgemässen Ordnungspolitik nicht übersehen werden (Borner, Brunetti, Straubhaar 1990; Moser 1991). Diese Arbeit hat indes gezeigt, dass neben den rechtlichen vor allem auch die kulturellen und sozialen Rahmenbedingungen zentrale Aspekte der Wettbewerbsfähigkeit und der Innovativität ökonomischer Aktivitäten sind. Ein abstraktes Verständis von Wettbewerb und Marktmechanismen ist m.E. unzureichend, um die konkreten Wirkungen eines bestimmen umweltpolitischen Instruments zu diskutieren. Angesichts der Relevanz dieser Zusammenhänge scheint es mir nicht gerechtfertigt, die Wahl einer bestimmten umweltpolitischen Strategie allein auf der Basis pragmatischer Kriterien zu treffen. Wie die Ausführungen im vierten Teil dieser Arbeit gezeigt haben, lassen sich durchaus substantielle Argumente zur Beurteilung einer bestimmten umweltpolitischen Massnahme angeben. Aus dieser Optik verdient die Zertifikatlösung deutlich mehr Aufmerksamkeit.

Die Schwierigkeiten, die in der Realisierung der Zertifikatlösung stecken, dürfen indes nicht unterschätzt werden. Der systematischen Einführung von Umweltlizenzen müssen beachtliche Entwicklungsanstrengungen vorausgehen. Diese sind im EG-Raum und auch in der Schweiz vereinzelt in Angriff genommen worden. Ein elektronisches Zahlungssystem, welches den Handel mit allerlei Umweltlizenzen auf eine zuverlässige, effiziente und billige Art und Weise ermöglicht, existiert bis heute nicht, liegt aber im Bereich des Machbaren. Ein solches System muss m.E. als ein zentrales Anliegen auf dem Wege zur Realisierung einer ökologischen Marktwirtschaft angesehen werden. Angesichts der Schwierigkeiten, aber auch der Chancen, welche uns auf diesem Weg erwarten, ist eine vorsichtige Zuversicht angebracht.

Literatur

Abbot A. (1988): The System of Professions. An Essay on the Division of Expert Labor. University of Chicago Press, Chicago.

Abernathy W.J. (1978): The Productivity Dilemma. Roadblock to Innovation in the Automobile Industry. Johns Hopkins University Press, Baltimore.

Aglietta M. (1987): A Theory of Capitalist Regulation. The US Experience. Verso, London.

Akhtar S. (1991): A Faith for All Seasons: Islam and the Challange of the Modern World. I. R. Dee, Chicago.

Allen P.M., Sanglier M. (1981): Urban Evolution, Self-Organization, and Decisionmaking. Environment and Planning A, 13, 2, 167-183.

Altner G. (Hrsg.) (1986): Die Welt als offenes System. Eine Kontroverse um das Werk von Ilya Prigogine. Fischer Taschenbuch Verlag, Frankfurt a.M.

Arbeitsgemeinschaft Wirtschaft und Gesellschaft (1990): Instrumente einer marktwirtschaftlichen Umweltpolitik. Unsere Meinung, 4.

Arendt H. (1989): Vita activa. La condizione umana. Bompiani, Milano.

Aron R. (1979): Hauptströmungen des modernen soziologischen Denkens. Durkheim - Pareto - Weber. Rowohlt, Hamburg.

Atlan H. (1979): Entre le cristal et la fumeé: Essai sur l'organisation du vivant. Editions du Seuil, Paris.

Babbage C. (1835): On The Economy of Machinery and Manufactures. Knight, London.

Baethge M., Oberbeck H. (1986): Zukunft der Angestellten. Neue Technologien und berufliche Perspektiven in Büro und Verwaltung. Campus, Frankfurt a.M.

Bagnasco A. (1977): Tre Italie - la problematica territoriale dello sviluppo italiano. Il Mulino, Bologna.

Baldwin J.W. (1959): The Medieval Theories of the Just Prices. Romanists, Canonists, and Theologicians in the Twelfth and Thirteenth Centuries. Transactions of the American Philosophical Society, New Series, 49, 4.

Ballestrem K., Ottmann H. (Hrsg.) (1990): Politische Philosophie des 20. Jahrhunderts. Oldenbourg, München.

Bargatzky T. (1986): Einführung in die Kulturökologie. Umwelt, Kultur und Gesellschaft. Reimer Verlag, Berlin.

Bator M. (1958): The Anatomy of Market Failure. Quarterly Journal of Economics, 72, 351-379.

Bätzing W. (1991): Die Alpen: Entstehung und Gefährdung einer europäischen Kulturlandschaft. Beck, München.

Baumol W.J. (1972): On Taxation and the Control of Externalities. American Economic Review, 62, 307-322.

Baumol W.J., Oates W.E. (1971): The Use of Standards and Prices for Protection of the Environment. Swedish Journal of Economics, 73, 42-54.

Baumol W.J., Oates W.E. (1975): The Theory of Environmental Policy. Externalities, Public Outlays, and the Quality of Life. Prentice-Hall, Englewood Cliffs (N.J.).

Beccatini G. (Hrsg.) (1987): Mercato e forze locali: il distretto industriale. Il Mulino, Bologna.

Beccatini G., Bellandi M., Falorni A. (1983): L'industrializzazione diffusa in Toscana: aspetti economici. In: Fuà G., Zacchia C. (Hrsg.): Industrializzazione senza fratture. Il Mulino, Bologna.

Beck U. (1986): Risikogesellschaft. Auf dem Weg in eine andere Moderne. Suhrkamp, Frankfurt a.M.

Beck U. (1988): Gegengifte. Die organisierte Unverantwortlichkeit. Suhrkamp, Frankfurt a.M.

Becker G.S. (1976): The Economic Approach to Human Behavior. University of Chicago Press, Chicago.

Bellandi M. (1989): The Industrial District in Marshall. In: Goodman et. al. (Hrsg.): Small Firms and Industrial Districts in Italy. Routledge, London.

Berkes F., Feeny D., McCay B.J., Acheson J.M. (1989): The Benefits of the Commons. Nature, 340, 6229, 91-93.

Bhaskar R. (1975): A Realist Theory of Science. Harvester Press, Brighton.

Bhaskar R. (1978): On the Possibility of Social Scientific Knowledge and the Limits of Naturalism. Journal of the Theory of Social Behaviour, 8, 1-28.

Bhaskar R. (1979): The Possibility of Naturalism. A Philosophical Critique of the Contemporary Human Sciences. Harvester Press, Brighton.

Bhaskar R. (1989): Reclaiming Reality. A Critical Introduction to Contemporary Philosophy. Verso, London.

Bien G. (Hrsg.) (1985): Aristoteles: Nikomachische Ethik. Auf der Grundlage der Übersetzung von Eugen Rolfes. Felix Meiner Verlag, Hamburg.

Binswanger H.C. (1978): Eigentum und Eigentumspolitik. Ein Beitrag zur Totalrevision der Bundesverfassung. Unter Mitarbeit von L. Fijn von Drat, B. Hotz, R. Meier, R. Nef, H. Werder, M. Werder. Schulthess Polygraphischer Verlag, Zürich.

Bird P.J.W. (1988): One More externality Article: Reply. Journal of Environmental Economics and Management, 15, 3, 382-383

Blackburn P., Coombs R., Green K. (1985): Technology, Economic Growth and the Labour Process. Macmillan, London.

Boadway R., Bruce N. (1984): Welfare Economics. Basil Blackwell, Oxford.

Bohannan P., Dalton G. (Hrsg.) (1962): Markets in Africa. Northwestern University Press, Evanston.

Bonus H. (1984): Marktwirtschaftliche Konzepte im Umweltschutz. Ulmer, Stuttgart.

Borner S., Brunetti A., Straubhaar T. (1990): Schweiz AG: Vom Sonderfall zum Sanierungsfall ? NZZ-Verlag, Zürich.

Bowler P.J. (1986): Theories of Human Evolution. A Century of Debate, 1844-1944. Basil Blackwell, Oxford.

Boyd R., Richerson P.J. (1985): Culture and the Evolutionary Process. University of Chicago Press, Chicago.

Boyer R. (1986): La Théorie de la régulation: une analyse critique. Édition la Découverte, Paris.

Braudel F. (1986): Sozialgeschichte des 15.-18. Jahrhunderts. Aufbruch zur Weltwirtschaft. Kindler, München.

Brennan G., Buchanan J.M. (1985): The Reason of Rules. Constitutional Political Economy. Cambridge University Press, Cambridge.

Brown J. (1989): Environmental Threats: Perception, Analysis and Management. Belhaven Press, London.

Brusco S. (1982): The Emilian Model: Productive Decentralisation and Social Integration. Cambridge Journal of Economics, 6, 167-184.

Brusco S., Sabel C.F. (1981): Artisan Production and Economic Growth. In: Wilkinson F. (Hrsg.): The Dynamics of Labour Market Segmentation. Academic Press, London.

Buchanan J. (1959): Positive Economics, Welfare Economics and Political Economy. Journal of Law and Economics, 2, 124-138.

Buchanan J.M. (1962): Politics, Policy and the Pigovian Margins. Economica, 29, 17-28.

Buchanan J.M. (1984): Die Grenzen der Freiheit: zwischen Anarchie und Leviathan.
Mohr, Tübingen.

Buchanan J.M. (1986): Liberty, Market and the State. Political Economy in the 1980s. Harvester Press, Brighton.

Buchanan J.M., Stubblebine W.C. (1962): Externalities. Economica, 29, 116, 371-384.
Buchanan J.M., Tullock G. (1962): The Calculus of Consent. Logical Foundations of Constitutional Democracy. Ann Arbor, Michigan.
Burrows P. (1980): The Economic Theory of Pollution Control. MIT Press, Cambridge.
Calabresi G. (1968): Transaction Costs, Resource Allocation and Liability Rules - A Comment. Journal of Law and Economics, 11, 67-75.
Carlstein T., Parkes D., Thrift N. (Hrsg.) (1978): Timing Space and Spacing Time, Vol. 2. Human Activity and Time Geography. Edward Arnold, London.
Catrina W. (1991): BBC. Glanz, Krise, Fusion 1891-1991. Von Brown Boveri zu ABB. Orell Füssli, Zürich.
Chandler A. D. Jr. (1977): The Visible Hand. The Managerial Revolution in American Business. Belknap Press, Cambridge.
Cheung S.N.S. (1973): The Fable of Bees: An Economic Investigation. Journal of Law and Economics, 26, 1, 11-33.
Christlichdemokratische Volkspartei der Schweiz (1987): Für eine neue Solidarität mit der Umwelt. Standpunkte, 55.
Coase R. (1937): The Nature of the Firm. Economica, 4, 16, 386-405.
Coase R.H. (1960): The Problem of Social Cost Journal of Law and Economics, 3, 1-44.
Cohen M.A. (1986): The Costs and Benefits of Oil Spill Prevention and Enforcement. Journal of Environmental Economics and Management, 13, 2, 189-197.
Coleman J.S. (1990): Foundations of Social Theory. Harvard University Press, Cambridge MA.
Costanza R., Perrings C. (1990): A Flexible Assurance Bonding System for Improved Environmental Management. Ecological Economics, 2, 57-75.
Craig G.A. (1988): Geld und Geist. Zürich im Zeitalter des Liberalismus 1830-1869. Beck, München.
Crevoisier O. (1990): Functional Logic and Territorial Logic and How they Inter-Relate in the Region. In: Ciciotti E., Alderman W., Thwaites A. (Hrsg.): Technological Change in a Spatial Context. Springer, Berlin.
Crevoisier O., Maillat D., Vasserot J.Y. (1989): L'apport du milieu dans le processus d'innovation: le cas de l'arc Jurassien Suisse. Institut de Recherche Economiques et Régionales, Université de Neuchâtel.
Crevoisier O., Vasserot J.-Y. (1988): L'apport du milieu dans le processus d'innovation: le cas de l'arc jurassien suisse. Institut de recherche économiques et régionales, Dossiers, 15, Université de Neuchâtel, Neuchâtel.

Cross J.G., Guyer M.J. (1980): Social Traps. University of Michigan Press, Ann Arbor.
Currie D. (1985): Macroeconomic Policy Design and Control-Theory - A failed Partnership ? Economic Journal, 95, 285-306.
Dahrendorf R. (1979): Lebenschancen. Anläufe zur sozialen und politischen Theorie. Suhrkamp, Frankfurt a.M.
Dahrendorf R. (1985): Law and Order. Stevens & Sons, London.
Dales J.H. (1968): Pollution, Property and Prices. University of Toronto Press, Toronto.
Davis O.A., Whinston A. (1962): Externalities, Welfare, and the Theory of Games. Journal of Political Economy, 70, 241-262.
De Martino F. (1985): Wirtschaftsgeschichte des alten Rom. Beck, München.
Débreu G. (1966): La théorie de la valeur. Analyse axiomatique de l' équilibre économique. Dunod, Paris.
Demsetz H. (1967): Toward a Theory of Property Rights. American Economic Association: Papers and Proceedings, 32, 347-359.
Devarajan S., Fisher A. (1981): Hotellings's 'Economics of Exhaustible Resources': Fifty Years Later. Journal of Economic Literature, 29, 65-73.
Dijksterhuis E.J. (1956): Die Mechanisierung des Weltbildes. Springer, Berlin.
Dobb M. (1977): Wert- und Verteilungstheorien seit Adam Smith. Eine nationalökonomische Dogmengeschichte. Suhrkamp, Frankfurt a.M.
Dore R. (1984): Authority and Benevolence: The Confucian Recipe for Industrial Success. Pembroke College, Oxford.
Douglas M. (1985): Risk Acceptability According to the Social Sciences. Russel Sage Foundation, New York.
Douglas M. (1990): Come pensano le istituzioni. Il Mulino, Bologna.
Douglas M., Wildawsky A. (1982): Risk and Culture. University of California Press, Berkeley.
Duncan-Jones R. (1977): The Economy of the Roman Empire. Quantitative Studies. Cambridge University Press, Cambridge.
Durkheim E. (1983): Der Selbstmord. Suhrkamp, Frankfurt a.M.
Durkheim E. (1988): Über soziale Arbeitsteilung. Studie über die Organisation höherer Gesellschaften. Suhrkamp, Frankfurt a.M.
Dürrenberger G. (1989): Menschliche Territorien. Geographische Aspekte der biologischen und kulturellen Evolution. Vdf, Zürich.
Dürrenberger G., Ernste E., Furger F., Jaeger C., Steiner D., Truffer B. (1992): Das Dilemma der modernen Stadt. Theoretische Überlegungen zur Stadtenwicklung - dargestellt am Beispiel Zürichs. Springer, Berlin.

Dürrenmatt F. (1985): Justiz. Diogenes, Zürich.
Eder K. (1980): Die Entstehung staatlich organisierter Gesellschaften. Eine Beitrag zu einer Theorie sozialer Evolution. Suhrkamp, Frankfurt a.M.
Eidgenössisches Statistisches Amt (1931): Die Gewerbebetriebe in der Schweiz. Band 3 der Eindgenössischen Betriebszählung vom 22. August 1929. Statistische Quellenwerke der Schweiz, Heft 17, Bern.
Eidgenössisches Statistisches Amt (1977): Eidgenössische Betriebszählung 1975. Arbeitsstätten, Hauptergebnisse für die Schweiz. Statistische Quellenwerke der Schweiz, Heft 605, Bern.
Elektrowatt Ingenieurunternehmung (1984): EFTPOS. Studienprojekt Zahlungsverkehr Einzelhandel. Schweizerische Nationalbank, Zürich.
Endres A. (1976): Die Pareto-optimale Internalisierung externer Effekte. Lang, Frankfurt a.M.
Ernste H., Meier V. (Hrsg.) (1992): Regional Development and Contemporary Industrial Response: Extending Flexible Specialisation. Belhaven Press, London.
Evans-Pritchard E.E. (1940): The Nuer. Claredon Press, Oxford.
Evers A., Nowotny H. (1987): Über den Umgang mit Unsicherheit. Die Entdeckung der Gestaltbarkeit von Gesellschaft. Suhrkamp, Frankfurt a.M.
Ewers H.J., Schulz W. (1982): Die monetären Nutzen gewässergüteverbessernder Massnahmen. Dargestellt am Beispel des Tegeler Sees in Berlin: Pilotstudie zur Bewertung des Nutzens umweltverbessernder Massnahmen. Umweltbundesamt, Berlin.
Ewringmann D., Schafhausen F. (1985): Abgaben als ökonomischer Hebel in der Umweltpolitik. Ein Vergleich von 75 praktizierten oder erwogenen Abgabenlösungen im In- und Ausland (Berichte 8/85, Umweltbundesamt). Erich Schmidt Verlag, Berlin.
Feeny D., Berkes F., McCay B.J. (1990): The Tragedy of the Commons: Twenty-Two Years Later. Human Ecology, 18, 1, 1-19.
Finley M.I. (1965): Technical Innovation and Economic Progress in the Ancient World. Economic History Review, 18, 29-45.
Finley M.I. (1973): The Ancient Economy. Chatto & Windus, London.
Finley M.I. (1977): The World of Odysseus. 2nd Edition. Chatto & Windus, London.
Fitz S., Fitz-Ulrich E., Frenzel G., Krüger R., Kühn H. (1984): Die Einwirkung von Luftverunreinigungen auf ausgewählte Kunstwerke mittelalterlicher Glasmalerei. Berichte des Umweltbundesamtes, Berlin.
Ford H. (1925): My Life & Work. William Heinemann, London.

Foster J.B. (1988): The Fetish of Fordism. Monthly Review, 39, 10, 14-33.

Freeman A.M. III (1979): The Benefits of Air and Water Pollution Control: A Review and Synthesis of Recent Estimates. US Council on Environmental Quality, Washington D.C.

Freeman A.M. III (1984): Depletable Externalities and Pigouvian Taxation. Journal of Environmental Economics and Management, 11, 2, 173-179

Freisinnig Demokratische Partei der Schweiz (1987): Freisinniges Manifest zum Umweltschutz. Zentralsekretariat, Bern.

Frey B.S. (1985): Umweltökonomie (2. Aufl). Vandenhoeck & Ruprecht, Göttingen.

Frey B.S. (1990): Ökonomie ist Sozialwissenschaft. Vahlen, München.

Frey R. (1987): Wirtschaftswachtum und Umweltqualität: Auf der Suche nach einer neuen Wachtumspolitik. Schweizerische Zeitschrift für Volskwirtschaft und Statistik, Nr, 3, 1987

Frey R.L., Gysin C.H., Leu R.E., Schmassman N. (1985): Energie, Umweltschäden und Umweltpolitik in der Schweiz. Rüegger, Diessenhofen.

Fuà G. (1983): Rural Industrialisation in Later Developed Countries: The Case of North East and Central Italy. Banca Nazionale del Lavoro (Quarterly Review), 147, 351-377.

Fuà G., Zacchia C. (Hrsg.) (1983): Industrializzazione senza fratture. Il Mulino, Bologna.

Fuchs E. (1990): L'étique protestante. Histoire et enjeux. Labor et Fides, Genève.

Furino A. (Hrsg.) (1988): Cooperation and Competition in the Global Economy. Ballinger, Cambridge.

Furnham A. (1990): The Protestantic Work Ethic. The Psychology of Work-Related Beliefs and Behaviours. Routledge & Kegan Paul, London.

Furubotn E.G., Pejovich S. (1972): Property Rights and Economic Theory: A Survey of Recent Literature. Journal of Economic Literature, 10, 1137-1162.

Gambetta D. (Hrsg.) (1990): Trust: Making and Breaking of Corporative Relations. Basil Blackwell, Oxford.

Garegnani P. (1966): Switching of Techniques. Quarterly Journal of Economics, 80, 4, 554-567.

Garegnani P. (1970): Heterogeneous Capital, the Production Function and the Theory of Distribution. Review of Economic Studies, 37, 3, 407-439.

Garofoli G. (1981): Lo sviluppo delle "aree periferiche" nell'economia italiana degli anni settanta. L'industria, 2, 391-404.

Giddens A. (1979): Central Problems in Social Theory. Action, Structure and Contradiction in Social Analysis. Macmillan, London.
Giddens A. (1984): The Constitution of Society. Outline of the Theory of Structuration. Polity Press, Cambridge.
Giddens A. (1988): The Role of Space in the Constitution of Society. In: Steiner D., Jaeger C., Walther P. (Hrsg.): Jenseits der mechanistischen Kosmologie - Neue Horizonte für die Geographie? Berichte und Skripte des Geographischen Institut ETH, Zürich, 36, 167-180.
Giddens A. (1990): The Consequences of Modernity. Polity Press, Cambridge.
Giddens A., Turner J.H. (Hrsg.) (1987): Social Theory Today. Stanford University Press, Stanford.
Gilgen P.W., Juen C., Moser B., Zürcher M. (1990): Marktkonforme Instrumente zum Schutze der Umwelt. Grundsätzliche Überlegungen aus der Sicht der Wirtschaft. Gesellschaft zur Förderung der schweizerischen Wirtschaft, Zürich.
Goffman E. (1986): Interaktionsrituale. Über Verhalten in direkter Kommunikation. Suhrkamp, Frankfurt a.M.
Gordon B.J. (1975): Economic Analysis before Adam Smith. Macmillan, London.
Gramsci A. (1971): Selections from the Prison Notebooks of Antonio Gramsci. International Publishers, New York.
Granovetter M. (1984): Small ist Bountiful: Labor Markets and Establishment Size. American Sociological Review, 49, 3, 323-334.
Granovetter M. (1985): Economic Action and Social Structure: The Problem of Embeddedness. American Journal of Sociology, 91, 3, 481-511.
Green J.R., Laffont J.-J. (1979): Incentives in Public-Decision-Making. North Holland, Amsterdam.
Gregson N. (1986): On Duality and Dualism: The Case of Structuration and Time Geography. Progress in Human Geography, 2, 184-205.
Groh D. (1988): Strategien, Zeit und Ressourcen. In: Seifert E.K. (Hrsg.): Ökonomie und Zeit: Beiträge zur interdisziplinären Zeitökonomie. Haag & Herchen, Frankfurt a.M.
Groh R., Groh D. (1991): Weltbild und Naturaneignung. Zur Kulturgeschichte der Natur. Suhrkamp, Frankfurt a.M.
Groner J.F., Utz A.F. (1987): Thomas von Aquin. Recht und Gerechtigkeit. Theologische Summe II-II, Fragen 57-79. Nachfolgefassung von Band 18 der Deutschen Thomasausgabe. IfG Verlagsgesellschaft, Bonn.
Grossmann K. (1988): Entwicklung und Bedeutung von Vertrauen aus der Sicht der Psychologie. Pädagogische Welt, 42, 435-439.

Grubb M. (1989): The Greenhouse Effect: Negotiating Targets. The Royal Institute of International Affairs, London.
Gurjewitsch A.J. (1989): Das Weltbild des mittelalterlichen Menschen. Beck, München.
Gysin C.H. (1985): Externe Kosten der Energie in der Schweiz. Rüegger, Diessenhofen.
Hagenauer S. (1931): Das 'justum pretium' bei Thomas von Aquino. Ein Beitrag zur Geschichte der objektiven Wertheorie. Vierteljahrschrift für Sozial- und Wirtschaftsgeschichte, Beiheft 24 (Kohlhammer, Stuttgart).
Hägerstrand T. (1970): What About People in Regional Science ? Papers of the Regional Science Association, 24, 7-21.
Hahn R.W. (1984): Market Power and Transferable Property Rights. Quarterly Journal of of Economics, 99, 753-765.
Haken H. (1982): Synergetik. Springer, Berlin.
Halvorsen R., Ruby M.G. (1981): Benefit-Cost Analysis of Air-Pollution Control. Lexington Books, Lexington.
Hardin G. (1968): The Tragedy of the Commons. Science, 162, 1243-1248.
Harré R. (1986): Varieties of Realism. A Rationale for The Natural Sciences. Basil Blackwell, Oxford.
Harrison G.W., McKee M. (1985): Experimental Evaluation of the Coase Theorem. Journal of Law and Economics, 28, 653-670.
Haslam C. (1987): The End of Mass Production? Economy and Society, 16, 3, 405-439
Häusler J. (1992): Adapting to an Uncertain Environment: R&D in the West German Machinery Industry. In: Ernste H., Meier V. (Hrsg.): Regional Development and Contemporary Industrial Responce: Extending Flexible Specialisation. Belhaven Press, London.
Hayek F. (1983): Die überschätzte Vernunft. In: Riedl R.J., Kreuzer F. (Hrsg.): Evolution und Menschenbild. Hoffmann und Campe, Hamburg.
Hayek F.A. (1968): Der Wettbewerb als Entdeckungsverfahren. Kieler Vorträge, 56, Kiel.
Hayek F.A. (1976): The Use of Knowledge in Society. In: Hayek F.A.: Individualism and Economic Order. Routledge and Kegan Paul, London.
Hayek F.A. (1988): The Fatal Conceit. The Errors of Socialism. The collected Works of F.A. Hayek. Vol 1. Routledge & Kegan Paul, London.
Head J.G. (1962): Public Goods and Public Policy. Public Finance, 17, 3, 197-219.
Heimer C.A. (1988): Social Structure, Psychology, and the Estimation of Risk. Annual Review of Sociology, 14, 491-519.

Heims S. J. (1984): Johnn Von Neumann and Norbert Wiener. From Mathematics to the Technologies of Life and Death. The MIT Press, Cambridge Massachusetts.

Heine H., Mautz R. (1989): Industriearbeiter contra Umweltschutz ? Campus, Frankfurt.

Held D., Thompson J.B. (Hrsg.) (1989): Social Theory of Modern Societies. Antony Giddens and his Critics. Cambridge University Press, Cambridge.

Hennies W. (1987): Max Webers Fragestellung - Studien zur Biographie des Werks. J.C.B. Mohr, Paul Siebeck, Tübingen.

Hirshleifer J. (1984): Price Theory and Applications. 3th Edition. Prentice-Hall, Englewood Cliffs, New Jersey.

Hobsbawm E.J. (1969): Industrie und Empire. Britische Wirtschaftsgeschichte seit 1750 (2 Bde.). Suhrkamp, Frankfurt a.M.

Höffe O. (1979): Ethik und Politik. Grundmodelle und -probleme der praktischen Philosophie. Suhrkamp, Frankfurt a.M.

Hoffman E., Spitzer M.L. (1982): The Coase Theorem: Some Experimental Tests. Journal of Law and Economics, 25, 73-98.

Hogbin H.I. (1951): Transformation Scene: The Changing Culture of a New Guinea Village. Routledge and Kegan Paul, London.

Hollander S. (1965): On the Interpretation of the Just Price. Kyklos, 18, 4, 615-634.

Homans G.C. (1978): Theorie der sozialen Gruppe. 7. Auflage. Westdeutscher Verlag, Opladen.

Hösle V. (1991): Philosophie der ökologischen Krise. Moskauer Vorträge. Beck, München.

Hotelling H. (1931): The Economics of Exhaustible Resources. Journal of Political Economy, 39, 2, 137-175.

Hounshell D.A. (1984): From the American System to Mass Production 1800-1932. Johns Hopkins University Press, Baltimore.

Humphreys S.C. (1979): Geschichte, Volkswirtschaft und Anthropologie: Das Werk Karl Polanyi's. In: Polanyi K.: Ökonomie und Gesellschaft. Suhrkamp, Frankfurt a.M.

Hund F. (1978): Geschichte der physikalischen Begriffe. Teil 1: Die Entstehung des mechanischen Naturbildes. Bibliographisches Institut, Mannheim.

Hutter M. (1979): Die Gestaltung von Property Rights als Mittel gesellschaftlicher Allokation. Vandenhoeck & Ruprecht, Göttingen.

Jaeger C. (1990): Innovative Milieus and Environmental Awareness. Sociologia Internationalis, 28, 2, 205-216.

Jaeger C. (1991): The Puzzle of Human Ecology. An Essay on the Environmental Problems and Cultural Evolution. Habilitationschrift, Departement für Umweltnaturwissenschaften, ETH-Zürich, Zürich.

Jaeger C., Bieri L., Dürrenberger G. (1987): Berufsethik und Humanisierung der Arbeit. Schweizerische Zeitschrift für Soziologie, 1, 47-62.

Jantsch E. (1982): Die Selbstorganisation des Universums. Vom Urknall zum menschlichen Geist. Dtv, München.

Jardé A. (1979): Les céréales dans l'antiquité grecque. La production. Éditions E. de Boccard, Paris.

Jauch J.M. (1989): Are Quanta Real ? A Galilean Dialogue. With a New Foreword by D.R. Hofstadter. Bloomington, Indianapolis.

Johnson B.B., Covello V.T. (Hrsg.) (1987): The Social and Cultural Construction of Risk. Essays on Risk Selection and Perception. Reidel, Dordrecht.

Johnston R.J. (1986): Philosophy and Human Geography. An Introduction to Contemporary Approaches. Edward Arnold Publishers, London.

Kapp W. (1958): Volkswirtschaftliche Kosten der Privatwirtschaft. J.C.B. Mohr (Paul Siebeck), Tübingen.

Kern H., Schumann M. (1984): Das Ende der Arbeitsteilung? Rationalisierungen in der industriellen Produktion: Bestandesaufnahmen, Trendbestimmung. Beck, München.

Kern L., Müller H.P. (Hrsg.) (1986): Gerechtigkeit, Diskurs oder Macht ? Die neuen Ansätze der Vertragstheorie. Westdeutscher Verlag, Opladen.

Kiessling B. (1988a): Kritik der Giddenschen Sozialtheorie. Ein Beitrag zur theoretisch-methodischen Grundlegung der Sozialwissenschaften. Lang, Frankfurt a.M.

Kiessling B. (1988b): Die "Theorie der Strukturierung". Ein Interview mit Antony Giddens. Zeitschrift für Soziologie, 17, 4, 286-295.

Kloft H. (1985): Arbeit und Arbeitsverträge in der griechisch-römischen Welt. Saeculum, 35, 200-221.

Kneese A.V., Bower B.T. (1984): Managing Water Quality: Economics, Technology, Institutions. Resource of the Future, Washington D.C.

Kneese A.V., Schultze C.L. (1975): Pollution, Prices, and Public Policy. Brookings Institution, Washington D.C.

Koopmans T.C. (Hrsg.) (1951): Activity Analysis of Production and Allocation. Yale University Press, New Haven.

Kuhn T. (1969): Die Struktur wissenschaftlicher Revolutionen. Suhrkamp, Frankfurt a.M.

Küng H. (1990): Projekt Weltethos. Piper, München.

Kwakernaak H., Sivan R. (1972): Linear Optimal Control Systems. Wiley, New York.

Ladeur K.H. (1987): Jenseits von Regulierung und Ökonomisierung der Umwelt: Bearbeitung von Ungewissheit durch (selbst-)organisierte Lernfähigkeit - eine Skizze. Zeitschrift für Umweltpolitik und Umweltrecht, 10, 1, 1-22.

Ladeur K.H. (1989): Umweltrecht und technologische Innovation. Jahrbuch des Umwelt- und Technikrechts, 5, 305-333.

Lalive d'Epinay C. (1991): Die Schweizer und ihre Arbeit. Von Gewissheiten der Vergangenheit zu Fragen der Zukunft. Vdf, Zürich.

Lalive d'Epinay C. (Hrsg.) (1988): Travail, activité, condition humaine a l'aube du XXIe siècle. Presses Interuniversitaires Européennes, Maastricht.

Lancaster K. (1971): Mathematical Economics. Macmillan, London.

Landes D.S. (1978): Prometeo liberato. Trasformazioni tecnologiche e sviluppo industriale nell'Europa occidentale dal 1750 ai giorni nostri. Einaudi, Torino.

Landes D.S. (1983): Revolution in Time. Clocks and the Making of the Modern World. The Belknap Press, Cambridge.

Larson E.D., Ross M.H., Williams R.H. (1986): Beyond the Era of Materials. Scientific American, 254, 6, 24-31.

Le Goff J. (1988): Wucherzins und Höllenqualen. Ökonomie und Religion im Mittelalter. Klett-Kotta, Stuttgart.

Le Goff J. (1989): Kaufleute und Bankiers im Mittelalter. Fischer, Frankfurt a.M.

Lee R.B. (1968): What Hunters Do for a Living, or How to Make Out on Scarce Resources. In: Lee R.B., DeVore I. (Hrsg.): Man the Hunter. Aldine, New York.

Lee R.B., DeVore I. (Hrsg.) (1968): Man the Hunter. Aldine, New York.

Leipert C. (1989): Die heimlichen Kosten des Fortschritts. Fischer, Frankfurt a.M.

Levhari D. (1965): A Nonsubsitution Theorem and Switching of Techniques. Quarterly Journal of Economics, 79, 1, 98-105.

Lipietz A. (1987): Mirages and Miracles. The Crisis of Global Fordism. Verso, London.

Littleton A.C., Yamey B.S. (Hrsg.) (1956): Studies in the History of Accounting. Sweet & Maxwell, London.

Lorenz E.H. (1989): The Search for Flexibility: Subcontracting Networks in French and British Engineering. In: Hirst P., Zeitlin J. (Hrsg.): Reversing Industrial Decline ? Industrial Structure and Policy in Britain and Her Competitors. Berg, Oxford.

Lorenz E.H. (1990): Neither Friends nor Strangers: Informal Networks of Subcontracting in French Industry. In: Gambetta D. (Hrsg.): Trust. Making and Breaking Cooperative Relations. Basil Blackwell, Oxford.

Lorenz E.N. (1963): Deterministic Non-Periodic Flows. Journal of Atmospheric Sciences, 20, 130-141.

Luhmann N. (1989): Vertrauen. Ein Mechanismus der Reduktion sozialer Komplexität. 3. durchgesehene Auflage. Enke, Stuttgart.

Lüscher R.M (1988): Henry und die Krümelmonster. Konkursbuch Verlag Claudia Gehrke, Tübingen.

MacKenzie R.B. (1984): Homo oeconomicus: ökonomische Dimension des Alltags. Campus, Frankfurt a.M.

Mainwaring L. (1984): Value and Distribution in Capitalist Economies. An Introduction to Sraffian Economics. Cambridge University Press, Cambridge.

Mair L. (1972): An Introduction into Anthropology. Claredon Press, Oxford.

Malinowski B. (1921): The Primitive Economics of the Trobriand Islanders. Economic Journal, 31, 121, 1-16.

Malinowski B. (1979): Argonauten des westlichen Pazifik. Ein Bericht über Unternehmungen und Abenteuer der Eingeborenen in den Inselwelten von Melanesisch-Neuguinea. Syndikat, Frankfurt a.M.

Maloney M.T., Yandle B. (1984): Estimation of the Cost of Air Pollution Control Regulation. Journal of Environmental Economics and Management, 11, 3, 244-263

Marglin S.A. (1984): Growth, Distribution, and Prices. Harvard University Press, Cambridge.

Mauch S., Iten R. (1991): Ökologische Steuerreform für die Schweiz in Europa. Kurzfassung des Berichtes zur Werkstattphase 1991. INFRAS, Zürich.

Mauss M. (1990): Die Gabe. Form und Funktion des Austauschs in archaischen Gesellschaften. Mit einem Vorwort von E.E. Evans-Pritchard. Suhrkamp, Frankfurt a.M.

Meade J.E. (1952): External Economies and Diseconomies in a Competitive Situation. Economic Journal, 62, 54-67.

Meade J.E. (1973): The Theory of Economic Externalities. Institut Universitaire des Hautes Études, Geneve.

Meier R., Walter F. (1991): Umweltabgaben in der Schweiz. Ein Beitrag zur Ökologisierung von Wirtschaft und Gesellschaft. Rüegger, Chur.

Meyer-Abich K.M., Schefold B. (Hrsg.) (1981): Wie möchten wir in Zukunft leben ? Beck, München.

Milliman S.R., Prince R. (1989): Firm Incentives to Promote Technological Change in Pollution Control. Journal of Environmental Economics and Management, 17, 3, 247-265

Minsch J. (1988): Ursache und Verursacherprinzip im Umweltbereich. Zur theoretischen Fundierung einer verursacherorientierten Umweltpolitik. Diss. Hochschule St. Gallen. Surbir, St. Gallen.

Minsch J. (1990): Der Konsens gegen die Natur. Elemente für die Überwindung der traditionellen Naturwahrnehmung. SGU-Bulletin, 19, 4, 4-8.

Minsch J. (1992): Grundlagen und Ansatzpunkte einer ökologischen Wirtschaftspolitik. In: Glauber H., Pfriem R. (Hrsg.): Ökologisch wirtschaften. Fischer, Frankfurt a.M.

Minsky H.P. (1985): Review: The Second Industrial Divide. Challange, July-August.

Mishan E.J. (1971): The Post-War Literature on Externalities: An Interpretative Essay. Journal of Economic Literature, 91, 1-28.

Mitchell R.C., Carson R.T. (1989): Using Survey to Value Public Goods: The Contigent Valuation Method. Resources for the Future, Washington D.C.

Morgan G. (1986): Images of Organization. Sage Publications, Beverly Hills.

Morishima M. (1984): The Economics of Industrial Society. Cambridge University Press, Cambridge.

Moritz M. (1984): The Little Kingdom. The Private Story of Apple Computer. William Morrow and Co, New York.

Moser P. (1991): Schweizerische Wirtschaftspolitik im internationalen Wettbewerb. Eine Ordnungspolitische Analyse. Herausgegeben von H. Hauser, G. Schwarz, K.A. Vallander. Orell Füssli, Zürich.

Mumey G.A. (1971): The "Coase Theorem": A Reexamination. Quarterly Journal of Economics, 85, 718-723.

Murray R. (1989): Aufbruch ins postfordistische Zeitalter? Blätter für deutsche und internationale Politik, 4, 411-432.

Nelson D. (1980): Frederick W. Taylor and the Rise of Scientific Management. University of Wisconsin Press, Madison.

Neumann W. (1983): Die Berber. Vielfalt und Einheit einer traditionellen nordafrikanischen Kultur. DuMont, Köln.

Nicolis G., Prigogine I. (1977): Self-Organization in Nonequilibrium Systems: From Dissipative Structures to Order Trough Fluctuations. Wiley, New York.

Nicolis G., Prigogine I. (1987): Die Erforschung des Komplexen. Auf dem Weg zu einem neuen Verständnis der Naturwissenschaften. Piper, München.

Noonan J.T. Jr. (1957): The Scholastic Analysis of Usury. Harvard University Press, Cambridge MA.

Nordhaus W. (1991): A Sketch of the Economics of Greehouse Effect. American Economic Review, 81, 2, 146-150.

Norton R.D., Patrick R.H. (1985): A Note on Prudencio's Experimental Tests of the Coase Propositions. Journal of Environmental Economics and Management, 12, 1, 96-100.

Nozick R. (1974): Anarchy, State, and Utopia. Basic Books, New York.

Oates W.E. (1988): And One More reply. Journal of Environmental Economics and Management, 15, 3, 384-385.

OECD (1989): Economic Instruments for Environmental Protection. OECD Publications and Information Centre, Bonn.

OECD (1991): Recent Developments in the Use of Economic Instruments for Environmental Protection in OECD Conutries. Environment Monograph Nr. 41, Paris.

Outhwaite W. (1987): New Philosophies of Social Science: Realism, Hermeneutics and Critical Theory. Macmillan, London.

Pasinetti L.L. (1966): Changes in the Rate of Profit and Switches of Techniques. Quarterly Journal of Economics, 80, 4, 503-517.

Pasinetti L.L. (1969): Switches of Technique and the "Rate of Return" in Capital Theory. Economic Journal, 79, 508-531.

Pearce D. W., Turner R.K. (1990): Economics of Natural Resources and the Environment. Harverster Wheatsheaf, New York.

Pearce D.W., Sturmey G.S. (1966): Private and Social Costs and Benefits: A New Terminology. Economic Journal, 76, 152-158.

Perrings C. (1987): Economy and Environment. A Theoretical Essay on the Interdepence of Economic and Environmental Systems. Cambridge University Press, Cambridge.

Perrings C. (1988): Debt and Resource Degradation in Low Income Countries: The Adjustment Process and the Perverse Effects of Poverty in Sub-Saharan Africa. In: Singer H., Sharma S. (Hrsg.): Economic Development and World Debt. Macmillan, London.

Perrings C. (1989): Environmental Bonds and Environmental Research in Innovative Activities. Ecological Economics, 1, 95-110.

Perrow C. (1989): Normale Katastrophen. Die unvermeidbaren Risiken der Grosstechnik. Campus, Frankfurt a.M.

Peskin H.M. (1988): One More Externality Article. Journal of Environmental Economics and Management, 15, 3, 380-381.

Pigou A.C. (1946): The Economics of Welfare (4th Ed.). Macmillan, London.

Piore M.J. (1987): Historical Perspectives and the Interpretation of Unemployment. Journal of Economic Literature, 25, 1834-1850.

Piore M.J., Sabel C.F. (1985): Das Ende der Massenproduktion. Studie über die Requalifizierung der Arbeit und die Rückkehr der Ökonomie in die Gesellschaft. Wagenbuch, Berlin.

Pohl J. (1986): Geographie als hermeneutische Wissenschaft. Ein Rekonstrukutionsversuch. Verlag Michael Lassleber, Regensburg.

Polanyi K. (1977): The Livelihood of Man. Academic Press, New York.

Polanyi K. (1979): Ökonomie und Gesellschaft. Suhrkamp, Frankfurt a.M.

Polanyi K., Arensberg C.M., Pearson H.W. (Hrsg.) (1957): Trade and Market in the Early Empires: Economies in History and Theory. The Free Press, Glencoe, Ill.

Porter R.C. (1988): Environmental Negotiation: Its Potential and Its Economic Efficiency. Journal of Environmental Economics and Management, 15, 2, 129-142.

Prigogine I., Allen P.M. (1982): The Challange of Complexity. In: Schieve W.C., Allen P.M. (Hrsg.): Self-Organization and Dissipative Structures Applications in the Phisical and Social Sciences. University of Texas Press, Austin.

Prigogine I., Nicolis G. (Hrsg.) (1983): Nonequilibrium Problems in the Physical Sciences and Biology. Wiley, New York.

Prudencio Y. (1982): The Voluntary Approach to Externality Problems: An Experimental Test. Journal of Environmental Economics and Management, 9, 213-228

Pyke F. (1988): Co-Operative Practices Among Small and Medium-Sized Establishments. Work, Employment & Society, 2, 3, 352-365.

Pyke F., Beccatini G., Sengerberger W. (Hrsg.) (1990): Industrial Districts and Inter-Firm Co-Operation in Italy. International Institute for Labour Studies, Geneva.

Ratti R. (1990): Internationale Wettbewerbsstrategien, lokale Synergien und Raumstrukturierung. DISP, 100, 42-50.

Raveyre M.-F., Saglio J. (1984): Les systèmes industriels localisés: éléments pour una analyse sociologique des ensembles de P.M.E. industriels. Sociologie du travail, 2, 157-177.

Rawls J. (1979): Eine Theorie der Gerechtigkeit. Suhrkamp, Frankfurt a.M.

Rechsteiner R. (1990): Umweltschutz per Portemonnaie. Wege zur sauberen Luft. Unionsverlag, Zürich.

Recktenwald H.C. (1976): Adam Smith. Sein Leben und sein Werk. Beck, München.

Regan D.H. (1972): The Problem of Social Cost Revisited. Journal of Law and Economics, 15, 427-437.

Robinson J. (1953-54): The Production Function and the Theory of Capital. Review of Economic Studies, 21, 2, 81-106.

Robinson J. (1959): Accumulation and the Production Function. Economic Journal, 69, 433-442.
Robinson J., Naqvi K.A. (1967): The Badly Behaved Production Function. Quarterly Journal of Economics, 81, 4, 579-591.
Sabel C.F. (1982): Work and Politics - The Division of Labour in Industry. Cambridge University Press, Cambridge.
Sabel C.F. (1989b): Flexible Specialisation and the Re-emergence of Regional Economies. In: Hirst P., Zeitlin J. (Hrsg.): Reversing Industrial Decline? Industrial Structure and Policy in Britain and her Competitors. Berg, Oxford.
Sabel C.F. (1990): Studied Trust: Building New Forms of Cooperation in a Volatile Economy. Paper presented at the International Conference on "Industrial Districts and Local Economic Regeneration", Geneva, Switzerland, 18-19 October.
Sabini J., Silver M. (1982): The Moralities of Everday Life. Oxford Univesity Press, Oxford.
Sahlins M. (1974): Stone Age Economics. Tavistock Publications, London.
Samuelson P.A. (1954): The Pure Theory of Public Expenditure. Review of Economics and Statistic, 36, 387-389.
Samuelson P.A. (1955): Diagrammatic Exposition of a Theory of Public Expenditure. Review of Economics and Statistics, 37, 350-356.
Samuelson P.A. (1962): Parable and Realism in Capital Theory: The Surrogate Production Function. Review of Economic Studies, 39, 3, 193-206.
Saxenian A. (1985): Silicon Valley and Route 128: Regional Prototypes or Historical Exeptions ? In: Castells M. (Hrsg.): High Technology, Space and Society. Sage, Beverly Hills.
Sayer A. (1984): Method in Social Science. A Realist Approach. Hutchinson & Co., London.
Sayer A. (1985): Realism and Geography. In: Johnston R.J. (Hrsg.): The Future of Geography. Methuen, London.
Schefold B. (1989): Platon und Aristoteles. In: Starbatty J. (Hrsg.): Klassiker des ökonomischen Denkens (2 Bde). Beck, München.
Schefold B. (Hrsg.) (1986): Ökonomische Klassik im Umbruch. Theoretische Aufsätze von David Ricardo, Alfred Marshall, Valdimir K. Dmietriv und Piero Sraffa. Suhrkamp, Frankfurt a.M.
Schelbert H., Maggi R. (Hrsg.) (1988): Wertvolle Umwelt. Zürcher Kantonalbank, Zürich.
Schieve W.C., Allen P.M. (1982): Self-Organization and Dissipative Structures: Applications in the Physical and Social Sciences. University of Texas Press, Austin.

Schmidtchen D. (1983): Property Rights, Freiheit und Wettbewerbspolitik. Walter Eucken Institut, Vorträge und Aufsätze. J.C.B. Mohr (Paul Siebeck), Tübingen.

Schmidtchen G. (1984): Neue Technik, neue Arbeitsmoral. DIV, Köln.

Schneider S.H. (1989a): Global Warming. Are We Entering the Greenhouse Century ? Sierra Club Books, San Francisco.

Schneider S.H. (1989b): The Greenhouse Effect: Science and Policy. Science, 243, 4892, 771-781.

Schreiber E. (1913): Die volkswirtschaftlichen Anschauungen der Scholastik seit Thomas von Aquin. Fischer, Jena.

Schüller A. (Hrsg.) (1983): Property Rights und ökonomische Theorie. Vahlen, München.

Schulz W. (1985): Der monetäre Wert besserer Luft. Eine empirische Analyse individueller Zahlungsbereitschaften und ihrer Determinanten auf der Basis von Repräsentativumfragen. Lang, Frankfurt a.M.

Schumann J. (1987): Grundzüge der mikroökonomischen Theorie. Fünfte revidierte und erweiterte Auflage. Springer, Berlin u.a.

Schweizerische Volkspartei der Schweiz (1987): Aktionsprogramm. Zentralsektretariat, Bern.

Schweizerische Volkspartei der Schweiz (1987): Schwerpunkte. Zentralsektretariat, Bern.

Scitovsky T. (1954): Two Concepts of External Economies. Journal of Political Economy, 42, 143-151.

Sen A. (1987): On Ethics and Economics. Basil Blackwell, Oxford.

Service E.R. (1977): Ursprünge des Staates und der Zivilisation. Suhrkamp, Frankfurt a.M.

SGU (Schweizerische Gesellschaft für Umweltschutz (SGU) (1986): Die wirtschaftlichen Folgen des Waldsterbens in der Schweiz. Zürich.

Siebert H. (1987): Economics of the Environment. Theory and Policy. Springer, Berlin.

Siegrist U. (1990): Umweltsituation und Umweltpolitik. (Referat von Regierungsrat Dr. U. Siegrist, 5.1.1990, in Bad Horn). Zentralsektretariat der SVP, Bern.

Simon H.A. (1955): A Behavioral Model of Rational Choice. Quarterly Journal of Economics, 69, 99-118.

Sjöberg L. (Hrsg.) (1987): Risk and Society. Studies of Risk Generation and Reactions to Risk. Allen & Unwin, London.

Smith A. (1937): An Inquiry into the Nature and Causes of the Wealth of Nations. Edited, with an Introduction, Notes, Marginal Summary and an Enlarged Index by E. Cannan. The Modern Library, New York.

Smith V.K., Desvourages W.H. (1986): Measuring Water Quality Benefits. Kluwer Publishing, Boston.
Solow R.M. (1974): The Economics of Resources and the Resources of Economics. Proceedings of the American Economic Review, 64, 2, 1-26.
Soudek J. (1952): Aristotle's Theory of Exchange. An Inquiryi Into the Origin of Economic Analysis. Proceedings of the American Philosophical Society, 96, 45-75.
Sozialdemoktratische Partei der Schweiz (1989): Thesen und Standpunkte. Gesunde Luft und umweltgerechtes Wirtschaften. Zentralsekretariat, Bern.
Spiethoff A. (1932): Die allgemeine Volkswirtschaftslehre als geschichtliche Theorie. Die Wirtschaftsstile. Schmollers Jahrbuch, Festschrift für Werner Sombart, 891-924
Sraffa P. (1960): Production of Commodities by Means of Commodities. Prelude to a Critique of Economic Theory. Cambridge University Press, Cambridge.
Stern D.N. (1979): Mutter und Kind. Die erste Beziehung. Klett-Kotta, Stuttgart.
Stevens B.K. (1988): Fiscal Implications of Effluent Charges and Input Taxes. Journal of Environmental Economics and Management, 15, 3, 285-296.
Stigler G.J. (1951): The Division of Labor is Limited by the Extent of the Market. Journal of Political Economy, 59, 3, 185-193.
Storper M., Christopherson S. (1987): Flexible Specialization and Regional Industrial Agglomerations: The Case of the U.S. Motion Picture Industry. Annals of the Association of American Geographers, 77,1, 104-117.
Stürmer M. (Hrsg.) (1986): Herbst des alten Handwerks. Meister, Gesellen und Obrigkeit im 18. Jahrhundert. Piper, München.
Tassinari G. (1986): Il sistema industriale dell'Emilia-Romagna. Il Mulino, Milano.
Taylor F.W. (1911): Principles of Scientific Management. Harper & Row, New York.
Taylor F.W. (1919): Shop Management. Harper & Row, New York.
Thorngren B. (1970): How Do Contact Systems Affect Regional Development ? Environment and Planning, 2, 409-427.
Thurnwald R. (1965): Economics in Primitive Communities. Oxford, University Press, Oxford.
Tietenberg T.H. (1985): Emissions Trading: An Exercise in Reforming Pollution Policy. Resources for the Future, Washington D.C.

Tönnies F. (1988): Gemeinschaft und Gesellschaft. Grundbegriffe der reinen Soziologie. Wissenschaftliche Buchgesellschaft, Darmstadt.

Tsuru S., Weidner H. (1985): Ein Modell für uns: die Erfolge der japanischen Umweltpolitik. Kiepenheuer & Witsch, Köln.

Turvey R. (1963): On Divergencies between Social and Private Cost. Economica, 30, 119, 309-313.

Ulich E. (1991): Arbeitspsychologie. Vdf, Zürich.

Ulrich H., Probst G.J.B. (Hrsg.) (1984): Self-Organization and Management of Social Systems. Insights, Promises, Doubts, and Questions. Springer, Berlin.

Van der Wee H. (1986): Prosperity and Upheaval. The World Economy 1945-1980. Viking, Harmondsworth.

Vanberg V. (1982): Markt und Organisation. Individualistische Sozialtheorie und das Problem korporativen Handels. J.C.B. Mohr (Paul Siebeck), Tübingen.

Viner J. (1931): Cost Curves and Supply Curves. Zeitschrift für Natiolökonomie, 3, 23-46.

Walters A.A. (1963): Production and Cost Functions: An Econometric Survey. Econometrica, 31, 1-66.

Weber C.W. (1989): Brot und Spiele. Massenunterhaltung als Politik im antiken Rom. Pawlak, Herrsching.

Weber M. (1984): Die protestantische Ethik I. Eine Aufsatzsammlung. Herausgegeben von Johannes Wickelmann. Gütersloher Verlagshaus Gerd Mohn, Gütersloh.

Weber M. (1987): Die protestantische Ethik II. Kritiken und Antikritiken. Herausgegeben von Johannes Winckelmann. Gütersloher Verlagshaus Gerd Mohn, Gütersloh.

Wegehenkel L. (Hrsg.) (1983): Umweltprobleme als Herausforderung der Marktwirtschaft - neue Ideen jenseits des Dirigismus. Veröffentlichungen der Hanns Martin Schleyer-Stiftung, Band 11. Bachem, Köln.

Weidlich W., Haag G. (Hrsg.) (1988): Interregional Migration. Dynamic Theory and Comparative Analysis. Springer, Berlin.

Weimann J. (1991): Umweltökonomik. Eine theorieorientierte Einführung. 2. Auflage Springer, Berlin.

Weizsäcker von E.U. (1990): Erdpolitik. Ökologische Realpolitik an der Schwelle zum Jahrhundert der Umwelt. Wissenschaftliche Buchgesellschaft, Darmstadt.

Wellman B., Berkowitz S.D. (Hrsg.) (1988): Social Structures: A Network Approach. Cambridge University Press, Cambridge.

Werlen B. (1988): Methodologischer Individualismus, Raum und soziale Wirklichkeit in Giddens' Strukturationstheorie. Unveröffentliches Manuskript, Geographisches Institut der Universität Zürich, Zürich.
Wesel U. (1985): Frühformen des Rechts in vorstaatlichen Gesellschaften. Suhrkamp, Frankfurt a.M.
Wicke L. (1982): Uweltökonomie. Eine praxisorientierte Einführung. Vahlen, München.
Wicke L. (1986): Die ökologischen Milliarden. Das kostet die zerstörte Umwelt - so können wir sie retten. Kösel, München.
Wildemann H. (1991): Zeit als Wettbewerbsfaktor durch Motivation und Qualifikation. In: Milberg J. (Hrsg.): Wettbewerbsfaktor Zeit in Produktionsunternehmen. Referate des Münchener Kolloquiums '91. Springer, Berlin.
Williamson O.E. (1975): Markets and Hierarchies: Analysis and Antitrust Implications. The Free Press (Macmillan), New York.
Williamson O.E. (1979): Transaction-Cost Economis: the Governance of Contractual Relations. Journal of Law and Economics, 12, 2, 233-261.
Williamson O.E. (1981): The Modern Corporation. Origins, Evolution, Attribute. Journal of Economic Literature, 19, 1537-1568.
Wooburn J. (1968): An Introduction to Hadza Ecology. In: Lee R.B., DeVore I. (Hrsg.): Man the Hunter. Aldine, New York.

Sozialwissenschaften und Umweltschutz

Niklas Luhmann

Ökologische Kommunikation

Kann die moderne Gesellschaft sich auf ökologische Gefährdungen einstellen?

3. Aufl. 1990. 275 S. Kart.
ISBN 3-531-11775-0

„(...) man kann die Lektüre dieses Buches nur jedem, der an ökologischen Problemen, an einem Verständnis der modernen Gesellschaft und an soziologischer Theorie Interesse hat, ans Herz legen. Selten kann man auf so relativ wenigen Seiten so viel über die Gesellschaft lernen, über Codes und Programme der großen Funktionssysteme, über die Chancen der sozialen Bewegungen, über die Schwierigkeiten einer Umweltethik oder über einen vielleicht doch noch möglichen Rationalitätsbegriff. (...) Das Buch über die ‚Ökologische Kommunikation' kann als eine hervorragende Einführung in die Luhmannsche Soziologie dienen. (...)"

Hessicher Rundfunk

Dagmar Reichert/
Wolfgang Zierhofer

Umwelt zur Sprache bringen

Über umweltverantwortliches Handeln, die Wahrnehmung der Waldsterbensdiskussion und den Umgang mit Unsicherheit

1993. XII, 377 S. Kart.
ISBN 3-531-12459-5

In „Umwelt zur Sprache bringen" werden umweltverantwortliches Handeln und Ansatzmöglichkeiten zu gesellschaftlichen und politischen Veränderungen angesichts der Umweltzerstörung diskutiert und das Konzept einer „verständigungsorientierten Umweltpolitik", welche die unterschiedlichen Lebensalltage von Menschen und ihre Intentionen berücksichtigt und auf kommunikativen Einigungsverfahren beruht, vorgestellt. An konkreten Fallbeispielen werden Idealvorstellungen von umweltverantwortlichem Handeln, aber auch die damit verbundenen Schwierigkeiten dargestellt. Umweltpolitische Optionen wie Umwelterziehungsprojekte, umweltökonomische Regelungen und das neue Feld institutioneller Innovationen werden diskutiert.

Dieter Hassenpflug

Sozialökologie

Ein Paradigma

1993. 235 S. Kart.
ISBN 3-531-12503-6

Sozialökologie ist die fachübergreifende Lehre von den Naturzuständen. Ihr Interesse gilt vor allem der Stadt und deren Beziehungen zum Land in Geschichte und Gegenwart. Die Stadt ist immer schon eine „soziale Plastik", welche die sich verändernden und vielschichtigen Naturbeziehungen des Menschen zur Anschauung bringt. Der Autor zeigt, daß es in Zukunft darauf ankommen wird, dem Pluralismus gesellschaftlicher Naturverhältnisse Raum zu geben. Sein Plädoyer gilt der Balance von Eingriffs- und Gelassenheitskompetenz.

WESTDEUTSCHER
VERLAG
OPLADEN · WIESBADEN

GPSR Compliance

The European Union's (EU) General Product Safety Regulation (GPSR) is a set of rules that requires consumer products to be safe and our obligations to ensure this.

If you have any concerns about our products, you can contact us on ProductSafety@springernature.com

In case Publisher is established outside the EU, the EU authorized representative is:

Springer Nature Customer Service Center GmbH
Europaplatz 3
69115 Heidelberg, Germany

Batch number: 10809468

Printed by Printforce, the Netherlands